弘教系列教材

微积分（上）

主　编	吴红星　李永明
副主编	张　芬　饶贤清　程国飞　马江山　汪小明
编写人员	吴红星　李永明　张　芬　饶贤清　程国飞
	马江山　汪小明　孙杨剑　袁邓彬　双　鹂
	喻　晓　杨联华　梁晓斌　石黄萍　龚　攀
	刘　超

复旦大学出版社

"弘教系列教材"编委会

主　任　詹世友

副主任　李培生　徐惠平

委　员（按姓氏笔画排列）

　　　　马江山　于秀君　王艾平　叶　青

　　　　张志荣　李　波　杨建荣　杨赣太

　　　　周荼仙　项建民　袁　平　徐国琴

　　　　贾凌昌　盛世明　葛　新　赖声利

顾　问　刘子馨

前言

"微积分"是理工类和经管类专业学生的数学基础课程之一,不仅对后续的数理知识体系的学习与研究具有基础性的意义,而且对学生的数学素养与数学能力的培养起到关键性作用.

目前,多数地方高校所用的教材直接选自传统的高教系列教材,本质上无法有效地满足实际教学需要,经济类和管理类专业显得尤为突出.本书是根据教育部教学指导委员会新颁布的经管类本科教学基础课程教学基本要求,结合地方本科院校学生的实际情况和经管类微积分课程的培养目标、教学大纲编写的.本书提供了丰富的现实生活中的实例以及同学们感兴趣的数学、物理、经济和管理方面的应用问题.通过这些实例引出了极限、导数、微分、不定积分、定积分等概念,展示了微积分知识产生和发展的背景,并注重培养同学们用微积分知识、方法去解决经济和管理等实际问题的能力.通过这些应用问题,充分展示了微积分在经济和管理方面的应用前景,激发同学们学习微积分的动机与兴趣.

本书叙述条理清晰、深入浅出、通俗易懂,编者在编写过程中参考了国内外相关专家和学者的研究成果,举例富有时代性和吸引力,有效帮助同学们克服学习微积分的畏难情绪.在每节内容介绍结束之后,均附有少量基础习题,避免学生对大量且难的习题产生厌烦情绪.为了便于同学们巩固本章主要内容,在每章后安排了 A、B 两套总习题,其中总习题 A 为本章基础知识,并对本章学习内容进一步巩固和扩展;总习题 B 和考研的要求接轨,并且部分习题来源于历年考研真题.本书中标注"*"的章节是为理工科专业准备的,经济管理类专业不作要求.

本书由吴红星统稿,共计10章,第1、2、8章由吴红星、李永明编写,第3、4、5、6章由张芬、吴红星、饶贤清编写,第7章由吴红星、马江山、程国飞编写,第9、10章由程国飞、吴红星、李永明编写.本书在撰写、校对修订过程中,上饶师范学院王胜华教授提出了许多宝贵建议,在此表示感谢!本书属上饶师范学院"弘教系列教材",可作为复合型地方本科院校经济类和管理类等相关专业的"微积分"课程的教材或参考书.

由于编者水平有限,书中难免有不足之处,恳请广大教师和读者批评、指正,并提出宝贵建议.

编 者

2019年5月30日

目 录

第1章 函 数 ... 1
1.1 集 合 ... 1
1.1.1 集合 ... 1
1.1.2 区间与邻域 ... 3
习题 1.1 ... 5
1.2 函 数 ... 5
1.2.1 函数的概念 ... 5
1.2.2 函数的几种特性 ... 8
1.2.3 反函数 ... 12
1.2.4 复合函数 ... 14
习题 1.2 ... 16
1.3 基本初等函数与初等函数 ... 17
1.3.1 基本初等函数 ... 17
1.3.2 初等函数 ... 21
1.3.3* 双曲函数 ... 21
习题 1.3 ... 23
1.4 经济学中的常用函数 ... 23
1.4.1 单利与复利 ... 24
1.4.2 需求函数与供给函数 ... 25
1.4.3 成本函数与收益函数 ... 27
1.4.4 利润函数 ... 28
习题 1.4 ... 29
本章小结 ... 30
总习题1 ... 32

第2章 极限与连续 ……………………………… 35

2.1 数列极限 ……………………………… 35
2.1.1 数列极限的定义 ……………… 36
2.1.2 数列极限的性质 ……………… 40
习题 2.1 ……………………………… 41

2.2 函数极限 ……………………………… 42
2.2.1 $x \to x_0$ 时,函数的极限 ……… 42
2.2.2 $x \to \infty$ 时,函数的极限 ……… 46
2.2.3 函数极限的性质 ……………… 48
习题 2.2 ……………………………… 49

2.3 无穷小与无穷大 ……………………… 49
2.3.1 无穷小 ………………………… 49
2.3.2 无穷小的性质 ………………… 51
2.3.3 无穷大 ………………………… 52
2.3.4 无穷小与无穷大的关系 ……… 53
习题 2.3 ……………………………… 54

2.4 极限运算法则 ………………………… 54
2.4.1 极限的四则运算法则 ………… 55
2.4.2 复合函数的极限运算法则 …… 59
习题 2.4 ……………………………… 60

2.5 极限存在准则与两个重要极限 ……… 60
2.5.1 极限存在准则 ………………… 61
2.5.2 两个重要极限 ………………… 61
习题 2.5 ……………………………… 66

2.6 无穷小的比较 ………………………… 67
习题 2.6 ……………………………… 71

2.7 函数的连续性与间断点 ……………… 71
2.7.1 函数的连续性概念 …………… 71
2.7.2 连续函数的运算法则与初等函数的连续性 ……………………… 74
2.7.3 函数的间断点及其分类 ……… 75
2.7.4 闭区间上连续函数的性质 …… 77

习题 2.7 ……………………………………………… 79
本章小结 …………………………………………… 80
总习题 2 …………………………………………… 83

第 3 章 导数与微分 …………………………………… 88

3.1 导数概念 …………………………………………… 88
3.1.1 引例 ………………………………………… 88
3.1.2 导数的定义 ………………………………… 90
3.1.3 左导数与右导数 …………………………… 91
3.1.4 函数的导数 ………………………………… 92
3.1.5 导数的几何意义 …………………………… 94
习题 3.1 …………………………………………… 96

3.2 求导法则与基本初等函数求导公式 ……………… 97
3.2.1 导数的四则运算法则 ……………………… 97
3.2.2 反函数的求导法则 ………………………… 99
3.2.3 复合函数的求导法则 ……………………… 100
3.2.4 隐函数与参变量函数的求导法则 ………… 101
习题 3.2 …………………………………………… 106

3.3 高阶导数 …………………………………………… 106
3.3.1 高阶导数的概念 …………………………… 106
3.3.2 高阶导数的计算 …………………………… 107
习题 3.3 …………………………………………… 110

3.4 微分及其运算 ……………………………………… 110
3.4.1 微分的概念 ………………………………… 110
3.4.2 微分基本公式与微分法则 ………………… 113
3.4.3 微分的几何意义及其在近似计算中的应用 ………………………………………… 115
习题 3.4 …………………………………………… 117

3.5 导数与微分在经济学中的应用 …………………… 118
3.5.1 边际分析 …………………………………… 118
3.5.2 弹性分析 …………………………………… 120
习题 3.5 …………………………………………… 123

本章小结 ·· 124
　　总习题 3 ·· 127

第 4 章　微分中值定理与导数的应用 ········ 129
　4.1　微分中值定理 ······························ 129
　　　4.1.1　罗尔定理 ······························ 129
　　　4.1.2　拉格朗日中值定理 ················· 131
　　　4.1.3　柯西中值定理 ······················· 134
　　　习题 4.1 ······································ 135
　4.2　洛必达法则 ································· 135
　　　4.2.1　$\frac{0}{0}$ 型与 $\frac{\infty}{\infty}$ 型不定式极限 ········ 136
　　　4.2.2　其他类型的未定式 ················· 138
　　　习题 4.2 ······································ 139
　4.3　泰勒公式 ···································· 140
　　　习题 4.3 ······································ 144
　4.4　函数的单调性、曲线的凹凸性与极值 ···· 144
　　　4.4.1　函数的单调性 ······················· 145
　　　4.4.2　曲线的凹凸性 ······················· 147
　　　4.4.3　函数极值与最值 ···················· 150
　　　习题 4.4 ······································ 155
　4.5　导数在经济学中的应用 ·················· 156
　　　4.5.1　利润最大化 ·························· 156
　　　4.5.2　成本最小化 ·························· 157
　　　习题 4.5 ······································ 158
　4.6　函数图形的描绘 ··························· 158
　　　习题 4.6 ······································ 160
　本章小结 ·· 161
　总习题 4 ·· 164

第 5 章　不定积分 ····························· 166
　5.1　不定积分的概念与性质 ·················· 166

    5.1.1 原函数的概念 ·················· 166
    5.1.2 不定积分的概念 ················ 167
    5.1.3 不定积分的几何意义 ············ 168
    5.1.4 基本积分表 ···················· 169
    5.1.5 不定积分的性质 ················ 170
    习题 5.1 ····························· 171
  5.2 换元积分法 ···························· 172
    5.2.1 第一类换元法 ·················· 172
    5.2.2 第二类换元法 ·················· 178
    习题 5.2 ····························· 186
  5.3 分部积分法 ···························· 187
    习题 5.3 ····························· 191
 本章小结 ······································ 192
 总习题5 ······································· 193

第6章 定积分及其应用 ····················· 195
  6.1 定积分概念与性质 ···················· 195
    6.1.1 定积分问题的提出 ·············· 195
    6.1.2 定积分的概念 ·················· 197
    6.1.3 定积分的性质 ·················· 200
    习题 6.1 ····························· 203
  6.2 微积分基本公式 ······················ 203
    6.2.1 积分上限函数及其导数 ·········· 204
    6.2.2 微积分基本公式 ················ 206
    习题 6.2 ····························· 208
  6.3 定积分的换元法和分部积分法 ·········· 209
    6.3.1 换元积分法 ···················· 209
    6.3.2 分部积分法 ···················· 212
    习题 6.3 ····························· 214
  6.4 反常积分 ······························ 215
    6.4.1 无穷限的反常积分 ·············· 215
    6.4.2 无界函数的反常积分 ············ 218

    习题 6.4 ·· 219
  6.5 定积分的应用 ···································· 220
    6.5.1 定积分的微分元素法 ···················· 220
    6.5.2 平面图形的面积 ························· 221
    6.5.3 空间立体的体积 ························· 223
    6.5.4 定积分在经济学中的应用 ··············· 226
    习题 6.5 ·· 228
  本章小结 ··· 229
  总习题 6 ··· 232

附录Ⅰ 希腊字母表 ································· 235
附录Ⅱ 简易积分表 ································· 237
附录Ⅲ 参考答案 ···································· 248
附录Ⅳ 参考文献 ···································· 262

第1章 函数

微积分是高等数学的核心部分. 微积分的研究对象是函数,基本运算是极限. 我们知道,客观世界中的变量不是孤立存在的,而是相互依存、相互作用、相互联系的. 人们研究变量之间关系的工具之一就是函数,引进了函数这一工具,就可以借此研究事物和经济运动规律及运动过程. 在初等数学中我们已经学习过函数的相关知识,本章将对函数的概念进行系统复习和必要补充,并介绍常用经济函数及其应用,这都是我们今后进一步学习的基础知识.

1.1 集 合

1.1.1 集合

1. 集合的概念

自从德国数学家康托尔(Cantor)于19世纪末创立了集合论以来,集合论已渗透到数学的各个分支及工程技术领域,成为现代数学的基石和语言,有着非常广泛的重要应用. 一般地,具有某种确定性质的事物的总体称为**集合**,简称**集**. 组成集合的事物称为该集合的**元素**. 例如,某高校一年级学生的全体组成一个集合,其中该高校的每个一年级学生为该集合的元素.

集合有三要素:**确定性、互异性**和**无序性**. 确定性,集合中的元素是确定的,要么在集合中,要么不存在,二者必居其一;互异性,集合中相同的元素不允许重复出现,例如,$\{a,a,b,b,c,c\}$是错误的写法,应该写成$\{a,b,c\}$;无序性,集合中的元素的排列不考虑顺序问题,例如$\{a,b,c\}$与$\{a,c,b\}$表示同一个集合.

通常用大写的英文字母 A，B，C，$\cdots$ 表示集合,用小写英文字母 a，b，c，$\cdots$ 表示集合的元素. 用 $a \in A$ 表示 a 是集合 A 中的元素，读作 a 属于 A；用 $a \notin A$ 表示 a 不是集合 A 中的元素，读作 a 不属于 A. 若集合的元素为有限个,则称为**有限集**. 否则称之为**无限集**. 不含任何元素的集合称为空集,记作 $\varnothing$.

集合的表示方法主要有两种：列举法和描述法. 列举法是将集合的元素一一列出的方法,例如 $A = \{1, 2, 3\}$，$B = \{-1, 0, 1, 2\}$ 等. 描述法是指明组成集合的元素所具有的确定性质,并将具有某种确定性质的元素 x 所组成的集合 A 记作：

$$A = \{x \mid x \text{ 具有某种确定的性质}\}. \qquad (1-1-1)$$

例如,集合 A 是方程 $x^2 + 2x - 3 = 0$ 的解集,就可表示成 $A = \{x \mid x^2 + 2x - 3 = 0\}$，又如集合 B 是方程 $0 \leqslant 2x + 1 < 1$ 的解集,则可表示成 $B = \{x \mid 0 \leqslant 2x + 1 < 1\}$.

如果集合的元素都是数,则称其为**数集**. 常用的数集有以下 5 种：

(1) 自然数集(或非负整数集)记作 **N**,即

$$\mathbf{N} = \{0, 1, 2, \cdots, n, \cdots\}.$$

(2) 正整数集记作 $\mathbf{N}^+$，

$$\mathbf{N}^+ = \{1, 2, \cdots, n, \cdots\}.$$

(3) 整数集记作 **Z**,即

$$\mathbf{Z} = \{\cdots, -n, \cdots, -2, -1, 0, 1, 2, \cdots, n, \cdots\}.$$

(4) 有理数集记作 **Q**,即

$$\mathbf{Q} = \left\{\frac{p}{q} \mid p \in \mathbf{Z}, q \in \mathbf{N}^+ \text{ 且 } p, q \text{ 互质}\right\}.$$

(5) 实数集记作 **R**；正实数集记作 $\mathbf{R}^+$.

2. 集合的运算

集合间的基本运算有 3 种：并、交、差.

设有集合 A，B，它们的**并集**记作 $A \cup B$，即

$$A \cup B = \{x \mid x \in A \text{ 或 } x \in B\}. \qquad (1-1-2)$$

集合 A 与 B 的**交集**记作 $A \cap B$，即

$$A \cap B = \{x \mid x \in A \text{ 且 } x \in B\}. \qquad (1-1-3)$$

集合 A 与 B 的**差集**记作 $A\backslash B$,即

$$A\backslash B=\{x\mid x\in A \text{ 且 } x\notin B\}. \qquad (1-1-4)$$

根据上述定义可知:并集 $A\cup B$ 表示由属于集合 A 或属于集合 B 的元素组成的集合;交集 $A\cap B$ 表示由既属于集合 A 又属于集合 B 的元素组成的集合;差集 $A\backslash B$ 表示由属于集合 A 而不属于集合 B 的元素组成的集合.

1.1.2 区间与邻域

1. 区间

设 $a,b\in \mathbf{R}$,且 $a<b$,数集

$$(a,b)=\{x\mid a<x<b, x\in \mathbf{R}\} \qquad (1-1-5)$$

称为**开区间**. 数集

$$[a,b]=\{x\mid a\leqslant x\leqslant b, x\in \mathbf{R}\} \qquad (1-1-6)$$

称为**闭区间**. 数集

$$[a,b)=\{x\mid a\leqslant x<b, x\in \mathbf{R}\} \qquad (1-1-7)$$

称为**左闭右开区间**. 数集

$$(a,b]=\{x\mid a<x\leqslant b, x\in \mathbf{R}\} \qquad (1-1-8)$$

称为**左开右闭区间**. a,b 分别称为相应区间的左端点和右端点,$b-a$ 称为相应区间**长度**. (1-1-5)~(1-1-8)统称**有限区间**,如图 1-1 所示.

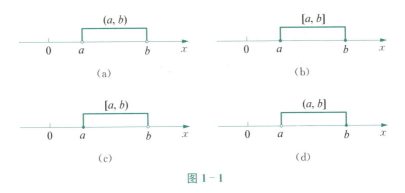

图 1-1

引进记号 $+\infty$(读作正无穷大),$-\infty$(读作负无穷大),同理可定义数集:

$$(-\infty, +\infty) = \{x \mid -\infty < x < +\infty, x \in \mathbf{R}\} = \mathbf{R}, \quad (1-1-9)$$

$$[a, +\infty) = \{x \mid a \leqslant x < +\infty, x \in \mathbf{R}\}, \quad (1-1-10)$$

$$(a, +\infty) = \{x \mid a < x < +\infty, x \in \mathbf{R}\}, \quad (1-1-11)$$

$$(-\infty, b] = \{x \mid -\infty < x \leqslant b, x \in \mathbf{R}\}, \quad (1-1-12)$$

$$(-\infty, b) = \{x \mid -\infty < x < b, x \in \mathbf{R}\}, \quad (1-1-13)$$

(1-1-9)~(1-1-13)统称为**无限区间**,如图 1-2 所示.

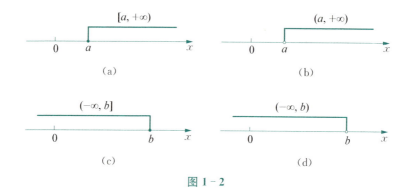

图 1-2

2. 邻域

定义 1 设 $x_0 \in \mathbf{R}, \delta > 0$,记

$$U(x_0, \delta) = \{x \mid |x - x_0| < \delta, x \in \mathbf{R}\}, \quad (1-1-14)$$

称为**点 x_0 的 δ 邻域**,简记为 $U(x_0)$. 记

$$U^\circ(x_0, \delta) = \{x \mid 0 < |x - x_0| < \delta, x \in \mathbf{R}\}, \quad (1-1-15)$$

称为**点 x_0 的去心 δ 邻域**,简记为 $U^\circ(x_0)$. x_0 称为相应邻域的中心,δ 称为相应邻域的半径. 易知:

$$U(x_0, \delta) = (x_0 - \delta, x_0 + \delta), \quad (1-1-16)$$

$$U^\circ(x_0, \delta) = (x_0 - \delta, x_0) \cup (x_0, x_0 + \delta). \quad (1-1-17)$$

在几何上,邻域 $U(x_0, \delta)$ 表示以点 x_0 为中心、δ 为半径的区间内的点的全体,如图 1-3 所示. 邻域 $U^\circ(x_0)$ 表示 $U(x_0, \delta)$ 不包含点 x_0,如图 1-4 所示.

图 1-3 图 1-4

习题 1.1

1. 设 $A=\{x \mid 1<x\leqslant 7\}$，$B=\{x \mid x>6\}$，求：
(1) $A\cup B$；　　(2) $A\cap B$；　　(3) $A\backslash B$.

2. 已知集合 $A=\{a, 2, 4, 5\}$，$B=\{1, 4, b, 7\}$，若 $A\cap B=\{1, 4, 5\}$，求 a 与 b 的值.

3. 用区间表示下列不等式的解：
(1) $|x|\geqslant 6$；　　　　　　　　(2) $|3x-1|<2$；
(3) $|x-a|<\delta$ （a 为常数，$\delta>0$）；(4) $|2x+1|>|x-1|$.

1.2 函数

1.2.1 函数的概念

函数是描述变量之间相互关系的一种数学模型.

1. 函数的定义

定义 1 设 x 和 y 是两个变量，D 是一个给定的非空数集，如果对于每个数 $x\in D$，按照某种对应法则 f 总有唯一确定的 y 值与之对应，则称变量 y 是 x 的函数，记作

$$y=f(x), \quad x\in D, \tag{1-2-1}$$

其中 x 称为**自变量**，y 称为**因变量**，x 的变化范围 D 称为函数的**定义域**，全体函数值的集合称为 f 的**值域**，记作 D_f，即

$$D_f=\{y \mid y=f(x), x\in D\}. \tag{1-2-2}$$

关于函数定义的几点说明：

（1）函数有三要素，即定义域、值域和对应法则. 当对应法则和定义域确定

之后,值域自然确定下来.因此,函数的基本要素为两个,即对应法则和定义域.所以函数通常表示为:$y=f(x), x\in D$.故判定两个函数相同,是指它们有相同的对应法则和定义域.

(2) 表示函数的主要方法有3种:解析法(公式法)、表格法、图形法,其中函数用解析式表示时,函数 $y=f(x)$ 中表示对应关系的记号 f 也可改用其他字母,如 φ, ψ 等.此时函数就记作 $y=\varphi(x), y=\psi(x)$.

(3) 单值函数与多值函数.在函数的定义中,对每个 $x\in D$,对应的函数值 y 总是唯一的,这样定义的函数称为**单值函数**.如果给定一个对应法则,按这个法则,对每个 $x\in D$,总有确定的 y 值与之对应,但这个 y 不总是唯一的,我们称这种法则确定了一个**多值函数**.例如,设变量 x 和 y 之间的对应法则由方程 $x^2+y^2=r^2$ 给出.显然,对每个 $x\in[-r, r]$,由方程 $x^2+y^2=r^2$ 可确定出对应的 y 值,当 $x=r$ 或 $x=-r$ 时,对应 $y=0$ 一个值;当 x 取 $(-r, r)$ 内任一个值时,对应的 y 有两个值.所以此方程确定了一个多值函数.

对于多值函数,往往只要附加一些条件,就可以将它化为单值函数,这样得到的单值函数称为多值函数的单值分支.例如,在由方程 $x^2+y^2=r^2$ 给出的对应法则中,附加 $y\geqslant 0$ 的条件,即以 $x^2+y^2=r^2$ 且 $y\geqslant 0$ 作为对应法则,就可得到一个单值分支 $y=y_1(x)=\sqrt{r^2-x^2}$;附加条件 $y\leqslant 0$,即以 $x^2+y^2=r^2$ 且 $y\leqslant 0$ 作为对应法则,就可得到另一个单值分支 $y=y_2(x)=-\sqrt{r^2-x^2}$.

例1 求下列函数的定义域:

(1) $y=\dfrac{1}{x}-\sqrt{x^2-9}$; (2) $y=\sqrt{25-x^2}+\ln\sin x$.

解 (1) 要使函数 $y=\dfrac{1}{x}-\sqrt{x^2-9}$ 有意义,必须 $x\neq 0$,且 $x^2-9\geqslant 0$,解不等式得到 $|x|\geqslant 3$,即 $x\geqslant 3$ 或 $x\leqslant -3$.所以该函数的定义域为 $D=\{x\mid x\geqslant 3$ 或 $x\leqslant -3\}$,或 $D=(-\infty, -3]\cup[3, +\infty)$.

(2) 要使函数 $y=\sqrt{25-x^2}+\ln\sin x$ 有意义,必须 $25-x^2\geqslant 0$ 且 $\sin x>0$,从而解得 $-5\leqslant x\leqslant 5$ 且 $2n\pi<x<(2n+1)\pi, n\in\mathbf{Z}$,所以该函数的定义域为 $D=[-5, -\pi)\cup(0, \pi)$.

2. 几种特殊的函数

(1) **符号函数**(如图 1-5 所示):

$$y = \operatorname{sgn} x = \begin{cases} -1, & x < 0, \\ 0, & x = 0, \\ 1, & x > 0. \end{cases} \qquad (1-2-3)$$

(2) **取整函数**(如图 1-6 所示)：

$$y = [x], 其中 [x] 表示不超过 x 的最大整数. \qquad (1-2-4)$$

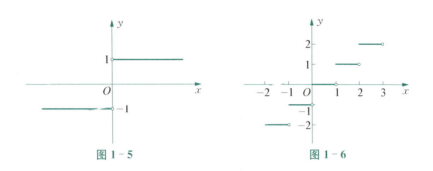

图 1-5　　　　　　　　　图 1-6

(3) **狄利克雷(Dirichlet)函数**：

$$D(x) = \begin{cases} 1, & 当 x 为有理数, \\ 0, & 当 x 为无理数. \end{cases} \qquad (1-2-5)$$

(4) **黎曼(Riemann)函数**：

$$R(x) = \begin{cases} \dfrac{1}{q}, & 当 x = \dfrac{p}{q}\left(p, q \in \mathbf{N}^+, \dfrac{p}{q} 为既约真分数\right), \\ 0, & 当 x = 0, 1 和 (0, 1) 内的无理数. \end{cases}$$

$$(1-2-6)$$

注 1　前两个是**分段函数**，后两个不是. 所谓的分段函数就是：定义域的不同部分用不同的公式来表示.

例 2　设函数 $f(x) = \begin{cases} 2+x, & x \leqslant 0, \\ 3^x, & x > 0, \end{cases}$ 求：

(1) 函数的定义域；

(2) $f(-1), f(0), f(2), f(a), f[f(2)]$.

解　(1) 由题意可得函数的定义域为

$$D = \{x \mid x \leqslant 0\} \bigcup \{x \mid x > 0\} = (-\infty, 0] \bigcup (0, +\infty) = (-\infty, +\infty).$$

(2) 因为 $-1 \in (-\infty, 0]$,所以 $f(-1)=(2+x)_{x=-1}=2+(-1)=1$.
因为 $0 \in (-\infty, 0]$,所以 $f(0)=(2+x)_{x=0}=2+0=2$.
因为 $2 \in (0, +\infty)$,所以 $f(2)=(3^x)_{x=2}=3^2=9$.

下面求 $f(a)$ 的值. 若 $a \leqslant 0$,则有 $f(a)=(2+x)_{x=a}=2+a$;若 $a>0$,则 $f(a)=(3^x)_{x=a}=3^a$.

由于 $f(2)=9$,从而可得 $f[f(2)]=f(9)=3^x|_{x=9}=3^9$.

1.2.2 函数的几种特性

研究函数的目的就是为了探索它的性质,进而掌握它的变化规律.

1. 函数的奇偶性

定义 2 设函数 $f(x)$ 的定义域 D 关于原点对称,如果对任意的 $x \in D$,恒有

$$f(-x)=-f(x), \quad (1-2-7)$$

则称 $f(x)$ 为**奇函数**;如果对任意的 $x \in D$,恒有

$$f(-x)=f(x), \quad (1-2-8)$$

则称 $f(x)$ 为**偶函数**;如果 $f(x)$ 既不是奇函数,又不是偶函数,则称 $f(x)$ 为**非奇非偶函数**.

从几何直观上看,奇函数的图形关于坐标原点对称,如图 1-7 所示;偶函数的图形关于 y 轴对称,如图 1-8 所示. 例如 $y=x^3$, $y=\sin x$ 都是奇函数, $y=x^2$, $y=\cos x$ 都是偶函数,而 $y=\sin x + \cos x$ 是非奇非偶函数.

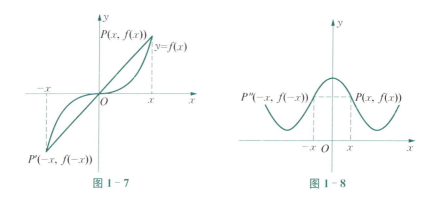

图 1-7   图 1-8

例3 讨论函数 $f(x)=\ln(x+\sqrt{1+x^2})$ 的奇偶性.

解 函数 $f(x)$ 的定义域为 $(-\infty,+\infty)$. 因为

$$f(-x)=\ln(-x+\sqrt{1+(-x)^2})=\ln\left(\frac{(-x+\sqrt{1+x^2})(x+\sqrt{1+x^2})}{x+\sqrt{1+x^2}}\right)$$

$$=\ln\left(\frac{1}{x+\sqrt{1+x^2}}\right)=-\ln(x+\sqrt{1+x^2})$$

$$=-f(x),$$

所以,$f(x)$ 是 $(-\infty,+\infty)$ 上的奇函数.

2. 函数的单调性

定义3 设函数 $f(x)$ 的定义域为 D,区间 $I\subseteq D$,如果对于区间 I 内任意两点 x_1,x_2,当 $x_1<x_2$ 时,恒有

$$f(x_1)<f(x_2)(或 f(x_1)>f(x_2)), \quad (1-2-9)$$

则称函数 $f(x)$ 在区间 I 上是**单调增加的**(或**单调减少的**);如果对于区间 I 内任意两点 x_1,x_2,当 $x_1<x_2$ 时,恒有

$$f(x_1)\leqslant f(x_2)(或 f(x_1)\geqslant f(x_2)), \quad (1-2-10)$$

则称函数 $f(x)$ 在区间 I 上是**单调不减的**(或**单调不增的**). 函数的以上性质统称为**单调性**. 如果函数 $f(x)$ 在区间 I 上是单调增加或单调减少函数,则称区间 I 为函数 $f(x)$ 的**单调增加(或减少)区间**.

从几何直观上看,单调增加函数的图形是随着变量 x 增加而上升的曲线,如图 1-9 所示;单调减少函数的图形是随着变量 x 增加而下降的曲线,如图 1-10 所示. 例如,$y=\dfrac{1}{x}$ 是 $(-\infty,0)$ 上的单调减少函数,也是 $(0,+\infty)$ 上的单调减少函数,但是我们不能说 $y=\dfrac{1}{x}$ 是 $(-\infty,0)\cup(0,+\infty)$ 上的单调减少函数,如图 1-11 所示.

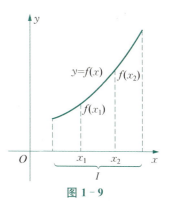

图 1-9

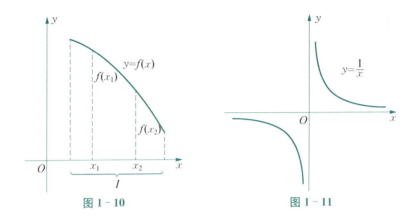

图 1-10 图 1-11

例 4 证明 $y = \dfrac{x}{1+x}$ 在区间 $(-1, +\infty)$ 内是单调增加函数.

证 对于区间 $(-1, +\infty)$ 内的任意两点 x_1, x_2, 且 $x_1 < x_2$, 有

$$f(x_1) - f(x_2) = \frac{x_1}{1+x_1} - \frac{x_2}{1+x_2} = \frac{x_1 - x_2}{(1+x_1)(1+x_2)}.$$

因为 $x_1, x_2 \in (-1, +\infty)$, 所以有 $1+x_1 > 0, 1+x_2 > 0$. 又因为 $x_1 - x_2 < 0$, 故 $f(x_1) - f(x_2) < 0$, 即 $f(x_1) < f(x_2)$, 所以 $y = \dfrac{x}{1+x}$ 在区间 $(-1, +\infty)$ 内是单调增加函数.

3. 函数的周期性

定义 4 设函数 $f(x)$ 的定义域为 D, 如果存在一个正数 T, 使得对于任意的 $x \in D$, 必有 $x \pm T \in D$, 且

$$f(x \pm T) = f(x), \tag{1-2-11}$$

则称 $f(x)$ 为**周期函数**, 称 T 为 $f(x)$ 的**一个周期**.

注 2 如果 T 为 $f(x)$ 的一个周期, 则对任意的 $n \in \mathbf{N}^+$, nT 也是 $f(x)$ 的周期. 通常我们所说的周期函数的周期往往是指**最小周期**.

例如, 函数 $y = \sin x$ 是以 2π 为周期的周期函数, $y = \tan x$ 是以 π 为周期的周期函数, $y = \cos(\omega x + \varphi)$ 是以 $\dfrac{2\pi}{|\omega|}$ 为周期的周期函数.

从几何直观上看, 周期函数的图形可以由它在某一个周期的区间 $[a, a+T]$ 内的图形沿 x 轴向左、右两个方向平移后得到, 如图 1-12 所示. 因此, 对于周

期函数的性态,只须在长度为周期 T 的任一区间上考虑即可.

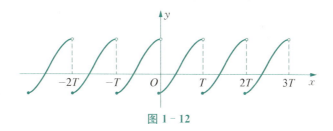

图 1-12

例 5 设函数 $y=f(x)$ 是以 T 为周期的函数,证明函数 $y=f(ax)(a>0)$ 是以 $\dfrac{T}{a}$ 为周期的周期函数.

证 根据定义 4,只须证明

$$f(ax)=f\left[a\left(x+\dfrac{T}{a}\right)\right]. \qquad (1-2-12)$$

事实上,函数 $f(x)$ 是以 T 为周期的函数,所以

$$f(ax)=f(ax+T)=f\left[a\left(x+\dfrac{T}{a}\right)\right], \qquad (1-2-13)$$

即(1-2-12)成立.

4. 函数的有界性

定义 5 设函数 $f(x)$ 的定义域为 D,区间 $I\subseteq D$,如果存在一个正数 M,使得对任意 $x\in I$,都有

$$|f(x)|\leqslant M, \qquad (1-2-14)$$

则称函数 $f(x)$ 在区间 I 上**有界**,也称 $f(x)$ 是区间 I 上的**有界函数**. 否则,称函数 $f(x)$ 在区间 I 上**无界**,也称 $f(x)$ 是区间 I 上的**无界函数**.

例如,$y=\sin x$ 在其定义域内是有界函数. 事实上,对任意的 $x\in(-\infty,+\infty)$,恒有 $|\sin x|\leqslant 1$ 成立,所以 $y=\sin x$ 是 $(-\infty,+\infty)$ 上的有界函数.

从几何直观上看,如果函数有界,即 $-M\leqslant f(x)\leqslant M$,则其图形位于两条直线 $y=-M$ 和 $y=M$ 之间,如图 1-13 所示.

例 6 证明 $y=\dfrac{x}{x^2+1}$ 是 $(-\infty,+\infty)$ 上的有界函数.

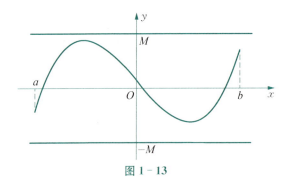

图 1-13

证 由于对任意的 $x \in (-\infty, +\infty)$,有 $x^2+1=|x|^2+1 \geqslant 2|x|$,故对任意的 $x \in (-\infty, +\infty)$,有

$$\left|\frac{x}{x^2+1}\right|=\frac{|x|}{|x^2+1|}=\frac{|x|}{|x|^2+1} \leqslant \frac{|x|}{2|x|}=\frac{1}{2}.$$

因此,根据定义 5 知 $y=\dfrac{x}{x^2+1}$ 是 $(-\infty, +\infty)$ 上的有界函数.

1.2.3 反函数

函数关系的实质是从定量分析的角度来描述变量之间的相互依赖关系,在问题的研究过程中,哪个作为自变量,哪个作为因变量(函数),是由具体的问题来确定的.

例如,在商品销售时,已知某商品的价格 P 和销售量 x,销售收入为 y,当销量已知,要求得到销售收入时,可以根据关系式

$$y=xP \tag{1-2-15}$$

得到.此时,在 (1-2-15) 中,y 是关于 x 的函数,即 x 是自变量,y 是因变量.反过来,如果销售收入已知,要求得到相应的销量时,则可以根据关系式 $y=xP$ 得到

$$x=\frac{y}{P}. \tag{1-2-16}$$

此时,在 (1-2-16) 中,x 是关于 y 的函数.称函数 $x=\dfrac{y}{P}$ 是 $y=xP$ 的反函数.

定义 6 设函数 $y=f(x)$ 的定义域为 D,值域为 R,如果对任意的 $y \in R$,

必有唯一的 $x \in D$ 使得 $f(x)=y$ 成立,则称在 R 上确定了 $y=f(x)$ 的**反函数**,记作

$$x = f^{-1}(y), y \in R. \qquad (1-2-17)$$

此时,相对反函数 $x=f^{-1}(y)$ 来说,原来的函数 $y=f(x)$ 称为**直接函数**.

从几何直观上看,如果 $A(x, f(x))$ 是函数 $y=f(x)$ 图形上的点,则 $A'(f(x), x)$ 是函数 $x=f^{-1}(y)$ 图形上的点;反之亦然.因此,函数 $y=f(x)$ 和 $x=f^{-1}(y)$ 关于直线 $y=x$ 是对称的,如图 1-14 所示.

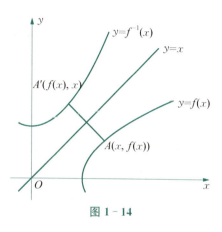

图 1-14

值得说明的是,并非所有的函数都有反函数.例如,函数 $y=x^2$ 定义域为 $(-\infty, +\infty)$,值域为 $[0, +\infty)$.但是对每个 $y \in [0, +\infty)$,有两个 x 值与之对应,即 $x_1 = \sqrt{y}$ 和 $x_2 = -\sqrt{y}$,根据定义 6 知函数 $y = x^2$ 不存在反函数.但是函数 $y=x^2$ 在区间 $[0, +\infty)$ 上有反函数 $x=\sqrt{y}$,在区间 $(-\infty, 0]$ 上有反函数 $x=-\sqrt{y}$.现在要问,函数 $y=f(x)$ 在什么条件下一定存在反函数?

定理 1(反函数存在定理) 单调函数 $y=f(x)$ 必定存在相应单调的反函数 $y=f^{-1}(x)$.

注 3 求反函数的一般步骤为:由方程 $y=f(x)$ 解出 $x=f^{-1}(y)$,再将 x 与 y 对换,即得到所求的反函数 $y=f^{-1}(x)$.

例 7 求函数 $y = \dfrac{3^x - 1}{3^x + 1}$ 的反函数.

解 由于函数 $y = \dfrac{3^x - 1}{3^x + 1}$ 的定义域为 $(-\infty, +\infty)$,值域为 $(-1, 1)$,从而可解得 $x = \log_3 \dfrac{1+y}{1-y}$.将 x 与 y 对换,即得到所求的反函数为

$$y = \log_3 \dfrac{1+x}{1-x}, x \in (-1, 1).$$

1.2.4 复合函数

在实际问题中经常出现这样的情形：在某个变化过程中，第一个变量依赖第二个变量，而第二变量又依赖第三个变量，等等. 例如，某产品的销售成本函数 C 依赖销量 Q，且 $C=200+5Q$，而销量 Q 又依赖销售价格 P，且 $Q=2\mathrm{e}^{-\frac{1}{3}P}$，则通过销量 Q，销售成本 C 实际上依赖销售价格 P，即 $C=200+10\mathrm{e}^{-\frac{1}{3}P}$. 在一定条件下，将一个函数代入另一个函数中的运算称为函数的复合运算，而得到的函数称为复合函数.

定义 7 设函数 $y=f(u)$ 的定义域为 $D(f)$，值域为 $R(f)$；函数 $u=g(x)$ 的定义域为 $D(g)$，值域为 $R(g) \subseteq D(f)$；则对任意的 $x \in D(g)$，通过 $u=g(x)$ 有唯一的 $u \in R(g) \subseteq D(f)$ 与 x 对应，再通过 $y=f(u)$ 又有唯一的 $y \in R(f)$ 与 u 对应. 于是，对任意的 $x \in D(g)$，通过 u 有唯一的 $y \in R(f)$ 与之对应. 因此，y 是 x 的函数，称这个函数为 $y=f(u)$ 与 $u=g(x)$ 的**复合函数**，记作

$$y=f[g(x)], x \in D(g), \quad (1-2-18)$$

或

$$y=(f \cdot g)(x), x \in D(g), \quad (1-2-19)$$

并称 u 为**中间变量**.

复合函数是说明函数对应法则的某种表达方式的一个概念. 利用复合这个概念，有时可以把一个复杂的函数分解成若干个简单的函数的某些运算，有时也可以利用几个简单的函数复合成一个较为复杂的函数. 例如，$y=\ln \sin x$ 可以看成是由函数 $y=\ln u$ 和 $u=\sin x$ 复合而成的；同样，函数 $y=\mathrm{e}^u$ 和 $u=\arcsin x$ 可以复合成函数 $y=\mathrm{e}^{\arcsin x}$.

注 4 并非任意两个函数都能进行复合运算. 例如，$y=f(u)=\arccos u$ 和 $u=g(x)=x^2+3$ 就不能进行复合运算. 事实上，

$$R(g) \cap D(f) = [3,+\infty) \cap [-1,1] = \emptyset.$$

故根据定义 7 知 $y=\arccos u$ 和 $u=x^2+3$ 就不能构成复合函数.

复合函数的概念可以推广到有限个函数复合的情形. 例如，函数 $y=\mathrm{e}^{\arctan \frac{1}{x}}$ 可以看成是由

$$y = e^u, u = \arctan v, v = \frac{1}{x}$$

3 个函数复合而成,其中 u,v 为中间变量,x 为自变量,y 为因变量.

例 8 已知函数 $f(x) = \frac{x}{x+1}(x \neq -1)$,求 $f(f(x))$.

解 令 $y = f(u), u = f(x)$,则 $y = f(f(x))$ 是通过中间变量 u 复合而成的复合函数. 事实上,由于 $f(x) = \frac{x}{x+1}(x \neq -1)$,可得

$$y = f(u) = \frac{u}{u+1} = \frac{\frac{x}{x+1}}{\frac{x}{x+1}+1} = \frac{x}{2x+1}, x \neq -\frac{1}{2}.$$

故 $f(f(x)) = \frac{x}{2x+1}$,$x \neq -1$ 且 $x \neq -\frac{1}{2}$.

例 9 已知函数 $f(x) = \begin{cases} 2^x, & x < 1, \\ x, & x \geqslant 1, \end{cases} g(x) = \begin{cases} x+2, & x < 0, \\ x^2 - 1, & x \geqslant 0. \end{cases}$ 求 $f(g(x))$.

解 由题意可将 $g(x)$ 代入 $f(x)$ 中得

$$f(g(x)) = \begin{cases} 2^{g(x)}, & g(x) < 1, \\ g(x), & g(x) \geqslant 1. \end{cases}$$

(1) 当 $g(x) < 1$ 时,有以下两种情形:

(i) 当 $x < 0$ 时,有 $g(x) = x + 2$;而当 $g(x) = x + 2 < 1$ 时,有 $x < -1$,从而可得:当 $x < -1$ 时,有 $f(g(x)) = 2^{g(x)} = 2^{x+2}$.

(ii) 当 $x \geqslant 0$ 时,有 $g(x) = x^2 - 1$;而当 $g(x) = x^2 - 1 < 1$ 时,有 $-\sqrt{2} < x < \sqrt{2}$,从而可得:当 $0 \leqslant x < \sqrt{2}$ 时,有 $f(g(x)) = 2^{g(x)} = 2^{x^2-1}$.

(2) 当 $g(x) \geqslant 1$ 时,又有以下两种情形:

(i) 当 $x < 0$ 时,有 $g(x) = x + 2$;而当 $g(x) = x + 2 \geqslant 1$ 时,有 $x \geqslant -1$,从而可得:当 $-1 \leqslant x < 0$ 时,有 $f(g(x)) = g(x) = x + 2$.

(ii) 当 $x \geqslant 0$ 时,有 $g(x) = x^2 - 1$;而当 $g(x) = x^2 - 1 \geqslant 1$ 时,有 $x \geqslant \sqrt{2}$ 或 $x \leqslant -\sqrt{2}$,从而可得:当 $x \geqslant \sqrt{2}$ 时,有 $f(g(x)) = g(x) = x^2 - 1$.

习题 1.2

1. 判断下列两个函数是否相同，并说明理由：

(1) $y = \ln x^2$，$y = 2\ln x$；

(2) $y = \dfrac{x^4 - 1}{x^2 + 1}$，$y = x^2 - 1$；

(3) $y = \csc^2 x - \cot^2 x$，$y = 1$；

(4) $y = \sin^2 x + \cos^2 x$，$y = 1$.

2. 判断下列函数的奇偶性：

(1) $y = x^{\frac{1}{3}}(x+1)(x-1)$；

(2) $y = 3\cos x + 5$；

(3) $y = \dfrac{a^x - a^{-x}}{2}$；

(4) $y = \ln(x + \sqrt{x^2 + 1})$.

3. 已知

$$f(x) = \begin{cases} x^2, & |x| < 1, \\ 2, & |x| = 1, \\ 2x, & |x| > 1. \end{cases}$$

求 $f(0)$，$f(1)$，$f\left(\dfrac{\sqrt{3}}{2}\right)$，$f\left(\dfrac{\pi}{2}\right)$，并作出函数 $f(x)$ 的图像.

4. 下列函数中哪些是周期函数？如果是，请指出其周期：

(1) $y = \sin(2x - 3)$；

(2) $y = |\cos x|$；

(3) $y = 3x\cos 3x$；

(4) $y = 1 + \tan \pi x$.

5. 求下列函数的反函数.

(1) $y = 5 - 4x^3$；

(2) $y = \dfrac{1 + 3x}{5 - 2x}$；

(3) $y = \dfrac{1}{3}\sin 2x \quad \left(-\dfrac{\pi}{4} < x < \dfrac{\pi}{4}\right)$；

(4) $y = \log_3(x + 3) + 1$.

6. 设 $f\left(x + \dfrac{1}{x}\right) = x^2 + \dfrac{1}{x^2}$，求 $f(x)$.

7. 设 $f(x) = \dfrac{x}{1 - x}$，求 $f(f(x))$，$f(f(f(x)))$.

8. 已知函数 $f(x) = x^2$，$\varphi(x) = \sin x$，求下列复合函数：

(1) $f(\varphi(x))$；

(2) $\varphi(f(x))$.

1.3 基本初等函数与初等函数

1.3.1 基本初等函数

在微积分课程中,函数通常是研究问题的工具,有时也是研究的对象.常值函数、幂函数、指数函数、对数函数、三角函数和反三角函数统称为**基本初等函数**.

1. 常值函数

定义 1 函数 $y=C$(C 为常数)称为**常值函数**.

它的定义域为 $D=(-\infty,+\infty)$,值域为 $R=\{C\}$,如图 1-15 所示.

2. 幂函数

定义 2 函数 $y=x^{\alpha}$(α 为常数)称为**幂函数**.

幂函数 $y=x^{\alpha}$ 的定义域取决于 α 的给定值.例如,当 $\alpha=2$ 时,$y=x^2$ 的定义域为 $(-\infty,+\infty)$;当 $\alpha=\dfrac{1}{2}$ 时,$y=x^{\frac{1}{2}}$ 的定义域为 $[0,+\infty)$,如图 1-16 所示.

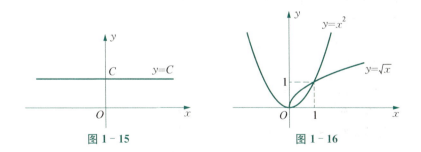

图 1-15　　　　　　图 1-16

3. 指数函数

定义 3 函数 $y=a^x$($a>0$ 且 $a\neq 1$,a 为常数)称为**指数函数**.

指数函数 $y=a^x$ 的定义域为 $D=(-\infty,+\infty)$,值域为 $R=(0,+\infty)$.当 $0<a<1$ 时,它是单调减少函数;当 $a>1$ 时,它是单调增加函数.它的图形总是在 x 轴的上方,且通过 $(0,1)$,如图 1-17、图 1-18 所示.

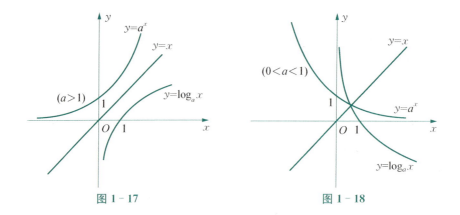

图 1-17　　　　　　　　图 1-18

4. 对数函数

定义 4　指数函数 $y=a^x$ 的反函数 $y=\log_a x\,(a>0\text{ 且 }a\neq 1,a$ 为常数)称为**对数函数**.

对数函数 $y=\log_a x$ 的定义域为 $D=(0,+\infty)$,值域为 $R=(-\infty,+\infty)$. 当 $0<a<1$ 时,它是单调减少函数;当 $a>1$ 时,它是单调增加函数.它的图形总是在 y 轴的右边,且通过 $(1,0)$,如图 1-17、图 1-18 所示.

特别地,当 $a=10$ 时,称 $\log_{10} x$ 为**常用对数**,简写成 $\lg x$;当 $a=\mathrm{e}$ 时,称 $\log_{\mathrm{e}} x$ **自然对数**,简写成 $\ln x$,其中 $\mathrm{e}=2.718\,281\,8\cdots$ 为无理数.

5. 三角函数

常用的三角函数有以下 6 种:

(1) **正弦函数**:$y=\sin x$(如图 1-19 所示).

(2) **余弦函数**:$y=\cos x$(如图 1-20 所示).

(3) **正切函数**:$y=\tan x$(如图 1-21 所示).

(4) **余切函数**:$y=\cot x$(如图 1-22 所示).

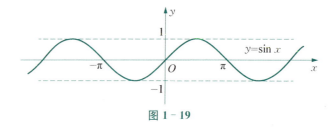

图 1-19

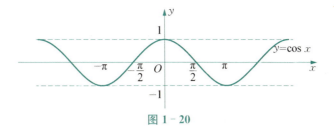

图 1-20

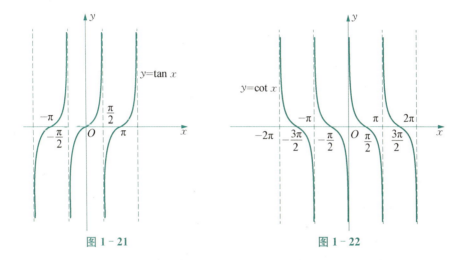

图 1-21　　　　　　　　　　　　图 1-22

正弦函数和余弦函数均是以 2π 为周期的周期函数,而且是有界函数,它们的定义域都是$(-\infty,+\infty)$,值域都是$[-1,1]$.正弦函数是奇函数,余弦函数是偶函数.

正切函数 $y=\tan x=\dfrac{\sin x}{\cos x}$ 的定义域和值域分别为

$$D=\{x\mid x\in \mathbf{R},x\neq n\pi+\dfrac{\pi}{2},n\in \mathbf{Z}\},\quad R=(-\infty,+\infty).$$

余切函数 $y=\cot x=\dfrac{\cos x}{\sin x}$ 的定义域和值域分别为

$$D=\{x\mid x\in \mathbf{R},x\neq n\pi,n\in \mathbf{Z}\},\quad R=(-\infty,+\infty).$$

正切函数和余切函数均是以 π 为周期的周期函数,而且都是奇函数.

（5）**正割函数**：$y=\sec x$.

（6）**余割函数**：$y=\csc x$.

正割函数和余割函数均是以 2π 为周期的周期函数,它们在 $\left(0,\dfrac{\pi}{2}\right)$ 内都是无界函数,而且

$$\sec x = \frac{1}{\cos x}, \quad \csc x = \frac{1}{\sin x}.$$

6. 反三角函数

常用的反三角函数有以下 4 种:

(1) **反正弦函数**: $y = \arcsin x$(如图 1-23 所示).

(2) **反余弦函数**: $y = \arccos x$(如图 1-24 所示).

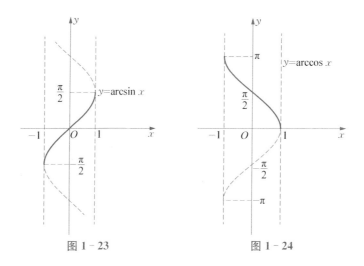

图 1-23　　　　　　　图 1-24

(3) **反正切函数**: $y = \arctan x$(如图 1-25 所示).

(4) **反余切函数**: $y = \text{arccot}\, x$(如图 1-26 所示).

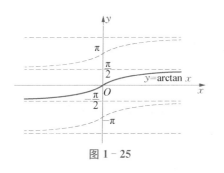
图 1-25

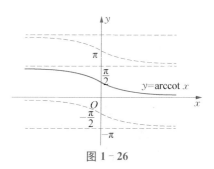
图 1-26

反正弦函数 $y = \arcsin x$ 的定义域和值域分别为

$$D = [-1, 1], R = \left[-\frac{\pi}{2}, \frac{\pi}{2}\right].$$

反余弦函数 $y = \arccos x$ 的定义域和值域分别为

$$D = [-1, 1], R = [0, \pi].$$

反正切函数 $y = \arctan x$ 的定义域和值域分别为

$$D = (-\infty, +\infty), R = \left(-\frac{\pi}{2}, \frac{\pi}{2}\right).$$

反余切函数 $y = \text{arccot}\, x$ 的定义域和值域分别为

$$D = (-\infty, +\infty), R = (0, \pi).$$

反正弦函数 $y = \arcsin x$ 和反正切函数 $y = \arctan x$ 在其各自的定义域内是单调增加的且均为奇函数,而反余弦函数 $y = \arccos x$ 和反余切函数 $y = \text{arccot}\, x$ 在各自的定义域内是单调减少的且均为非奇非偶函数.

1.3.2 初等函数

定义 5 由基本初等函数经过有限次的四则运算和有限次复合运算而构成,并能用一个解析式表示的函数,称为**初等函数**.

例如,$y = e^{\frac{1}{x}} \cos \sqrt{\ln(1+x^2)}$,$y = x^3 + \dfrac{\sqrt{\arctan(1+x)}}{\ln(x^3 + \sqrt{2+x^2})}$ 等都是初等函数. 大多数分段函数不是初等函数. 例如,$y = \text{sgn}\, x$,$y = \begin{cases} e^{2x}, & x \geqslant 0, \\ x+3, & x < 0 \end{cases}$ 等都不是初等函数,它们可以称为**分段初等函数**,因为这类函数在其定义域内不能用同一个解析式表示. 但是分段函数 $y = \begin{cases} x, & x \geqslant 0, \\ -x, & x < 0 \end{cases} = |x| = \sqrt{x^2}$ 是初等函数,因为该函数可由 $y = \sqrt{u}$,$u = x^2$ 复合而构成.

1.3.3* 双曲函数

在工程技术中常用到一种由指数函数复合运算而成的初等函数,称为**双曲函数**,其详细定义如下:

双曲正弦函数：$\operatorname{sh} x = \dfrac{e^x - e^{-x}}{2}$.

双曲余弦函数：$\operatorname{ch} x = \dfrac{e^x + e^{-x}}{2}$.

双曲正切函数：$\operatorname{th} x = \dfrac{\operatorname{sh} x}{\operatorname{ch} x} = \dfrac{e^x - e^{-x}}{e^x + e^{-x}}$.

双曲余切函数：$\operatorname{cth} x = \dfrac{\operatorname{ch} x}{\operatorname{sh} x} = \dfrac{e^x + e^{-x}}{e^x - e^{-x}}$.

利用函数 $y = \dfrac{e^x}{2}$ 和 $y = \dfrac{e^{-x}}{2}$ 的图像的叠加，可以得到双曲正弦函数和双曲余弦函数的图像（如图 1-27 所示），双曲正切函数的图像如图 1-28 所示.

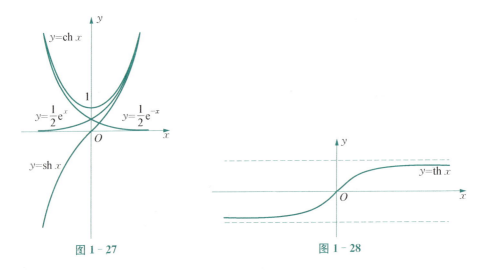

图 1-27　　　　　　　　　　图 1-28

双曲正弦函数的定义域为 $(-\infty, +\infty)$，它是一个奇函数，其图像通过原点 $(0,0)$ 且关于原点对称，在 $(-\infty, +\infty)$ 内单调增加.

双曲余弦函数的定义域为 $(-\infty, +\infty)$，它是一个偶函数，其图像通过点 $(0,1)$ 且关于 y 轴对称，在 $(-\infty, 0)$ 内单调减少，在 $(0, +\infty)$ 内单调增加.

双曲正切函数的定义域为 $(-\infty, +\infty)$，它是一个奇函数，其图像通过原点 $(0,0)$ 且关于原点对称，在 $(-\infty, +\infty)$ 内单调增加.

双曲余切函数的定义域为 $\{x \mid x \neq 0, x \in \mathbf{R}\}$，它是一个奇函数，其图像关于原点对称.

类似三角恒等式，由双曲函数的定义，可以证明以下 7 个恒等式：

(1) $\text{ch}^2 x - \text{sh}^2 x = 1$;

(2) $\text{sh}\, 2x = 2\text{sh}\, x\, \text{ch}\, x$;

(3) $\text{ch}\, 2x = \text{sh}^2 x + \text{ch}^2 x$;

(4) $2\text{sh}^2 x = \text{ch}\, 2x - 1$;

(5) $2\text{ch}^2 x = \text{ch}\, 2x + 1$;

(6) $\text{sh}(x \pm y) = \text{sh}\, x\, \text{ch}\, y \pm \text{ch}\, x\, \text{sh}\, y$;

(7) $\text{ch}(x \pm y) = \text{ch}\, x\, \text{ch}\, y \pm \text{sh}\, x\, \text{sh}\, y$.

这里只证明(1)成立,其他的请读者自己证明. 事实上,由于

$$\begin{aligned}\text{ch}^2 x - \text{sh}^2 x &= \left(\frac{e^x + e^{-x}}{2}\right)^2 - \left(\frac{e^x - e^{-x}}{2}\right)^2 \\ &= \frac{e^{2x}}{4} + 2\frac{e^x}{2}\frac{e^{-x}}{2} + \frac{e^{-2x}}{4} - \left(\frac{e^{2x}}{4} - 2\frac{e^x}{2}\frac{e^{-x}}{2} + \frac{e^{-2x}}{4}\right) \\ &= 1,\end{aligned}$$

因此(1)成立.

习题 1.3

1. 将下列函数分解成由基本初等函数或初等函数四则运算复合而成的形式:

(1) $y = \sqrt{x^2 + \sqrt{3x}}$;

(2) $y = \arcsin^2 \dfrac{3x}{1+x^2}$;

(3) $y = \ln \dfrac{(2-x)e^x}{\arctan x}$;

(4) $y = e^{\sqrt{\frac{1+x^2}{1-x^2}}}$.

2. 设 $f(x)$ 是定义在 $(-\infty, +\infty)$ 上的奇函数,在区间 $(0, +\infty)$ 上的表达式为 $f(x) = x - x^2$,求 $f(x)$ 在区间 $(-\infty, 0)$ 上的表达式.

3. 证明 1.3.3 节双曲函数中的(2)~(7)成立.

1.4 经济学中的常用函数

在经济学分析中,对需求、价格、成本、收益和利润等经济量的关系研究,是经济数学最基本的任务之一. 但是,现实问题中所涉及的变量较多,其间的相关性也异常复杂,经常需要用数学的方法解决实际问题,其做法就是先建立变量之

间的函数关系,即构建该问题的数学模型,然后分析该模型(函数)的特性.作为讨论的初期,本节仅介绍经济学中几种常用的函数.

1.4.1 单利与复利

利息是指借贷者向贷款方支付的报酬,它是根据本金的数额按一定比例计算的.利息又有存款利息、贷款利息、债券利息和贴现利息等几种主要的形式.

1. 单利计算公式

设初始本金为 p(元),银行年利率为 r,则

第一年末本利和为:$s_1 = p + rp = p(1+r)$;

第二年末本利和为:$s_2 = p(1+r) + rp = p(1+2r)$;

……

第 n 年末本利和为:$s_n = p(1+(n-1)r) + rp = p(1+nr)$.

2. 复利计算公式

设初始本金为 p(元),银行年利率为 r,则

第一年末本利和为:$s_1 = p + rp = p(1+r)$;

第二年末本利和为:$s_2 = p(1+r) + rp(1+r) = p(1+r)^2$;

……

第 n 年末本利和为:$s_n = p(1+r)^{n-1} + rp(1+r)^{n-1} = p(1+r)^n$.

例1 现有初始本金 1 000 元,若银行年储息利率为 5%,请问:

(1) 按单利计算,5 年末的本利和为多少?

(2) 按复利计算,5 年末的本利和为多少?

(3) 按复利计算,需要多少年能使本利和超过初始本金的 1 倍?

解 (1) 已知 $p = 1000$,$r = 5\%$,根据单利计算公式,可得

$$s_5 = p(1+5r) = 1\,000(1+5\times 5\%) = 1\,250(\text{元}),$$

即 5 年末的本利和为 1 250 元.

(2) 根据复利计算公式,可得

$$s_5 = p(1+r)^5 = 1\,000(1+5\%)^5 \approx 1\,276.28(\text{元}),$$

即 5 年末的本利和为 1 276.28 元.

(3) 若 n 年能使本利和超过初始本金的 1 倍,即要

$$s_n = p(1+r)^n > 2p, \tag{1-4-1}$$

由于 $r=5\%$，则对 (1-4-1) 式两边取对数得到 $n\ln 1.05 > \ln 2$，即 $n > \dfrac{\ln 2}{\ln 1.05} \approx 14.2$，从而需要 15 年能使本利和超过初始本金的一倍.

1.4.2 需求函数与供给函数

1. 需求函数

需求函数是指在某一特定时期内，市场上某种商品的各种可能的购买量和决定这些购买量的各个因素之间的数量关系. 如果其他因素（如消费者的货币收入、偏好和相关商品的价格等）不变，那么，决定某种商品需求量的因素就是这种商品的**价格**. 此时，需求函数表示的就是商品需求量和价格两个经济量之间的数量关系，若用 Q 表示商品的需求量，P 表示商品的价格，则

$$Q = f(P) \qquad (1-4-2)$$

称为需求函数. 同时，$Q = f(P)$ 的反函数

$$P = f^{-1}(Q) \qquad (1-4-3)$$

称为**价格函数**，习惯上将价格函数统称为需求函数. 一般地，商品价格的上涨会导致需求量减少. 因此，需求函数是价格的单调减少函数，如图 1-29 所示.

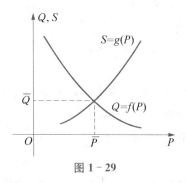

图 1-29

在经济管理中，人们根据统计规律，常用以下形式较简洁的初等函数来近似表达需求函数：

(1) 线性函数：$Q = a - bP$，其中 $a, b > 0$；

(2) 指数函数：$Q = a\mathrm{e}^{-bP}$，其中 $a, b > 0$；

(3) 幂函数：$Q = aP^{-b}$，其中 $a, b > 0$.

例如,设某商品需求函数为 $Q=200\mathrm{e}^{-\frac{P}{5}}$,当 $P=0$ 时,该商品的社会需求量为 $Q=200$,此时,称为该商品的最大需求量,也称市场对该商品的**饱和需求量**.

2. 供给函数

供给函数是指在某一特定时期内,市场上某种商品的各种可能的供给量和决定这些供给量的诸因素之间的数量关系.若用 S 表示商品的供给量,P 表示商品的价格,则

$$S=g(P) \qquad (1-4-4)$$

称为供给函数.同时,$S=g(P)$ 的反函数

$$P=g^{-1}(S) \qquad (1-4-5)$$

也称为供给函数.一般地,商品价格的上涨会使供给量增加,因此,供给函数是价格的单调增加函数,如图 1-29 所示.

在经济管理中,人们根据统计规律,常用以下形式较简洁的初等函数来近似表达供给函数:

(1) 线性函数:$S=-a+bP$,其中 $a,b>0$;

(2) 指数函数:$S=a\mathrm{e}^{bP}$,其中 $a,b>0$;

(3) 幂函数:$S=aP^b$,其中 $a,b>0$.

例如,设某商品供给函数为 $S=-30+6P$,当 $P=5$ 时,由于价格过低,该商品的社会供给量为 $S=0$,即无人在该价格水平下供应商品.

3. 均衡价格

某商品在价格水平 $\bar{P}$ 下,商品的社会需求量 Q 和商品的供给量 S 达到平衡,即 $f(\bar{P})=g(\bar{P})$ 时,则称 $\bar{P}$ 为**均衡价格**,此时 $\bar{Q}=f(\bar{P})$ 为**均衡数量**.在同一个坐标系中作出需求曲线和供给曲线,二者相交于点 $(\bar{P},\bar{Q})$,称 $(\bar{P},\bar{Q})$ 为**供需平衡点**,如图 1-29 所示.

例 2 某商品的需求函数为 $Q=150-5P$,供给函数为 $S=-50+15P$,试求该商品的市场均衡价格、均衡数量和供需平衡点.

解 该商品的市场均衡价格 $\bar{P}$ 应为 $Q=150-5P$ 和 $S=-50+15P$ 的解.于是由方程

$$150-5P=-50+15P,$$

解得 $\bar{P}=10$ 为均衡价格.此时,均衡数量

$$\bar{Q} = 150 - 5\bar{P} = 150 - 5 \times 10 = 100.$$

从而得到供需平衡点为 $(\bar{P}, \bar{Q}) = (10, 100)$.

1.4.3 成本函数与收益函数

1. 成本函数

任何一项生产活动都需要产品的投入,产品总成本是以货币形式表现的企业生产和销售的全部费用支出,**总成本**可分为**固定成本**和**可变动成本**. 其中固定成本是指在一定时期内不随产量变化的那部分成本,如产房费用、设备等固定资产折旧费、行政管理费等;可变成本是指随产量变化而变化的那部分成本,如原材料费、燃料费、计件工资费等. **总成本函数**表示费用总额与产量(或销售量)之间的依赖关系. 由此可见总成本函数 C 是产量 Q 的函数,即

$$C = \psi(Q), \quad Q \geqslant 0. \tag{1-4-6}$$

当产量 $Q = 0$ 时,对应的总成本函数值就是产品的固定成本值. 成本函数是单调增加的函数. 企业为了提高经济效益,降低成本,通常需要考察分摊到每个单位产品中的成本,称该成本为**平均成本**,记为

$$\bar{C} = \frac{\psi(Q)}{Q}, \tag{1-4-7}$$

称 $\bar{C}$ 为**平均成本函数**.

例 3 已知某产品的总成本函数为

$$C = 400 + 2Q + \frac{1}{3}Q^2.$$

求(1)固定成本;(2)产量 $Q = 30$ 时的总成本;(3)平均成本函数;(4) $Q = 30$ 时的平均成本.

解 由题意可得

(1) 当 $Q = 0$ 时,固定成本为 $C(0) = 400 + 2 \times 0 + \frac{1}{3} \times 0^2 = 400$.

(2) $Q = 30$ 时的总成本为 $C(30) = 400 + 2 \times 30 + \frac{1}{3} \times 30^2 = 760$.

(3) 平均成本函数为 $\bar{C} = \dfrac{400 + 2Q + \dfrac{1}{3}Q^2}{Q} = \dfrac{1}{3}Q + \dfrac{400}{Q} + 2$.

(4) $Q=30$ 时的平均成本为 $\bar{C}(30) = \dfrac{400 + 2\times 30 + \dfrac{1}{3}\times 30^2}{30} = \dfrac{76}{3}$.

2. 收益函数

收益是指销售一定数量商品所得到的收入,**收益函数**既是销量 Q 的函数,又是价格 P 的函数,即收益是价格与销量的乘积,若用 R 表示收益函数,则

$$R = PQ. \qquad (1-4-8)$$

注 1 根据不同的研究需要,通过需求函数,既可将收益函数表示成价格 P 的函数,也可表示成销量 Q 的函数. 即

(1) 若需求函数 $Q = f(P)$,则 $R(P) = Pf(P)$;

(2) 若价格函数 $P = f^{-1}(Q)$,则 $R(Q) = Qf^{-1}(Q)$.

1.4.4 利润函数

企业生产经营活动的直接目的就是获取利润. 生产(或销售)一定数量商品的总利润 L 是总收益 R 与总成本 C 之差,即

$$L = L(Q) = R(Q) - C(Q). \qquad (1-4-9)$$

若考虑国家征收税费 T 的情况下,总利润为

$$L = L(Q) = R(Q) - C(Q) - T(Q). \qquad (1-4-10)$$

称 (1-4-9) 与 (1-4-10) 中的 $L(Q)$ 为**利润函数**.

若不考虑国家征收税费的情况下,而且

(1) $L(Q) = R(Q) - C(Q) > 0$ 时,生产者盈利;

(2) $L(Q) = R(Q) - C(Q) < 0$ 时,生产者亏损;

(3) $L(Q) = R(Q) - C(Q) = 0$ 时,生产者盈亏平衡,使 $L(Q) = 0$ 的点称为**盈亏平衡点**.

例 4 已知某产品的总成本 C(元)与日产量 Q(千克)的函数关系为

$$C = C(Q) = \frac{1}{9}Q^2 + 6Q + 100.$$

产品销售价格为 P(元/千克),它与产量 Q 的函数关系为

$$P = P(Q) = 46 - \frac{1}{3}Q.$$

(1) 试将平均单位成本表示为日产量 Q 的函数;

(2) 试将每日产品全部销售后获得的总利润 L 表示为日产量 Q 的函数.

解 由题意可得:

(1) 平均单位成本为

$$\bar{C} = \frac{C(Q)}{Q} = \frac{\frac{1}{9}Q^2 + 6Q + 100}{Q} = \frac{1}{9}Q + \frac{100}{Q} + 6 \quad (Q \geqslant 0).$$

(2) 生产 Q 千克产品, 以价格 P 元/千克销售, 获得的总收入为

$$R = R(Q) = QP(Q) = Q\left(46 - \frac{1}{3}Q\right) = -\frac{1}{3}Q^2 + 46Q.$$

因为生产 Q 千克产品的总成本为 $C = C(Q) = \frac{1}{9}Q^2 + 6Q + 100$, 所以总利润为

$$\begin{aligned} L = L(Q) &= R(Q) - C(Q) \\ &= -\frac{1}{3}Q^2 + 46Q - \left(\frac{1}{9}Q^2 + 6Q + 100\right) \\ &= -\frac{4}{9}Q^2 + 40Q - 100. \end{aligned} \quad (1-4-11)$$

由于销售价格 $P > 0$, 即 $46 - \frac{1}{3}Q > 0$, 从而得到 $Q < 138$; 又由于产量 $Q \geqslant 0$, 因此, 方程(1-4-11)的定义域为 $0 \leqslant Q < 138$.

习题 1.4

1. 现有初始本金 100 元, 若银行年储蓄利率为 7%, 请问:
   (1) 按照单利计算, 3 年末的本利和为多少?
   (2) 按照复利计算, 3 年末的本利和为多少?
   (3) 按照复利计算, 需要多少年能使本利和超过初始本金的 1 倍?

2. 某种商品的需求函数与供给函数分别为

$$Q = 300 - 6P, \quad S = 26P - 20,$$

求该商品的市场均衡价格和均衡数量.

3. 某工厂生产某种产品, 生产准备费用为 1 000 元, 可变资本为 4 元, 单位售价

为 8 元,试求:

(1) 总成本函数;　　　　　　　(2) 平均成本函数;

(3) 收益函数;　　　　　　　　(4) 利润函数.

4. 已知某工厂生产一个单位产品时,可变成本为 15 元,固定成本为 2 000 元,如果这种产品出厂价为 20 元,试求:

(1) 利润函数;

(2) 该厂每天至少生产多少该产品,才能保证不亏本?

5. 已知某企业生产一种新型产品,根据调查得到需求函数为 $Q = 45\,000 - 900P$. 该企业生产该产品的固定成本为 270 000 元,可变成本为 10 元. 试求:

(1) 利润函数;

(2) 为了获得最大利润,该产品出厂的价格为多少?

6. 已知某产品的成本函数与收益函数分别为

$$C = Q^2 - 4Q + 5,\ R = 2Q,$$

试求该商品的盈亏平衡点,并说明盈亏情况.

本章小结

一、集合的概念

1. 集合的定义、常用的数集表示法.

2. 集合的三要素:确定性、互异性和无序性.

3. 集合间的 3 种基本运算:并、交、差.

4. 有限区间与无限区间的定义及其表示法.

5. 邻域的定义及其表示法.

二、函数的概念及其表示法

1. 函数的定义、函数 $y = f(x)$ 的定义域 D 的求法.

2. 函数的三要素:定义域、值域和对应法则.

3. 函数的主要表示方法:表格法、图形法、解析法(公式法).

4. 几种特殊的函数:符号函数、取整函数、狄利克雷函数、黎曼函数.

(1) 符号函数：$y = \operatorname{sgn} x = \begin{cases} -1, & x < 0, \\ 0, & x = 0, \\ 1, & x > 0. \end{cases}$

(2) 取整函数：$y = [x]$，其中 $[x]$ 表示不超过 x 的最大整数.

(3) 狄利克雷函数：$D(x) = \begin{cases} 1, & \text{当 } x \text{ 为有理数}, \\ 0, & \text{当 } x \text{ 为无理数}. \end{cases}$

(4) 黎曼函数：

$R(x) = \begin{cases} \dfrac{1}{q}, & \text{当 } x = \dfrac{p}{q}(p, q \in \mathbf{N}^+, \dfrac{p}{q} \text{ 为既约真分数}), \\ 0, & \text{当 } x = 0, 1 \text{ 和}(0, 1) \text{ 内的无理数}. \end{cases}$

5. 函数的几种特性：奇偶性、单调性、周期性、有界性.

6. 反函数与复合函数：

(1) 反函数存在定理：单调函数 $y = f(x)$ 必定存在相应单调的反函数 $y = f^{-1}(x)$.

(2) 求反函数的一般步骤为：由方程 $y = f(x)$ 解出 $x = f^{-1}(y)$，再将 x 与 y 对换，即得到所求的反函数 $y = f^{-1}(x)$.

(3) 由函数 $y = f(u)$ 与 $u = g(x)$ 复合而成的复合函数 $y = f[g(x)]$ 的概念.

三、基本初等函数与初等函数

1. 6 种基本初等函数：常值函数、幂函数、指数函数、对数函数、三角函数和反三角函数.

2. 初等函数：由基本初等函数经过有限次四则运算和有限次复合运算而构成，并能用一个解析式表示的函数.

四、常用的经济函数

1. 单利与复利计算公式.

2. 需求函数：$Q = f(P)$；价格函数：$P = f^{-1}(Q)$.

3. 供给函数：$S = g(P)$.

4. 均衡价格：$f(\bar{P}) = g(\bar{P})$；均衡数量：$\bar{Q} = f(\bar{P})$；供需平衡点：$(\bar{P}, \bar{Q})$.

5. 成本函数：$C=\psi(Q)$；平均成本函数 $\bar{C}=\dfrac{\psi(Q)}{Q}$.

6. 收益函数：$R=PQ$.

7. 利润函数：$L(Q)=R(Q)-C(Q)$.

考虑国家征收税 T，利润为 $L=L(Q)=R(Q)-C(Q)-T(Q)$.

8. 盈亏平衡点：使 $L(Q)=0$ 的点.

总习题 1

(A)

1. 填空题：

(1) 设 $f(\mathrm{e}^x)=a^x(x^2-1)$，则 $f(x)=$ _____.

(2) 设函数 $f(x)$ 的定义域为 $[0,1]$，则 $f(x+1)+f(x-1)$ 的定义域为 _____.

(3) 设 $f(x)=\dfrac{x+k}{kx^2+2kx+2}$ 的定义域为 $(-\infty,+\infty)$，则 k 的取值范围是 _____.

(4) $y=\sin x+\cos x$ 的周期是 _____.

2. 单项选择题：

(1) 函数 $f(x)=\dfrac{1}{\ln|x-5|}$ 的定义域是 _____.

    A. $(-\infty,4)\cup(4,+\infty)$

    B. $(-\infty,5)\cup(6,+\infty)$

    C. $(-\infty,6)\cup(6,+\infty)$

    D. $(-\infty,4)\cup(4,5)\cup(5,6)\cup(6,+\infty)$

(2) 下列函数不相等的是 _____.

    A. $f(x)=\sqrt[3]{x^3},\ g(x)=x$

    B. $f(x)=\sin^2(3x+1),\ g(t)=\sin^2(3t+1)$

    C. $f(x)=\sqrt{x^2},\ g(x)=|x|$

    D. $f(x)=\dfrac{x^2-1}{x-1},\ g(x)=x+1$

(3) 设函数 $f(x)$ 在 $(-\infty,+\infty)$ 内有定义，下列函数中必为偶函数的是

A．$y=f(-x)$ B．$y=f(x^2)$
C．$y=|f(x)|$ D．$y=f(x)-f(-x)$

(4) 函数 $y=\ln(x-1)$ 在下列区间有界的是 _____．

A．(2，3) B．$(-\infty, 1)$ C．(0，2) D．$(4, +\infty)$

3. 设函数 $y=f(x)$ 与 $y=g(x)$ 的图形关于 $y=x$ 对称，而且 $f(x)=\dfrac{e^x-e^{-x}}{e^x+e^{-x}}$，求 $g(x)$ 的表达式．

4. 设函数 $f(x)=2^x$，$g(x)=x\ln x$，求 $f(g(x))$，$g(f(x))$，$f(f(x))$，$g(g(x))$．

5. 设函数 $f(x)=\begin{cases} e^x, & x<1, \\ x, & x\geq 1, \end{cases}$ $g(x)=\begin{cases} x+2, & x<0, \\ x^2-1, & x\geq 0, \end{cases}$ 求 $f(g(x))$．

6. 设函数 $f(x)=\begin{cases} x+1, & x<0, \\ 1, & x\geq 0, \end{cases}$ $g(x)=\begin{cases} x-1, & x<1, \\ 0, & x\geq 1, \end{cases}$ 求 $f(x)+g(x)$．

7. 设函数 $f(x)$ 在 $(-\infty, +\infty)$ 内有定义，证明：

(1) $f(x)-f(-x)$ 为奇函数； (2) $f(x)+f(-x)$ 为偶函数．

8. 已知生产某种商品的成本函数和收益函数分别为

$$C=10-8Q+Q^2, \quad R=4Q \quad (单位：万元).$$

(1) 求该商品的利润函数及销量为 6 台时的总利润；

(2) 讨论该商品销量为 7 台时是否盈利．

(B)

1. 填空题：

(1) 函数 $f(x)=\dfrac{\ln(3-x)}{\sin x}+\sqrt{-x^2+4x+5}$ 的定义域为 _____．

(2) 设函数 $f(x)=\begin{cases} 1, & 0\leq x\leq 1, \\ -2, & 1<x\leq 2, \end{cases}$ 则函数 $f(x+3)$ 的定义域为 _____．

(3) 设 $f\left(x+\dfrac{1}{x}\right)=x^2+\dfrac{1}{x^2}$，则 $f(x)$ 的表达式为 _____．

(4) $y=\dfrac{e^x-e^{-x}}{2}$ 的反函数是 _____．

2. 单项选择题：

(1) 下列函数中是奇函数的是 _____ .

    A. $\ln(x^2+1)$ B. $x\sin x$

    C. $\ln(\sqrt{x^2+1}-x)$ D. $y=e^x+e^{-x}$

(2) 设 $f(x)=\begin{cases} x^2, & x\leqslant 0, \\ x^2+x, & x>0, \end{cases}$ 则有 _____ .

    A. $f(-x)=\begin{cases} -x^2, & x\leqslant 0, \\ -x^2-x, & x>0 \end{cases}$

    B. $f(-x)=\begin{cases} -x^2-x, & x<0, \\ -x^2, & x\geqslant 0 \end{cases}$

    C. $f(-x)=\begin{cases} -x^2, & x\leqslant 0, \\ x^2-x, & x>0 \end{cases}$

    D. $f(-x)=\begin{cases} x^2-x, & x<0, \\ x^2, & x\geqslant 0 \end{cases}$

(3) 在 $(-\infty,+\infty)$ 内，$f(x)$ 单调增加，$g(x)$ 单调减少，则在 $(-\infty,+\infty)$ 内 $f(g(x))$ _____ .

    A. 单调增加   B. 单调减少

    C. 不是单调函数   D. 单调性难以判断

(4) 函数 $f(x)=|x\sin x|e^{\cos x}\ (-\infty<x<+\infty)$ 是 _____ .

    A. 有界函数   B. 单调函数   C. 周期函数   D. 偶函数

3. 已知 $f(\sin x)=3-\cos 2x$，求 $f(\cos x)$ 的表达式.

4. 设 $f\left(\dfrac{x+1}{x-1}\right)=3f(x)-2x$，求 $f(x)$ 的表达式.

5. 设函数 $f(x)$ 在定义域 $(-\infty,+\infty)$ 内为奇函数，$f(1)=k$，且对任意的 x 满足

$$f(x+2)-f(2)=f(x).$$

(1) 求 $f(2)$ 与 $f(5)$ 的值；

(2) 问 k 为何值时，$f(x)$ 以 2 为周期？

6. 已知某商品的成本函数与收益函数分别为

$$C=x^2+3x+12,\ R=11x,$$

其中，x 表示产销量，试求该商品的盈亏平衡点，并说明盈亏情况.

第 2 章

极限与连续

极限的概念是微积分的理论基础,极限方法是研究变量变化趋势的基本工具,是微积分的基本分析方法,微积分中所有重要概念,如连续、导数、定积分等,都是通过极限来定义的,极限贯穿微积分的始终.因此,掌握好极限方法是学好微积分的关键.

2.1 数列极限

极限概念是由于求某些问题的精确解而产生的.例如,我国古代数学家刘徽(公元3世纪)利用圆内接正多边形来推算圆面积的方法——割圆术就是极限思想在几何上的一个经典应用.又如,在中国古代哲学家庄周所著的《庄子·天下篇》(被誉为中国古代哲学典籍)中"截丈问题"有一段富有深刻极限思想的名言:"一尺之棰,日取其半,万世不竭."

例1 刘徽的割圆术.

"割之弥细,所失弥少,割之又割,以至不可割,则与圆周合体而无所失矣."

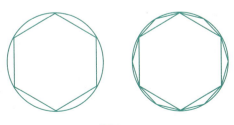

图 2-1

刘徽的割圆术,实际上是"割圆求周"的方法:将圆周分成:6 等份、12 等份、24 等份……如图 2-1 所示.这样继续分割下去,得到圆的内接正六边形、正十二边形、正二十四边形……其面积分别是 $A_1, A_2, A_3, \cdots$,用 A_n 表示圆内接正 $6 \times 2^{n-1}$ 边形的面积,则

$$A_n = 6 \times 2^{n-1} \times \frac{1}{2} R^2 \sin \frac{2\pi}{6 \times 2^{n-1}}.$$

当 n 无限增大时,A_n 无限接近于常数 $A = \pi R^2$(圆的面积).

例 2 "截丈问题".

如图 2-2 所示:

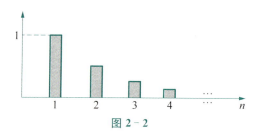

图 2-2

当 $n = 1, 2, 3, \cdots$ 时,剩余的长度分别记作 $a_1, a_2, a_3, \cdots$,则 $a_n = \frac{1}{2^{n-1}}$. 当 n 无限增大时,a_n 无限接近常数 0. 这里要注意的是 a_n 永远也取不到 0.

2.1.1 数列极限的定义

上述两个例子中,分别出现了按自然数由小到大顺序排成的一个序列,这样的序列称为**数列**. 一般地,有如下定义.

定义 1 设 $x_n = f(n)$ 是由正整数集 $\mathbf{N}^+$ 为定义域的函数,将其函数值 x_n 按自变量 n 由小到大排成一个序列:

$$x_1, x_2, x_3, \cdots, x_n, \cdots, \qquad (2\text{-}1\text{-}1)$$

称这个序列为**数列**,记为 $\{x_n\}$. 其中数列中的每一个数称为这个数列的**项**,x_1 叫作这个数列的**首项**,第 n 项 x_n 叫作这个数列的**一般项**或**通项**. 例如:

(1) $2, 4, 6, \cdots, 2n, \cdots$;

(2) $1, 0, 1, \cdots, \dfrac{1+(-1)^{n-1}}{2}, \cdots$;

(3) $1, -1, 1, \cdots, (-1)^{n-1}, \cdots$;

(4) $1, \dfrac{1}{2}, \dfrac{1}{4}, \cdots, \dfrac{1}{2^{n-1}}, \cdots$;

(5) $2, \dfrac{1}{2}, \dfrac{4}{3}, \dfrac{3}{4}, \cdots, \dfrac{n+(-1)^{n-1}}{n}, \cdots$;

(6) $\dfrac{1}{2}, \dfrac{2}{3}, \dfrac{3}{4}, \cdots, \dfrac{n}{n+1}, \cdots$.

这些都是数列,它们的一般项依次为

$$2n, \dfrac{1+(-1)^{n-1}}{2}, (-1)^{n-1}, \dfrac{1}{2^{n-1}}, \dfrac{n+(-1)^{n-1}}{n}, \dfrac{n}{n+1}.$$

数列的极限就是考察当 n 无限增大(记作 $n \to \infty$,符号"$\to$"读作"趋向于")时,一般项 x_n 的变化趋势.

为了直观,数列 $\{x_n\}$ 可看作数轴上的一个动点,它依次取数轴上的点 x_1, $x_2, \cdots, x_n, \cdots$. 例如,将数列(4),(5)的各项用数轴上的对应点表示,如图 2-3(a),(b)所示.

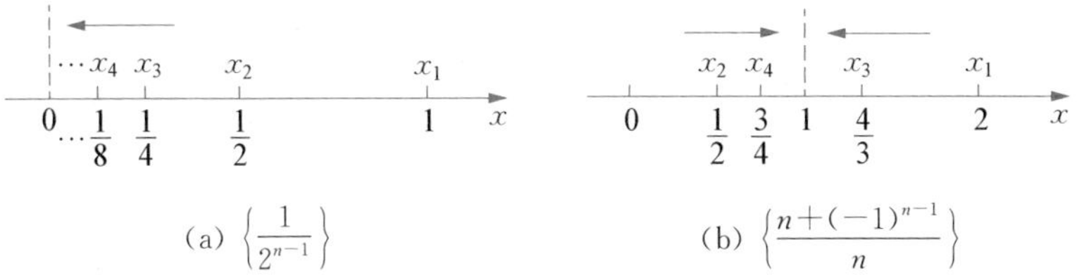

图 2-3

从图 2-3 可知,当 $n \to \infty$ 时,数列 $\left\{\dfrac{1}{2^{n-1}}\right\}$ 在数轴上的对应点从原点右侧无限接近 0;数列 $\left\{\dfrac{n+(-1)^{n-1}}{n}\right\}$ 在数轴上的对应点从 $x=1$ 的两侧无限接近 1. 一般地,数列极限的定义可以描述如下.

定义 2 设 $\{x_n\}$ 为数列,如果当 $n \to \infty$ 时,数列中的通项 x_n 无限接近一个确定的常数 A,则称 $\{x_n\}$ 为收敛数列,称 A 为数列 $\{x_n\}$ 当 $n \to \infty$ 时的**极限**,也称数列 $\{x_n\}$ **收敛**于 A,记作

$$\lim_{n \to \infty} x_n = A \text{ 或 } x_n \to A (n \to \infty). \tag{2-1-2}$$

如果当 $n \to \infty$ 时,数列中的通项 x_n 不会接近一个确定的常数 A,则称数列 $\{x_n\}$

发散,或称数列$\{x_n\}$的极限不存在. 例如,$\{2n\}$,$\left\{\dfrac{1+(-1)^{n-1}}{2}\right\}$,$\{(-1)^{n-1}\}$都是发散的,即它们均无极限. 而数列$\left\{\dfrac{1}{2^{n-1}}\right\}$,$\left\{\dfrac{n+(-1)^{n-1}}{n}\right\}$都是收敛的,并且

$$\lim_{n\to\infty}\frac{1}{2^{n-1}}=0,\ \lim_{n\to\infty}\frac{n+(-1)^{n-1}}{n}=1.$$

定义 2 仅是数列极限的描述性定义,在这个定义中没有精确"$n\to\infty$"和"$x_n\to A$"的量化含义,难以用于理论推导,甚至难以令人信服地说明数列$\left\{\dfrac{1+(-1)^{n-1}}{2}\right\}$的极限不是 0,也不是 1,而是不存在. 因此,我们需要给数列极限用量化的数学语言来刻画"$n\to\infty$"和"$x_n\to A$"这一事实.

我们知道,两个实数 a,b 接近的程度可以由$|a-b|$确定($|a-b|$表示数轴上两点 a 与 b 的距离). $|a-b|$越小,说明 a,b 越接近. 因此,要说明"$n\to\infty$时,$x_n\to A$",只须说明"当 n 越来越大时,$|x_n-A|$会越来越小",但值得注意的是$|x_n-A|$可以不为 0.

例如,对数列$\{x_n\}=\left\{\dfrac{n+(-1)^{n-1}}{n}\right\}$而言,因为

$$|x_n-1|=\left|(-1)^{n-1}\frac{1}{n}\right|=\frac{1}{n},$$

由此可见,当 n 越来越大时,$|x_n-1|=\dfrac{1}{n}$会越来越小,例如给定$\dfrac{1}{100}$,要使$|x_n-1|<\dfrac{1}{100}$,只须$\dfrac{1}{n}<\dfrac{1}{100}$,即 $n>100$,也就是说从数列的第 101 项起,后面的各项都能使不等式

$$|x_n-1|<\frac{1}{100}$$

成立. 同样地,如果给定$\dfrac{1}{10\,000}$,则从数列的第 10 001 项起,后面的各项都能使不等式

$$|x_n-1|<\frac{1}{10\,000}$$

成立. 一般地, 无论给定的正数 ε(0＜ε＜1) 多么小, 总存在着一个正整数 $N\left(N=\left[\dfrac{1}{\varepsilon}\right]\right)$, 使得当 $n>N$ 时, 不等式

$$|x_n-1|<\varepsilon$$

都成立. 这就是数列 $\left\{\dfrac{n+(-1)^{n-1}}{n}\right\}$ 当 $n\to\infty$ 时无限接近 1 这一事实的定量的刻画. 一般地, 有如下数列极限的定义(或称为 "ε - N" 定义).

定义 3 设 $\{x_n\}$ 为数列, 如果存在常数 A, 对于任意给定的正数 ε(不论它多么小), 总存在正整数 N, 使得对于满足 $n>N$ 的一切 x_n, 都有不等式

$$|x_n-A|<\varepsilon \qquad (2-1-3)$$

成立, 则称常数 A 为数列 $\{x_n\}$ 的极限, 或称数列 $\{x_n\}$ 收敛于 A, 记作

$$\lim_{n\to\infty}x_n=A \text{ 或 } x_n\to A(n\to\infty). \qquad (2-1-4)$$

下面给出 $\lim\limits_{n\to\infty}x_n=A$ 的几何意义. 将数列 $\{x_n\}$ 的每一项 $x_1,x_2,\cdots$, 以及常数 A 用数轴上的对应点表示出来, 再在数轴上作出点 A 的 ε 邻域, 即开区间 $(A-\varepsilon, A+\varepsilon)$, 如图 2-4 所示.

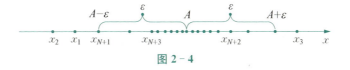

图 2-4

由绝对值不等式的性质可知 $|x_n-A|<\varepsilon$ 等价于 $A-\varepsilon<x_n<A+\varepsilon$, 即 $x_n\in U(A,\varepsilon)$. 因此, $x_n\to A(n\to\infty)$ 从几何上看就是以 A 为中心, 以不论多么小的正数 ε 为半径的邻域 $U(A,\varepsilon)$, 总存在一个正整数 N, 从第 $N+1$ 项起, 后面的所有项(无限多项)都落在邻域 $U(A,\varepsilon)$ 内, 而不在 $U(A,\varepsilon)$ 内的至多有 N 项(有限项). 由于这邻域的半径 ε 可以任意小, 邻域内总有无限多个 $\{x_n\}$ 中的点, 所以可以想象, $\{x_n\}$ 中 $n>N$ 的点 "聚集" 在点 A 的邻近.

为了表示简便, 引入几个符号:

符号 "∀" 表示 "对于任意给定的" 或 "对于每一个"; 符号 "∃" 表示 "存在" 或 "有一个"; 符号 "s.t." 表示 "使得"; 符号 "$\max\{X\}$" 表示数集 X 中的最大数; 符号 "$\min\{X\}$" 表示数集 X 中的最小数. 下面给出数列极限的精简定义.

定义 4 $\lim\limits_{n\to\infty}x_n=A \Leftrightarrow \forall \varepsilon>0, \exists N\in \mathbf{Z}^+,\text{s.t.}$ 当 $n>N$ 时有 $|x_n-A|<\varepsilon$.

2.1.2 数列极限的性质

定理 1(唯一性) 如果数列 $\{x_n\}$ 收敛,那么它的极限必唯一.

证 （反证法）设 $\lim\limits_{n\to\infty}x_n=a$,又有 $\lim\limits_{n\to\infty}x_n=b$,并且 $a\neq b$. 不妨设 $a<b$,由极限的分析定义知,取 $\varepsilon=\dfrac{b-a}{2}$,由于 $\lim\limits_{n\to\infty}x_n=a$,所以 $\exists$ 正整数 N_1,当 $n>N_1$ 时,有

$$|x_n-a|<\frac{b-a}{2}, \tag{2-1-5}$$

从而有

$$\frac{3a-b}{2}<x_n<\frac{b+a}{2}, \tag{2-1-6}$$

又由于 $\lim\limits_{n\to\infty}x_n=b$,所以 $\exists$ 正整数 N_2,当 $n>N_2$ 时,有

$$|x_n-b|<\frac{b-a}{2}, \tag{2-1-7}$$

从而有

$$\frac{a+b}{2}<x_n<\frac{3b-a}{2}, \tag{2-1-8}$$

取 $N=\max\{N_1,N_2\}$,则当 $n>N$ 时,(2-1-6)式与(2-1-8)式同时成立. 但由(2-1-6)式知 $x_n<\dfrac{b+a}{2}$,由(2-1-8)式知 $x_n>\dfrac{a+b}{2}$,这是不可能的,这矛盾证明唯一性定理为真.

定理 2(有界性) 如果数列 $\{x_n\}$ 收敛,那么数列 $\{x_n\}$ 一定有界.

证 设 $\lim\limits_{n\to\infty}x_n=a$,根据极限定义,对于 $\varepsilon=1$,$\exists$ 正整数 N,当 $n>N$ 时,都有 $|x_n-a|<1$. 于是,当 $n>N$ 时,可得

$$|x_n|=|(x_n-a)+a|\leqslant|x_n-a|+|a|<1+|a|. \tag{2-1-9}$$

取 $M=\max\{|x_1|,|x_2|,\cdots,|x_N|,1+|a|\}$,则对于一切 $n=1,2,\cdots$,$|x_n|\leqslant M$ 成立. 这就证明了数列 $\{x_n\}$ 是有界的.

注 1 定理 2 的逆命题未必成立,例如数列 $\{(-1)^n\}$ 有界,但它是发散的.

注 2 无界数列必发散.

定理 3(保号性) 如果 $\lim\limits_{n\to\infty}x_n=a$,且 $a>0$(或 $a<0$),则 $\exists$ 正整数 N,当 $n>N$ 时,都有 $x_n>0$(或 $x_n<0$).

证 仅就 $a>0$ 的情形给予证明($a<0$ 时同理可证).由极限定义,对于 $\varepsilon=\dfrac{a}{2}>0$,$\exists$ 正整数 N,当 $n>N$ 时,有

$$|x_n-a|<\frac{a}{2}, \qquad (2\text{-}1\text{-}10)$$

从而有

$$\frac{a}{2}<x_n<\frac{3a}{2}, \qquad (2\text{-}1\text{-}11)$$

于是当 $n>N$ 时,$x_n>\dfrac{a}{2}>0$.

推论 1 如果数列 $\{x_n\}$ 从某项开始有 $x_n>0$(或 $x_n<0$),且 $\lim\limits_{n\to\infty}x_n=a$,则 $a\geqslant 0$(或 $a\leqslant 0$).

注 3 推论 1 中只能推出 $a\geqslant 0$(或 $a\leqslant 0$),而不是 $a>0$(或 $a<0$).例如,$x_n=\dfrac{1}{n}>0$,但 $\lim\limits_{n\to\infty}\dfrac{1}{n}=0$.

习题 2.1

1. 观察下列数列的变化趋势,收敛的写出其极限:

(1) $x_n=\dfrac{n+(-1)^{n-1}}{n}$;

(2) $x_n=n+(-1)^n n$;

(3) $x_n=n-\dfrac{1}{n}$;

(4) $x_n=\dfrac{2^n-2}{3^n}$;

(5) $x_n=2+(-1)^n\dfrac{1}{n}$;

(6) $x_n=2-(-1)^n$.

2. 判断下列命题是否正确:

(1) 收敛数列一定有界;

(2) 有界数列一定收敛;

(3) 无界数列一定发散;

(4) 发散数列一定无界;

(5) 若收敛数列的通项大于 0,则其极限一定大于 0;

(6) 若数列的极限大于 0,则数列的每一项也一定大于 0.

3*. 设 $x_n = \dfrac{1}{n}\cos\dfrac{n\pi}{2}$,考察 $\lim\limits_{n\to\infty} x_n = 0$.

(1) 求出 N,使得当 $n > N$ 时,有 $|x_n - 0| < \varepsilon$;

(2) 当 $\varepsilon = 0.001$ 时,$N = ?$

4*. 用数列极限的分析定义证明:

(1) $\lim\limits_{n\to\infty} \dfrac{n}{n+1} = 1$;

(2) $\lim\limits_{n\to\infty} \dfrac{3n-1}{n+1} = 3$;

(3) $\lim\limits_{n\to\infty} \dfrac{n^2-2}{n^2+n+1} = 1$;

(4) $\lim\limits_{n\to\infty}\left(1 - \dfrac{1}{2^n}\right) = 1$.

2.2 函数极限

上节讨论的数列 $x_n = f(n)$ 的极限是函数 $y = f(x)$ 极限的特殊情形,其特殊性是:自变量 n 是离散地取正整数无限增大(即 $n \to \infty$). 在这一节中,我们讨论一般函数 $y = f(x)$ 的极限,主要研究两种情形:第一种情形是 $x \to x_0$(有限数);第二种情形是 $x \to \infty$($|x|$ 无限增大).

2.2.1 $x \to x_0$ 时,函数的极限

例1 设 $f(x) = \dfrac{x^2-1}{x-1}$,考察 $\lim\limits_{x\to 1} f(x)$.

解 由题意可得函数的定义域为 $D = \{x \mid x \in \mathbf{R}, \text{且 } x \neq 1\}$. 所考察的极限中,函数的自变量 x 的变化过程是:$x \neq 1$ 而无限趋向 1. 由于

$$f(x) = \dfrac{x^2-1}{x-1} \xlongequal{x \neq 1} \dfrac{(x+1)(x-1)}{x-1} = x+1,$$

其图像如图 2-5 所示. 从几何直观上,易知 $\lim\limits_{x\to 1}\dfrac{x^2-1}{x-1} = 2$,且 $f(x)$ 取不到 2(注

意 2 不是函数 $\dfrac{x^2-1}{x-1}$ 的函数值).另一方面,分别令

$$x = 2.000\,0,\ 1.900\,0,\ 1.090\,0,$$
$$1.009\,0,\ 1.000\,9,$$

或令

$$x = 0.000\,0,\ 0.900\,0,\ 0.990\,0,$$
$$0.999\,0,\ 0.999\,9,$$

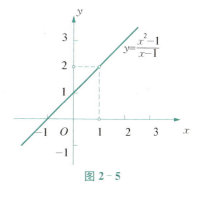

图 2-5

从代数上确认这一清晰的模式,如表 2-1 所示.

表 2-1

x	$\dfrac{x^2-1}{x-1}$	x	$\dfrac{x^2-1}{x-1}$
2	3	0.000 0	1.000 0
1.900 0	2.100 0	0.900 0	1.900 0
1.090 0	2.010 0	0.990 0	1.990 0
1.009 0	2.001 0	0.999 0	1.999 0
1.000 9	2.000 1	0.999 9	1.999 9

总之,我们确认 $\lim\limits_{x\to 1}\dfrac{x^2-1}{x-1}=2$,不过值得注意的是这里 $x_0=1$ 不是函数定义域内的点,而 2 也不是该函数的函数值.因此,一般地,精确刻画"在 $x\to x_0$ 的过程中,对应的函数值 $f(x)$ 无限接近 A"这一事实,就是 $|f(x)-A|$ 能任意地小,如数列极限概念所述,$|f(x)-A|$ 能任意小可以用 $|f(x)-A|<\varepsilon$ 来刻画,其中 ε 是任意给定的不论多小的正数.由于函数值无限接近 A 是在 $x\to x_0$ 的过程中实现的,因此对于满足上述不等式的 x 是充分接近 x_0 的 x,而充分接近 x_0 的 x 可以表示为 $0<|x-x_0|<\delta$,其中 δ 是某个正数,即 $x\in U^\circ(x_0,\delta)$.

通过以上分析,我们给出 $x\to x_0$ 时函数的极限的定义如下(通常称为"ε-δ"定义).

定义 1 设函数 $f(x)$ 在点 x_0 的某去心邻域内有定义,A 为常数.如果对

于任意给定的正数 ε(不论它多么小),总存在正数 δ,使得当 x 满足不等式 $0<|x-x_0|<δ$ 时,对应的函数值满足不等式

$$|f(x)-A|<ε, \qquad (2-2-1)$$

则称常数 A 为函数 $f(x)$ 当 $x \to x_0$ 时的极限,记作

$$\lim_{x \to x_0} f(x) = A \text{ 或 } f(x) \to A (x \to x_0). \qquad (2-2-2)$$

注1 定义中 $0<|x-x_0|$ 表示 $x \neq x_0$,所以 $x \to x_0$ 时 $f(x)$ 是否有极限与 $f(x)$ 在 x_0 是否有定义无关.

注2 定义1的精简定义可表述为:$\lim\limits_{x \to x_0} f(x) = A \Leftrightarrow \forall ε > 0, \exists δ > 0$,当 $0 < |x-x_0| < δ$ 时,有 $|f(x)-A| < ε$.

下面讨论 $\lim\limits_{x \to x_0} f(x) = A$ 的几何意义.

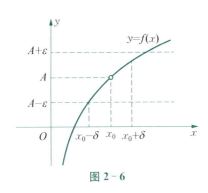

图 2-6

由于 $|f(x)-A|<ε$ 等价于 $A-ε<f(x)<A+ε$,而 $0<|x-x_0|<δ$ 等价于 $x_0-δ<x<x_0+δ$ 且 $x \neq x_0$,因此 $\lim\limits_{x \to x_0} f(x) = A$ 的几何意义是:对于任意给定的正数 ε(不论它多么小),总存在点 x_0 的一个去心 δ 邻域 $U°(x_0, δ)$,使得当 $x \in U°(x_0, δ)$ 时,函数的图形夹在两条直线 $y=A+ε$ 与 $y=A-ε$ 之间(或者说,当 $x \in U°(x_0, δ)$ 时,函数的图形落在由直线 $y=A+ε$ 与 $y=A-ε$ 所形成的带形区域内),如图 2-6 所示.

例2 证明 $\lim\limits_{x \to x_0} C = C$,其中 C 为常数.

证 由于 $|f(x)-C|=|C-C|=0$,因此 $\forall ε > 0$,可取任一正数 δ,当 $0<|x-x_0|<δ$ 时,有不等式 $|f(x)-C|<ε$ 成立,因此 $\lim\limits_{x \to x_0} C = C$.

例3 证明 $\lim\limits_{x \to x_0} x = x_0$.

证 由于 $|f(x)-x_0|=|x-x_0|$,因此 $\forall ε > 0$,取 $δ = ε$,当 $0<|x-x_0|<δ$ 时,有不等式 $|f(x)-x_0|<ε$ 成立,所以 $\lim\limits_{x \to x_0} x = x_0$.

例4 证明 $\lim\limits_{x \to x_0} \sin x = \sin x_0$.

证 由于 $|\sin x| \leqslant |x|$ 及 $|\cos x| \leqslant 1$,从而有

$$|f(x) - \sin x_0| = |\sin x - \sin x_0|$$
$$= \left|2\cos\frac{x+x_0}{2}\sin\frac{x-x_0}{2}\right| \leqslant 2\left|\sin\frac{x-x_0}{2}\right|$$
$$\leqslant 2\left|\frac{x-x_0}{2}\right| = |x-x_0|.$$

$$(2-2-3)$$

因此 $\forall \varepsilon > 0$,取 $\delta = \varepsilon$,则当 $0 < |x-x_0| < \delta$ 时,有不等式 $|\sin x - \sin x_0| < \varepsilon$ 成立,所以 $\lim\limits_{x \to x_0} \sin x = \sin x_0$.

类似地,可证明 $\lim\limits_{x \to x_0} \cos x = \cos x_0$.

下面介绍单侧极限. 在上述定义中,x 是从 x_0 的两侧趋于 x_0,也就是说既从 x_0 的左侧也从 x_0 的右侧趋于 x_0,但有些实际问题只能或只须考虑 x 从 x_0 的左侧趋于 x_0(记作 $x \to x_0^-$),或 x 从 x_0 的右侧趋于 x_0(记作 $x \to x_0^+$)的情形,分别称为 $f(x)$ 当 $x \to x_0$ 的**左极限**与**右极限**,并分别记作

$$\lim_{x \to x_0^-} f(x) = A \text{ 或 } f(x_0 - 0) = A, \quad (2-2-4)$$

$$\lim_{x \to x_0^+} f(x) = A \text{ 或 } f(x_0 + 0) = A. \quad (2-2-5)$$

将定义中的 $0 < |x-x_0| < \delta$ 改为 $0 < x_0 - x < \delta$ 即为左极限的定义. 类似地,将 $0 < |x-x_0| < \delta$ 改为 $0 < x - x_0 < \delta$ 就是右极限的定义.

注3 左极限与右极限统称为**单侧极限**.

注4 $\lim\limits_{x \to x_0} f(x) = A$ 的充要条件是 $f(x_0 - 0) = f(x_0 + 0) = A$.

例5 设 $f(x) = \begin{cases} x-1, & x < 0, \\ 0, & x = 0, \\ x+1, & x > 0, \end{cases}$ 讨论当 $x \to 0$ 时,$f(x)$ 的极限是否存在.

解 由函数的左极限与右极限定义知

$$\lim_{x \to 0^-} f(x) = \lim_{x \to 0^-}(x-1) = -1,$$

$$\lim_{x \to 0^+} f(x) = \lim_{x \to 0^+}(x+1) = 1.$$

又由于 $\lim\limits_{x\to 0^-}f(x)\neq\lim\limits_{x\to 0^+}f(x)$,所以 $\lim\limits_{x\to 0}f(x)$ 不存在,如图 2-7 所示.

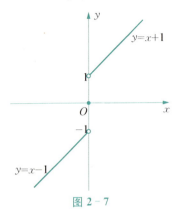

图 2-7

2.2.2 $x\to\infty$ 时,函数的极限

$x\to\infty$ 是指 $|x|$ 无限增大,它既包含 $x>0$ 无限增大(此时记作 $x\to+\infty$),又包含 $x<0$ 且 $|x|$ 无限增大(此时记作 $x\to-\infty$). 先看一个例子.

例 6 从几何上考察 $x\to\infty$ 时,函数 $\dfrac{1}{x}$ 的极限.

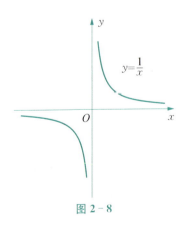

图 2-8

解 易知 $\lim\limits_{x\to\infty}\dfrac{1}{x}=0$,如图 2-8 所示.

一般地,如果在 $x\to\infty$ 的过程中,对应的函数值 $f(x)$ 无限接近确定的常数 A,那么 A 叫作函数 $f(x)$ 当 $x\to\infty$ 时的极限.

精确量化地刻画函数的定义如下.

定义 2 设函数 $f(x)$ 当 $|x|$ 大于某正数时有定义. 如果存在常数 A,对于任意给定的正数 ε (不论它多么小),总存在正数 X,使得当 x 满足不等式 $|x|>X$ 时,对应的函数值满足不等式

$$|f(x)-A|<\varepsilon, \qquad (2-2-6)$$

则称常数 A 为函数 $f(x)$ 当 $x\to\infty$ 时的极限,记作

$$\lim_{x\to\infty}f(x)=A \text{ 或 } f(x)\to A(x\to\infty). \qquad (2-2-7)$$

注5 定义2的精简定义可表述为：
$\lim\limits_{x\to\infty}f(x)=A \Leftrightarrow \forall \varepsilon>0, \exists X>0,$ 当 $|x|>X$ 时，有 $|f(x)-A|<\varepsilon$.

下面讨论 $\lim\limits_{x\to\infty}f(x)=A$ 的几何意义：

$\forall \varepsilon>0$，作直线 $y=A+\varepsilon$ 和 $y=A-\varepsilon$，则总存在 $X>0$，使得当 $x<-X$ 或 $x>X$ 时，函数 $y=f(x)$ 的图形位于这两条直线之间，如图 2-9 所示. 这时，称直线 $y=A$ 为函数 $y=f(x)$ 的图形的水平渐近线.

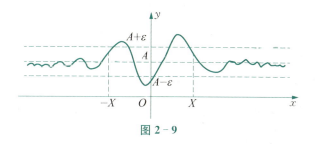

图 2-9

注6 将定义2中的 $|x|>X$ 改为 $x>X$，就得到 $\lim\limits_{x\to+\infty}f(x)=A$ 的定义；将 $|x|>X$ 改为 $x<-X$ 就是 $\lim\limits_{x\to-\infty}f(x)=A$ 的定义.

例7 证明 $\lim\limits_{x\to\infty}\dfrac{2x+3}{x}=2$.

证 $\forall \varepsilon>0$，要使 $\left|\dfrac{2x+3}{x}-2\right|=\dfrac{3}{|x|}<\varepsilon$，只须取 $X=\dfrac{3}{\varepsilon}>0$，则当 $|x|>X$ 时，有 $\left|\dfrac{2x+3}{x}-2\right|<\varepsilon$，所以由定义2得 $\lim\limits_{x\to\infty}\dfrac{2x+3}{x}=2$.

例8 从几何上考察 $\lim\limits_{x\to+\infty}\arctan x$ 及 $\lim\limits_{x\to-\infty}\arctan x$.

解 易知 $y=\arctan x$ 的图形如图 2-10 所示，则

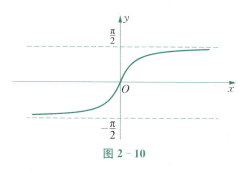

图 2-10

$$\lim_{x \to +\infty} \arctan x = \frac{\pi}{2}, \quad \lim_{x \to -\infty} \arctan x = -\frac{\pi}{2},$$

因此 $\lim\limits_{x \to \infty} \arctan x$ 不存在,并且 $y = \dfrac{\pi}{2}$, $y = -\dfrac{\pi}{2}$ 为 $y = \arctan x$ 的**水平渐近线**.

2.2.3 函数极限的性质

与数列极限的性质类似,函数极限也具有相应的性质,而且证明方法与数列极限相应定理的证明方法类似,读者可自行完成各定理的证明. 下面仅以 $\lim\limits_{x \to x_0} f(x)$ 这种形式为代表给出函数极限的性质,其他形式的极限,只须相应作某些修改即可得出.

定理 1(唯一性) 若 $\lim\limits_{x \to x_0} f(x)$ 存在,则其极限是唯一的.

定理 2(局部有界性) 若 $\lim\limits_{x \to x_0} f(x) = A$,则存在常数 $M > 0$ 及 $\delta > 0$,当 $x \in U^\circ(x_0, \delta)$ 时,有 $|f(x)| \leqslant M$.

定理 3(局部保号性) 若 $\lim\limits_{x \to x_0} f(x) = A$,且 $A > 0$(或 $A < 0$),则存在常数 $\delta > 0$,当 $x \in U^\circ(x_0, \delta)$ 时,有 $f(x) > 0$(或 $f(x) < 0$).

证 仅就 $A > 0$ 的情形给予证明.

因为 $\lim\limits_{x \to x_0} f(x) = A > 0$,所以取 $\varepsilon = \dfrac{A}{2} > 0$,则 $\exists \delta > 0$,当 $0 < |x - x_0| < \delta$ 时,有

$$|f(x) - A| < \frac{A}{2}, \tag{2-2-8}$$

从而得到 $f(x) > A - \dfrac{A}{2} = \dfrac{A}{2} > 0$. 类似地可证明 $A < 0$ 的情形.

从定理 3 的证明过程可得下面更强的结论.

定理 4 若 $\lim\limits_{x \to x_0} f(x) = A \,(A \neq 0)$,则存在 $U^\circ(x_0, \delta)$,当 $x \in U^\circ(x_0, \delta)$ 时,有 $|f(x)| > \dfrac{A}{2}$.

推论 1 如果在 x_0 的某去心邻域 $U^\circ(x_0, \delta)$ 内,$f(x) \geqslant 0$(或 $f(x) \leqslant 0$),并且 $\lim\limits_{x \to x_0} f(x) = A$,那么 $A \geqslant 0$(或 $A \leqslant 0$).

习题 2.2

1. 利用函数的图形，从几何上观察变化趋势，并写出下列极限：

   (1) $\lim\limits_{x\to-\infty} e^x$；

   (2) $\lim C$ （C 是常数）；

   (3) $\lim\limits_{x\to+\infty} \arctan x$；

   (4) $\lim\limits_{x\to 1}(1+\ln x)$；

   (5) $\lim\limits_{x\to 2}(x^2-1)$；

   (6) $\lim\limits_{x\to 9}(\sqrt{x}+1)$；

   (7) $\lim\limits_{x\to 0}\sec x+1$；

   (8) $\lim\limits_{x\to\infty}\dfrac{x^2-5}{x^2-1}$.

2. $f(x)$ 在 x_0 处有定义是当 $x\to x_0$ 时 $f(x)$ 极限存在的 _____．

   A．必要条件   B．充分条件

   C．充分必要条件 D．无关条件

3. $f(x_0-0)$ 与 $f(x_0+0)$ 都存在是当 $x\to x_0$ 时 $f(x)$ 极限存在的 _____．

   A．充分条件   B．必要条件

   C．充分必要条件 D．既非充分条件也非必要条件

4. 设 $f(x)=\dfrac{x}{x}$，$g(x)=\dfrac{|x|}{x}$，当 $x\to 0$ 时，试求 $f(x)$ 与 $g(x)$ 的左、右极限，并讨论 $\lim\limits_{x\to 0}f(x)$ 与 $\lim\limits_{x\to 0}g(x)$ 是否存在．

5*. 用极限的定义证明下列极限：

   (1) $\lim\limits_{x\to-2}\dfrac{x^2-4}{x+2}=-4$；

   (2) $\lim\limits_{x\to 0}\left(x\sin\dfrac{1}{x}\right)=0$；

   (3) $\lim\limits_{x\to\infty}\dfrac{x^2-1}{x^2+3}=1$；

   (4) $\lim\limits_{x\to\infty}\dfrac{1-x}{1+x}=-1$.

2.3 无穷小与无穷大

因为 $\lim\limits_{x\to x_0}f(x)=A$ 等价于 $\lim\limits_{x\to x_0}[f(x)-A]=0$，所以需要进一步研究一种特殊变量——无穷小．

2.3.1 无穷小

无穷小概念可回溯到古希腊时期伟大的数学家阿基米德（Archimedes）．那

时,他的数学思想中就已蕴含着"无穷小". 他首用无限小量的方法研究几何学中有关面积、体积等问题,并获得了许多重要的数学结果. 但当时对无限小量的认识是局限的. 未能真正领悟"无穷小、无穷大和无穷步骤". 直到 1821 年,法国数学家柯西(Cauchy)在他的著作《无穷小分析教程》中,才对无限小这一概念给出了明确的回答. 无穷小理论就是在柯西的理论基础上发展而来的.

定义 1 如果函数 $\alpha(x) \to 0 (x \to x_0$ 或 $x \to \infty)$,那么称函数 $\alpha(x)$ 是 $x \to x_0$(或 $x \to \infty$)时的一个**无穷小量**,简称**无穷小**,并记作

$$\lim_{x \to x_0} \alpha(x) = 0 (或 \lim_{x \to \infty} \alpha(x) = 0). \quad (2-3-1)$$

例如,$\sin x$ 是 $x \to 0$ 的无穷小;$\frac{1}{x}$ 是 $x \to \infty$ 时的无穷小;$\frac{1}{2^{n-1}}$ 是 $n \to \infty$ 时的无穷小;等等.

注 1 无穷小是极限为 0 的函数,并且是相应于确定的极限过程而言的. 不要将无穷小与很小很小的数混淆,$\alpha(x) \equiv 0$ 是可以作为无穷小的唯一的常数.

下面的定理说明了无穷小与函数极限的关系,这里仅说明无穷小与 $\lim_{x \to x_0} f(x)$ 的关系,无穷小与其他形式的函数极限类似可得.

定理 1 $f(x) \to A (x \to x_0)$ 的充要条件是 $f(x) = A + \alpha(x)$,其中 $\alpha(x)$ 是 $x \to x_0$ 的无穷小.

证 必要性 因为 $\lim_{x \to x_0} f(x) = A$,所以 $\forall \varepsilon > 0, \exists \delta > 0$,当 $x \in U°(x_0, \delta)$ 时,有 $|f(x) - A| < \varepsilon$. 记

$$\alpha(x) = f(x) - A, \quad (2-3-2)$$

则 $\alpha(x)$ 是 $x \to x_0$ 时的无穷小,并且

$$f(x) = A + \alpha(x), \quad x \in U°(x_0, \delta). \quad (2-3-3)$$

充分性 设 $f(x) = A + \alpha(x)$,其中 A 是常数,$\alpha(x)$ 是 $x \to x_0$ 时的无穷小,于是,$\forall \varepsilon > 0, \exists \delta > 0$,当 $x \in U°(x_0, \delta)$ 时,有 $|\alpha(x) - 0| < \varepsilon$,即

$$|f(x) - A| = |\alpha(x)| < \varepsilon. \quad (2-3-4)$$

由极限定义知,$\lim_{x \to x_0} f(x) = A$. 此定理获证.

例 1 证明 $\lim\limits_{x\to\infty}\dfrac{2x+3}{x}=2$ 的充要条件是 $\dfrac{2x+3}{x}=2+\dfrac{3}{x}$,其中 $\lim\limits_{x\to\infty}\dfrac{3}{x}=0$.

证 由于 $\lim\limits_{x\to\infty}\dfrac{2x+3}{x}=2$,所以函数 $\dfrac{2x+3}{x}$ 可表示为 $\dfrac{2x+3}{x}=2+\dfrac{3}{x}$,其中 $\alpha(x)=\dfrac{3}{x}$ 是 $x\to\infty$ 时的无穷小,由定理 1 知此例获证.

2.3.2 无穷小的性质

性质 1 有限个无穷小的代数和仍为无穷小.

证 只须证明两个无穷小的和的情形. 设 $\lim\limits_{x\to x_0}\alpha(x)=0$,则 $\forall\varepsilon>0,\exists\delta_1>0$,当 $x\in U^\circ(x_0,\delta_1)$ 时,有

$$|\alpha(x)|<\frac{\varepsilon}{2}. \qquad (2-3-5)$$

又设 $\lim\limits_{x\to x_0}\beta(x)=0$,则 $\forall\varepsilon>0,\exists\delta_2>0$,当 $x\in U^\circ(x_0,\delta_2)$ 时,有

$$|\beta(x)|<\frac{\varepsilon}{2}. \qquad (2-3-6)$$

取 $\delta=\min\{\delta_1,\delta_2\}$,则当 $x\in U^\circ(x_0,\delta)$ 时,有 (2-3-5) 和 (2-3-6) 同时成立,从而有

$$|\alpha(x)+\beta(x)|\leqslant|\alpha(x)|+|\beta(x)|<\frac{\varepsilon}{2}+\frac{\varepsilon}{2}=\varepsilon. \qquad (2-3-7)$$

这就证明了两个无穷小的和仍为无穷小.

性质 2 有界量与无穷小的乘积仍是无穷小.

证 设 $f(x)$ 是 $x\to x_0$ 时的有界量,$\alpha(x)\to 0(x\to x_0)$,则 $\forall\varepsilon>0,\exists M$ 及 $\delta_1>0$,当 $x\in U^\circ(x_0,\delta_1)$ 时,有

$$|f(x)|\leqslant M. \qquad (2-3-8)$$

同时,$\exists\delta_2>0$,当 $x\in U^\circ(x_0,\delta_2)$ 时,有

$$|\alpha(x)|<\frac{\varepsilon}{M}. \qquad (2-3-9)$$

于是取 $\delta = \min\{\delta_1, \delta_2\}$，则当 $x \in U°(x_0, \delta)$ 时，有 (2-3-8) 和 (2-3-9) 同时成立，从而有

$$|f(x) \cdot \alpha(x)| = |f(x)| \cdot |\alpha(x)| < M \cdot \frac{\varepsilon}{M} = \varepsilon. \quad (2-3-10)$$

这就证明了有界量与无穷小的乘积仍是无穷小.

例 2 证明 $\lim\limits_{x \to 0}\left(x \sin \dfrac{1}{x}\right) = 0$.

证 因为 $\lim\limits_{x \to 0} x = 0$，虽然当 $x \to 0$ 时 $\sin \dfrac{1}{x}$ 的极限不存在，但 $\left|\sin \dfrac{1}{x}\right| \leqslant 1$，故 $\sin \dfrac{1}{x}$ 是有界函数. 所以根据无穷小的性质知 $\lim\limits_{x \to 0}\left(x \sin \dfrac{1}{x}\right) = 0$.

由性质 2 可得下面两个推论.

推论 1 常数与无穷小的乘积是无穷小.

推论 2 有限个无穷小的乘积仍是无穷小.

2.3.3 无穷大

在极限不存在的情形下，有一种情形较有规律，即在自变量的某变化过程中，$|f(x)|$ 无限增大.

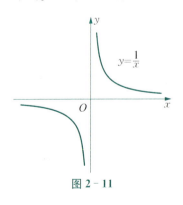

图 2-11

例如函数 $f(x) = \dfrac{1}{x}$，当自变量 $x \to 0$ 时，$|f(x)| = \left|\dfrac{1}{x}\right|$ 无限增大（如图 2-11）. 一般地，如果当 $x \to x_0$（或 $x \to \infty$）时，相应的函数值的绝对值 $|f(x)|$ 无限增大，那么就称函数 $f(x)$ 为 $x \to x_0$（或 $x \to \infty$）时的无穷大量，其定义如下.

定义 2 设函数 $f(x)$ 在 x_0 的某去心邻域内有定义（或 $|x|$ 大于某正数时有定义）. 如果对于任意给定的正数 M（不论它多么大），总存在正数 δ（或正数 X），当 x 满足不等式 $0 < |x - x_0| < \delta$（或 $|x| > X$）时，对应的函数值总满足不等式

$$|f(x)| > M, \quad (2-3-11)$$

则称函数 $f(x)$ 是当 $x \to x_0$ (或 $x \to \infty$) 时的**无穷大**，并记作

$$\lim_{x \to x_0} f(x) = \infty \ (\text{或} \lim_{x \to \infty} f(x) = \infty). \qquad (2-3-12)$$

注2 无穷大不是数，它是一个变量. 这里我们借用记号 "$\lim\limits_{x \to x_0} f(x) = \infty$ 或 $\lim\limits_{x \to \infty} f(x) = \infty$" 来表示 $f(x)$ 是 $x \to x_0$ (或 $x \to \infty$) 时的无穷大，并非意味着 $f(x)$ 的极限存在. 恰恰相反，$\lim\limits_{x \to x_0} f(x) = \infty$ 或 $\lim\limits_{x \to \infty} f(x) = \infty$ 意味着 $f(x)$ 的极限不存在.

注3 无穷大又分为正无穷大和负无穷大，分别记作

$$\lim_{\substack{x \to x_0 \\ (x \to \infty)}} f(x) = +\infty, \quad \lim_{\substack{x \to x_0 \\ (x \to \infty)}} f(x) = -\infty. \qquad (2-3-13)$$

例3 (1) $\lim\limits_{x \to 0^+} \ln x = -\infty$; (2) $\lim\limits_{x \to 0^+} \dfrac{1}{x} = +\infty$, $\lim\limits_{x \to 0^-} \dfrac{1}{x} = -\infty$;

(3) $\lim\limits_{x \to +\infty} e^x = +\infty$; (4) $\lim\limits_{x \to \frac{\pi}{2}^-} \tan x = +\infty$, $\lim\limits_{x \to \frac{\pi}{2}^+} \tan x = -\infty$.

在例3中，由函数的图形知，直线 $x=0$ 是函数 $y=\ln x$，$y=\dfrac{1}{x}$ 的图形的垂直渐近线；同理，直线 $x=\dfrac{\pi}{2}$ 是函数 $y=\tan x$ 的图形的垂直渐近线.

一般地，若 $\lim\limits_{x \to x_0} f(x) = \infty$，则直线 $x=x_0$ 称为函数 $y=f(x)$ 的图形的**垂直渐近线**.

注4 由无穷大的定义可知，无穷大必是无界量，但无界量未必是无穷大. 例如，数列 $x_n = [1+(-1)^n]^n$，当 $n \to \infty$ 时是无界量，但它不是无穷大.

2.3.4 无穷小与无穷大的关系

定理2 在自变量的同一变化过程中，如果 $f(x)$ 是无穷大，则 $\dfrac{1}{f(x)}$ 是无穷小；反之，如果 $f(x)$ 是无穷小，且 $f(x) \neq 0$，则 $\dfrac{1}{f(x)}$ 是无穷大.

证 设 $\lim\limits_{x \to x_0} f(x) = \infty$，则根据无穷大的定义2知，$\forall \varepsilon > 0$，取 $M = \dfrac{1}{\varepsilon}$，$\exists \delta > 0$，当 $x \in U^\circ(x_0, \delta)$ 时，有

$$|f(x)| > M = \frac{1}{\varepsilon}, \qquad (2-3-14)$$

即 $\left|\frac{1}{f(x)}\right| < \varepsilon$. 所以, $\frac{1}{f(x)}$ 是 $x \to x_0$ 时的无穷小.

反之, 若 $\lim_{x \to x_0} f(x) = 0$, 且 $f(x) \neq 0$, 则 $\forall M > 0$, 令 $\varepsilon = \frac{1}{M}$, $\exists \delta > 0$, 当 $x \in U^{\circ}(x_0, \delta)$ 时, 有

$$|f(x)| < \varepsilon = \frac{1}{M}, \qquad (2-3-15)$$

即 $\left|\frac{1}{f(x)}\right| > M$. 所以, $\frac{1}{f(x)}$ 是 $x \to x_0$ 时的无穷大. 类似地可证自变量 $x \to \infty$ 等其他变化过程的情形.

注5 定理 2 表明无穷小与无穷大之间互为倒数关系.

例4 求 $\lim_{x \to +\infty} \frac{1}{\mathrm{e}^x}$.

解 因为 $\lim_{x \to +\infty} \mathrm{e}^x = +\infty$, 根据定理 2 得到 $\lim_{x \to +\infty} \frac{1}{\mathrm{e}^x} = 0$.

习题 2.3

1. 设 $f(x) = \frac{x^2 - 9}{x + 3}$, 问:

   (1) 在自变量的什么变化过程中, $f(x)$ 是无穷小?

   (2) 在自变量的什么变化过程中, $f(x)$ 是无穷大?

2. 求下列极限:

   (1) $\lim_{x \to 0} \left(x^2 \sin \frac{1}{x}\right)$; (2) $\lim_{x \to \infty} \frac{\arctan x}{x}$; (3) $\lim_{x \to \infty} \frac{\cos x^2}{x}$.

2.4 极限运算法则

本节讨论极限的求解方法, 主要是建立极限的四则运算法则和复合函数的极限运算法则, 并利用这些法则求某些函数的极限, 以后还将介绍求极限的其他

方法.

2.4.1 极限的四则运算法则

为了简便,定理中记号"lim"下面略去了自变量 x 的变化过程,表示定理对 $x \to x_0$ 及 $x \to \infty$ 或其他变化过程都是成立的.

定理1(四则运算法则) 如果 $\lim f(x) = A$,$\lim g(x) = B$,那么
(1) $\lim[f(x) \pm g(x)] = \lim f(x) \pm \lim g(x) = A \pm B$;
(2) $\lim[f(x) \cdot g(x)] = \lim f(x) \cdot \lim g(x) = A \cdot B$;
(3) $\lim \dfrac{f(x)}{g(x)} = \dfrac{\lim f(x)}{\lim g(x)} = \dfrac{A}{B}$ $(B \neq 0)$.

证 仅证(3)的情况,(1)和(2)的证明建议读者作为练习.证明方法是利用无穷小的性质及无穷小与函数极限的关系.

由于 $\lim f(x) = A$,$\lim g(x) = B$,且 $B \neq 0$,则有

$$f(x) = A + \alpha(x), \tag{2-4-1}$$

$$g(x) = B + \beta(x), \tag{2-4-2}$$

其中 $\alpha(x), \beta(x)$ 为无穷小. 令

$$\gamma(x) = \dfrac{f(x)}{g(x)} - \dfrac{A}{B}, \tag{2-4-3}$$

从而有

$$\gamma(x) = \dfrac{A + \alpha(x)}{B + \beta(x)} - \dfrac{A}{B} = \dfrac{1}{B(B + \beta(x))}(B\alpha(x) - A\beta(x)),$$

$$\tag{2-4-4}$$

在(2-4-4)式中,$B\alpha(x) - A\beta(x)$ 是无穷小,下面我们证明 $\dfrac{1}{B(B+\beta(x))}$ 是有界量. 不妨设极限过程是 $x \to x_0$,根据本章第2节定理4,由于 $\lim\limits_{x \to x_0} g(x) = B \neq 0$,所以存在点 x_0 的某一去心邻域 $U°(x_0)$,当 $x \in U°(x_0)$ 时,可得 $|g(x)| > \dfrac{|B|}{2}$,从而得到

$$\left| \dfrac{1}{g(x)} \right| < \dfrac{2}{|B|}, \tag{2-4-5}$$

于是可得

$$\left|\frac{1}{B(B+\beta(x))}\right| < \frac{1}{|B|} \cdot \frac{2}{|B|} = \frac{2}{|B|^2}, \qquad (2-4-6)$$

这就证明了 $\dfrac{1}{B(B+\beta(x))}$ 在点 x_0 的某去心邻域 $U°(x_0)$ 内有界. 由于

$$\frac{f(x)}{g(x)} = \frac{A}{B} + \gamma(x), \qquad (2-4-7)$$

其中 $\gamma(x)$ 是无穷小,从而得

$$\lim \frac{f(x)}{g(x)} = \frac{A}{B} = \frac{\lim f(x)}{\lim g(x)} \quad (B \neq 0). \qquad (2-4-8)$$

定理 1 中的(1),(2)可推广至有限个函数的情形. 由定理 1 中的(2),有如下推论.

推论 1 若 $\lim f(x)$ 存在,c 为常数,则

$$\lim[cf(x)] = c\lim f(x). \qquad (2-4-9)$$

推论 2 若 $\lim f(x)$ 存在,n 为正整数,则

$$\lim[f(x)]^n = [\lim f(x)]^n. \qquad (2-4-10)$$

根据极限四则运算法则及其推论,可解决一类函数——有理整函数(多项式)及有理分式函数(多项式的商)当 $x \to x_0$ 时的极限问题. 设多项式

$$P(x) = a_0 x^n + a_1 x^{n-1} + \cdots + a_{n-1} x + a_n, \qquad (2-4-11)$$

则

$$\lim_{x \to x_0} P(x) = a_0 (\lim_{x \to x_0} x)^n + a_1 (\lim_{x \to x_0} x)^{n-1} + \cdots + a_{n-1} \lim_{x \to x_0} x + \lim_{x \to x_0} a_n$$
$$= a_0 x_0^n + a_1 x_0^{n-1} + \cdots + a_{n-1} x_0 + a_n = P(x_0).$$
$$(2-4-12)$$

又设有理分式函数

$$F(x) = \frac{P(x)}{Q(x)}, \qquad (2-4-13)$$

其中 $P(x), Q(x)$ 都是多项式,由于 $\lim\limits_{x \to x_0} P(x) = P(x_0)$,$\lim\limits_{x \to x_0} Q(x) = Q(x_0)$,于

是,如果 $Q(x_0) \neq 0$,则

$$\lim_{x \to x_0} F(x) = \frac{\lim_{x \to x_0} P(x)}{\lim_{x \to x_0} Q(x)} = \frac{P(x_0)}{Q(x_0)} = F(x_0). \quad (2-4-14)$$

例1 求 $\lim_{x \to 2}(x^2 - 5x + 3)$.

解 根据函数的极限运算法则可得

$$\lim_{x \to 2}(x^2 - 5x + 3) = 2^2 - 5 \cdot 2 + 3 = -3.$$

例2 求 $\lim_{x \to 2} \frac{x^3 - 1}{x^2 - 5x + 3}$.

解 根据函数的极限运算法则可得

$$\lim_{x \to 2} \frac{x^3 - 1}{x^2 - 5x + 3} = \frac{2^3 - 1}{2^2 - 5 \cdot 2 + 3} = -\frac{7}{3}.$$

注1 若 $Q(x_0) = 0$,则商的运算法则不能直接应用,此时须区分不同情形,特别考虑. 下面举几个属于这种情形的例题.

例3 求 $\lim_{x \to 1} \frac{x+1}{x^2 - 5x + 4}$.

解 因为分母的极限 $\lim_{x \to 1}(x^2 - 5x + 4) = 1^2 - 5 \cdot 1 + 4 = 0$,所以不能直接应用商的极限运算法则,但分子的极限 $\lim_{x \to 1}(x+1) = 2 \neq 0$,从而可先求其倒数的极限

$$\lim_{x \to 1} \frac{x^2 - 5x + 4}{x + 1} = \frac{0}{2} = 0,$$

再由无穷小与无穷大的关系,得原极限

$$\lim_{x \to 1} \frac{x+1}{x^2 - 5x + 4} = \infty.$$

例4 求 $\lim_{x \to 2} \frac{2x - 4}{x^2 - 4}$.

解 当 $x \to 2$ 时,分子分母的极限均为零,这种情形称为"$\frac{0}{0}$"型. 此时,不能直接应用商的极限运算法则,通常是先设法约去"趋于零的公因子"(称为"零因子"),再应用极限运算法则. 由于

$$\frac{2x-4}{x^2-4} = \frac{2(x-2)}{(x-2)(x+2)} = \frac{2}{x+2},$$

因此

$$\lim_{x \to 2} \frac{2x-4}{x^2-4} = \lim_{x \to 2} \frac{2}{x+2} = \frac{1}{2}.$$

例 5 求 $\lim\limits_{x \to 2} \dfrac{\sqrt{x+2}-2}{x-2}$.

解 该极限属于"$\dfrac{0}{0}$"型,由于含有根式,可采取使根式有理化的方法,约去"零因子".

$$\lim_{x \to 2} \frac{\sqrt{x+2}-2}{x-2} = \lim_{x \to 2} \frac{(\sqrt{x+2}-2)(\sqrt{x+2}+2)}{(x-2)(\sqrt{x+2}+2)}$$
$$= \lim_{x \to 2} \frac{x-2}{(x-2)(\sqrt{x+2}+2)} = \lim_{x \to 2} \frac{1}{\sqrt{x+2}+2} = \frac{1}{4}.$$

例 6 求 $\lim\limits_{x \to \infty} \dfrac{3x^3+4x^2+x}{x^3-5x+2}$.

解 当 $x \to \infty$ 时,分子分母均为无穷大,这种极限通常形象地称为"$\dfrac{\infty}{\infty}$"型. 这种极限不能直接应用商的极限运算法则,处理方法是设法将其变形,约去"趋于无穷大的因子"(称为"∞"因子),再应用极限运算法则.

$$\lim_{x \to \infty} \frac{3x^3+4x^2+x}{x^3-5x+2} = \lim_{x \to \infty} \frac{x^3\left(3+\dfrac{4}{x}+\dfrac{1}{x^2}\right)}{x^3\left(1-\dfrac{5}{x^2}+\dfrac{2}{x^3}\right)} = \lim_{x \to \infty} \frac{3+\dfrac{4}{x}+\dfrac{1}{x^2}}{1-\dfrac{5}{x^2}+\dfrac{2}{x^3}} = 3.$$

一般地,当 $a_0 \neq 0, b_0 \neq 0, m, n$ 为正整数时,有

$$\lim_{x \to \infty} \frac{a_0 x^n + a_1 x^{n-1} + \cdots + a_{n-1}x + a_n}{b_0 x^m + b_1 x^{m-1} + \cdots + b_{m-1}x + b_m} = \begin{cases} \dfrac{a_0}{b_0}, & m=n, \\ 0, & m>n, \\ \infty, & m<n. \end{cases}$$

(2-4-15)

例7 求 $\lim\limits_{x\to 1}\left(\dfrac{1}{1-x}-\dfrac{3}{1-x^3}\right)$.

解 由于当 $x\to 1$ 时，$\dfrac{1}{1-x}$ 与 $\dfrac{3}{1-x^3}$ 均为无穷大，所以不能直接应用极限运算法则，处理方法是先通分再求极限.

$$\lim_{x\to 1}\left(\dfrac{1}{1-x}-\dfrac{3}{1-x^3}\right)=\lim_{x\to 1}\dfrac{x^2+x+1-3}{1-x^3}=\lim_{x\to 1}\dfrac{(x-1)(x+2)}{(1-x)(1+x+x^2)}$$
$$=\lim_{x\to 1}\dfrac{-(x+2)}{1+x+x^2}=-1.$$

2.4.2 复合函数的极限运算法则

定理 2 设函数 $y=f[\varphi(x)]$ 是由 $y=f(u)$，$u=\varphi(x)$ 复合而成，如果 $\lim\limits_{x\to x_0}\varphi(x)=u_0$，且在点 x_0 的某去心邻域 $U^{\circ}(x_0)$ 内 $\varphi(x)\neq u_0$，$\lim\limits_{u\to u_0}f(u)=A$，那么

$$\lim_{x\to x_0}f[\varphi(x)]=\lim_{u\to u_0}f(u)=A. \qquad (2-4-16)$$

该定理要根据函数极限的定义推证，这里省略. 定理 2 表明在定理条件下，可用"变量代换"法求极限.

例8 求 $\lim\limits_{x\to \frac{1}{2}}\sin(2x-1)$.

解 根据复合函数的极限运算法则可得

$$\lim_{x\to \frac{1}{2}}\sin(2x-1)\xrightarrow{\diamondsuit 2x-1=u}\lim_{u\to 0}\sin u=0.$$

例9 求 $\lim\limits_{x\to -8}\dfrac{\sqrt[3]{x}+2}{x+8}$.

解 由题意可知

$$\lim_{x\to -8}\dfrac{\sqrt[3]{x}+2}{x+8}\xrightarrow{\sqrt[3]{x}=u}\lim_{u\to -2}\dfrac{u+2}{u^3+8}=\lim_{u\to -2}\dfrac{u+2}{(u+2)(u^2-2u+4)}$$
$$=\lim_{u\to -2}\dfrac{1}{u^2-2u+4}=\dfrac{1}{12}.$$

注2 读者可利用例 9 的方法求解例 5.

习题 2.4

1. 求下列极限：

(1) $\lim\limits_{x \to \infty} \dfrac{(3x-1)^{20}(2x+3)^{30}}{(5x+2)^{50}}$；

(2) $\lim\limits_{n \to \infty} \dfrac{2^{n+1} - 3^{n+1}}{2^n + 3^n}$；

(3) $\lim\limits_{x \to \infty} \left(\dfrac{x^3}{2x^2 - 1} - \dfrac{x^2}{2x+1} \right)$；

(4) $\lim\limits_{x \to \infty} \left(2 - \dfrac{1}{x} + \dfrac{1}{x^2} \right)$；

(5) $\lim\limits_{h \to 0} \dfrac{(x+h)^3 - x^3}{h}$；

(6) $\lim\limits_{x \to 0} \dfrac{4x^3 - 2x^2 + x}{3x^2 + 2x}$；

(7) $\lim\limits_{x \to 1} \left(\dfrac{1}{x-1} - \dfrac{2}{x^2 - 1} \right)$；

(8) $\lim\limits_{n \to \infty} \dfrac{1 + 2 + 3 + \cdots + n}{n^2}$；

(9) $\lim\limits_{n \to \infty} \dfrac{1 + \dfrac{1}{3} + \dfrac{1}{9} + \cdots + \dfrac{1}{3^n}}{1 + \dfrac{1}{2} + \dfrac{1}{4} + \cdots + \dfrac{1}{2^n}}$；

(10) $\lim\limits_{x \to +\infty} x(\sqrt{x^2 + 1} - x)$.

2. 判断下列命题是否正确. 如果正确，说明理由；如果错误，试给出一个反例.
(1) 如果 $\lim\limits_{x \to x_0} f(x)$ 存在，但 $\lim\limits_{x \to x_0} g(x)$ 不存在，那么 $\lim\limits_{x \to x_0} [f(x) + g(x)]$ 不存在；
(2) 如果 $\lim\limits_{x \to x_0} f(x)$ 不存在，且 $\lim\limits_{x \to x_0} g(x)$ 也不存在，那么 $\lim\limits_{x \to x_0} [f(x) + g(x)]$ 不存在.

3. $f(x) = \begin{cases} x + 1, & x < 0, \\ \dfrac{x^2 - 3x + 1}{x^3 + 1}, & x \geqslant 0, \end{cases}$ 求 $\lim\limits_{x \to 0^+} f(x)$，$\lim\limits_{x \to 0^-} f(x)$，$\lim\limits_{x \to 0} f(x)$，$\lim\limits_{x \to +\infty} f(x)$，$\lim\limits_{x \to -\infty} f(x)$.

2.5 极限存在准则与两个重要极限

在上一节中，我们利用极限运算法则有效地解决了一类有理函数（包括含有简单根式的函数）的极限问题. 为了扩展函数极限的计算方法，本节先介绍判定极限存在的两个准则，再讨论两个重要极限作为准则的应用.

$$\lim_{x \to 0} \dfrac{\sin x}{x} = 1, \qquad (2-5-1)$$

$$\lim_{x \to \infty} \left(1 + \frac{1}{x}\right)^x = e. \qquad (2-5-2)$$

2.5.1 极限存在准则

准则 I(夹逼准则) 如果

(1) 当 $x \in U°(x_0, \delta)$(或 $|x| > X$)时

$$g(x) \leqslant f(x) \leqslant h(x); \qquad (2-5-3)$$

(2) $\lim\limits_{x \to x_0} g(x) = A (\lim\limits_{x \to \infty} g(x) = A)$,$\lim\limits_{x \to x_0} h(x) = A (\lim\limits_{x \to \infty} h(x) = A)$,

那么 $\lim\limits_{x \to x_0} f(x) = A (\lim\limits_{x \to \infty} f(x) = A)$.

证 仅证 $x \to x_0$ 的情形. 因为 $\lim\limits_{x \to x_0} g(x) = A$,所以 $\forall \varepsilon > 0$,$\exists \delta_1 > 0$,当 $0 < |x - x_0| < \delta_1$ 时,有

$$|g(x) - A| < \varepsilon, \qquad (2-5-4)$$

又因为 $\lim\limits_{x \to x_0} h(x) = A$,所以 $\forall \varepsilon > 0$,$\exists \delta_2 > 0$,当 $0 < |x - x_0| < \delta_2$ 时,有

$$|h(x) - A| < \varepsilon, \qquad (2-5-5)$$

取 $\delta = \min\{\delta_1, \delta_2\}$,则当 $0 < |x - x_0| < \delta$ 时,(2-5-4) 和 (2-5-5) 同时成立,并且 $g(x) \leqslant f(x) \leqslant h(x)$,于是当 $0 < |x - x_0| < \delta$ 时,有

$$A - \varepsilon < g(x) \leqslant f(x) \leqslant h(x) < A + \varepsilon, \qquad (2-5-6)$$

即 $|f(x) - A| < \varepsilon$,所以 $\lim\limits_{x \to x_0} f(x) = A$. 类似可证 $x \to \infty$ 的情形.

注1 夹逼准则对数列的情形依然成立.

准则 II 单调有界数列必有极限.

该准则的证明涉及较多实数理论知识,这里省略证明,有兴趣的读者可以参考文献[1]. 作为准则的应用,下面我们介绍两个重要极限.

2.5.2 两个重要极限

1. 重要极限 I

$$\lim_{x \to 0} \frac{\sin x}{x} = 1.$$

证 先设 $0 < x < \dfrac{\pi}{2}$. 如图 2-12 所示，$OA = OB = 1$，设 $\angle AOB = x$，显然 $\triangle AOB$ 的面积 $<$ 扇形 AOB 的面积 $<$ $\triangle AOD$ 的面积. 所以有

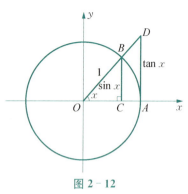

图 2-12

$$\frac{1}{2}\sin x < \frac{1}{2}x < \frac{1}{2}\tan x, \qquad (2-5-7)$$

从而得到 $\sin x < x < \tan x$，同时除以 $\sin x (\sin x > 0)$，得

$$1 < \frac{x}{\sin x} < \frac{1}{\cos x} \quad (\sin x > 0), \qquad (2-5-8)$$

或

$$\cos x < \frac{\sin x}{x} < 1 \quad (\sin x > 0). \qquad (2-5-9)$$

由于 $\dfrac{\sin x}{x}$ 和 $\cos x$ 均为偶函数，所以上式对 $-\dfrac{\pi}{2} < x < 0$ 及 $0 < x < \dfrac{\pi}{2}$ 都成立. 又 $\lim\limits_{x \to 0}\cos x = 1$，所以根据夹逼准则，得到 $\lim\limits_{x \to 0}\dfrac{\sin x}{x} = 1$ 成立.

2. 重要极限 Ⅱ

$$\lim_{x \to \infty}\left(1 + \frac{1}{x}\right)^x = e.$$

(1) 先证 $\lim\limits_{n \to \infty}\left(1 + \dfrac{1}{n}\right)^n = e$.

设 $x_n = \left(1 + \dfrac{1}{n}\right)^n$，我们来证明数列 $\{x_n\}$ 单调增加并且有界. 根据牛顿二项式展开定理，有

$$\begin{aligned}
x_n &= \left(1 + \frac{1}{n}\right)^n \\
&= 1 + \frac{n}{1!}\cdot\frac{1}{n} + \frac{n(n-1)}{2!}\cdot\frac{1}{n^2} + \frac{n(n-1)(n-2)}{3!}\cdot\frac{1}{n^3} + \cdots \\
&\quad + \frac{n(n-1)\cdots(n-n+1)}{n!}\cdot\frac{1}{n^n}
\end{aligned}$$

$$= 1 + 1 + \frac{1}{2!}\left(1 - \frac{1}{n}\right) + \frac{1}{3!}\left(1 - \frac{1}{n}\right)\left(1 - \frac{2}{n}\right) + \cdots$$
$$+ \frac{1}{n!}\left(1 - \frac{1}{n}\right)\left(1 - \frac{2}{n}\right)\cdots\left(1 - \frac{n-1}{n}\right).$$

同理可得

$$x_{n+1} = \left(1 + \frac{1}{n+1}\right)^{n+1}$$
$$= 1 + 1 + \frac{1}{2!}\left(1 - \frac{1}{n+1}\right) + \frac{1}{3!}\left(1 - \frac{1}{n+1}\right)\left(1 - \frac{2}{n+1}\right)$$
$$+ \cdots + \frac{1}{n!}\left(1 - \frac{1}{n+1}\right)\left(1 - \frac{2}{n+1}\right)\cdots\left(1 - \frac{n-1}{n+1}\right)$$
$$+ \frac{1}{(n+1)!}\left(1 - \frac{1}{n+1}\right)\left(1 - \frac{2}{n+1}\right)\cdots\left(1 - \frac{n}{n+1}\right).$$

比较 x_n 与 x_{n+1} 的展开式,得

$$x_n < x_{n+1}, \qquad (2-5-10)$$

于是数列 $\{x_n\}$ 是单调增加的. 这个数列还是有界的,事实上

$$x_n < 1 + 1 + \frac{1}{2!} + \frac{1}{3!} + \cdots + \frac{1}{n!} < 1 + 1 + \frac{1}{2} + \frac{1}{2^2} + \cdots + \frac{1}{2^{n-1}}$$
$$= 1 + \frac{1 - \frac{1}{2^n}}{1 - \frac{1}{2}} = 3 - \frac{1}{2^{n-1}} < 3.$$

$$(2-5-11)$$

根据(2-5-10),(2-5-11)和极限准则Ⅱ,这个数列 $\{x_n\}$ 的极限存在,并且

$$2 < \lim_{n \to \infty}\left(1 + \frac{1}{n}\right)^n < 3. \qquad (2-5-12)$$

为了直观上感知 $\lim_{n \to \infty}\left(1 + \frac{1}{n}\right)^n = e$,见表 2-2.

表 2-2

n	1	3	5	10	100	1 000	⋯
$\left(1+\dfrac{1}{n}\right)^n$	2	2.37	2.488	2.594	2.705	2.716 9	⋯

注 2 无理数 $e = 2.718\,281\,828\,459\,045\cdots$.

(2) 再证 $\lim\limits_{x \to +\infty}\left(1+\dfrac{1}{x}\right)^x = e$.

设 $n \leqslant x \leqslant n+1$,则 $\dfrac{1}{n+1} \leqslant \dfrac{1}{x} \leqslant \dfrac{1}{n}$,于是有

$$1 + \dfrac{1}{n+1} \leqslant 1 + \dfrac{1}{x} \leqslant 1 + \dfrac{1}{n}, \qquad (2-5-13)$$

从而有

$$\left(1+\dfrac{1}{n+1}\right)^n \leqslant \left(1+\dfrac{1}{x}\right)^x \leqslant \left(1+\dfrac{1}{n}\right)^{n+1}. \qquad (2-5-14)$$

又因为

$$\lim_{n\to\infty}\left(1+\dfrac{1}{n+1}\right)^n = \lim_{n\to\infty} \dfrac{\left(1+\dfrac{1}{n+1}\right)^{n+1}}{1+\dfrac{1}{n+1}} = e, \qquad (2-5-15)$$

$$\lim_{n\to\infty}\left(1+\dfrac{1}{n}\right)^{n+1} = \lim_{n\to\infty}\left(1+\dfrac{1}{n}\right)^n \cdot \left(1+\dfrac{1}{n}\right) = e, \qquad (2-5-16)$$

由夹逼准则可得

$$\lim_{x\to+\infty}\left(1+\dfrac{1}{x}\right)^x = e. \qquad (2-5-17)$$

(3) 最后我们证明 $\lim\limits_{x\to-\infty}\left(1+\dfrac{1}{x}\right)^x = e$.

此时,令 $x = -(t+1)$,则 $x \to -\infty$ 时, $t \to +\infty$,从而

$$\lim_{x\to-\infty}\left(1+\dfrac{1}{x}\right)^x = \lim_{t\to+\infty}\left(1-\dfrac{1}{t+1}\right)^{-(t+1)} = \lim_{t\to+\infty}\left(\dfrac{t}{t+1}\right)^{-(t+1)}$$

$$= \lim_{t\to+\infty}\left(1+\dfrac{1}{t}\right)^{t+1} = \lim_{t\to+\infty}\left(1+\dfrac{1}{t}\right)^t \cdot \left(1+\dfrac{1}{t}\right) = e.$$

$$(2-5-18)$$

由(2-5-17)和(2-5-18)可得
$$\lim_{x\to\infty}\left(1+\frac{1}{x}\right)^x = e. \quad (2-5-19)$$

推论 1 $\lim\limits_{t\to 0}(1+t)^{\frac{1}{t}} = e.$

令 $\frac{1}{x} = t$,可得(2-5-19)的等价形式为
$$\lim_{t\to 0}(1+t)^{\frac{1}{t}} = e. \quad (2-5-20)$$

例 1 求 $\lim\limits_{x\to 0}\dfrac{\tan x}{x}$.

解 由重要极限 I 可得
$$\lim_{x\to 0}\frac{\tan x}{x} = \lim_{x\to 0}\left(\frac{\sin x}{x}\cdot\frac{1}{\cos x}\right) = \lim_{x\to 0}\frac{\sin x}{x}\cdot\lim_{x\to 0}\frac{1}{\cos x} = 1.$$

例 2 求 $\lim\limits_{x\to 0}\dfrac{1-\cos x}{x^2}$.

解 由重要极限 I 可得
$$\lim_{x\to 0}\frac{1-\cos x}{x^2} = \lim_{x\to 0}\frac{2\sin^2\frac{x}{2}}{x^2} = \frac{1}{2}\lim_{x\to 0}\frac{\sin^2\frac{x}{2}}{\left(\frac{x}{2}\right)^2}$$
$$= \frac{1}{2}\lim_{x\to 0}\left(\frac{\sin\frac{x}{2}}{\frac{x}{2}}\right)^2 = \frac{1}{2}\cdot 1 = \frac{1}{2}.$$

例 3 求 $\lim\limits_{x\to 0}\dfrac{\arcsin x}{x}$.

解 由重要极限 I 可得
$$\lim_{x\to 0}\frac{\arcsin x}{x} \xrightarrow{\arcsin x = u} \lim_{u\to 0}\frac{u}{\sin u} = 1.$$

例 4 求 $\lim\limits_{n\to\infty}\left(n\cdot\sin\dfrac{\pi}{n}\right)$.

解 由重要极限 I 可得

$$\lim_{n\to\infty}\left(n\cdot\sin\frac{\pi}{n}\right)=\pi\lim_{n\to\infty}\frac{\sin\frac{\pi}{n}}{\frac{\pi}{n}}=\pi\cdot 1=\pi.$$

例 5 求 $\lim\limits_{x\to\infty}\left(1-\dfrac{1}{x}\right)^x$.

解 由重要极限 II 可得

$$\lim_{x\to\infty}\left(1-\frac{1}{x}\right)^x\xlongequal{t=-x}\lim_{t\to\infty}\left(1+\frac{1}{t}\right)^{-t}=\lim_{t\to\infty}\frac{1}{\left(1+\dfrac{1}{t}\right)^t}=\frac{1}{\mathrm{e}}.$$

例 6 求 $\lim\limits_{x\to\infty}\left(1+\dfrac{2}{x}\right)^{2x}$.

解 解法一 由重要极限 II 可得

$$\lim_{x\to\infty}\left(1+\frac{2}{x}\right)^{2x}=\lim_{x\to\infty}\left(1+\frac{2}{x}\right)^{\frac{x}{2}\cdot 4}=\lim_{x\to\infty}\left[\left(1+\frac{2}{x}\right)^{\frac{x}{2}}\right]^4=\left[\lim_{x\to\infty}\left(1+\frac{2}{x}\right)^{\frac{x}{2}}\right]^4=\mathrm{e}^4.$$

解法二 作变换:

$$\lim_{x\to\infty}\left(1+\frac{2}{x}\right)^{2x}\xlongequal{令 t=\frac{2}{x}}\lim_{t\to 0}(1+t)^{\frac{4}{t}}=\lim_{t\to 0}\left[(1+t)^{\frac{1}{t}}\right]^4=\left[\lim_{t\to 0}(1+t)^{\frac{1}{t}}\right]^4=\mathrm{e}^4.$$

习题 2.5

1. 求下列极限:

(1) $\lim\limits_{n\to\infty}\left(\dfrac{1}{2}nR^2\sin\dfrac{2\pi}{n}\right)$;

(2) $\lim\limits_{x\to\pi}\dfrac{\sin x}{\pi-x}$;

(3) $\lim\limits_{x\to 0}\dfrac{\tan 2x}{\sin 3x}$;

(4) $\lim\limits_{x\to 0}\dfrac{1-\cos x}{x\sin x}$;

(5) $\lim\limits_{x\to 0}(x\cot x)$;

(6) $\lim\limits_{x\to 1}\dfrac{\sin(x-1)}{x^2-1}$;

(7) $\lim\limits_{x\to\infty}\left(\dfrac{1+x}{x}\right)^{x-3}$;

(8) $\lim\limits_{x\to 0}(1+2x)^{\frac{1}{x}}$;

(9) $\lim\limits_{x\to\infty}\left(\dfrac{2x+1}{2x-1}\right)^x$; (10) $\lim\limits_{x\to 0}(1+2\tan x)^{\cot x}$.

2. 利用极限存在准则证明：

(1) $\lim\limits_{n\to\infty}\sqrt{1+\dfrac{1}{n}}=1$；

(2) $\lim\limits_{n\to\infty}\left(\dfrac{1}{\sqrt{n^2+1}}+\dfrac{1}{\sqrt{n^2+2}}+\cdots+\dfrac{1}{\sqrt{n^2+n}}\right)=1$.

3*. 设 $x_1=\sqrt{2}$，$x_{n+1}=\sqrt{2+x_n}$，$n=1,2,\cdots$，证明此数列的极限存在，并求其极限.

2.6 无穷小的比较

我们已经知道无穷小是极限为零的变量，但是它们趋于零的"快""慢"程度不尽相同，例如当 $x\to 0$ 时，函数 x^2，$3x$，$\sin x$ 都是无穷小量，但是

$$\lim_{x\to 0}\dfrac{x^2}{3x}=\lim_{x\to 0}\dfrac{x}{3}=0, \qquad (2-6-1)$$

$$\lim_{x\to 0}\dfrac{3x}{x^2}=\lim_{x\to 0}\dfrac{3}{x}=\infty, \qquad (2-6-2)$$

$$\lim_{x\to 0}\dfrac{\sin x}{3x}=\dfrac{1}{3}\lim_{x\to 0}\dfrac{\sin x}{x}=\dfrac{1}{3}. \qquad (2-6-3)$$

(2-6-1)式说明 $x^2\to 0$ 的速度比 $3x\to 0$ "快"，(2-6-2)式说明 $3x\to 0$ 的速度比 $x^2\to 0$ "慢"，(2-6-3)式说明 $\sin x\to 0$ 的速度与 $3x\to 0$ 的速度"快""慢"差不多. 因此，为了反映无穷小趋于零的"快""慢"程度，需要引进无穷小的阶的概念.

定义 1 设 $\alpha(x)$，$\beta(x)$ 是同一自变量变化过程的两个无穷小量，即

$$\lim\alpha(x)=0,\ \lim\beta(x)=0. \qquad (2-6-4)$$

(1) 如果 $\lim\dfrac{\beta(x)}{\alpha(x)}=0$，则称 $\beta(x)$ 是比 $\alpha(x)$ **高阶的无穷小**，记作

$$\beta=o(\alpha). \qquad (2-6-5)$$

(2) 如果 $\lim\dfrac{\beta(x)}{\alpha(x)}=\infty$，则称 $\beta(x)$ 是比 $\alpha(x)$ **低阶的无穷小**.

(3) 如果 $\lim \dfrac{\beta(x)}{\alpha(x)} = C(C \neq 0,$ 是常数$)$，则称 $\beta(x)$ 与 $\alpha(x)$ 是**同阶无穷小**，记作

$$\beta = O(\alpha). \qquad (2-6-6)$$

特别地，当 $C=1$ 时，称 $\beta(x)$ 与 $\alpha(x)$ 是**等价无穷小**，记作

$$\alpha(x) \sim \beta(x). \qquad (2-6-7)$$

(4) 如果 $\lim \dfrac{\beta(x)}{[\alpha(x)]^k} = C(C \neq 0, k > 0$ 均为常数$)$，则称 $\beta(x)$ 是关于 $\alpha(x)$ 的 k 阶无穷小.

注1 无穷小的比较必须在同一个自变量的变化过程中进行.

例1 当 $x \to 1$ 时，将下列各量与无穷小量 $x-1$ 进行比较：

(1) $x^3 - 3x + 2$；(2) $(x-1)\sin\dfrac{1}{x-1}$.

解 (1) 因为 $\lim\limits_{x \to 1} x^3 - 3x + 2 = 0$，所以当 $x \to 1$ 时，$x^3 - 3x + 2$ 是无穷小，又因为

$$\lim_{x \to 1} \dfrac{x^3 - 3x + 2}{x - 1} = \lim_{x \to 1} \dfrac{(x-1)^2(x+2)}{x-1} = 0,$$

所以 $x^3 - 3x + 2$ 是 $x-1$ 的高阶无穷小，即 $x^3 - 3x + 2 = o(x-1)$.

(2) 因为 $\lim\limits_{x \to 1}(x-1)\sin\dfrac{1}{x-1} = 0$，所以当 $x \to 1$ 时，$(x-1)\sin\dfrac{1}{x-1}$ 是无穷小，但是极限 $\lim\limits_{x \to 1} \dfrac{(x-1)\sin(x-1)^{-1}}{x-1} = \lim\limits_{x \to 1} \sin\dfrac{1}{x-1}$ 不存在，所以 $(x-1) \cdot \sin\dfrac{1}{x-1}$ 与 $x-1$ 不能比较.

注2 例1(2)告诉我们，并不是所有的无穷小都可以比较.

例2 证明：当 $x \to 0$ 时，$\sqrt[n]{1+x} - 1 \sim \dfrac{1}{n}x$.

证 令 $\sqrt[n]{1+x} = t$，则当 $x \to 0$ 时，有 $t \to 1$，从而得到

$$\lim_{x \to 0} \dfrac{\sqrt[n]{1+x} - 1}{\dfrac{1}{n}x} = \lim_{t \to 1} \dfrac{t-1}{\dfrac{1}{n}(t^n - 1)}$$

$$= n\lim_{t \to 1} \frac{t-1}{(t-1)(t^{n-1}+t^{n-2}+\cdots+t+1)} = n \cdot \frac{1}{n} = 1.$$

故由等价无穷小的定义知，$\sqrt[n]{1+x} - 1 \sim \frac{1}{n}x (x \to 0)$.

等价无穷小在极限计算中有重要的作用，因为它可以简化某些极限的计算，主要的结论如下.

定理 1 设 $\lim \alpha(x) = 0, \lim \beta(x) = 0, \lim \gamma(x) = 0$.
若 $\alpha(x) \sim \beta(x)$，且 $\beta(x) \sim \gamma(x)$，则 $\alpha(x) \sim \gamma(x)$.
该定理的证明留给读者完成.

定理 2 $\alpha(x) \sim \beta(x)$ 的充分必要条件是

$$\beta(x) = \alpha(x) + o(\alpha). \qquad (2-6-8)$$

证 必要性 设 $\alpha(x) \sim \beta(x)$，则

$$\lim \frac{\beta(x) - \alpha(x)}{\alpha(x)} = \lim \left(\frac{\beta(x)}{\alpha(x)} - 1 \right) = 0.$$

因此，$\beta(x) - \alpha(x) = o(\alpha)$，即 $\beta(x) = \alpha(x) + o(\alpha)$.

充分性 设 $\beta(x) - \alpha(x) = o(\alpha)$，则

$$\lim \frac{\beta(x)}{\alpha(x)} = \lim \frac{\alpha(x) + o(\alpha)}{\alpha(x)} = \lim \left(1 + \frac{o(\alpha)}{\alpha(x)} \right) = 1.$$

因此，$\alpha(x) \sim \beta(x)$.

定理 3 设 $\alpha(x) \sim \alpha'(x), \beta(x) \sim \beta'(x)$，且 $\lim \frac{\beta'(x)}{\alpha'(x)}$ 存在，则

$$\lim \frac{\beta(x)}{\alpha(x)} = \lim \frac{\beta'(x)}{\alpha'(x)}.$$

证 由题意可得

$$\lim \frac{\beta(x)}{\alpha(x)} = \lim \left(\frac{\beta(x)}{\beta'(x)} \cdot \frac{\beta'(x)}{\alpha'(x)} \cdot \frac{\alpha'(x)}{\alpha(x)} \right)$$

$$= \lim \frac{\beta(x)}{\beta'(x)} \cdot \lim \frac{\beta'(x)}{\alpha'(x)} \cdot \lim \frac{\alpha'(x)}{\alpha(x)}$$

$$= \lim \frac{\beta'(x)}{\alpha'(x)}.$$

定理 3 表明,在求两个无穷小商的极限时,分子、分母都可以用等价无穷小来代替,这在极限计算中具有重要作用,常用的等价无穷小如下:

当 $x \to 0$ 时,$\sin x \sim x$;$\tan x \sim x$;$\arcsin x \sim x$;$\arctan x \sim x$;$1 - \cos x \sim \dfrac{x^2}{2}$;$e^x - 1 \sim x$;$\ln(1+x) \sim x$;$\sqrt[n]{1+x} - 1 \sim \dfrac{1}{n} x$;更一般地,有 $(1+x)^\alpha - 1 \sim \alpha x\,(\alpha \in \mathbf{R})$.

例 3 求 $\lim\limits_{x \to 0} \dfrac{\tan 2x}{\sin 4x}$.

解 由定理 3 可得

$$\lim_{x \to 0} \frac{\tan 2x}{\sin 4x} = \lim_{x \to 0} \frac{2x}{4x} = \frac{1}{2}.$$

例 4 求 $\lim\limits_{x \to 0} \dfrac{(1+x^2)^{\frac{1}{3}} - 1}{\cos x - 1}$.

解 由定理 3 可得

$$\lim_{x \to 0} \frac{(1+x^2)^{\frac{1}{3}} - 1}{\cos x - 1} = \lim_{x \to 0} \frac{\dfrac{1}{3} x^2}{-\dfrac{1}{2} x^2} = -\frac{2}{3}.$$

例 5 求 $\lim\limits_{x \to 0} \dfrac{\tan x - \sin x}{\sin^3 x}$.

解 由定理 3 可得

$$\begin{aligned}
\lim_{x \to 0} \frac{\tan x - \sin x}{\sin^3 x} &= \lim_{x \to 0} \frac{\dfrac{1}{\cos x} - 1}{\sin^2 x} = \lim_{x \to 0} \frac{1 - \cos x}{\sin^2 x \cdot \cos x} \\
&= \lim_{x \to 0} \frac{1 - \cos x}{x^2} \cdot \frac{1}{\cos x} \\
&= \lim_{x \to 0} \frac{\dfrac{x^2}{2}}{x^2} \cdot \lim_{x \to 0} \frac{1}{\cos x} = \frac{1}{2}.
\end{aligned}$$

例 6 求 $\lim\limits_{x \to \infty} \left[x^2 \ln\left(1 + \dfrac{2}{x^2}\right) \right]$.

解 由定理 3 可得

$$\lim_{x\to\infty}\left[x^2\ln\left(1+\frac{2}{x^2}\right)\right]\xlongequal{\diamondsuit\frac{1}{x}=t}\lim_{t\to 0}\frac{\ln(1+2t^2)}{t^2}=\lim_{t\to 0}\frac{2t^2}{t^2}=2.$$

例 7 求 $\lim\limits_{x\to 0}\dfrac{\mathrm{e}^{3x}-1}{\ln(1+x)}$.

解 由定理 3 可得

$$\lim_{x\to 0}\frac{\mathrm{e}^{3x}-1}{\ln(1+x)}=\lim_{x\to 0}\frac{3x}{x}=3.$$

习题 2.6

1. 当 $x\to 0$ 时，$x-x^2$ 与 x^2-x^3 相比，哪个是高阶无穷小量？
2. 当 $x\to 1$ 时，判断无穷小量 $1-x$ 与下列无穷小量的关系：

   (1) $\dfrac{1-x^2}{2}$;   (2) $1-x^3$.

3. 利用等价无穷小，求下列极限：

   (1) $\lim\limits_{x\to 0^+}\dfrac{\sin ax}{\sqrt{1-\cos x}}$;   (2) $\lim\limits_{x\to 0}\dfrac{\tan x-\sin x}{\sin x^3}$;

   (3) $\lim\limits_{x\to 0}\dfrac{\arctan x^2}{\sin\dfrac{x}{2}\arcsin x}$;   (4) $\lim\limits_{x\to 0}\dfrac{\dfrac{x}{\sqrt{1-x^2}}}{\ln(1-x)}$.

4. 证明：

   (1) 当 $x\to 1$ 时，$\ln x\sim x-1$; (2) 当 $x\to 0$ 时，$\sec x-1\sim\dfrac{x^2}{2}$.

5. 当 k 为何值时，$\lim\limits_{x\to\infty}\left(x^k\arctan\dfrac{2}{x^2}\right)=2$ 成立？

2.7 函数的连续性与间断点

2.7.1 函数的连续性概念

在自然现象中，许多变量的变化都具有连续变化的特征，如气温的变化、植物的生长、岁月的流逝等,其特点是当时间的变化很微小时,这些量的变化也很微小,这种现象反映在数学上就是函数的连续性.

函数的连续性是函数的基本性态之一.下面我们先引入改变量(或增量)的概念,然后来描述连续性.

定义 1 设函数 $y=f(x)$ 在点 x_0 的邻域内有定义,当自变量从 x_0 变到 x,相应的函数值从 $f(x_0)$ 变到 $f(x)$,称 $x-x_0$ 为自变量 x 的**改变量**(或**增量**),记作 Δx,即

$$\Delta x = x - x_0. \tag{2-7-1}$$

称 $f(x)-f(x_0)$ 为函数的**改变量**(或**增量**),记作 Δy,即

$$\Delta y = f(x) - f(x_0), \tag{2-7-2}$$

或

$$\Delta y = f(x_0+\Delta x) - f(x_0). \tag{2-7-3}$$

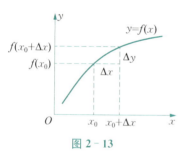

图 2-13

注 1 改变量(或增量)可正可负,甚至还可能为零.

注 2 改变量(或增量)的几何解释如图 2-13 所示.

由图 2-13 可知,当 $|\Delta x|$ 越来越小时, $|\Delta y|$ 也随之变小.于是有下述定义.

定义 2 设函数 $y=f(x)$ 在点 x_0 的邻域内有定义,如果

$$\lim_{\Delta x \to 0} \Delta y = \lim_{\Delta x \to 0}[f(x_0+\Delta x)-f(x_0)] = 0, \tag{2-7-4}$$

则称函数 $y=f(x)$ 在点 x_0 处**连续**,x_0 称为函数 $f(x)$ 的**连续点**.

为了应用方便,我们将函数 $y=f(x)$ 在点 x_0 处连续的定义用另一种方式来叙述.

在定义 2 中,令 $x=x_0+\Delta x$,则 $\Delta x \to 0$ 等价于 $x \to x_0$.又由于

$$\Delta y = f(x_0+\Delta x) - f(x_0) = f(x) - f(x_0),$$

即

$$f(x) = f(x_0) + \Delta y, \tag{2-7-5}$$

于是 $\Delta y \to 0$ 等价于 $f(x) \to f(x_0)$. 因此函数 $y = f(x)$ 在点 x_0 处连续的定义又可如下叙述.

定义 3 设函数 $y = f(x)$ 在点 x_0 的邻域内有定义,如果

$$\lim_{x \to x_0} f(x) = f(x_0), \qquad (2-7-6)$$

则称函数 $f(x)$ 在 x_0 处**连续**.

有时需要考虑函数在点 x_0 一侧的连续性,为此引入左、右连续的概念.

定义 4 如果

$$\lim_{x \to x_0^-} f(x) = f(x_0), \qquad (2-7-7)$$

则称函数 $f(x)$ 在 x_0 **左连续**;如果

$$\lim_{x \to x_0^+} f(x) = f(x_0), \qquad (2-7-8)$$

则称函数 $f(x)$ 在 x_0 **右连续**. 由函数极限与其左、右极限的关系,容易得到函数连续与其左、右连续的关系.

定理 1 函数 $f(x)$ 在点 x_0 连续的充要条件是 $f(x)$ 在点 x_0 既左连续又右连续.

例 1 证明有理函数(多项式)

$$P(x) = a_0 x^n + a_1 x^{n-1} + \cdots + a_{n-1} x + a_n \qquad (2-7-9)$$

在任意点 x_0 处连续.

证 因为 $\lim\limits_{x \to x_0} P(x) = P(x_0)$,所以 $P(x)$ 在任意点 x_0 处连续.

例 2 设函数

$$f(x) = \begin{cases} \dfrac{\sin x}{x}, & x > 0, \\ 1, & x = 0, \\ x + a, & x < 0. \end{cases}$$

试确定常数 a 的值,使函数 $f(x)$ 在 $x = 0$ 处连续.

解 因为 $f(0) = 1$,且

$$\lim_{x \to 0^+} f(x) = \lim_{x \to 0^+} \frac{\sin x}{x} = 1 = f(0).$$

所以函数在 $x=0$ 右连续,又

$$\lim_{x \to 0^-} f(x) = \lim_{x \to 0^-}(x+a) = a.$$

故当 $a=1$ 时,函数 $f(x)$ 在 $x=0$ 左连续,由定理 1 知 $a=1$ 时,函数 $f(x)$ 在 $x=0$ 处连续.

下面将函数在一点连续推广至在开区间内连续的情形.

定义 5 如果函数 $f(x)$ 在开区间 (a,b) 内每一点都连续,则称函数 $f(x)$ 在开区间 (a,b) 内连续,记作 $f(x) \in C(a,b)$,其中符号 $C(a,b)$ 表示在区间 (a,b) 内所有连续函数的集合.

如果函数 $f(x)$ 在 (a,b) 内连续,且在 $x=a$ 处右连续,在 $x=b$ 处左连续,则称函数在闭区间 $[a,b]$ 上连续,记作 $f(x) \in C[a,b]$.

在几何上,连续函数的图形是一条连绵不断的曲线.

由例 1 知,有理函数(多项式)$P(x)$ 在其定义域 $(-\infty,+\infty)$ 内连续. 对于有理分式函数 $F(x)=\dfrac{P(x)}{Q(x)}$,只要 $Q(x_0) \neq 0$,就有 $\lim\limits_{x \to x_0} F(x) = F(x_0)$,因此,有理分式函数 $F(x)$ 在其定义域内每一点都是连续的.

又因为 $\lim\limits_{x \to x_0} \sin x = \sin x_0$,所以函数 $y = \sin x$ 在其定义域 $(-\infty,+\infty)$ 内处处连续,类似地,$y = \cos x$ 在 $(-\infty,+\infty)$ 内连续.

2.7.2 连续函数的运算法则与初等函数的连续性

由于函数的连续性是通过极限来定义的,因此根据极限运算法则,即可得出如下连续函数的运算法则.

定理 2(四则运算) 设函数 $f(x),g(x)$ 均在点 x_0 连续,则

$$f(x) \pm g(x), \quad f(x) \cdot g(x), \quad \frac{f(x)}{g(x)} \quad (g(x_0) \neq 0) \quad (2-7-10)$$

均在点 x_0 连续.

定理 3(复合函数的连续性) 设函数 $y = f(u)$ 在 u_0 处连续,$u = g(x)$ 在点 x_0 连续,且 $u_0 = g(x_0)$,则复合函数 $y = f[g(x)]$ 在 x_0 处连续.

定理 3 表明,连续函数的复合函数仍为连续函数,并且可得如下事实:若 $\lim\limits_{x \to x_0} g(x) = u_0$,$f(u)$ 在 u_0 连续,则 $\lim\limits_{x \to x_0} f[g(x)] = \lim\limits_{u \to u_0} f(u) = f(u_0)$,即

$$\lim_{x \to x_0} f[g(x)] = f[\lim_{x \to x_0} g(x)]. \qquad (2-7-11)$$

注 3 定理 3 表明函数符号 f 与极限符号 $\lim\limits_{x \to x_0}$ 可交换次序, 但要注意条件.

例 3 $\tan x = \dfrac{\sin x}{\cos x}$ 在其定义域内是连续的.

例 4 计算 $\lim\limits_{x \to 0} \dfrac{\log_a(1+x)}{x}$.

解 由定理 3 可得

$$\lim_{x \to 0} \frac{\log_a(1+x)}{x} = \lim_{x \to 0} \frac{1}{x} \log_a(1+x) = \lim_{x \to 0} \log_a(1+x)^{\frac{1}{x}}$$
$$= \log_a \left[\lim_{x \to 0}(1+x)^{\frac{1}{x}}\right] = \log_a \mathrm{e} = \frac{1}{\ln a}.$$

例 5 计算 $\lim\limits_{x \to 0} \dfrac{a^x - 1}{x}$.

解 由定理 3 可得

$$\lim_{x \to 0} \frac{a^x - 1}{x} \xrightarrow{\diamondsuit a^x - 1 = t} \lim_{t \to 0} \frac{t}{\log_a(1+t)} = \ln a.$$

定理 4(反函数的连续性) 如果函数 $y = f(x)$ 在区间 I_x 上单调增加(或单调减少)且连续, 那么其反函数 $x = f^{-1}(y)$ 在对应区间 $I_y = \{y \mid y = f(x), x \in I_x\}$ 上单调增加(或单调减少)且连续.

例 6 反正弦函数 $y = \arcsin x$ 在闭区间 $[-1, 1]$ 上是单调增加且连续的.

注 4 根据函数的连续性概念可证: 基本初等函数在其定义域内都是连续的. 由基本初等函数的连续性及连续函数的运算法则, 可得如下定理.

定理 5 一切初等函数在其定义区间内都是连续的.

注 5 定义区间是指包含在定义域内的区间.

注 6 在求 $\lim\limits_{x \to x_0} f(x)$ 时, 若函数 $f(x)$ 在 $x = x_0$ 连续, 则极限就是其函数值 $f(x_0)$.

2.7.3 函数的间断点及其分类

定义 6 如果函数 $f(x)$ 在点 $x = x_0$ 处不连续, 那么称函数 $f(x)$ 在点 x_0 处

间断, x_0 称为 $f(x)$ 的**间断点**(或不连续点).

根据函数 $f(x)$ 在点 $x=x_0$ 连续的定义,可知,如果函数 $f(x)$ 有下列 3 种情形之一:

(1) 在 $x=x_0$ 无定义;

(2) 虽然 $f(x)$ 在点 $x=x_0$ 有定义,但 $\lim\limits_{x \to x_0} f(x)$ 不存在;

(3) 虽然 $f(x)$ 在点 $x=x_0$ 有定义,且 $\lim\limits_{x \to x_0} f(x)$ 存在,但 $\lim\limits_{x \to x_0} f(x) \neq f(x_0)$;

那么 $x=x_0$ 就是函数的间断点.

函数的间断点通常分为两大类,即第一类间断点和第二类间断点,详细的定义如下.

1. 第一类间断点

如果函数 $f(x)$ 在间断点 $x=x_0$ 处的左、右极限 $f(x_0-0)$ 与 $f(x_0+0)$ 都存在,则称 $x=x_0$ 为函数 $f(x)$ 的**第一类间断点**. 第一类间断点又可细分为可去间断点和跳跃间断点两种.

(1) 若 $f(x_0-0)=f(x_0+0)$,即 $\lim\limits_{x \to x_0} f(x)$ 存在,则称 $x=x_0$ 为函数 $f(x)$ 的**可去间断点**.

(2) 若 $f(x_0-0) \neq f(x_0+0)$,则称 $x=x_0$ 为函数 $f(x)$ 的**跳跃间断点**.

2. 第二类间断点

如果函数 $f(x)$ 在间断点 $x=x_0$ 处的左、右极限 $f(x_0-0)$ 与 $f(x_0+0)$ 至少有一个不存在,则称 x_0 为函数 $f(x)$ 的**第二类间断点**. 第二类间断点中常见的有两种——**无穷间断点**、**振荡间断点**. 下面举例说明.

例 7 函数 $f(x)=\dfrac{\sin x}{x}$ 在 $x=0$ 无定义,但 $\lim\limits_{x \to 0} \dfrac{\sin x}{x}=1$,所以 $x=0$ 是 $f(x)=\dfrac{\sin x}{x}$ 的第一类间断点,并且是可去间断点.

例 8 $f(x)=\begin{cases} x-1, & x<0, \\ 1, & x=0, \\ x+1, & x>0, \end{cases}$ 考察 $f(x)$ 在点 $x=0$ 处的连续性.

解 因为
$$\lim_{x \to 0^-} f(x) = \lim_{x \to 0^-}(x-1) = -1,$$
$$\lim_{x \to 0^+} f(x) = \lim_{x \to 0^+}(x+1) = 1,$$

所以 $x=0$ 是函数 $f(x)$ 的第一类间断点,并且是跳跃间断点,如图 2-14 所示.

例9 正切函数 $f(x)=\tan x$,考察 $f(x)$ 在 $x=\dfrac{\pi}{2}$ 处的连续性.

解 由于 $f(x)=\tan x$ 在 $x=\dfrac{\pi}{2}$ 处无定义,因此 $x=\dfrac{\pi}{2}$ 是函数的间断点,又因为 $\lim\limits_{x\to\frac{\pi}{2}}\tan x=\infty$,所以 $x=\dfrac{\pi}{2}$ 是 $\tan x$ 的第一类间断点(又称无穷间断点),如图 2-15 所示.

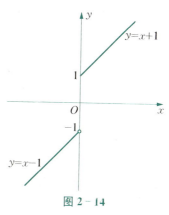

图 2-14

例10 函数 $y=\sin\dfrac{1}{x}$ 在 $x=0$ 处无定义,所以 $x=0$ 是函数的间断点.但当 $x\to 0$ 时,$y=\sin\dfrac{1}{x}$ 的值在 -1 于 1 之间无限多次地变动,因而 $\lim\limits_{x\to 0}\sin\dfrac{1}{x}$ 不存在,故 $x=0$ 是函数的第二类间断点,并且是振荡型间断点,如图 2-16 所示.

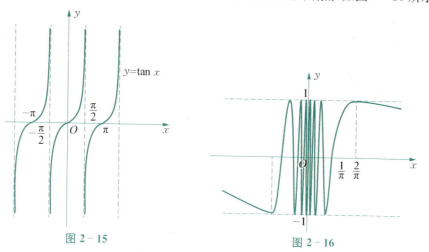

图 2-15　　　　图 2-16

2.7.4 闭区间上连续函数的性质

闭区间上连续的函数有几个重要的性质,今后还会用到这些性质,下面以定理的形式叙述它们,均略去证明,仅给出几何解释.

定理 6(最大值、最小值定理) 设函数 $f(x)$ 在闭区间 $[a,b]$ 上连续,则在 $[a,b]$ 上至少存在两点 x_1,x_2,使得 $\forall x \in [a,b]$,都有

$$f(x_1) \leqslant f(x) \leqslant f(x_2),$$

其中 $f(x_1)$ 和 $f(x_2)$ 分别称为函数 $f(x)$ 在闭区间 $[a,b]$ 上的最小值和最大值,如图 2-17.

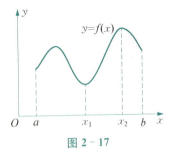

图 2-17

注 7 对开区间内连续的函数或闭区间上有间断点的函数,定理的结论未必成立. 例如,函数 $y = \dfrac{1}{x}$ 在 $(0,1)$ 内连续,但该函数在 $(0,1)$ 内既无最大值也无最小值. 再如,函数

$$f(x) = \begin{cases} x+1, & -1 \leqslant x < 0, \\ 0, & x = 0, \\ x-1, & 0 < x \leqslant 1 \end{cases}$$

在闭区间 $[-1,1]$ 上有间断点 $x = 0$,如图 2-18 所示,$f(x)$ 在闭区间 $[-1,1]$ 上不存在最大值和最小值.

定理 7(介值定理) 设函数 $f(x)$ 在闭区间 $[a,b]$ 上连续,记 m 和 M 分别表示 $f(x)$ 在 $[a,b]$ 上的最小值和最大值,则对于满足 $m \leqslant \mu \leqslant M$ 的任何实数 μ,至少 $\exists \xi \in [a,b]$,使得

$$f(\xi) = \mu.$$

注 8 此定理的几何解释如图 2-19 所示.

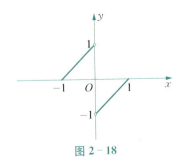

图 2-18

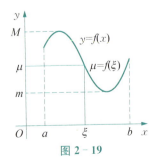

图 2-19

推论 1（零点定理） 设函数 $f(x)$ 在闭区间 $[a,b]$ 上连续，且 $f(a)$ 和 $f(b)$ 异号，即 $f(a) \cdot f(b) < 0$，则 $\exists \xi \in (a,b)$，使得

$$f(\xi) = 0.$$

其几何意义是说，当连续曲线 $y = f(x)$ 的端点 A，B 分别在 x 轴上方和下方时，曲线与 x 轴至少有一个交点，如图 2-20 所示.

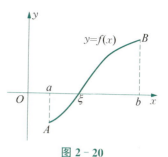

图 2-20

注 9 使 $f(x) = 0$ 的点称为函数 $f(x)$ 的**零点**，函数 $f(x)$ 的零点也称为方程 $f(x) = 0$ 的实根.

例 11 证明五次代数方程 $x^5 - 3x - 1 = 0$ 至少有一个根介于 1 与 2 之间.

解 设 $f(x) = x^5 - 3x - 1$，则 $f(x)$ 在闭区间 $[1,2]$ 上连续，且

$$f(1) = -3 < 0,\ f(2) = 25 > 0.$$

根据零点定理，$\exists x_0 \in (1,2)$，使 $f(x_0) = 0$，即

$$x_0^5 - 3x_0 - 1 = 0,\ 1 < x_0 < 2.$$

因此，方程 $x^5 - 3x - 1 = 0$ 至少有一个根介于 1 与 2 之间.

习题 2.7

1. 研究下列函数的连续性，并画出函数的图形：

(1) $f(x) = \begin{cases} x^2 + 1, & 0 \leqslant x \leqslant 1, \\ 3 - x, & 1 < x \leqslant 2; \end{cases}$ (2) $f(x) = \begin{cases} x, & |x| \leqslant 1, \\ 1, & |x| > 1. \end{cases}$

2. 求下列函数的间断点，并判别间断点的类型：

(1) $f(x) = \dfrac{x^2 - 1}{x^2 - 3x + 2}$;

(2) $f(x) = x \sin \dfrac{1}{x}$;

(3) $f(x) = \dfrac{2\tan x}{x}$;

(4) $f(x) = \begin{cases} x - 1, & x \leqslant 1, \\ 3 - x, & x > 1; \end{cases}$

(5) $f(x) = \lim\limits_{n \to \infty} \dfrac{1 - x^{2n}}{1 + x^{2n}} x$;

(6) $f(x) = \begin{cases} \dfrac{\sin x}{|x|}, & x \neq 0, \\ 0, & x = 0. \end{cases}$

3. 设函数

$$f(x) = \begin{cases} e^x, & x < 0, \\ a + x^2, & x \geq 0. \end{cases}$$

试问常数 a 为何值时, $f(x)$ 在 $(-\infty, +\infty)$ 内连续?

4. 证明方程 $\sin x + x + 1 = 0$ 在 $\left(-\dfrac{\pi}{2}, \dfrac{\pi}{2}\right)$ 内至少有一个实根.

5. 设多项式 $P(x) = x^n + a_1 x^{n-1} + \cdots + a_{n-1} x + a_n$, 证明: 当 n 为奇数时, 方程 $P(x) = 0$ 至少有一个实根.

本章小结

一、极限的概念与基本性质

1. 极限的定义.

(1) $\lim\limits_{n \to \infty} x_n = A \Leftrightarrow \forall \varepsilon > 0, \exists N$, 当 $n > N$ 时, 有 $|x_n - A| < \varepsilon$.

(2) $\lim\limits_{x \to x_0} f(x) = A \Leftrightarrow \forall \varepsilon > 0, \exists \delta > 0$, 当 $0 < |x - x_0| < \delta$ 时, 有 $|f(x) - A| < \varepsilon$.

(i) 左极限 $f(x_0 - 0) = \lim\limits_{x \to x_0^-} f(x) = A \Leftrightarrow \forall \varepsilon > 0, \exists \delta > 0$, 当 $-\delta < x - x_0 < 0$ 时, 有 $|f(x) - A| < \varepsilon$.

(ii) 右极限 $f(x_0 + 0) = \lim\limits_{x \to x_0^+} f(x) = A \Leftrightarrow \forall \varepsilon > 0, \exists \delta > 0$, 当 $0 < x - x_0 < \delta$ 时, 有 $|f(x) - A| < \varepsilon$.

(iii) $\lim\limits_{x \to x_0} f(x) = A \Leftrightarrow \lim\limits_{x \to x_0^-} f(x) = \lim\limits_{x \to x_0^+} f(x) = A$.

(3) $\lim\limits_{x \to \infty} f(x) = A \Leftrightarrow \forall \varepsilon > 0, \exists X > 0$, 当 $|x| > X$ 时, 有 $|f(x) - A| < \varepsilon$.

(i) $\lim\limits_{x \to +\infty} f(x) = A \Leftrightarrow \forall \varepsilon > 0, \exists X > 0$, 当 $x > X$ 时, 有 $|f(x) - A| < \varepsilon$.

(ii) $\lim\limits_{x \to -\infty} f(x) = A \Leftrightarrow \forall \varepsilon > 0, \exists X > 0$, 当 $x < -X$ 时, 有 $|f(x) - A| < \varepsilon$.

(iii) $\lim\limits_{x \to \infty} f(x) = A \Leftrightarrow \lim\limits_{x \to -\infty} f(x) = \lim\limits_{x \to +\infty} f(x) = A$.

2. 极限的基本性质.

(1) 唯一性: 若极限存在, 则极限是唯一的.

(2) 有界性：收敛数列必有界；函数收敛必局部有界.

(3) 保号性：(i) 若 $\lim\limits_{n\to\infty} x_n = A$，且 $A > 0$（或 $A < 0$），则 $\exists N$，当 $n > N$ 时，有 $x_n > 0$（或 $x_n > 0$）.

(ii) $\lim\limits_{x\to x_0} f(x) = A$，且 $A > 0$（或 $A < 0$），则 $\exists \delta > 0$，当 $0 < |x - x_0| < \delta$ 时，有 $f(x) > 0$（或 $f(x) < 0$）.

二、无穷小与无穷大

1. 无穷小：极限为零的量（在自变量的某个变化过程中）.
2. 无穷大：$|f(x)|$ 无限增大（在自变量的某个变化过程中）.
3. 无穷小与无穷大的关系：互为倒数关系（分母不等于 0）.

三、无穷小的性质与阶的比较

1. 有限个无穷小的代数和仍为无穷小.
2. 有限个无穷小的乘积仍为无穷小.
3. 有界量与无穷小的乘积仍为无穷小.
4. 无穷小与函数极限的关系：$\lim f(x) = A$ 的充要条件是
$$f(x) = A + \alpha(x),$$
其中 $\lim \alpha(x) = 0$.

5. 无穷小阶的比较.

设 $\lim \alpha(x) = 0$，$\lim \beta(x) = 0$，且 $\lim \dfrac{\beta(x)}{\alpha(x)} = c$.

(1) 若 $c = 0$，则称 $\beta(x)$ 是比 $\alpha(x)$ 高阶的无穷小，记作 $\beta = o(\alpha)$；反过来，称 $\alpha(x)$ 是比 $\beta(x)$ 低阶的无穷小.

(2) 若 $c \neq 0$，则称 $\alpha(x)$ 与 $\beta(x)$ 是同阶无穷小.

(3) 若 $c = 1$，则称 $\alpha(x)$ 与 $\beta(x)$ 是等价无穷小，记作 $\alpha(x) \sim \beta(x)$.

6. 常用的等价无穷小.

当 $x \to 0$ 时，$\sin x \sim x$；$\tan x \sim x$；$\arcsin x \sim x$；$\arctan x \sim x$；$1 - \cos x \sim \dfrac{x^2}{2}$；$e^x - 1 \sim x$；$a^x - 1 \sim x \ln a$；$\ln(1+x) \sim x$；$\sqrt[n]{1+x} - 1 \sim \dfrac{1}{n} x$；$(1+x)^\alpha - 1 \sim \alpha x \, (\alpha \in \mathbf{R})$.

四、求极限的方法

1. 利用极限运算法则.

2. 利用两个重要极限及变量代换法.

(1) $\lim\limits_{x \to 0} \dfrac{\sin x}{x} = 1$，$\lim\limits_{u(x) \to 0} \dfrac{\sin u(x)}{u(x)} = 1$.

(2) $\lim\limits_{n \to \infty} \left(1 + \dfrac{1}{n}\right)^n = e$，$\lim\limits_{x \to \infty} \left(1 + \dfrac{1}{x}\right)^x = e$.

$\lim\limits_{x \to 0} (1+x)^{\frac{1}{x}} = e$，$\lim\limits_{u(x) \to 0} (1 + u(x))^{\frac{1}{u(x)}} = e$.

3. 利用等价无穷小代换及无穷小的性质.

(1) 等价无穷小代换：设 $\alpha(x) \sim \alpha'(x)$, $\beta(x) \sim \beta'(x)$，且 $\lim \dfrac{\beta'(x)}{\alpha'(x)}$ 存在，则 $\lim \dfrac{\beta(x)}{\alpha(x)} = \lim \dfrac{\beta'(x)}{\alpha'(x)}$.

(2) 有界量与无穷小的乘积仍为无穷小.

4. 利用极限存在法则.

5. 利用函数的连续性.

(1) 若 $x = a$ 是初等函数 $f(x)$ 的定义区间内的点，则 $\lim\limits_{x \to a} f(x) = f(a)$；

(2) 若 $\lim\limits_{x \to x_0} \varphi(x) = u_0$，函数 $y = f(u)$ 在 $u = u_0$ 连续，则

$$\lim_{x \to x_0} f[\varphi(x)] = f\left[\lim_{x \to x_0} \varphi(x)\right].$$

五、函数的连续性与间断点

1. 函数连续的概念.

(1) 若 $\lim\limits_{x \to x_0} f(x) = f(x_0)$ 或 $\lim\limits_{\Delta x \to 0} \Delta y = 0$，其中 $\Delta y = f(x_0 + \Delta x) - f(x_0)$，则称 $f(x)$ 在 x_0 处连续.

(2) 若 $\lim\limits_{x \to x_0^-} f(x) = f(x_0)$（或 $\lim\limits_{x \to x_0^+} f(x) = f(x_0)$），则称 $f(x)$ 在 x_0 左连续（或右连续）.

(3) $f(x)$ 在 x_0 处连续 $\Leftrightarrow$ $f(x)$ 在 x_0 既左连续又右连续.

(4) $f(x)$ 在 (a, b) 内连续：$f(x)$ 在 (a, b) 内每一点都连续.

(5) $f(x)$ 在 $[a, b]$ 上连续：$f(x)$ 在 (a, b) 内连续，并且 $f(x)$ 在 $x = a$ 右

连续，在 $x=b$ 左连续.

2. 间断点及其分类.

(1) $f(x)$ 在 x_0 处不连续，则称 x_0 是 $f(x)$ 的间断点.

(2) 间断点的分类.

(i) 第一类间断点：使 $f(x_0-0)$ 与 $f(x_0+0)$ 都存在的点 x_0. 其中：

可去间断点：使 $f(x_0-0)=f(x_0+0)$ 的点；

跳跃间断点：使 $f(x_0-0)\neq f(x_0+0)$ 的点.

(ii) 第二类间断点：使 $f(x_0-0)$ 与 $f(x_0+0)$ 至少有一个不存在的点 x_0. 常见的第二类间断点有无穷间断点和振荡间断点.

3. 连续函数的运算法则及初等函数的连续性.

(1) 连续函数的和(差)、积、商(分母不为零)仍连续；

(2) 连续函数的复合函数仍连续；

(3) 单调连续函数的反函数在相应的区间上仍然单调且连续；

(4) 基本初等函数在其定义域内连续；

(5) 一切初等函数在其定义区间上都连续.

4. 闭区间上连续函数的性质.

(1) 最值性：$f(x)$ 在 $[a,b]$ 上必能取到最大值 M 和最小值 m.

(2) 介值性：对于满足 $m\leqslant c\leqslant M$ 的任何实数 c，至少 $\exists x_0\in[a,b]$，使得

$$f(x_0)=c.$$

(3) 零点存在性(或方程 $f(x)=0$ 的实根存在性)：若 $f(a)\cdot f(b)<0$，则 $\exists x_0\in(a,b)$，使得 $f(x_0)=0$.

总习题 2

(A)

1. 填空题：

(1) 设 $f(x)=a^x(a>0,a\neq 1)$，则 $\lim\limits_{n\to\infty}\dfrac{1}{n^2}\ln[f(1)f(2)\cdots f(n)]=$ _____.

(2) 如果 $\lim\limits_{x\to 3}\dfrac{x^2-2x+k}{x-3}=4$，则 $k=$ _____.

(3) 当 $x \to \infty$ 时，$f(x)$ 与 $\dfrac{1}{x^2}$ 是等价无穷小，则 $\lim\limits_{x \to \infty}[3x^2 f(x)]=$ _____.

(4) 设函数 $f(x)$ 连续，且 $\lim\limits_{x \to 0}\left[\dfrac{f(x)}{x}+\dfrac{1}{x}+\dfrac{\sin x}{x^2}\right]=2$，则 $f(0)=$ _____.

2. 单项选择题：

(1) 下列变量在给定的变化过程中为无穷小的是 _____.

　　A. $\sin x$　$(x \to \infty)$　　　　B. $\mathrm{e}^{\frac{1}{x}}$　$(x \to 0)$

　　C. $\ln(1+x^2)$　$(x \to 0)$　　　D. $\dfrac{x-3}{x^2-9}$　$(x \to 3)$

(2) 下列等式成立的是 _____.

　　A. $\lim\limits_{x \to 0}\dfrac{\sin x^2}{x}=1$　　　　B. $\lim\limits_{x \to \infty}\dfrac{\sin x}{x}=1$

　　C. $\lim\limits_{x \to 0}\dfrac{\sin x}{x^2}=1$　　　　D. $\lim\limits_{x \to 0}\dfrac{\tan x}{x}=1$

(3) 下列等式成立的是 _____.

　　A. $\lim\limits_{x \to 0^+}(1+x)^{\frac{1}{x}}=1$　　　B. $\lim\limits_{x \to 0^+}(1+x)^{\frac{1}{x}}=\mathrm{e}$

　　C. $\lim\limits_{x \to \infty}\left(1-\dfrac{1}{x}\right)^x=-\mathrm{e}$　　D. $\lim\limits_{x \to \infty}\left(1+\dfrac{1}{x}\right)^{-x}=\mathrm{e}$

(4) 设 $x_n=\dfrac{n}{2}[1+(-1)^n]$，则下列说法成立的是 _____.

　　A. $\{x_n\}$ 有界　　　　　　　B. $\{x_n\}$ 无界

　　C. $\{x_n\}$ 单调递增　　　　　D. $n \to \infty$ 时 x_n 为无穷大

(5) 函数 $f(x)=\begin{cases}\mathrm{e}^{-\frac{1}{x-1}}, & x \neq 1 \\ 0, & x=1\end{cases}$，在 $x=1$ 处 _____.

　　A. 左连续　　　　　　　　　B. 右连续

　　C. 既左连续又右连续　　　　D. 既不左连续又不右连续

3. 求下列极限：

(1) $\lim\limits_{x \to \infty}\dfrac{(n+1)(2n+2)(3n+3)}{2n^3}$；

(2) $\lim\limits_{x \to \infty}\left[\dfrac{1+3+\cdots+(2n-1)}{n+1}-\dfrac{2n+1}{2}\right]$；

(3) $\lim\limits_{x\to\infty}[\sqrt{(x+1)(x+2)}-x]$;　　(4) $\lim\limits_{x\to 4}\dfrac{2-\sqrt{x}}{3-\sqrt{2x+1}}$;

(5) $\lim\limits_{x\to 0}\ln\dfrac{\sin 3x}{x}$;　　(6) $\lim\limits_{x\to 0}(2\csc 2x-\cot x)$;

(7) $\lim\limits_{x\to\infty}\left(\dfrac{x+1}{x-1}\right)^x$;　　(8) $\lim\limits_{x\to+\infty}\left(1-\dfrac{1}{x}\right)^{\sqrt{x}}$;

(9) $\lim\limits_{x\to 0}\dfrac{\cos\alpha x-\cos\beta x}{x^2}$;　　(10) $\lim\limits_{x\to 0}(1+2x)^{\frac{3}{\sin x}}$;

(11) $\lim\limits_{x\to+\infty}\left[\ln(1+2^x)\ln\left(1+\dfrac{1}{x}\right)\right]$;　　(12) $\lim\limits_{x\to 0}\dfrac{1-\cos x}{(\mathrm{e}^x-1)\ln(1+x)}$.

4. 当 $x\to 0$ 时 $\sqrt{1+ax^2}-1$ 与 $\sin^2 x$ 是等价无穷小，求 a 的值.

5. 设 $f(x)=\begin{cases}\dfrac{\sin ax}{x}, & x<0, a>0, \\ 2, & x=0, \\ (1+bx)^{\frac{1}{x}}, & x>0, b>0,\end{cases}$ 当 a 和 b 为何值时，$f(x)$ 在 $(-\infty,+\infty)$ 内连续？

6. 设 $f(x)=\begin{cases}\dfrac{\cos x}{x+2}, & x\geqslant 0, \\ \dfrac{\sqrt{a}-\sqrt{a-x}}{x}, & x<0, a>0.\end{cases}$

(1) 当 a 为何值时，$x=0$ 是 $f(x)$ 的连续点？

(2) 当 a 为何值时，$x=0$ 是 $f(x)$ 的间断点？是什么类型的间断点？

7. 证明曲线 $y=\sin x+x-1$ 在区间 $\left(-\dfrac{\pi}{2},\dfrac{\pi}{2}\right)$ 内与 x 轴至少有一个交点.

8. 证明方程 $x\cdot 2^x=1$ 至少有一个小于 1 的正根.

(B)

1. 填空题：

(1) $\lim\limits_{x\to\infty}\sqrt{1+2+3+\cdots+n}-\sqrt{1+2+3+\cdots+(n-1)}=$ _____.

(2) $\lim\limits_{x\to 0}\dfrac{3\sin x+x^2\cos\dfrac{1}{x}}{(1+\cos x)\ln(1+x)}=$ _____.

(3) 若 $\lim\limits_{x\to 0}\dfrac{\sin x}{\mathrm{e}^x-a}(\cos x-b)=5$，则 $a=$ _____，$b=$ _____.

(4) 设 $\lim\limits_{x\to\infty}\left(\dfrac{x+2a}{x-a}\right)^x = 8$，则 $a = $ _____．

2. 单项选择题：

(1) 设 $f(x) = 2^x + 3^x - 2$，则当 $x \to 0$ 时 _____．

　　A．$f(x)$ 是 x 的等价无穷小　　B．$f(x)$ 与 x 同阶但非等价无穷小

　　C．$f(x)$ 是比 x 更高阶的无穷小　　D．$f(x)$ 是比 x 较低阶的无穷小

(2) 当 $x \to 1$ 时，函数 $\dfrac{x^2-1}{x-1} e^{\frac{1}{x-1}}$ 的极限是 _____．

　　A．2　　　　　　　　　　　　B．0

　　C．无穷大　　　　　　　　　　D．不存在但不是无穷大

(3) 当 $x \to 0$ 时，下列 4 个无穷小中，是其他 3 个更高阶的无穷小的是 _____．

　　A．x^2　　　　　　　　　　　B．$1 - \cos x$

　　C．$\tan x - \sin x$　　　　　　　D．$\sqrt{1-x^2} - 1$

(4) 设对任意的 x，总有 $\varphi(x) \leqslant f(x) \leqslant g(x)$，且 $\lim\limits_{x\to\infty}[g(x) - \varphi(x)] = 0$，则有 $\lim\limits_{x\to\infty} f(x) = $ _____．

　　A．存在且等于 0　　　　　　　B．存在且不等于 0

　　C．不一定存在　　　　　　　　D．一定不存在

(5) 设 $f(x)$ 在 $(-\infty, +\infty)$ 有定义，且 $\lim\limits_{x\to\infty} f(x) = a$，$g(x) = \begin{cases} f\left(\dfrac{1}{x}\right), & x \neq 0, \\ 0, & x = 0, \end{cases}$ 则 _____．

　　A．$x = 0$ 必是 $g(x)$ 的第一类间断点

　　B．$x = 0$ 必是 $g(x)$ 的第二类间断点

　　C．$x = 0$ 必是 $g(x)$ 的连续点

　　D．$g(x)$ 在 $x = 0$ 的连续性与 a 的值有关

3. 求下列极限：

(1) $\lim\limits_{x \to 0^+}(\cos\sqrt{x})^{\frac{\pi}{x}}$；

(2) $\lim\limits_{x \to 0}\dfrac{\sqrt{1+\sin x} - \sqrt{1+\tan x}}{x^3}$；

(3) $\lim\limits_{x\to\infty}\left(\sin\dfrac{2}{x} + \cos\dfrac{1}{x}\right)^x$；

(4) $\lim\limits_{x\to 0}\left(\lim\limits_{n\to\infty}\cos\dfrac{x}{2}\cos\dfrac{x}{2^2}\cdots\cos\dfrac{x}{2^n}\right)$．

4. 试确定 a, b, c 的值，使得

$$e^x(1+ax+bx^2) = 1+cx+o(x^3),$$

其中 $o(x^3)$ 是当 $x \to 0$ 时比 x^3 高阶的无穷小量.

5. 当 a, b 取何值时，$\lim\limits_{x \to 0}\left[\dfrac{\sin x}{a-e^x}(b-\cos x)\right]=2$ 成立？

6. 当 a 取何值时，$f(x)=\begin{cases} x^2+1, & |x| \leqslant a, \\ \dfrac{2}{|x|}, & |x| > a \end{cases}$ 连续？

7. 讨论函数 $f(x)=(x+1)^{\frac{x}{\tan\left(x-\frac{\pi}{4}\right)}}$ 在区间 $(0, 2\pi)$ 内的间断点，并判断其类型.

8. 设函数 $f(x)$ 在区间 $[a, b]$ 上连续，且 $f(a)<a$，$f(b)>b$，证明存在 $\xi \in (a, b)$，使得 $f(\xi)=\xi$.

9. 证明方程 $\dfrac{5}{x-1}+\dfrac{7}{x-2}+\dfrac{16}{x-3}=0$ 在 $(1, 2)$ 与 $(2, 3)$ 内至少有一个实根.

10. 设函数 $f(x)$ 在区间 $[0, 1]$ 上连续，且 $f(0)=f(1)$，证明：对自然数 $n \geqslant 2$，必有 $\xi \in (0, 1)$，使得 $f(\xi)=f\left(\xi+\dfrac{1}{n}\right)$.

第 3 章

导数与微分

一元函数微分学是微积分学中的重要组成部分,它包括导数和微分两个重要概念:导数是函数变化率的度量,微分是函数增量的近似表示.

数学中研究导数、微分及其应用的部分称为微分学,研究不定积分、定积分及其应用的部分称为积分学. 微分学和积分学统称为微积分学,微积分学是高等数学的重要组成部分. 本章主要研究导数和微分的概念以及它们的计算方法.

3.1 导数概念

3.1.1 引例

1. 直线运动的速度

设一质点在坐标轴上作非匀速运动,时刻 t 质点的坐标为 s,s 是 t 的函数:

$$s = f(t),$$

求动点在时刻 t_0 的速度. 现考虑比值

$$\frac{s-s_0}{t-t_0} = \frac{f(t)-f(t_0)}{t-t_0},$$

我们把这个比值认为是动点在时间间隔 $t-t_0$ 内的平均速度. 如果时间间隔较短,这个比值也可用来表示动点在时刻 t_0 的瞬时速度. 但这样所求的速度不够精确,为了更精确地表示瞬时速度,则令 $t-t_0 \to 0$,讨论比值 $\dfrac{f(t)-f(t_0)}{t-t_0}$ 的极限,如果这个极限存在,设为 v,即

$$v = \lim_{t \to t_0} \frac{f(t) - f(t_0)}{t - t_0}, \tag{3-1-1}$$

这时就把这个极限值 v 称为动点在时刻 t_0 的瞬时速度.

2. 切线问题

如图 3-1 所示,设曲线 C 就是函数 $y = f(x)$ 的图形.现要确定曲线 C 在点 $M_0(x_0, y_0)$ 处的切线,只要确定切线的斜率就行了.为此,在点 M_0 外另取 C 上一点 $M(x, y)$,于是割线 M_0M 的斜率为

$$\tan \varphi = \frac{\Delta y}{\Delta x} = \frac{y - y_0}{x - x_0} = \frac{f(x) - f(x_0)}{x - x_0},$$

其中 φ 为割线 M_0M 的倾角.当点 M 沿曲线 C 趋于点 M_0 时,即当 $x \to x_0$ 时,如果上式的极限存在,设为 k,即

$$k = \lim_{x \to x_0} \frac{f(x) - f(x_0)}{x - x_0}, \tag{3-1-2}$$

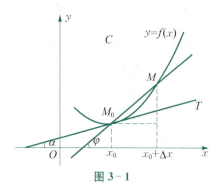

图 3-1

则此极限 k 是割线斜率的极限,也即切线的斜率 $k = \tan \alpha$,其中 α 是切线 TM_0 的倾角.于是,通过点 $M_0(x_0, f(x_0))$ 且以 k 为斜率的直线 TM_0 便是曲线 C 在点 M_0 处的切线.

3. 产品总成本的变化率

设某产品的总成本 C 是产量 q 的函数:$C = C(q)$.若产量由 q_0 变为 q,则相应的总成本改变量为

$$\Delta C = C(q) - C(q_0),$$

且总成本的平均变化率为

$$\frac{\Delta C}{\Delta q} = \frac{C(q) - C(q_0)}{q - q_0},$$

当 $\Delta q = q - q_0 \to 0$ 时,若极限

$$\lim_{\Delta q \to 0} \frac{\Delta C}{\Delta q} = \lim_{q \to q_0} \frac{C(q) - C(q_0)}{q - q_0} \tag{3-1-3}$$

存在,则称此极限是产量为 q_0 时的产品总成本的变化率.

上述的 3 个例子其本质都是一个特定的极限,即当自变量的改变量趋于零时,函数因变量的改变量与自变量的改变量之比的极限.因此我们把这个特定的极限称为导数.下面将介绍导数的定义.

3.1.2 导数的定义

定义 1 设函数 $y = f(x)$ 在点 x_0 的某个邻域内有定义,当自变量 x 在 x_0 处取得增量 Δx(点 $x_0 + \Delta x$ 仍在该邻域内)时,相应地函数 y 取得增量

$$\Delta y = f(x_0 + \Delta x) - f(x_0).$$

如果 Δy 与 Δx 之比当 $\Delta x \to 0$ 时的极限存在,则称函数 $y = f(x)$ 在点 x_0 处可导,并称此极限为函数 $y = f(x)$ 在点 x_0 处的**导数**,记为

$$f'(x_0), \quad y'|_{x=x_0}, \quad \frac{\mathrm{d}y}{\mathrm{d}x}\bigg|_{x=x_0} \quad \text{或} \quad \frac{\mathrm{d}f(x)}{\mathrm{d}x}\bigg|_{x=x_0},$$

即

$$f'(x_0) = \lim_{\Delta x \to 0} \frac{\Delta y}{\Delta x} = \lim_{\Delta x \to 0} \frac{f(x_0 + \Delta x) - f(x_0)}{\Delta x}. \tag{3-1-4}$$

函数 $y = f(x)$ 在点 x_0 处可导有时也说成 $y = f(x)$ 在点 x_0 **处具有导数**或**导数存在**,点 x_0 称为**可导点**;反之,如果(3-1-4)式极限不存在,则称函数 $y = f(x)$ 在点 x_0 处**不可导**,此时 x_0 称为**不可导点**. 导数的定义式也可用不同的形式,常见的有:

$$f'(x_0) = \lim_{h \to 0} \frac{f(x_0 + h) - f(x_0)}{h} \quad \text{(其中 } h = \Delta x\text{)}, \tag{3-1-5}$$

$$f'(x_0) = \lim_{x \to x_0} \frac{f(x) - f(x_0)}{x - x_0} \quad (\text{其中 } x = x_0 + \Delta x). \quad (3-1-6)$$

注 1　在实际问题中,我们需要讨论各种具有不同意义的变量的变化"快慢"问题,在数学上便是函数的变化率问题. 导数的概念就是函数变化率这一概念的精确描述.

注 2　如果不可导的原因是由于 $\lim\limits_{\Delta x \to 0} \dfrac{f(x_0 + \Delta x) - f(x_0)}{\Delta x} = \infty$,也往往说函数 $y = f(x)$ 在点 x_0 处的导数为无穷大.

例 1　求函数 $y = f(x) = x^2$ 在 $x = 1$ 处的导数 $f'(1)$.

解　因为

$$\Delta y = (1 + \Delta x)^2 - 1^2 = 2\Delta x + (\Delta x)^2,$$

$$\frac{\Delta y}{\Delta x} = 2 + \Delta x,$$

所以

$$f'(1) = \lim_{\Delta x \to 0} \frac{\Delta y}{\Delta x} = \lim_{\Delta x \to 0}(2 + \Delta x) = 2.$$

例 2　讨论函数 $f(x) = \sqrt[3]{x}$ 在 $x = 0$ 处的可导性.

解　由于

$$f'(0) = \lim_{\Delta x \to 0} \frac{f(0 + \Delta x) - f(0)}{\Delta x} = \lim_{\Delta x \to 0} \frac{\sqrt[3]{\Delta x}}{\Delta x} = \infty,$$

故函数在 $x = 0$ 处不可导.

3.1.3　左导数与右导数

由于函数 $y = f(x)$ 在点 x_0 处的导数是否存在,取决于极限

$$\lim_{\Delta x \to 0} \frac{f(x + \Delta x) - f(x)}{\Delta x} = \lim_{h \to 0} \frac{f(x + h) - f(x)}{h} \quad (3-1-7)$$

是否存在,而极限存在的充分必要条件是左、右极限都存在且相等,因此,导数 $f'(x_0)$ 存在的充分必要条件是左、右极限

$$f'_-(x_0) = \lim_{\Delta x \to 0^-} \frac{f(x_0 + \Delta x) - f(x_0)}{\Delta x},$$

$$f'_+(x_0) = \lim_{\Delta x \to 0^+} \frac{f(x_0 + \Delta x) - f(x_0)}{\Delta x}$$

都存在且相等. 上面的左、右极限相应的称为函数 $y = f(x)$ 在点 x_0 处的**左导数**和**右导数**.

定理 1 函数 $f(x)$ 在点 x_0 处可导的充分必要条件是左导数 $f'_-(x_0)$ 和右导数 $f'_+(x_0)$ 都存在且相等.

例 3 讨论函数 $f(x) = |x|$ 在 $x = 0$ 处的可导性.

解 因为

$$f'_-(0) = \lim_{\Delta x \to 0^-} \frac{f(0 + \Delta x) - f(0)}{\Delta x} = \lim_{\Delta x \to 0^-} \frac{-\Delta x}{\Delta x} = -1,$$

$$f'_+(0) = \lim_{\Delta x \to 0^+} \frac{f(0 + \Delta x) - f(0)}{\Delta x} = \lim_{\Delta x \to 0^+} \frac{\Delta x}{\Delta x} = 1,$$

可见 $\Delta x \to 0$ 时,左、右极限存在,但不相等. 故极限不存在,所以 $f(x) = |x|$ 在 $x = 0$ 处不可导.

3.1.4 函数的导数

若函数 $y = f(x)$ 在 (a, b) 内任意一点都可导,则称函数 $y = f(x)$ 在开区间 (a, b) 内可导;若函数 $y = f(x)$ 在开区间 (a, b) 内可导,且在点 a 处右可导,在点 b 处左可导,则称函数 $y = f(x)$ 在闭区间 $[a, b]$ 上可导.

$f'(x)$ 与 $f'(x_0)$ 之间的关系:函数 $f(x)$ 在点 x_0 处的导数 $f'(x)|_{x=x_0}$ 就是**导函数** $f'(x)$ 在点 $x = x_0$ 处的函数值,即

$$f'(x_0) = f'(x)|_{x=x_0}. \tag{3-1-8}$$

导函数 $f'(x)$ 简称导数,而 $f'(x_0)$ 是 $f(x)$ 在 x_0 处的导数或导数 $f'(x)$ 在 x_0 处的值.

例 4 求函数 $f(x) = C$(C 为常数)的导数.

解 由于

$$f'(x) = \lim_{h \to 0} \frac{f(x+h) - f(x)}{h} = \lim_{h \to 0} \frac{C - C}{h} = 0,$$

因此 $f'(x) = C' = 0$.

例 5 求函数 $f(x) = \dfrac{1}{x}$ 的导数.

解 根据导数的定义可得

$$f'(x)=\lim_{h\to 0}\frac{f(x+h)-f(x)}{h}=\lim_{h\to 0}\frac{\frac{1}{x+h}-\frac{1}{x}}{h}$$

$$=\lim_{h\to 0}\frac{-h}{h(x+h)x}=-\lim_{h\to 0}\frac{1}{(x+h)x}$$

$$=-\frac{1}{x^2}.$$

例 6 求函数 $f(x)=\sqrt{x}$ 的导数.

解 根据导数的定义可得

$$f'(x)=\lim_{h\to 0}\frac{f(x+h)-f(x)}{h}=\lim_{h\to 0}\frac{\sqrt{x+h}-\sqrt{x}}{h}$$

$$=\lim_{h\to 0}\frac{h}{h(\sqrt{x+h}+\sqrt{x})}=\lim_{h\to 0}\frac{1}{\sqrt{x+h}+\sqrt{x}}$$

$$=\frac{1}{2\sqrt{x}}.$$

例 7 求函数 $f(x)=x^n$ (n 为正整数)在 $x=a$ 处的导数.

解 根据导数的定义可得

$$f'(a)=\lim_{x\to a}\frac{f(x)-f(a)}{x-a}=\lim_{x\to a}\frac{x^n-a^n}{x-a}$$

$$=\lim_{x\to a}(x^{n-1}+ax^{n-2}+\cdots+a^{n-1})$$

$$=na^{n-1}.$$

把以上结果中的 a 换成 x,得 $(x^n)'=nx^{n-1}$.

更一般地,有 $(x^u)'=ux^{u-1}$,其中 u 为常数.

例 8 求函数 $f(x)=\sin x$ 的导数.

解 根据导数的定义可得

$$f'(x)=\lim_{h\to 0}\frac{f(x+h)-f(x)}{h}=\lim_{h\to 0}\frac{\sin(x+h)-\sin x}{h}$$

$$=\lim_{h\to 0}\frac{1}{h}\cdot 2\cos\left(x+\frac{h}{2}\right)\sin\frac{h}{2}$$

$$= \lim_{h \to 0} \cos\left(x + \frac{h}{2}\right) \cdot \frac{\sin\frac{h}{2}}{\frac{h}{2}}$$

$$= \cos x,$$

即 $(\sin x)' = \cos x$.

用类似的方法,可求得 $(\cos x)' = -\sin x$.

例 9 求函数 $f(x) = a^x (a > 0, a \neq 1)$ 的导数.

解 根据导数的定义可得

$$f'(x) = \lim_{h \to 0} \frac{f(x+h) - f(x)}{h} = \lim_{h \to 0} \frac{a^{x+h} - a^x}{h}$$

$$= a^x \lim_{h \to 0} \frac{a^h - 1}{h} \xrightarrow{\diamondsuit a^h - 1 = t} a^x \lim_{t \to 0} \frac{t}{\log_a(1+t)}$$

$$= a^x \frac{1}{\log_a e} = a^x \ln a,$$

即 $(a^x)' = a^x \ln a$. 特别地,有 $(e^x)' = e^x$.

例 10 求函数 $f(x) = \log_a x \ (a > 0, a \neq 1)$ 的导数.

解 根据导数的定义可得

$$f'(x) = \lim_{h \to 0} \frac{\log_a(x+h) - \log_a x}{h} = \lim_{h \to 0} \frac{1}{h} \log_a\left(1 + \frac{h}{x}\right)$$

$$= \frac{1}{x} \lim_{h \to 0} \log_a\left(1 + \frac{h}{x}\right)^{\frac{x}{h}} = \frac{1}{x} \log_a e$$

$$= \frac{1}{x \ln a},$$

即 $(\log_a x)' = \frac{1}{x \ln a}$. 特别地,有 $(\ln x)' = \frac{1}{x}$.

以上推导的导数公式可直接应用于解决相关问题,应当熟练掌握.

3.1.5 导数的几何意义

由前面实例所讨论的切线问题的结论可描述为:函数 $y = f(x)$ 在点 x_0 处的导数 $f'(x_0)$,在几何上表示曲线 $y = f(x)$ 在 $M_0(x_0, f(x_0))$ 处的切线的斜率,如图 3-2 所示.因此,曲线在点 $M(x_0, f(x_0))$ 处的**切线方程**为

$$y - y_0 = f'(x)(x - x_0). \quad (3-1-9)$$

如果 $y = f(x)$ 在点 x_0 处的导数为无穷大，此时曲线 $y = f(x)$ 在点 $M(x_0, f(x_0))$ 处具有垂直于 x 轴的**切线** $x = x_0$.

过切点 $M(x_0, f(x_0))$ 且与切线垂直的直线叫作曲线 $y = f(x)$ 在点 M 处的**法线**，如果 $f'(x_0) \neq 0$，法线的斜率为 $-\dfrac{1}{f'(x_0)}$，从而**法线方程**为

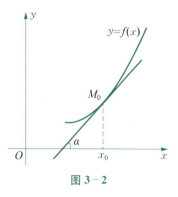

图 3-2

$$y - y_0 = -\frac{1}{f'(x_0)}(x - x_0). \quad (3-1-10)$$

例 11 求等边双曲线 $y = \dfrac{1}{x}$ 在点 $\left(\dfrac{1}{2}, 2\right)$ 处的切线的斜率，并写出在该点处的切线方程和法线方程.

解 因为 $y' = -\dfrac{1}{x^2}$，所求切线及法线的斜率分别为

$$k_1 = \left(-\frac{1}{x^2}\right)\bigg|_{x=\frac{1}{2}} = -4, \quad k_2 = -\frac{1}{k_1} = \frac{1}{4}.$$

所求切线方程为

$$y - 2 = -4\left(x - \frac{1}{2}\right), \text{即 } 4x + y - 4 = 0.$$

所求法线方程为

$$y - 2 = \frac{1}{4}\left(x - \frac{1}{2}\right), \text{即 } x - 4y + \frac{15}{2} = 0.$$

3.1.6 函数的可导性与连续性的关系

定理 2 如果函数 $y = f(x)$ 在点 x_0 处可导，则 $y = f(x)$ 在点 x_0 处连续.

证 设函数 $y = f(x)$ 在点 x_0 处可导，即 $\lim\limits_{\Delta x \to 0} \dfrac{\Delta y}{\Delta x} = f'(x_0)$ 存在，则

$$\lim_{\Delta x \to 0} \Delta y = \lim_{\Delta x \to 0} \frac{\Delta y}{\Delta x} \lim_{\Delta x \to 0} \Delta x = f'(x_0) \cdot 0 = 0.$$

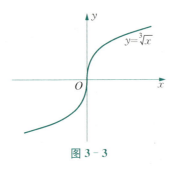

图 3-3

故函数 $y=f(x)$ 在点 x_0 处连续.

注3 定理 2 的逆不一定成立,即函数在某点连续,其不一定在该点处可导.

例12 设函数 $f(x)=\sqrt[3]{x}$ 在区间 $(-\infty,+\infty)$ 内连续,如图 3-3 所示,但在点 $x=0$ 处不可导. 这是因为函数在点 $x=0$ 处导数为无穷大,即

$$\lim_{h\to 0}\frac{f(0+h)-f(0)}{h}=\lim_{h\to 0}\frac{\sqrt[3]{h}-0}{h}=+\infty.$$

习题 3.1

1. 设某产品的总成本 C 是产量 q 的函数: $C=q^2+1$,求:
   (1) 从 $q=100$ 到 $q=102$ 时,自变量的改变量 Δq;
   (2) 从 $q=100$ 到 $q=102$ 时,函数的改变量 ΔC;
   (3) 从 $q=100$ 到 $q=102$ 时,函数的平均变化率;
   (4) 总成本在 $q=100$ 时的变化率.

2. 设函数 $f(x)=4x^2$,根据导数的定义求 $f'(-1)$.

3. 设 $f'(x_0)=k$,求下列极限:
   (1) $\lim\limits_{\Delta x\to 0}\dfrac{f(x_0-\Delta x)-f(x_0)}{\Delta x}$; (2) $\lim\limits_{\Delta x\to 0}\dfrac{f(x_0+\Delta x)-f(x_0-2\Delta x)}{\Delta x}$.

4. 设函数 $f(x)$ 可导,且 $f'(3)=2$,求 $\lim\limits_{\Delta x\to 0}\dfrac{f(3+\Delta x)-f(3-\Delta x)}{\Delta x}$.

5. 求下列函数的导数:
   (1) $y=4x^3$; (2) $y=e^{-2x}$;
   (3) $y=\ln(4x)$; (4) $y=\sin(2x+1)$.

6. 讨论函数 $y=f(x)=\begin{cases}x\sin\dfrac{1}{x}, & x\neq 0,\\ 0, & x=0\end{cases}$ 在 $x=0$ 处的连续性与可导性.

7. 求曲线 $y=\ln x$ 在点 $(e,1)$ 的切线与 y 的交点.

3.2 求导法则与基本初等函数求导公式

求函数的导数或微分的运算法则统称为微分法则. 本节将先给出可导函数的和、差、积、商的微分法则, 以及反函数与复合函数的微分法则, 从而完善基本初等函数的求导公式. 通过求导法则可以更方便地解决常用初等函数的导数推导问题.

3.2.1 导数的四则运算法则

定理 1 如果函数 $u=u(x)$ 及 $v=v(x)$ 在点 x 处具有导数, 则它们的和、差、积、商(除分母为零的点外)都在点 x 具有导数, 并且

(1) $(u \pm v)' = u' \pm v'$;

(2) $(uv)' = u'v + uv'$;

(3) $\left(\dfrac{u}{v}\right)' = \dfrac{u'v - uv'}{v^2}$.

证 (1) 根据导数的定义可得

$$[u(x) \pm v(x)]' = \lim_{h \to 0} \frac{[u(x+h) \pm v(x+h)] - [u(x) \pm v(x)]}{h}$$

$$= \lim_{h \to 0} \left[\frac{u(x+h) - u(x)}{h} \pm \frac{v(x+h) - v(x)}{h}\right]$$

$$= u'(x) \pm v'(x).$$

(2) 根据导数的定义可得

$$[u(x) \cdot v(x)]' = \lim_{h \to 0} \frac{u(x+h)v(x+h) - u(x)v(x)}{h}$$

$$= \lim_{h \to 0} \frac{1}{h}[u(x+h)v(x+h) - u(x)v(x+h)$$

$$+ u(x)v(x+h) - u(x)v(x)]$$

$$= \lim_{h \to 0} \left[\frac{u(x+h) - u(x)}{h} v(x+h) + u(x) \frac{v(x+h) - v(x)}{h}\right]$$

$$= \lim_{h \to 0} \frac{u(x+h) - u(x)}{h} \cdot \lim_{h \to 0} v(x+h) + u(x) \cdot$$

$$\lim_{h \to 0} \frac{v(x+h) - v(x)}{h}$$

$$= u'v + uv',$$

其中 $\lim\limits_{h\to 0} v(x+h) = v(x)$ 是由于 $v'(x)$ 存在,故 $v(x)$ 在点 x 连续.

(3) 类似可证.

显然 $(Cu)' = Cu'$,其中 C 为常数.

定理 1 中的法则(1),(2)可推广到任意有限个可导函数的情形.

例 1 已知 $y = 2x^3 - 5x^2 + 3x - 7$,求 y'.

解 根据求导法则可得

$$\begin{aligned}y' &= (2x^3 - 5x^2 + 3x - 7)' = (2x^3)' - (5x^2)' + (3x)' - (7)' \\ &= 2(x^3)' - 5(x^2)' + 3(x)' = 2 \times 3x^2 - 5 \times 2x + 3 \\ &= 6x^2 - 10x + 3.\end{aligned}$$

例 2 已知 $f(x) = x^3 + 4\cos x - \sin\dfrac{\pi}{2}$,求 $f'(x)$ 及 $f'\left(\dfrac{\pi}{2}\right)$.

解 根据求导法则可得

$$f'(x) = (x^3)' + (4\cos x)' - \left(\sin\dfrac{\pi}{2}\right)' = 3x^2 - 4\sin x.$$

从而可得 $f'\left(\dfrac{\pi}{2}\right) = \dfrac{3}{4}\pi^2 - 4.$

例 3 $y = e^x(\sin x + \cos x)$,求 y'.

解 根据求导法则可得

$$\begin{aligned}y' &= (e^x)'(\sin x + \cos x) + e^x(\sin x + \cos x)' \\ &= e^x(\sin x + \cos x) + e^x(\cos x - \sin x) \\ &= 2e^x \cos x.\end{aligned}$$

例 4 设 $y = \tan x$,求 y'.

解 根据求导法则可得

$$\begin{aligned}y' &= (\tan x)' = \left(\dfrac{\sin x}{\cos x}\right)' = \dfrac{(\sin x)'\cos x - \sin x(\cos x)'}{\cos^2 x} \\ &= \dfrac{\cos^2 x + \sin^2 x}{\cos^2 x} = \dfrac{1}{\cos^2 x} = \sec^2 x,\end{aligned}$$

即 $(\tan x)' = \sec^2 x$.

例 5 设 $y = \sec x$,求 y'.

解 根据求导法则可得

$$y' = (\sec x)' = \left(\frac{1}{\cos x}\right)' = \frac{(1)'\cos x - 1 \cdot (\cos x)'}{\cos^2 x}$$
$$= \frac{\sin x}{\cos^2 x} = \sec x \tan x,$$

即 $(\sec x)' = \sec x \tan x$. 用类似的方法,还可求得

$$(\cot x)' = -\csc^2 x, \quad (\csc x)' = -\csc x \cot x.$$

3.2.2 反函数的求导法则

定理 2 如果函数 $x = f(y)$ 在某区间 I_y 内单调、可导且 $f'(y) \neq 0$,那么它的反函数 $y = f^{-1}(x)$ 在对应区间 $I_x = \{x \mid x = f(y), y \in I_y\}$ 内也可导,并且

$$[f^{-1}(x)]' = \frac{1}{f'(y)}, \text{或} \frac{\mathrm{d}y}{\mathrm{d}x} = \frac{1}{\frac{\mathrm{d}x}{\mathrm{d}y}}. \qquad (3-2-1)$$

证 由于 $x = f(y)$ 在 I_y 内单调、可导(从而连续),所以 $x = f(y)$ 的反函数 $y = f^{-1}(x)$ 存在,且 $f^{-1}(x)$ 在 I_x 内也单调、连续. 任取 $x \in I_x$,给 x 以增量 $\Delta x (\Delta x \neq 0, x + \Delta x \in I_x)$,由 $y = f^{-1}(x)$ 的单调性可知

$$\Delta y = f^{-1}(x + \Delta x) - f^{-1}(x) \neq 0, \qquad (3-2-2)$$

于是

$$\frac{\Delta y}{\Delta x} = \frac{1}{\frac{\Delta x}{\Delta y}}. \qquad (3-2-3)$$

因为 $y = f^{-1}(x)$ 连续,故 $\lim\limits_{\Delta x \to 0} \Delta y = 0$,从而

$$[f^{-1}(x)]' = \lim_{\Delta x \to 0} \frac{\Delta y}{\Delta x} = \lim_{\Delta y \to 0} \frac{1}{\frac{\Delta x}{\Delta y}} = \frac{1}{f'(y)}.$$

上述结论可简述为:反函数的导数等于原函数导数的倒数.

例 6 求函数 $y = \arcsin x$ 的导数.

解 设 $x = \sin y$, $y \in \left[-\dfrac{\pi}{2}, \dfrac{\pi}{2}\right]$ 为直接函数,则 $y = \arcsin x$ 是它的反函数. 函数 $x = \sin y$ 在开区间 $\left(-\dfrac{\pi}{2}, \dfrac{\pi}{2}\right)$ 内单调、可导,且 $(\sin y)' = \cos y > 0$. 因此,由反函数的求导法则,在对应区间 $I_x = (-1, 1)$ 内有

$$(\arcsin x)' = \dfrac{1}{(\sin y)'} = \dfrac{1}{\cos y} = \dfrac{1}{\sqrt{1 - \sin^2 y}} = \dfrac{1}{\sqrt{1 - x^2}}.$$

类似地可推出:

$$(\arccos x)' = -\dfrac{1}{\sqrt{1 - x^2}},$$

$$(\arctan x)' = \dfrac{1}{1 + x^2},$$

$$(\text{arccot}\, x)' = -\dfrac{1}{1 + x^2}.$$

例 7 求函数 $y = \log_a x$ 的导数.

解 设 $x = a^y$ $(a > 0, a \neq 1)$ 为直接函数,则 $y = \log_a x$ 是它的反函数. 函数 $x = a^y$ 在区间 $I_y = (-\infty, +\infty)$ 内单调、可导,且 $(a^y)' = a^y \ln a \neq 0$. 因此,由反函数的求导法则可得在区间 $I_x = (0, +\infty)$ 内有

$$(\log_a x)' = \dfrac{1}{(a^y)'} = \dfrac{1}{a^y \ln a} = \dfrac{1}{x \ln a}.$$

3.2.3 复合函数的求导法则

定理 3 如果 $u = g(x)$ 在点 x 可导,函数 $y = f(u)$ 在点 $u = g(x)$ 可导,则复合函数 $y = f[g(x)]$ 在点 x 可导,且其导数为

$$\dfrac{\mathrm{d}y}{\mathrm{d}x} = f'(u) \cdot g'(x), \text{ 或 } \dfrac{\mathrm{d}y}{\mathrm{d}x} = \dfrac{\mathrm{d}y}{\mathrm{d}u} \cdot \dfrac{\mathrm{d}u}{\mathrm{d}x}. \quad (3-2-4)$$

证 当 $u = g(x)$ 在 x 的某邻域内为常数时,$y = f[g(x)]$ 也是常数,此时导数为零,结论得证.

当 $u = g(x)$ 在 x 的某邻域内不等于常数时,$\Delta u \neq 0$,此时有

$$\frac{\Delta y}{\Delta x} = \frac{f[g(x+\Delta x)] - f[g(x)]}{\Delta x}$$

$$= \frac{f[g(x+\Delta x)] - f[g(x)]}{g(x+\Delta x) - g(x)} \cdot \frac{g(x+\Delta x) - g(x)}{\Delta x}$$

$$= \frac{f(u+\Delta u) - f(u)}{\Delta u} \cdot \frac{g(x+\Delta x) - g(x)}{\Delta x},$$

$$\frac{\mathrm{d}y}{\mathrm{d}x} = \lim_{\Delta x \to 0} \frac{\Delta y}{\Delta x} = \lim_{\Delta u \to 0} \frac{f(u+\Delta u) - f(u)}{\Delta u} \cdot \lim_{\Delta x \to 0} \frac{g(x+\Delta x) - g(x)}{\Delta x}$$

$$= f'(u) \cdot g'(x).$$

例 8 设 $y = \mathrm{e}^{x^3}$，求 $\frac{\mathrm{d}y}{\mathrm{d}x}$.

解 函数 $y = \mathrm{e}^{x^3}$ 可看作是由 $y = \mathrm{e}^u$，$u = x^3$ 复合而成的，因此

$$\frac{\mathrm{d}y}{\mathrm{d}x} = \frac{\mathrm{d}y}{\mathrm{d}u} \cdot \frac{\mathrm{d}u}{\mathrm{d}x} = \mathrm{e}^u \cdot 3x^2 = 3x^2 \mathrm{e}^{x^3}.$$

例 9 设 $y = \sin \frac{2x}{1+x^2}$，求 $\frac{\mathrm{d}y}{\mathrm{d}x}$.

解 函数 $y = \sin \frac{2x}{1+x^2}$ 可看作是由 $y = \sin u$，$u = \frac{2x}{1+x^2}$ 复合而成的，因此

$$\frac{\mathrm{d}y}{\mathrm{d}x} = \frac{\mathrm{d}y}{\mathrm{d}u} \cdot \frac{\mathrm{d}u}{\mathrm{d}x} = \cos u \cdot \frac{2(1+x^2) - (2x)^2}{(1+x^2)^2} = \frac{2(1-x^2)}{(1+x^2)^2} \cdot \cos \frac{2x}{1+x^2}.$$

当对复合函数的导数比较熟练后，就不必再一一写出中间变量.

例 10 设 $\ln \sin x$，求 $\frac{\mathrm{d}y}{\mathrm{d}x}$.

解 根据复合函数的求导法则可得

$$\frac{\mathrm{d}y}{\mathrm{d}x} = (\ln \sin x)' = \frac{1}{\sin x} \cdot (\sin x)' = \frac{1}{\sin x} \cdot \cos x = \cot x.$$

3.2.4 隐函数与参变量函数的求导法则

把形如 $y = f(x)$ 的函数称为显函数，如 $y = \sin x$，$y = \ln x + \mathrm{e}^x$. 由方程 $F(x, y) = 0$ 所确定的函数称为隐函数. 例如，由方程 $x + y^3 - 1 = 0$ 确定的隐函

数为 $y=\sqrt[3]{1-x}$. 即如果在方程 $F(x,y)=0$ 中,当 x 取某区间内的任一值时,相应地总有满足这方程的唯一的 y 值存在,那么就说方程 $F(x,y)=0$ 在该区间内确定了一个隐函数. 此外,函数 $y=f(x)$ 还可以由参数方程确定. 我们首先讨论隐函数的求导问题,再讨论参变量函数的求导.

1. 隐函数求导法则

要求由方程 $F(x,y)=0$ 确定的隐函数 y 的导数 $\dfrac{dy}{dx}$,只要将方程中的 y 看成是 x 的函数,函数 $F(x,y)$ 看成是 x 的复合函数,利用复合函数的求导法则,在方程两边同时对 x 求导,得到一个关于 $\dfrac{dy}{dx}$ 的方程,从中解出 $\dfrac{dy}{dx}$ 即可.

例 11 求由方程 $e^y+xy-e=0$ 所确定的隐函数 y 的导数.

解 对方程两边的每一项关于 x 求导数,可得

$$(e^y)'+(xy)'-(e)'=(0)',$$

即

$$e^y \cdot y'+y+xy'=0,$$

从而

$$y'=-\dfrac{y}{x+e^y} \quad (x+e^y \neq 0).$$

例 12 求由方程 $y^5+2y-x-3x^7=0$ 所确定的隐函数 y 在 $x=0$ 处的导数 $y'|_{x=0}$.

解 在方程两边分别对 x 求导数得

$$5y^4 \cdot y'+2y'-1-21x^6=0,$$

由此得

$$y'=\dfrac{1+21x^6}{5y^4+2}.$$

因为当 $x=0$ 时,从原方程可得 $y=0$,所以

$$y'|_{x=0}=\dfrac{1+21x^6}{5y^4+2}\bigg|_{x=0}=\dfrac{1}{2}.$$

例 13 求椭圆 $\dfrac{x^2}{16} + \dfrac{y^2}{9} = 1$ 在 $\left(2, \dfrac{3}{2}\sqrt{3}\right)$ 处的切线方程.

解 在椭圆方程的两边分别对 x 求导,得

$$\dfrac{x}{8} + \dfrac{2}{9}y \cdot y' = 0.$$

将 $x = 2$,$y = \dfrac{3}{2}\sqrt{3}$ 代入上式得 $\dfrac{1}{4} + \dfrac{1}{\sqrt{3}} \cdot y' = 0$,于是 $k = y'|_{x=2} = -\dfrac{\sqrt{3}}{4}$. 所求的切线方程为

$$y - \dfrac{3}{2}\sqrt{3} = -\dfrac{\sqrt{3}}{4}(x - 2), \text{即} \sqrt{3}x + 4y - 8\sqrt{3} = 0.$$

例 14 求 $y = x^{\sin x}\ (x > 0)$ 的导数.

解 解法一 两边取对数,得 $\ln y = \sin x \cdot \ln x$,两边对 x 求导,得

$$\dfrac{1}{y}y' = \cos x \cdot \ln x + \sin x \cdot \dfrac{1}{x},$$

于是

$$y' = y\left(\cos x \cdot \ln x + \sin x \cdot \dfrac{1}{x}\right) = x^{\sin x}\left(\cos x \cdot \ln x + \dfrac{\sin x}{x}\right).$$

解法二 这种幂指函数的导数也可按下面的方法求:由于

$$y = x^{\sin x} = e^{\sin x \ln x},$$

则

$$y' = e^{\sin x \cdot \ln x}(\sin x \cdot \ln x)' = x^{\sin x}\left(\cos x \cdot \ln x + \dfrac{\sin x}{x}\right).$$

2. 参变量函数的求导法则

设 y 与 x 的函数关系是由参数方程 $\begin{cases} x = \varphi(t), \\ y = \psi(t) \end{cases}$ 确定的,则称此函数关系所表达的函数为由参数方程所确定的函数.

在实际问题中,需要计算由参数方程所确定的函数的导数. 但从参数方程中消去参数 t 有时会有困难. 因此,我们希望有一种方法能直接由参数方程算出它所确定的函数的导数.

设 $x=\varphi(t)$ 具有单调连续反函数 $t=\varphi^{-1}(x)$，且此反函数能与函数 $y=\psi(t)$ 构成复合函数 $y=\psi[\varphi^{-1}(x)]$，若 $x=\varphi(t)$ 和 $y=\psi(t)$ 都可导，则

$$\frac{\mathrm{d}y}{\mathrm{d}x}=\frac{\mathrm{d}y}{\mathrm{d}t}\cdot\frac{\mathrm{d}t}{\mathrm{d}x}=\frac{\mathrm{d}y}{\mathrm{d}t}\cdot\frac{1}{\frac{\mathrm{d}x}{\mathrm{d}t}}=\frac{\psi'(t)}{\varphi'(t)},$$

即

$$\frac{\mathrm{d}y}{\mathrm{d}x}=\frac{\psi'(t)}{\varphi'(t)}, \text{或} \frac{\mathrm{d}y}{\mathrm{d}x}=\frac{\frac{\mathrm{d}y}{\mathrm{d}t}}{\frac{\mathrm{d}x}{\mathrm{d}t}}.$$

若 $x=\varphi(t)$ 和 $y=\psi(t)$ 都可导，则 $\frac{\mathrm{d}y}{\mathrm{d}x}=\frac{\psi'(t)}{\varphi'(t)}$.

例 15 求椭圆 $\begin{cases} x=a\cos t, \\ y=b\sin t \end{cases}$ 在相应于 $t=\frac{\pi}{4}$ 点处的切线方程.

解 因为 $\frac{\mathrm{d}y}{\mathrm{d}x}=\frac{(b\sin t)'}{(a\cos t)'}=\frac{b\cos t}{-a\sin t}=-\frac{b}{a}\cot t$，所以所求切线的斜率为

$$\left.\frac{\mathrm{d}y}{\mathrm{d}x}\right|_{t=\frac{\pi}{4}}=-\frac{b}{a},$$

切点的坐标为

$$x_0=a\cos\frac{\pi}{4}=a\frac{\sqrt{2}}{2}, \quad y_0=b\sin\frac{\pi}{4}=b\frac{\sqrt{2}}{2},$$

切线方程为

$$y-b\frac{\sqrt{2}}{2}=-\frac{b}{a}\left(x-a\frac{\sqrt{2}}{2}\right),$$

整理得到 $bx+ay-\sqrt{2}ab=0$.

例 16 抛射体运动轨迹的参数方程为 $\begin{cases} x=v_1 t, \\ y=v_2 t-\frac{1}{2}gt^2, \end{cases}$ 求抛射体在时刻 t 的运动速度的大小和方向.

解 先求速度的大小. 速度的水平分量与垂直分量分别为

$$x'(t) = v_1, \ y'(t) = v_2 - gt,$$

所以抛射体在时刻 t 的运动速度的大小为

$$v = \sqrt{[x'(t)]^2 + [y'(t)]^2} = \sqrt{v_1^2 + (v_2 - gt)^2}.$$

下面再求速度的方向. 设 α 是切线的倾角, 则轨道的切线方向为

$$\tan \alpha = \frac{\mathrm{d}y}{\mathrm{d}x} = \frac{y'(t)}{x'(t)} = \frac{v_2 - gt}{v_1}.$$

到现在为止, 我们已经求出了所有的基本初等函数的导数, 在此为查阅方便, 现将公式汇总如下.

基本初等函数的求导公式:

(1) $(C)' = 0$;

(2) $(x^u)' = ux^{u-1}$;

(3) $(\sin x)' = \cos x$;

(4) $(\cos x)' = -\sin x$;

(5) $(\tan x)' = \sec^2 x$;

(6) $(\cot x)' = -\csc^2 x$;

(7) $(\sec x)' = \sec x \tan x$;

(8) $(\csc x)' = -\csc x \cot x$;

(9) $(a^x)' = a^x \ln a$;

(10) $(\mathrm{e}^x)' = \mathrm{e}^x$;

(11) $(\log_a x)' = \dfrac{1}{x \ln a}$;

(12) $(\ln x)' = \dfrac{1}{x}$;

(13) $(\arcsin x)' = \dfrac{1}{\sqrt{1-x^2}}$;

(14) $(\arccos x)' = -\dfrac{1}{\sqrt{1-x^2}}$;

(15) $(\arctan x)' = \dfrac{1}{1+x^2}$;

(16) $(\operatorname{arccot} x)' = -\dfrac{1}{1+x^2}$.

例 17 已知 $y = \ln \cos(\mathrm{e}^x)$, 求 $\dfrac{\mathrm{d}y}{\mathrm{d}x}$.

解 根据复合函数的求导法则可得

$$\begin{aligned}\frac{\mathrm{d}y}{\mathrm{d}x} &= [\ln \cos(\mathrm{e}^x)]' = \frac{1}{\cos(\mathrm{e}^x)} \cdot [\cos(\mathrm{e}^x)]' \\ &= \frac{1}{\cos(\mathrm{e}^x)} \cdot [-\sin(\mathrm{e}^x)] \cdot (\mathrm{e}^x)' \\ &= -\mathrm{e}^x \tan(\mathrm{e}^x).\end{aligned}$$

习题 3.2

1. 求下列函数的导数：

(1) $y = x^3 + 2x^2 - \cos x$；

(2) $y = 4x^3 e^x$；

(3) $y = \dfrac{1+x}{1-x}$；

(4) $y = \dfrac{1+\sin x}{1+\cos x}$；

(5) $y = e^{x^2} \sin 3x$；

(6) $y = \dfrac{e^x}{1+x^2}$.

2. 求下列函数在给定点处的导数：

(1) $f(x) = \dfrac{x^3-1}{x}$，求 $f'(1)$；

(2) $f(x) = \dfrac{1-\sqrt{x}}{1+\sqrt{x}}$，求 $f'(4)$；

(3) $y = \dfrac{\cos x}{2x-1}$，求 $f'\left(\dfrac{\pi}{2}\right)$.

3. 求下列函数的导数：

(1) $y = \ln \cos x$；

(2) $y = (x^2+2)^2$；

(3) $y = (x + \sin^2 x)^3$；

(4) $y = \sin^2 x \cdot \sin x^2$；

(5) $y = 2^{\sin \frac{1}{x}}$；

(6) $y = e^{\sin \frac{1}{x}}$.

4. 求下列方程所确定的隐函数 y 的导数 $\dfrac{dy}{dx}$：

(1) $y^2 - 2xy + 9 = 0$；

(2) $x^3 + y^3 - 3axy = 0$；

(3) $y \sin x - \cos(x-y) = 0$；

(4) $\sin xy = e^y - e^x$.

5. 求由摆线的参数方程 $\begin{cases} x = a(t-\sin t), \\ y = a(1-\cos t) \end{cases}$ 所确定的函数 $y = f(x)$ 的导数 $\dfrac{dy}{dx}$.

3.3 高阶导数

3.3.1 高阶导数的概念

一般地，函数 $y = f(x)$ 的导数仍然是 x 的函数. 我们把 $y' = f'(x)$ 的导数叫作函数 $y = f(x)$ 的二阶导数，记作 y''，$f''(x)$ 或 $\dfrac{d^2y}{dx^2}$，即

$$y'' = (y')', \quad f''(x) = [f'(x)]' \quad \text{或} \quad \frac{d^2 y}{dx^2} = \frac{d}{dx}\left(\frac{dy}{dx}\right). \qquad (3-3-1)$$

相应地,把 $y = f(x)$ 的导数 $y' = f'(x)$ 叫作函数 $y = f(x)$ 的一阶导数.

类似地,二阶导数的导数叫作三阶导数,三阶导数的导数叫作四阶导数……一般地,$n-1$ 阶导数的导数叫作 n 阶导数,分别记作

$$y''', \ y^{(4)}, \ \cdots, \ y^{(n)} \quad \text{或} \quad \frac{d^3 y}{dx^3}, \ \frac{d^4 y}{dx^4}, \ \cdots, \ \frac{d^n y}{dx^n}.$$

函数 $f(x)$ 具有 n 阶导数,也常说成函数 $f(x)$ 为 n 阶可导. 如果函数 $f(x)$ 在点 x 处具有 n 阶导数,那么函数 $f(x)$ 在点 x 的某一邻域内必定具有一切低于 n 阶的导数.

注1 二阶及二阶以上的导数统称高阶导数,即 y'', y''', $y^{(4)}$, $\cdots$, $y^{(n)}$ 都称为高阶导数. 相应地,y' 称为一阶导数.

3.3.2 高阶导数的计算

例1 设函数 $y = ax + b$,求 y''.

解 根据求导法则可得

$$y' = a, \quad y'' = 0.$$

例2 设函数 $s = \sin \omega t$,求 s''.

解 根据求导法则可得

$$s' = \omega \cos \omega t, \quad s'' = -\omega^2 \sin \omega t.$$

例3 证明函数 $y = \sqrt{2x - x^2}$ 满足关系式 $y^3 y'' + 1 = 0$.

证 因为

$$y' = \frac{2 - 2x}{2\sqrt{2x - x^2}} = \frac{1 - x}{\sqrt{2x - x^2}},$$

$$y'' = \frac{-\sqrt{2x - x^2} - (1 - x)\dfrac{2 - 2x}{2\sqrt{2x - x^2}}}{2x - x^2} = \frac{-2x + x^2 - (1 - x)^2}{(2x - x^2)\sqrt{(2x - x^2)}}$$

$$= -\frac{1}{(2x - x^2)^{\frac{3}{2}}} = -\frac{1}{y^3},$$

所以 $y^3 y'' + 1 = 0$.

例 4 求函数 $y = e^x$ 的 n 阶导数.

解 根据高阶导数求导法则可得

$$y' = e^x, \ y'' = e^x, \ y''' = e^x, \ y^{(4)} = e^x, \cdots,$$

一般地,可得 $y^{(n)} = e^x$,即 $(e^x)^{(n)} = e^x$.

例 5 求正弦函数 $y = \sin x$ 与余弦函数 $y = \cos x$ 的 n 阶导数.

解 根据高阶导数求导法则可得

$$y = \sin x,$$

$$y' = \cos x = \sin\left(x + \frac{\pi}{2}\right),$$

$$y'' = \cos\left(x + \frac{\pi}{2}\right) = \sin\left(x + \frac{\pi}{2} + \frac{\pi}{2}\right) = \sin\left(x + 2 \cdot \frac{\pi}{2}\right),$$

$$y''' = \cos\left(x + 2 \cdot \frac{\pi}{2}\right) = \sin\left(x + 2 \cdot \frac{\pi}{2} + \frac{\pi}{2}\right) = \sin\left(x + 3 \cdot \frac{\pi}{2}\right),$$

$$y^{(4)} = \cos\left(x + 3 \cdot \frac{\pi}{2}\right) = \sin\left(x + 4 \cdot \frac{\pi}{2}\right),$$

……

一般地,可得

$$y^{(n)} = \sin\left(x + n \cdot \frac{\pi}{2}\right), \text{即} (\sin x)^{(n)} = \sin\left(x + n \cdot \frac{\pi}{2}\right).$$

用类似方法,可得 $(\cos x)^{(n)} = \cos\left(x + n \cdot \frac{\pi}{2}\right)$.

例 6 求对数函数 $y = \ln(1 + x)$ 的 n 阶导数.

解 根据高阶导数求导法则可得

$$y = \ln(1 + x), \ y' = (1 + x)^{-1}, \ y'' = -(1 + x)^{-2},$$

$$y''' = (-1)(-2)(1 + x)^{-3}, \ y^{(4)} = (-1)(-2)(-3)(1 + x)^{-4},$$

……

一般地,可得

$$y^{(n)} = (-1)(-2)\cdots(-n + 1)(1 + x)^{-n} = (-1)^{n-1} \frac{(n-1)!}{(1+x)^n},$$

即 $[\ln(1+x)]^{(n)} = (-1)^{n-1}\dfrac{(n-1)!}{(1+x)^n}$.

例 7 求幂函数 $y = x^u$ 的 n 阶导数(u 是任意常数).

解 根据高阶导数求导法则可得

$$y' = ux^{u-1},$$
$$y'' = u(u-1)x^{u-2},$$
$$y''' = u(u-1)(u-2)x^{u-3},$$
$$y^{(4)} = u(u-1)(u-2)(u-3)x^{u-4}.$$

一般地,可得

$$y^{(n)} = u(u-1)(u-2)\cdots(u-n+1)x^{u-n},$$

即

$$(x^u)^{(n)} = u(u-1)(u-2)\cdots(u-n+1)x^{u-n}.$$

当 $u = n$ 时,得到

$$(x^n)^{(n)} = n(n-1)(n-2)\cdots 3\cdot 2\cdot 1\cdot x^{n-n} = n!, \quad (x^n)^{(n+1)} = 0.$$

如果函数 $u = u(x)$ 及 $v = v(x)$ 都在点 x 处具有 n 阶导数,那么显然函数 $u(x) \pm v(x)$ 也在点 x 处具有 n 阶导数,且

$$(u \pm v)^{(n)} = u^{(n)} \pm v^{(n)},$$
$$(uv)' = u'v + uv',$$
$$(uv)'' = u''v + 2u'v' + uv'',$$
$$(uv)''' = u'''v + 3u''v' + 3u'v'' + uv'''.$$

用数学归纳法可以证明

$$(uv)^{(n)} = \sum_{k=0}^{n} C_n^k u^{(n-k)} v^{(k)},$$

此公式称为**莱布尼茨公式**.

例 8 已知 $y = x^2 e^{2x}$,求 $y^{(20)}$.

解 设 $u = e^{2x}$,$v = x^2$,则

$$(u)^{(k)} = 2^k e^{2x} \quad (k = 1, 2, \cdots, 20),$$
$$v' = 2x,\ v'' = 2,\ (v)^{(k)} = 0 \quad (k = 3, 4, \cdots, 20),$$

代入莱布尼茨公式,得

$$y^{(20)} = (uv)^{(20)} = u^{(20)}v + C_{20}^1 u^{(19)} v' + C_{20}^2 u^{(18)} v''$$
$$= 2^{20} e^{2x} \cdot x^2 + 20 \cdot 2^{19} e^{2x} \cdot 2x + \frac{20 \cdot 19}{2!} \cdot 2^{18} e^{2x} \cdot 2$$
$$= 2^{20} e^{2x} (x^2 + 20x + 95).$$

习题 3.3

1. 求下列函数的二阶导数:

(1) $y = x^3 + 2x^2$; (2) $y = e^x + 3x - \cos x$;

(3) $y = e^x \sin x$; (4) $y = \ln(1 + x^2)$;

(5) $y = x e^{x^2}$; (6) $y = x^x$.

2. 验证函数 $y = e^x \cos x$ 满足方程 $y^{(4)} + 4y = 0$.

3. 设函数 $y = f(x)$ 二阶可导,求下列函数的二阶导数:

(1) $y = x^2 f(\ln x)$; (2) $y = f(\sin x^2)$.

4. 求由下列方程所确定的隐函数 $y = y(x)$ 的二阶导数 $\dfrac{d^2 y}{d x^2}$:

(1) $e^y + xy = e^2$; (2) $y = \tan(x + y)$.

5. 求由下列参数方程所确定的函数 $y = f(x)$ 的二阶导数 $\dfrac{d^2 y}{d x^2}$:

(1) $\begin{cases} x = a \cos t, \\ y = b \sin t; \end{cases}$ (2) $\begin{cases} x = t^2 - 2t, \\ y = t^3 - 3t, \end{cases} t \neq 1.$

6. 求下列函数的 n 阶导数:

(1) $y = \dfrac{1}{1 + 2x}$; (2) $y = \sin^2 x$;

(3) $y = x \ln x$; (4) $y = x e^x$.

3.4 微分及其运算

3.4.1 微分的概念

微分也是微积分中的一个重要概念,它与导数等概念有着极为密切的关系.导数所求的是当自变量趋于零时函数增量与自变量增量之比的极限,微分所求为函数增量的近似值.例如,一块正方形金属薄片受温度变化的影响,其边长由 x_0 变到 $x_0 + \Delta x$,如图 3-4 所示,问此薄片的面积改变了多少?

设此正方形的边长为 x,面积为 S,则 S 是 x 的函数: $S = x^2$.金属薄片的面积改变量为

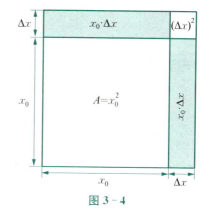

图 3-4

$$\Delta S = (x_0 + \Delta x)^2 - (x_0)^2 = 2x_0 \Delta x + (\Delta x)^2.$$

几何意义:$2x_0 \Delta x$ 表示两个长为 x_0、宽为 Δx 的长方形面积,$(\Delta x)^2$ 表示边长为 Δx 的正方形的面积.

数学意义:当 $\Delta x \to 0$ 时,$(\Delta x)^2$ 是比 Δx 高阶的无穷小,即 $(\Delta x)^2 = o(\Delta x)$;$2x_0 \Delta x$ 是 Δx 的线性函数,是 ΔS 的主要部分,可以近似地代替 ΔS.

定义 1 设函数 $y = f(x)$ 在某邻域 $U(x_0)$ 内有定义,$x_0 + \Delta x$ 仍在 $U(x_0)$ 内,如果函数的增量

$$\Delta y = f(x_0 + \Delta x) - f(x_0) \qquad (3-4-1)$$

可表示为

$$\Delta y = A \Delta x + o(\Delta x), \qquad (3-4-2)$$

其中 A 是不依赖 Δx 的常数,那么称函数 $y = f(x)$ 在点 x_0 是可微的,而 $A \Delta x$ 叫作函数 $y = f(x)$ 在点 x_0 相应于自变量增量 Δx 的微分,记作 dy,即

$$dy = A \Delta x. \qquad (3-4-3)$$

定理 1 设函数 $y = f(x)$ 在某邻域内有定义,则函数 $y = f(x)$ 在点 x_0 可微的充分必要条件是函数 $f(x)$ 在点 x_0 可导,且当函数 $f(x)$ 在点 x_0 可微时有

$$dy = f'(x_0) \Delta x. \qquad (3-4-4)$$

证 设函数 $f(x)$ 在点 x_0 可微,则按定义可得

$$\Delta y = A \Delta x + o(\Delta x),$$

上式两边除以 Δx,得

$$\frac{\Delta y}{\Delta x} = A + \frac{o(\Delta x)}{\Delta x}.$$

于是,当 $\Delta x \to 0$ 时,由上式就得到

$$A = \lim_{\Delta x \to 0} \frac{\Delta y}{\Delta x} = f'(x_0).$$

因此,如果函数 $f(x)$ 在点 x_0 可微,则 $f(x)$ 在点 x_0 也一定可导,且 $A = f'(x_0)$.

反之,如果 $f(x)$ 在点 x_0 可导,即

$$\lim_{\Delta x \to 0} \frac{\Delta y}{\Delta x} = f'(x_0)$$

存在,根据极限与无穷小的关系,上式可写成

$$\frac{\Delta y}{\Delta x} = f'(x_0) + \alpha,$$

其中 $\alpha \to 0$(当 $\Delta x \to 0$),且 $A = f(x_0)$ 是常数,$\alpha \Delta x = o(\Delta x)$. 由此又有

$$\Delta y = f'(x_0) \Delta x + \alpha \Delta x.$$

因为 $f'(x)$ 不依赖 Δx,故上式相当于

$$\Delta y = A \Delta x + o(\Delta x).$$

所以 $f(x)$ 在点 x_0 可微.

函数在 $y = f(x)$ 任意一点 x 处的微分称为函数 $y = f(x)$ 的微分,记作 $\mathrm{d}y$ 或者 $\mathrm{d}f(x)$,即

$$\mathrm{d}y = f'(x) \Delta x. \tag{3-4-5}$$

当 $y = x$ 时,$\mathrm{d}y = \mathrm{d}x = (x)' \Delta x = \Delta x$,所以通常把自变量 x 的增量 Δx 称为**自变量的微分**,记作 $\mathrm{d}x$,即 $\mathrm{d}x = \Delta x$. 于是函数 $y = f(x)$ 的微分又可记作

$$\mathrm{d}y = f'(x) \mathrm{d}x. \tag{3-4-6}$$

从而有

$$\frac{\mathrm{d}y}{\mathrm{d}x} = f'(x). \tag{3-4-7}$$

这就是说,函数的微分 dy 与自变量的微分 dx 之商等于该函数的导数.因此,导数也叫作"微商".

例1 求函数 $y=x^2$ 在 $x=1$ 和 $x=3$ 处的微分.

解 函数 $y=x^2$ 在 $x=1$ 处的微分为
$$dy = (x^2)'|_{x=1}\Delta x = 2\Delta x;$$

函数 $y=x^2$ 在 $x=3$ 处的微分为
$$dy = (x^2)'|_{x=3}\Delta x = 6\Delta x.$$

例2 求函数 $y=x^3$ 当 $x=2$,$\Delta x=0.02$ 时的微分.

解 先求函数在任意点 x 的微分
$$dy = (x^3)'\Delta x = 3x^2\Delta x.$$

再求函数当 $x=2$,$\Delta x=0.02$ 时的微分
$$dy|_{x=2,\Delta x=0.02} = 3x^2\Delta x|_{x=2,\Delta x=0.02} = 3\times 2^2\times 0.02 = 0.24.$$

3.4.2 微分基本公式与微分法则

从函数微分的表达式 $dy=f'(x)dx$,可知要计算函数的微分,只要计算函数的导数,再乘以自变量的微分.因此,可得如下的微分公式和微分运算法则.

1. 基本初等函数的微分公式

导数公式: 微分公式:

(1) $(C)'=0$; $dC=0$;

(2) $(x^u)'=ux^{u-1}$; $d(x^u)=ux^{u-1}dx$;

(3) $(\sin x)'=\cos x$; $d(\sin x)=\cos x\,dx$;

(4) $(\cos x)'=-\sin x$; $d(\cos x)=-\sin x\,dx$;

(5) $(\tan x)'=\sec^2 x$; $d(\tan x)=\sec^2 x\,dx$;

(6) $(\cot x)'=-\csc^2 x$; $d(\cot x)=-\csc^2 x\,dx$;

(7) $(\sec x)'=\sec x\tan x$; $d(\sec x)=\sec x\tan x\,dx$;

(8) $(\csc x)'=-\csc x\cot x$; $d(\csc x)=-\csc x\cot x\,dx$;

(9) $(a^x)'=a^x\ln a$; $d(a^x)=a^x\ln a\,dx$;

(10) $(e^x)'=e^x$; $d(e^x)=e^x\,dx$;

(11) $(\log_a x)'=\dfrac{1}{x\ln a}$; $d(\log_a x)=\dfrac{1}{x\ln a}dx$;

(12) $(\ln x)' = \dfrac{1}{x}$; $\quad\quad\quad\quad\quad\quad$ $\mathrm{d}(\ln x) = \dfrac{1}{x}\mathrm{d}x$;

(13) $(\arcsin x)' = \dfrac{1}{\sqrt{1-x^2}}$; $\quad\quad$ $\mathrm{d}(\arcsin x) = \dfrac{1}{\sqrt{1-x^2}}\mathrm{d}x$;

(14) $(\arccos x)' = -\dfrac{1}{\sqrt{1-x^2}}$; $\quad\quad$ $\mathrm{d}(\arccos x) = -\dfrac{1}{\sqrt{1-x^2}}\mathrm{d}x$;

(15) $(\arctan x)' = \dfrac{1}{1+x^2}$; $\quad\quad$ $\mathrm{d}(\arctan x) = \dfrac{1}{1+x^2}\mathrm{d}x$;

(16) $(\operatorname{arccot} x)' = -\dfrac{1}{1+x^2}$; $\quad\quad$ $\mathrm{d}(\operatorname{arccot} x) = -\dfrac{1}{1+x^2}\mathrm{d}x$.

2. 函数和、差、积、商的微分法则(u,v 可微)

(1) $\mathrm{d}(u \pm v) = \mathrm{d}u \pm \mathrm{d}v$;

(2) $\mathrm{d}(u \cdot v) = v\mathrm{d}u + u\mathrm{d}v$; $\mathrm{d}(Cu) = C\mathrm{d}u$;

(3) $\mathrm{d}\left(\dfrac{u}{v}\right) = \dfrac{v\mathrm{d}u - u\mathrm{d}v}{v^2}$ $(v \neq 0)$.

3. 复合函数的微分法则

设 $y = f(u)$ 及 $u = \varphi(x)$ 都可导,则复合函数 $y = f[\varphi(x)]$ 的微分为

$$\mathrm{d}y = y'_x \mathrm{d}x = f'(u)\varphi'(x)\mathrm{d}x. \quad\quad (3-4-8)$$

由 $\varphi'(x)\mathrm{d}x = \mathrm{d}u$,所以,复合函数 $y = f[\varphi(x)]$ 的微分公式也可以写成

$$\mathrm{d}y = f'(u)\mathrm{d}u \text{ 或 } \mathrm{d}y = y'_u \mathrm{d}u. \quad\quad (3-4-9)$$

由此可见,无论 u 是自变量还是另一个变量的可微函数,微分形式 $\mathrm{d}y = f'(u)\mathrm{d}u$ 保持不变.这一性质称为**微分形式不变性**.

例3 $y = \sin(2x+1)$,求 $\mathrm{d}y$.

解 把 $2x+1$ 看成中间变量 u,则

$$\mathrm{d}y = \mathrm{d}(\sin u) = \cos u \mathrm{d}u = \cos(2x+1)\mathrm{d}(2x+1)$$
$$= \cos(2x+1) \cdot 2\mathrm{d}x = 2\cos(2x+1)\mathrm{d}x.$$

在求复合函数的导数时,可以不写出中间变量.

例4 $y = \ln(1+e^{x^2})$,求 $\mathrm{d}y$.

解 由复合函数的求导法则得

$$dy = d\ln(1+e^{x^2}) = \frac{1}{1+e^{x^2}}d(1+e^{x^2})$$

$$= \frac{1}{1+e^{x^2}} \cdot e^{x^2} d(x^2) = \frac{1}{1+e^{x^2}} \cdot e^{x^2} \cdot 2x\,dx$$

$$= \frac{2x\,e^{x^2}}{1+e^{x^2}}dx.$$

例 5 $y = e^{1-3x}\cos x$，求 dy.

解 应用积的微分法则，得

$$dy = d(e^{1-3x}\cos x) = \cos x\,d(e^{1-3x}) + e^{1-3x}d(\cos x)$$

$$= (\cos x)e^{1-3x}(-3dx) + e^{1-3x}(-\sin x\,dx)$$

$$= -e^{1-3x}(3\cos x + \sin x)dx.$$

例 6 在括号中填入适当的函数，使等式成立：

(1) $d(\quad) = x\,dx$；

(2) $d(\quad) = \cos \omega t\,dt$.

解 (1) 因为 $d(x^2) = 2x\,dx$，所以

$$x\,dx = \frac{1}{2}d(x^2) = d\left(\frac{1}{2}x^2\right),$$

即 $d\left(\frac{1}{2}x^2\right) = x\,dx$.

一般地，有 $d\left(\frac{1}{2}x^2 + C\right) = x\,dx$（$C$ 为任意常数）.

(2) 因为 $d(\sin \omega t) = \omega \cos \omega t\,dt$，所以

$$\cos \omega t\,dt = \frac{1}{\omega}d(\sin \omega t) = d\left(\frac{1}{\omega}\sin \omega t\right).$$

因此 $d\left(\frac{1}{\omega}\sin \omega t + C\right) = \cos \omega t\,dt$（$C$ 为任意常数）.

3.4.3 微分的几何意义及其在近似计算中的应用

1. 微分的几何意义

为了对微分概念有比较直观的了解，我们来讨论微分的几何意义.

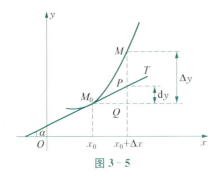

图 3-5

在直角坐标系中,函数 $y=f(x)$ 的图形是一条曲线,对于固定的点 x_0,曲线上有一固定点 $M_0(x_0,y_0)$,当自变量 x 有微小的增量 Δx 时,就得到曲线上另外一点 $M(x_0+\Delta x,y_0+\Delta y)$,如图 3-5 所示. 从而可知 $M_0Q=\Delta x$,$MQ=\Delta y$. 于是可过点 M_0 作曲线的切线 M_0T,它的倾斜角为 α,则

$$QP=M_0Q\tan\alpha=\Delta x\cdot f'(x_0)=f'(x_0)\cdot\Delta x,$$

即 $\mathrm{d}y|_{x=x_0}=QP$. 由此可见,对于可微函数 $y=f(x)$ 而言,当 Δy 是曲线 $y=f(x)$ 上的点的纵坐标的增量时,$\mathrm{d}y$ 就是曲线的切线上点的纵坐标的相应增量. 当 $|\Delta x|$ 很小时,$|\Delta y-\mathrm{d}y|$ 比 $|\Delta x|$ 小得多. 因此在点 M_0 的附近,我们可以用切线段来近似代替曲线段.

2. 函数的近似计算

在工程问题中,经常会遇到一些复杂的计算公式. 如果直接用这些公式进行计算,那是很费力的. 利用微分往往可以把一些复杂的计算公式改用简单的近似公式来代替.

如果函数 $y=f(x)$ 在点 x_0 处的导数 $f'(x)\neq 0$,且 $|\Delta x|$ 很小时,我们有

$$\Delta y\approx\mathrm{d}y=f'(x_0)\Delta x. \qquad (3\text{-}4\text{-}10)$$

由于 $\Delta y=f(x_0+\Delta x)-f(x_0)\approx\mathrm{d}y=f'(x_0)\Delta x$,故 (3-4-10) 式可写成下述形式:

$$f(x_0+\Delta x)\approx f(x_0)+f'(x_0)\Delta x. \qquad (3\text{-}4\text{-}11)$$

若令 $x=x_0+\Delta x$,即 $\Delta x=x-x_0$,则又有 $f(x)\approx f(x_0)+f'(x_0)(x-x_0)$. 特别当 $x_0=0$ 时,有 $f(x)\approx f(0)+f'(0)x$. 这些都是近似计算公式.

假定 $|x|$ 是较小的数,应用式 $f(x)\approx f(0)+f'(0)x$ 可推导出以下常用的近似公式:

(1) $\sqrt[n]{1+x}\approx 1+\dfrac{1}{n}x$;

(2) $\sin x\approx x$(x 用弧度作单位来表达);

(3) $\tan x\approx x$(x 用弧度作单位来表达);

(4) $e^x \approx 1+x$；

(5) $\ln(1+x) \approx x$.

例7 有一批半径为 1 cm 的球，为了提高球面的光洁度，要镀上一层铜，厚度定为 0.01 cm. 估计一下每只球须用铜多少 g(铜的密度是 8.9 g/cm³)?

解 已知球体体积为 $V = \dfrac{4}{3}\pi R^3$，$R_0 = 1$ cm，$\Delta R = 0.01$ cm.

镀层的体积为

$$\Delta V = V(R_0 + \Delta R) - V(R_0) \approx V'(R_0)\Delta R = 4\pi R_0^2 \Delta R$$
$$= 4 \times 3.14 \times 1^2 \times 0.01 = 0.13 (\text{cm}^3).$$

于是镀每只球须用的铜约为 $0.13 \times 8.9 = 1.16$(g).

例8 利用微分计算 $\sin 30°30'$ 的近似值.

解 已知 $30°30' = \dfrac{\pi}{6} + \dfrac{\pi}{360}$，$x_0 = \dfrac{\pi}{6}$，$\Delta x = \dfrac{\pi}{360}$.

$$\sin 30°30' = \sin(x_0 + \Delta x) \approx \sin x_0 + \Delta x \cos x_0$$
$$= \sin \dfrac{\pi}{6} + \cos \dfrac{\pi}{6} \cdot \dfrac{\pi}{360}$$
$$= \dfrac{1}{2} + \dfrac{\sqrt{3}}{2} \cdot \dfrac{\pi}{360} = 0.5076.$$

即 $\sin 30°30' \approx 0.5076$.

例9 计算 $\sqrt{1.05}$ 的近似值.

解 因为 $\sqrt[n]{1+x} \approx 1 + \dfrac{1}{n}x$，所以

$$\sqrt{1.05} = \sqrt{1+0.05} \approx 1 + \dfrac{1}{2} \times 0.05 = 1.025.$$

直接开方的结果是 $\sqrt{1.05} \approx 1.02470$.

习题 3.4

1. 求函数 $y = x^2$ 当 x 由 1 改变到 1.005 的微分.
2. 求下列函数的微分：

(1) $y = x\ln x$; (2) $y = x\sin x$;

(3) $y = \dfrac{\cos x}{x}$; (4) $y = \arcsin\sqrt{1-x^2}$;

(5) $y = \mathrm{e}^{-5x}\cos 2x$; (6) $y = \tan^2(1+3x^2)$.

3. 求函数 $y = \cos 2x$ 在 $x = 0$ 处的微分.

4. 求下列近似值:

(1) $\mathrm{e}^{0.01}$; (2) $\sqrt{9.03}$.

5. 将适当的函数填入下列括号内,使得等式成立:

(1) $\mathrm{d}($ $) = 3x^2\mathrm{d}x$; (2) $\mathrm{d}($ $) = \sin x\,\mathrm{d}x$;

(3) $\mathrm{d}($ $) = \cos\omega x\,\mathrm{d}x$; (4) $\mathrm{d}($ $) = -\mathrm{e}^{3x}\mathrm{d}x$;

(5) $\mathrm{d}($ $) = \dfrac{1}{\sqrt{x}}\mathrm{d}x$; (6) $\mathrm{d}($ $) = \dfrac{1}{1+x^2}\mathrm{d}x$.

3.5 导数与微分在经济学中的应用

导数和微分在经济学中的应用十分广泛. 本节将讨论导数和微分在经济管理中的两个常用应用——边际分析和弹性分析.

3.5.1 边际分析

在经济领域中, 常常会用到变化率的概念, 变化率又分为平均变化率和瞬时变化率. 在此我们主要讨论的是瞬时变化率, 即函数 $y = f(x)$ 当 x 在某一给定值附近作微小变化时 y 关于 x 的瞬时变化. 根据导数的定义可知: 导数 $f'(x_0)$ 表示函数 $f(x)$ 在点 $x = x_0$ 处的变化率, 由此可用导数来表示边际概念.

定义 1 设函数 $y = f(x)$ 可导, 则称 $f'(x)$ 为函数 $f(x)$ 的**边际函数**, $f'(x)$ 在 $x = x_0$ 处的值 $f'(x_0)$ 为边际函数值. 即当 $x = x_0$ 时, x 改变一个单位, y 改变 $f'(x_0)$ 个单位.

常见的边际函数有:

(1) 成本函数 $C = C(Q)$ 的**边际成本函数**为 $C'(Q)$. 边际成本值 $C'(Q_0)$ 的意义是: 当产量达到 Q_0 时, 再多生产一个单位产品所增加的成本.

(2) 收益函数 $R = R(Q)$ 的**边际收益函数**为 $R'(Q)$. 边际收入值 $R'(Q_0)$ 的意义是: 当销售 Q_0 单位产品后, 再多销售一个单位产品所添加的收益.

(3) 利润函数 $L = L(Q)$ 的**边际利润函数**为 $L'(Q)$. 边际利润值 $L'(Q_0)$ 的

意义是：当销售 Q_0 单位产品后，再多销售一个单位产品所改变的利润．

(4) 需求函数 $Q=Q(P)$ 的**边际需求函数**为 $Q'(P)$．边际需求值 $Q'(P_0)$ 的意义是：当价格在 P_0 时，再上涨（下降）一个单位产品所减少（增加）的需求量．

例 1 设总成本函数

$$C(Q)=0.001Q^3-0.3Q^2+40Q+1\,000,$$

求边际成本函数和 $Q=50$ 单位时的边际成本并解释后者的经济意义．

解 (1) 边际成本函数为

$$C'(Q)=0.003Q^2-0.6Q+40.$$

(2) $Q=50$ 单位的边际成本为

$$C'(Q=50)=(0.003Q^2-0.6Q+40)|_{Q=50}=17.5.$$

这表示当产量达到 50 单位时，再生产一个单位所须花费的成本为 17.5．

例 2 设某产品的需求函数为

$$P=20-\frac{Q}{5},$$

其中 P 为价格，Q 为销售量，求销售量为 15 个单位时的总收益、平均收益与边际收益，并求当销售量从 15 个单位增加到 20 个单位时收益的平均变化率．

解 设总收益为 $R(Q)$，则

$$R(Q)=QP(Q)=20Q-\frac{Q^2}{5},$$

故销售量为 15 个单位时，有

总收益：$R|_{Q=15}=20Q-\dfrac{Q^2}{5}\bigg|_{Q=15}=255,$

平均收益：$R_A|_{Q=15}=\dfrac{R}{Q}\bigg|_{Q=15}=P(Q)|_{Q=15}=17,$

边际收益：$R'|_{Q=15}=\left(20-\dfrac{2Q}{5}\right)\bigg|_{Q=15}=14.$

销售量从 15 个单位增加到 20 个单位时收益的平均变化率为

$$\frac{\Delta R}{\Delta Q}=\frac{R(20)-R(15)}{20-15}=\frac{320-255}{5}=13.$$

3.5.2 弹性分析

在研究边际分析时,所考虑的是绝对改变量与绝对变化率,而在一些实际问题的研究中这是不够的,例如我们平时对原价为几百元的眼镜涨价 10 元可能感觉不明显,但是对原价为 20 元的杯子涨价 10 元就会感觉很明显,如果从边际分析看,两者的绝对改变量均为 10 元,这显然不能说明问题. 因此,我们在此引进弹性的概念,弹性所研究的是一个变量对另一个变量的相对变化情况.

定义 2 设函数 $y=f(x)$ 在 $x=x_0$ 可导,函数的相对改变量为

$$\frac{\Delta y}{y_0} = \frac{f(x_0+\Delta x)-f(x_0)}{f(x_0)},$$

与自变量的相对改变量 $\dfrac{\Delta x}{x_0}$ 之比

$$\frac{\Delta y / y_0}{\Delta x / x_0} \qquad (3-5-1)$$

称为函数 $f(x)$ 从 x_0 到 $x_0+\Delta x$ **两点之间的弹性(平均变化率)**.

而极限

$$\lim_{\Delta x \to 0} \frac{\Delta y / y_0}{\Delta x / x_0} = \frac{x_0}{y_0} \cdot \lim_{\Delta x \to 0} \frac{\Delta y}{\Delta x},$$

称为函数 $f(x)$ 在点 x_0 处的**弹性**,记为

$$\left. \frac{Ey}{Ex} \right|_{x=x_0} = \lim_{\Delta x \to 0} \frac{\Delta y / y_0}{\Delta x / x_0} = \frac{x_0}{y_0} \cdot \lim_{\Delta x \to 0} \frac{\Delta y}{\Delta x} = \frac{x_0}{y_0} f'(x_0), \qquad (3-5-2)$$

或

$$\frac{E}{Ex} f(x_0) = \lim_{\Delta x \to 0} \frac{\Delta y / y_0}{\Delta x / x_0} = \frac{x_0}{y_0} \cdot \lim_{\Delta x \to 0} \frac{\Delta y}{\Delta x} = \frac{x_0}{y_0} f'(x_0). \qquad (3-5-3)$$

其中 $\dfrac{Ey}{Ex}$ 或 $\dfrac{E}{Ex}f(x)$ 称为函数 $f(x)$ 的弹性函数,表示随着 x 的变化,$f(x)$ 对 x 变化的反应快慢程度或灵敏度. $\left.\dfrac{Ey}{Ex}\right|_{x=x_0}$ 表示当 x 在点 x_0 产生 1% 的改变量,则函数相对的改变为 $\dfrac{E}{Ex}f(x_0)\%$.

下面通过需求对价格的弹性分析,来说明弹性分析概念的重要性.

设某产品的需求量为 Q,价格为 P,需求函数 $Q=f(P)$ 可导,则该产品的需求弹性为

$$\frac{EQ}{EP} = \lim_{\Delta P \to 0} \frac{\Delta Q/Q}{\Delta P/P} = P \cdot \frac{f'(P)}{f(P)},$$

记为 $\eta = \eta(P)$.

由于需求量随价格的提高而减少,因此当 $\Delta P > 0$ 时,$\Delta Q < 0$,$f'(P) < 0$. 故需求弹性 η 一般为负值,它反映产品需求量对价格变动反应的灵敏度.

当 ΔP 很小时,有

$$\eta = P \cdot \frac{f'(P)}{f(P)} \approx \frac{P}{f(P)} \cdot \frac{\Delta Q}{\Delta P}. \qquad (3-5-4)$$

此时,需求弹性 η 表示当价格为 P 时,若价格增加(减少)1%,需求量将改变 $\eta\%$.

上面讨论了价格的弹性分析,现在我们将讨论的是需求弹性分析.

设产品的价格为 P,销量为 Q,则总收益 $R = P \cdot Q = P \cdot f(P)$,求导数得

$$R' = f(P) + P \cdot f'(P) = f(P)\left(1 + f'(P)\frac{P}{f(P)}\right),$$

即

$$R' = f(P)(1+\eta). \qquad (3-5-5)$$

由(3-5-5)式可得以下结论:

(1) 当 $|\eta| < 1$ 时,说明需求变动的幅度小于价格变动的幅度,这时,产品价格的变动对销售影响不大,称为**低弹性**. 此时 $R' > 0$,R 递增,说明价格提高可以使得总收益增加,降价会使得总收益减少.

(2) 当 $|\eta| > 1$ 时,说明需求变动的幅度大于价格变动的幅度,这时,产品价格的变动对销售影响较大,称为**高弹性**. 此时 $R' < 0$,R 递减,说明降价可以使得总收益增加,也即采取薄利多销的方式.

(3) 当 $|\eta| = 1$ 时,说明需求变动的幅度等于价格变动的幅度. $R' = 0$,R 取得最大值.

例3 假设某体育用品店中篮球的价格为 80 元,乒乓球的价格为 2 元,月销量分别为 2 000 个和 8 000 个. 当两种球的价格都增加 1 元时,其月销量分别

变为 1 980 个和 2 000 个,请考察其收入变化情况.

解 已知篮球的价格 $P_1=80(元)$,销量 $Q_1=2\,000(个)$,乒乓球 $P_2=2(元)$,销量 $Q_2=8\,000(个)$,提价 $\Delta P_1=\Delta P_2=1(元)$,则 $\Delta Q_1=-20$,$\Delta Q_2=-6\,000$.

$$\frac{\Delta P_1}{P_1}=\frac{1}{80}=1.25\%,\quad \frac{\Delta P_2}{P_2}=\frac{1}{2}=50\%.$$

由于

$$\frac{\Delta Q_1}{Q_1}=\frac{-20}{2\,000}=-1\%,即篮球的销量下降1\%,$$

$$\frac{\Delta Q_2}{Q_2}=\frac{-6\,000}{8\,000}=-75\%,即乒乓球的销量下降75\%,$$

从而它们的需求对价格的弹性分别为

$$\eta_1(80)=\frac{\Delta Q_1/Q_1}{\Delta P_1/P_1}=-0.8,$$

$$\eta_2(2)=\frac{\Delta Q_2/Q_2}{\Delta P_2/P_2}=-1.5.$$

由于 η_1 是低弹性,因此篮球提价可使得收入增加;η_2 是高弹性,因此乒乓球的提价使得收益减少.

例 4 设某品牌的电脑价格为 $P(元)$,需求量为 Q,其需求函数为

$$Q=80P-\frac{P^2}{100}.$$

(1) 求 $P=5\,000$ 时的边际需求,并解释其经济意义.

(2) 求 $P=5\,000$ 时的需求弹性,并解释其经济意义.

(3) 当 $P=5\,000$ 时,若价格提高 1%,总收益将如何变化? 是增加还是减少?

解 因为 $Q=f(P)=80P-\frac{P^2}{100}$,$f'(P)=80-\frac{P}{50}$,所以需求弹性为

$$\eta=f'(P)\cdot\frac{P}{f(P)}=\left(80-\frac{P}{50}\right)\cdot\frac{P}{f(P)}.$$

(1) $P=5\,000$ 时的边际需求为 $f'(5\,000)=-20$. 其经济意义是当价格 $P=5\,000$ 元时,若涨价 1 元,则需求量下降 20 台.

(2) 当 $P=5\,000$ 时，$f(5\,000)=150\,000$，此时的需求弹性为

$$\eta(5\,000)=f'(5\,000)\cdot\frac{5\,000}{f(5\,000)}=(-20)\cdot\frac{5\,000}{150\,000}$$
$$=-\frac{2}{3}\approx-0.667.$$

其经济意义是当价格 $P=5\,000$ 元时，价格上涨 1%，需求减少 0.667%。

(3) 由公式(3-5-5)，$R'=f(P)(1+\eta)$，又 $R=P\cdot Q=P\cdot f(P)$，于是

$$\frac{ER}{EP}=R'(P)\cdot\frac{P}{R(P)}=\frac{R'(P)}{f(P)}=1+\eta.$$

当 $P=5\,000$ 时，$\eta(5\,000)=-\frac{2}{3}$，所以

$$\frac{ER}{EP}=\frac{1}{3}\approx 0.33.$$

结果表明，当 $P=5\,000$ 时，若价格上涨 1%，总收益将增加 0.33%。

习题 3.5

1. 设某钟表厂生产某类型手表日产量为 Q 件的总成本为

$$C(Q)=\frac{1}{40}Q^2+200Q+1\,000(元).$$

(1) 日产量为 100 件的总成本和平均成本为多少？

(2) 求最低平均成本及相应的产量。

(3) 若每块手表要以 400 元售出，要使利润最大，日产量应为多少？并求最大利润及相应的平均成本。

2. 设某商品的总收益 R 关于销售量 Q 的函数为 $R(Q)=104Q-0.4Q^2$，求：

(1) 销售量为 Q 时总收益的边际收益；

(2) 销售量为 $Q=50$ 个单位时总收益的边际收益。

3. 某企业的总成本 C 关于产量 Q 的函数为

$$C(Q)=-10\,485+6.75Q-0.000\,3Q^2.$$

(1) 求该企业的平均成本函数和边际成本函数；

(2) 求该企业生产 5 000 个单位时的平均成本和边际成本.

4. 设某商品的需求量 Q 与价格 P 的关系为
$$Q = \frac{1\,600}{4^P}.$$
(1) 求需求弹性 $\eta(P)$,并解释其经济含义;

(2) 当商品的价格 $P=10$(元)时,若价格降低 1%,则该商品需求量变化情况如何?

5. 某商品的需求函数为 $Q = e^{-\frac{P}{3}}$ (Q 为需求量,P 为价格),求:

(1) 需求弹性 $\eta(P)$;

(2) 当商品的价格 $P=2,3,4$(元)时的需求弹性,并解释其经济含义.

6. 已知某商品的需求函数为 $Q=75-P^2$(Q 为需求量,P 为价格).

(1) 求 $P=5$ 时的边际需求,并解释其经济含义.

(2) 求 $P=5$ 时的需求弹性,并解释其经济含义.

(3) 当 $P=5$ 时,若价格提高 1%,总收益将如何变化? 是增加还是减少?

(4) 当 $P=6$ 时,若价格提高 1%,总收益将如何变化? 是增加还是减少?

本章小结

一、导数与微分的概念

1. 导数的定义.

$$f'(x_0) = \lim_{\Delta x \to 0} \frac{f(x_0 + \Delta x) - f(x_0)}{\Delta x},$$

$$f'(x_0) = \lim_{x \to x_0} \frac{f(x) - f(x_0)}{x - x_0}.$$

2. 左导数与右导数.

$$f'_-(x_0) = \lim_{\Delta x \to 0^-} \frac{f(x_0 + \Delta x) - f(x_0)}{\Delta x},$$

$$f'_+(x_0) = \lim_{\Delta x \to 0^+} \frac{f(x_0 + \Delta x) - f(x_0)}{\Delta x}.$$

$f(x)$ 在点 x_0 处可导 $\Leftrightarrow f(x)$ 在点 x_0 的左导数和右导数都存在且相等. 讨

论分段函数在分段点的可导性时,往往要先讨论该分段函数在分段点的左导数和右导数.

3. 导数的几何意义.

导数 $f'(x_0)$ 在几何上表示曲线 $y=f(x)$ 在点 (x_0,y_0) 处的切线的斜率.

切线方程为 $y-y_0=f'(x)(x-x_0)$.

法线方程为 $y-y_0=-\dfrac{1}{f'(x_0)}(x-x_0)$.

4. 函数的可导性与连续性之间的关系.

当函数 $y=f(x)$ 在点 x_0 处可导时,则 $y=f(x)$ 在点 x_0 处一定连续;但当 $y=f(x)$ 在点 x_0 处连续时,则函数 $y=f(x)$ 在点 x_0 处不一定可导.

5. 微分的定义、可微与可导的关系.

函数 $f(x)$ 在点 x_0 处的微分: $\mathrm{d}y=f'(x_0)\mathrm{d}x$.

函数 $f(x)$ 的微分: $\mathrm{d}y=f'(x)\mathrm{d}x$.

$f(x)$ 在点 x_0 处可导 $\Leftrightarrow f(x)$ 在点 x_0 可微.

6. 高阶导数的概念.

如果函数 $y=f(x)$ 的导数 $f'(x)$ 在点 x 处也可导,则称 $(f'(x))'$ 为函数 $f(x)$ 在点 x 处的二阶导数,记为 y'',$f''(x)$ 或 $\dfrac{\mathrm{d}^2 y}{\mathrm{d}x^2}$.

一般地,$f(x)$ 的 $n-1$ 阶导数的导数称为 $f(x)$ 的 n 阶导数:

$$f^{(n)}(x)=(f^{(n-1)}(x))'.$$

二、导数和微分的计算

1. 导数表和微分表见教材第 3 章第 4 节.

2. 导数与微分的四则运算:

(1) $(u \pm v)'=u' \pm v'$;   (2) $(uv)'=u'v+uv'$;

(3) $\left(\dfrac{u}{v}\right)'=\dfrac{u'v-uv'}{v^2}$ $(v \neq 0)$;   (4) $\mathrm{d}(u \pm v)=\mathrm{d}u \pm \mathrm{d}v$;

(5) $\mathrm{d}(u \cdot v)=v\mathrm{d}u+u\mathrm{d}v$,$\mathrm{d}(Cu)=C\mathrm{d}u$;

(6) $\mathrm{d}\left(\dfrac{u}{v}\right)=\dfrac{v\mathrm{d}u-u\mathrm{d}v}{v^2}$ $(v \neq 0)$.

3. 复合函数微分法.

(1) 链式法则: $\dfrac{dy}{dx} = \dfrac{dy}{du} \cdot \dfrac{du}{dx}$.

(2) 一阶微分形式不变性: $dy = f'(u)du$.

4. 隐函数求导法.

设 $y = f(x)$ 是由方程 $F(x, y) = 0$ 所确定的函数, 在 $F(x, y) = 0$ 两边同时对 x 求导, 利用复合函数的求导法则, 将 y 视为中间变量, 就可解出所求导数 $\dfrac{dy}{dx}$.

5. 参变量函数的导数.

由参数方程 $\begin{cases} x = x(t), \\ y = y(t) \end{cases}$ 所确定的函数 $y = f(x)$ 的导数公式为

$$\dfrac{dy}{dx} = \dfrac{y'(t)}{x'(t)} \ (x'(t) \neq 0).$$

三、边际分析和弹性分析

1. $f'(x)$ 称为函数 $f(x)$ 的边际函数. 常见的边际函数有以下 4 种:

(1) 成本函数 $C = C(Q)$ 的边际成本函数为 $C'(Q)$. 边际成本值 $C'(Q_0)$ 的意义是: 当产量达到 Q_0 时, 再多生产一个单位产品所增加的收入.

(2) 收益函数 $R = R(Q)$ 的边际收益函数为 $R'(Q)$. 边际收入值 $R'(Q_0)$ 的意义是: 当销售 Q_0 单位产品后, 再多销售一个单位产品所添加的收益.

(3) 利润函数 $L = L(Q)$ 的边际利润函数为 $L'(Q)$. 边际利润值 $L'(Q_0)$ 的意义是: 当销售 Q_0 单位产品后, 再多销售一个单位产品所改变的利润.

(4) 需求函数 $Q = Q(P)$ 的边际需求函数为 $Q'(P)$. 边际需求值 $Q'(P_0)$ 的意义是: 当价格在 P_0 时, 再上涨(下降)一个单位产品所减少(增加)的需求量.

2. 需求弹性: $\eta = P \cdot \dfrac{f'(P)}{f(P)}$ 表示当价格为 P 时, 若价格增加(减少) 1%, 需求量将改变 $\eta\%$.

3. 总收益的弹性: $\dfrac{ER}{EP} = R'(P) \cdot \dfrac{P}{R(P)} = \dfrac{R'(P)}{f(P)} = (1 + \eta)$.

(1) 当 $|\eta| < 1$ 时, 说明产品价格的变动对销售影响不大, 称为低弹性.

(2) 当 $|\eta| > 1$ 时, 说明产品价格的变动对销售影响较大, 称为高弹性.

(3) 当 $|\eta|=1$ 时,说明需求变动的幅度等于价格变动的幅度.

总习题 3

(A)

1. 已知 $f'(x_0)=k$ (k 为常数),求下列各式的值:

   (1) $\lim\limits_{\Delta x \to 0} \dfrac{f(x_0+\Delta x)-f(x_0)}{2\Delta x}$;

   (2) $\lim\limits_{n \to \infty} n \dfrac{f\left(x_0+\dfrac{1}{n}\right)-f(x_0)}{2}$;

   (3) $\lim\limits_{h \to 0} \dfrac{f(x_0+2h)-f(x_0-h)}{h}$.

2. 函数 $y=f(x)$ 在点 x_0 可导是 $f(x)$ 在点 x_0 的左导数和右导数都存在且相等的( ).

   A. 充分必要条件　　　　　　B. 充分但非必要条件
   C. 必要但非充分条件　　　　D. 既非充分也非必要条件

3. 函数 $f(x)=|\sin x|$ 在点 $x=0$ 处( ).

   A. 可导　　　　　　　　　　B. 连续但不可导
   C. 不连续　　　　　　　　　D. 极限不存在

4. 计算下列各式:

   (1) 设 $y=\arctan \mathrm{e}^x$,求 y';

   (2) 设 $f(x)=\ln(1+x)$,$y=f[f(x)]$,求 $\dfrac{\mathrm{d}y}{\mathrm{d}x}$;

   (3) 求由方程 $y^5+2y-x-3x^7=0$ 所确定的隐函数 y 在 $x=0$ 处的导数;

   (4) 已知函数 $y=f(x)$ 由方程 $\begin{cases} x=a(t-\sin t) \\ y=a(1-\cos t) \end{cases}$ 所确定,求 $\dfrac{\mathrm{d}^2 y}{\mathrm{d}x^2}$;

   (5) 设 $f'(\sin x)=\cos 2x+\csc x$,求 $f''(x)$;

   (6) 设 $f(x)=\ln \dfrac{1}{1-x}$,求 $f^{(n)}(0)$.

5. 已知 $f(x)=\begin{cases} x^2, & x \geqslant 0 \\ -x, & x<0 \end{cases}$,求 $f'_+(0)$,$f'_-(0)$,问 $f'(0)$ 是否存在?

6. 当 a,b 取何值时,函数

$$f(x)=\begin{cases} x^2, & x\leqslant 1,\\ ax+b, & x>1 \end{cases}$$

在 $x=1$ 处可导?

7. 如果函数 $f(x)$ 为偶函数,且 $f'(0)$ 存在,证明 $f'(0)=0$.

8. 试确定 a 的取值,使得曲线 $y=ax^2$ 与 $y=\ln x$ 相切.

(B)

1. 设 $\lim\limits_{x\to a}\dfrac{f(x)-f(a)}{x-a}=A$ (A 为常数),判定下列命题的正确性:

(1) $f(x)$ 在点 a 可导;

(2) $f(x)-f(a)=A(x-a)+o(x-a)$;

(3) $\lim\limits_{x\to a}f(x)$ 存在;

(4) $\lim\limits_{x\to a}f(x)=f(a)$.

2. 若 $f(x)=\lim\limits_{n\to\infty}x\left(1+\dfrac{1}{n}\right)^{nx}$,求 $f'(x)$.

3. 函数

$$f(x)=\begin{cases} x^2\sin\dfrac{1}{x}, & x\neq 0,\\ 0, & x=0 \end{cases}$$

在 $x=0$ 处是否连续? 是否可导?

4. 设 $y=f(e^x)e^{f(x)}$,f 为可导函数,求 $\dfrac{dy}{dx}$.

5. 设正值函数 f 在 x 处可导,求 $\lim\limits_{n\to\infty}\left(f\left(x+\dfrac{1}{n}\right)f^{-1}(x)\right)^n$.

6. 设 $f(x)=\left(\tan\dfrac{\pi}{4}x-1\right)\left(\tan\dfrac{\pi}{4}x^2-2\right)\cdots\left(\tan\dfrac{\pi}{4}x^{100}-100\right)$,求 $f'(1)$.

7. 设函数 $f(x)$ 可微,且 $f(x+y)=f(x)+f(y)-2xy$,$f'(0)=3$,求 $f(x)$.

8. 设函数 $f(x)$ 可微,对非零 x,y,有 $f(xy)=f(x)+f(y)$,且 $f'(1)=a$,试证:当 $x\neq 0$ 时,$f'(x)=\dfrac{a}{x}$.

9. 设 $f(x)$ 可导,且满足 $af(x)+bf\left(\dfrac{1}{x}\right)=\dfrac{c}{x}$,其中 a,b,c 为常数,$|a|\neq|b|$,求 $f'(x)$.

第4章

微分中值定理与导数的应用

在第3章中,我们介绍了导数的概念及其计算方法,学习了导数是描述函数在某点的变化率.本章我们将在介绍微分中值定理的基础上利用导数来研究函数以及函数曲线的某些性质,并介绍导数在经济学中的应用及函数图形的描绘.

4.1 微分中值定理

本节将介绍1个引理和3个微分中值定理,从简单特殊的情况开始讨论,然后再加以推广.

4.1.1 罗尔定理

引理 1(费马(Fermat)引理) 设函数 $f(x)$ 在点 x_0 的某邻域 $U(x_0)$ 内有定义,并且在 x_0 处可导,如果对任意 $x \in U(x_0)$,有

$$f(x) \leqslant f(x_0)(\text{或} f(x) \geqslant f(x_0)), \quad (4-1-1)$$

那么 $f'(x_0) = 0$.

定理 1(罗尔(Rolle)定理) 如果函数 $y = f(x)$ 同时满足以下3个条件:

(1) 在闭区间 $[a, b]$ 上连续;
(2) 在开区间 (a, b) 内可导;
(3) 在区间端点的函数值相等,即 $f(a) = f(b)$;

则在 (a, b) 内至少存在一点 ξ,使得 $f'(\xi) = 0$.

证 (1) 如果 $f(x)$ 是常函数,则 $f'(x) \equiv 0$,定理的结论显然成立.

(2) 如果 $f(x)$ 不是常函数,则 $f(x)$ 在 (a, b) 内至少有一个最大值点或最

小值点,不妨设有一最大值点 $\xi \in (a, b)$. 于是

$$f'(\xi) = f'_-(\xi) = \lim_{x \to \xi^-} \frac{f(x) - f(\xi)}{x - \xi} \geqslant 0,$$

$$f'(\xi) = f'_+(\xi) = \lim_{x \to \xi^+} \frac{f(x) - f(\xi)}{x - \xi} \leqslant 0.$$

又由 $f'(\xi)$ 存在,所以 $f'(\xi) = 0$. 对于最小值点的情况,可以类似证明. 故定理结论得证.

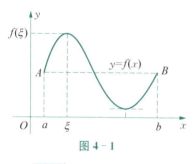

图 4-1

注1 定理中的 3 个条件缺少其中一个,则定理的结论将不一定成立.

罗尔定理的几何意义:如果连续曲线 $y = f(x)$ 在 A, B 处的纵坐标相等且除端点外处处有不垂直于 x 轴的切线,则至少有一点 $(\xi, f(\xi))(a < \xi < b)$ 使得曲线在该点处有水平切线,如图 4-1 所示.

例1 验证函数 $f(x) = x^3 + 4x^2 - 7x - 10$ 在区间 $[-1, 2]$ 上满足罗尔定理的条件,并求出满足 $f'(\xi) = 0$ 的 ξ 值.

解 因为函数 $f(x) = x^3 + 4x^2 - 7x - 10$ 是多项式,在 $(-\infty, +\infty)$ 上可导,因此在 $[-1, 2]$ 上连续,在 $(-1, 2)$ 内可导,通过计算可得

$$f(-1) = f(2) = 0.$$

因此,函数 $f(x)$ 满足罗尔定理的 3 个条件. 从而由

$$f'(x) = 3x^2 + 8x - 7 = 0,$$

可得

$$x_1 = \frac{-4 + \sqrt{37}}{3}, \quad x_2 = \frac{-4 - \sqrt{37}}{3}.$$

显然 $x_2 \notin (-1, 2)$,故舍去. 因此,取 $\xi = x_1 = \dfrac{-4 + \sqrt{37}}{3}$,则 $f'(\xi) = 0$.

例2 设 $f(x)$ 在 $[0, 2]$ 上连续,在 $(0, 2)$ 内可导,且 $f(2) = 0$. 证明在 $(0, 2)$ 内至少存在一点 ξ,使得 $f(\xi) = -\xi f'(\xi)$.

证 设 $g(x) = xf(x)$,则 $g(x)$ 在 $[0, 2]$ 上连续,在 $(0, 2)$ 内可导,且

$$g(2) = f(2) = 0, \ g(0) = 0.$$

由罗尔定理可知，$\exists \xi \in (0, 2)$，使得

$$g'(\xi) = f(\xi) + \xi f'(\xi) = 0.$$

即 $f(\xi) = -\xi f'(\xi)$，证毕.

4.1.2 拉格朗日中值定理

由于罗尔定理中的条件(3)非常特殊，使得定理的应用受限制，如果把这个条件取消，只保留条件(1)与(2)，则可得到我们下面将介绍的微分学中十分重要的中值定理——拉格朗日(Lagrange)中值定理.

定理 2(拉格朗日中值定理) 如果函数 $f(x)$ 在闭区间 $[a, b]$ 上连续，在开区间 (a, b) 内可导，那么在 (a, b) 内至少有一点 $\xi (a < \xi < b)$，使得等式

$$f(b) - f(a) = f'(\xi)(b - a) \tag{4-1-2}$$

或

$$f'(\xi) = \frac{f(b) - f(a)}{b - a} \tag{4-1-3}$$

成立.

在证明前，先来看一下该定理的几何意义. 结合图 4-2 可知 $\dfrac{f(b) - f(a)}{b - a}$ 为弦 AB 的斜率，而 $f'(\xi)$ 为曲线 ξ 处的斜率. 因此，拉格朗日中值定理的几何意义是：如果连续曲线 $y = f(x)$ 在除端点外处处有不垂直于 x 轴的切线，则至少存在一点 $(\xi, f(\xi))$ ($\xi \in (a, b)$) 使得曲线在该点处的切线平行于弦 AB，即其斜率为 $\dfrac{f(b) - f(a)}{b - a}$.

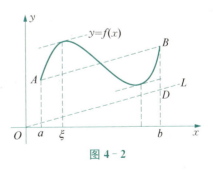

图 4-2

证 引进辅助函数

$$F(x) = f(x) - f(a) - \frac{f(b) - f(a)}{b - a}(x - a).$$

容易验证函数 $F(x)$ 满足罗尔定理的条件：$F(a) = F(b) = 0$，$F(x)$ 在闭区间

$[a,b]$ 上连续,在开区间 (a,b) 内可导,且

$$F'(x) = f'(x) - \frac{f(b) - f(a)}{b - a}.$$

根据罗尔定理,可知在开区间 (a,b) 内至少有一点 $\xi(a < \xi < b)$,使 $F'(\xi) = 0$,即

$$f'(\xi) - \frac{f(b) - f(a)}{b - a} = 0.$$

由此可得

$$\frac{f(b) - f(a)}{b - a} = f'(\xi),$$

即

$$f(b) - f(a) = f'(\xi)(b - a).$$

定理证毕.

$f(b) - f(a) = f'(\xi)(b - a)$ 叫作拉格朗日中值公式.这个公式对于 $b < a$ 也成立.

拉格朗日中值公式的其他形式:设 x 为区间 $[a,b]$ 内一点,$x + \Delta x$ 为此区间内的另一点 $(\Delta x > 0$ 或 $\Delta x < 0)$,则在 $[x, x + \Delta x](\Delta x > 0)$ 或 $[x, x + \Delta x](\Delta x < 0)$ 应用拉格朗日中值公式,得

$$f(x + \Delta x) - f(x) = f'(x + \theta \Delta x) \cdot \Delta x \ (0 < \theta < 1). \quad (4-1-4)$$

如果记 $f(x)$ 为 y,则上式又可写为

$$\Delta y = f'(x + \theta \Delta x) \cdot \Delta x \ (0 < \theta < 1). \quad (4-1-5)$$

与微分 $\mathrm{d}y = f'(x) \cdot \Delta x$ 比较,$\mathrm{d}y = f'(x) \cdot \Delta x$ 是函数增量 Δy 的近似表达式,而 $\Delta y = f'(x + \theta \Delta x) \cdot \Delta x$ 是函数增量 Δy 的精确表达式.$(4-1-5)$ 式称为**有限增量公式**.

定理 3 如果函数 $f(x)$ 在区间 I 上的导数恒为零,那么 $f(x)$ 在区间 I 上是一个常数.

证 在区间 I 上任取两点 $x_1, x_2(x_1 < x_2)$,应用拉格朗日中值定理,得

$$f(x_2) - f(x_1) = f'(\xi)(x_2 - x_1) \quad (x_1 < \xi < x_2).$$

由假定，$f'(\xi)=0$，所以 $f(x_2)-f(x_1)=0$，即
$$f(x_2)=f(x_1).$$
因为 x_1，x_2 是 I 上任意两点，所以上面的等式表明：$f(x)$ 在区间 I 上的函数值总是相等的，这就是说，$f(x)$ 在区间 I 上是一个常数.

例 3 证明：当 $x>0$ 时，$\dfrac{x}{1+x}<\ln(1+x)<x$.

证 设 $f(x)=\ln(1+x)$，显然 $f(x)$ 在区间 $[0,x]$ 上满足拉格朗日中值定理的条件，由定理可得
$$f(x)-f(0)=f'(\xi)(x-0), 0<\xi<x.$$
由于 $f(0)=0$，$f'(x)=\dfrac{1}{1+x}$，因此上式即为
$$\ln(1+x)=\dfrac{x}{1+\xi}.$$
又由 $0<\xi<x$，故
$$\dfrac{x}{1+x}<\ln(1+x)<x.$$
证毕.

例 4 证明：$\arcsin x+\arccos x=\dfrac{\pi}{2}$，$x\in(-1,1)$.

证 对上式求导可得
$$(\arcsin x+\arccos x)'=\dfrac{1}{\sqrt{1-x^2}}-\dfrac{1}{\sqrt{1-x^2}}=0,$$
故
$$\arcsin x+\arccos x=C\text{（其中 }C\text{ 为常数）}$$
对于任意的 $x\in(-1,1)$ 均成立，设 $x=0$，则 $C=\dfrac{\pi}{2}$. 所以
$$\arcsin x+\arccos x=\dfrac{\pi}{2}, x\in(-1,1).$$
证毕.

4.1.3 柯西中值定理

定理 4(柯西中值定理) 如果函数 $f(x)$ 及 $g(x)$ 在闭区间 $[a,b]$ 上连续,在开区间 (a,b) 内可导,且 $g'(x)$ 在 (a,b) 内的每一点处均不为零,那么至少有一点 $\xi(a<\xi<b)$,使等式

$$\frac{f(b)-f(a)}{g(b)-g(a)}=\frac{f'(\xi)}{g'(\xi)} \qquad (4-1-6)$$

成立.

证 根据结论,引进辅助函数

$$\varphi(x)=[f(b)-f(a)]g(x)-[g(b)-g(a)]f(x),$$

由于 $\varphi(x)$ 在闭区间 $[a,b]$ 上连续,在开区间 (a,b) 内可导,且

$$\varphi(a)=\varphi(b)=f(b)g(a)-f(a)g(b),$$

则由罗尔定理可知至少有一点 $\xi(a<\xi<b)$,使得 $\varphi'(\xi)=0$,即

$$[f(b)-f(a)]g'(\xi)=[g(b)-g(a)]f'(\xi).$$

整理即可得柯西公式.

显然,如果取 $g(x)=x$,那么 $g(b)-g(a)=b-a$,$g'(x)=1$,因而可得柯西中值公式如下:

$$f(b)-f(a)=f'(\xi)(b-a) \ (a<\xi<b).$$

这便是拉格朗日中值公式,也即拉格朗日中值定理是柯西中值定理的一个特殊情况.

例 5 设函数 $f(x)$ 在 $[0,1]$ 上连续,在 $(0,1)$ 内可导,则至少存在一点 $\xi \in (0,1)$,使得 $f'(\xi)=2\xi[f(1)-f(0)]$.

证 由题意可知

$$\frac{f(1)-f(0)}{1-0}=\frac{f'(\xi)}{2\xi}=\frac{f'(\xi)}{(\xi^2)'}\bigg|_{x=\xi},$$

于是取 $g(x)=x^2$,显然 $f(x)$,$g(x)$ 在 $(0,1)$ 内满足柯西中值定理,故在 $(0,1)$ 内至少存在一点 ξ,使得

$$\frac{f(1)-f(0)}{g(1)-g(0)}=\frac{f'(\xi)}{g'(\xi)}=\frac{f'(\xi)}{2\xi},$$

即
$$f'(\xi) = 2\xi[f(1) - f(0)].$$

证毕.

习题 4.1

1. 验证函数 $f(x) = \cos 2x$ 在区间 $\left[-\dfrac{\pi}{4}, \dfrac{\pi}{4}\right]$ 上满足罗尔定理.

2. 验证函数 $f(x) = \ln \sin x$ 在区间 $\left[\dfrac{\pi}{6}, \dfrac{5\pi}{6}\right]$ 上满足罗尔定理.

3. 验证函数 $f(x) = \ln x$ 在区间 $[1, e]$ 上满足拉格朗日中值定理.

4. 验证函数 $f(x) = \sin x$ 及 $g(x) = x + \cos x$ 在区间 $\left[0, \dfrac{\pi}{2}\right]$ 上满足柯西中值定理.

5. 函数 $f(x) = x(x-1)(x-2)(x+1)(x+2)$ 的导数有几个零值? 且位于哪个区间?

6. 验证 $\arctan x + \operatorname{arccot} x = \dfrac{\pi}{2}$.

7. 设函数 $f(x)$ 在 $[0, 1]$ 上连续, 在 $(0, 1)$ 内可导, 证明: 至少存在一点 $\xi \in (0, 1)$, 使得
$$f'(\xi) = 4\xi^3[f(1) - f(0)].$$

8. 证明下列不等式:

   (1) 当 $x > 1$ 时, $e^x > ex$;

   (2) 当 $0 < b < a$ 时, $\dfrac{a-b}{a} < \ln \dfrac{a}{b} < \dfrac{a-b}{b}$.

4.2 洛必达法则

在极限部分我们学习了两个无穷小之比的极限问题, 即 $f(x)$, $g(x)$ 都是无穷小量(无穷大量), 那么极限 $\lim\limits_{x \to x_0} \dfrac{f(x)}{g(x)}$ 可能存在, 也可能不存在. 因此, 我们

通常把这种极限称为未定式,本节将利用前一节所学的柯西中值定理来给出 $\dfrac{0}{0}$, $\dfrac{\infty}{\infty}$ 这类未定式极限问题简便而有效的新方法——洛必达(L'Hospital)法则.

4.2.1 $\dfrac{0}{0}$ 型与 $\dfrac{\infty}{\infty}$ 型不定式极限

定理 1(洛必达法则) 若

(1) 函数 $f(x)$, $g(x)$ 在 $U°(x_0,\delta)$ 内有定义,且

$$\lim_{x\to x_0}f(x)=0, \lim_{x\to x_0}g(x)=0 (或 \lim_{x\to x_0}f(x)=\infty, \lim_{x\to x_0}g(x)=\infty);$$

(2) 函数 $f(x)$, $g(x)$ 在 $U°(x_0,\delta)$ 内可导,且 $g'(x)\neq 0$;

(3) $\lim\limits_{x\to x_0}\dfrac{f'(x)}{g'(x)}=\lambda$ (含 $\lambda=\infty$),

则

$$\lim_{x\to x_0}\dfrac{f(x)}{g(x)}=\lim_{x\to x_0}\dfrac{f'(x)}{g'(x)}=\lambda. \tag{4-2-1}$$

证 只证 $\dfrac{0}{0}$ 型未定式.因为在一点的极限值与函数值无关,所以设 $f(x_0)=g(x_0)=0$,从而函数 $f(x)$, $g(x)$ 在 $U°(x_0,\delta)$ 内连续.

任取一点 $x\in U°(x_0,\delta)$,在区间 $[x_0,x]$ 上 $f(x)$, $g(x)$ 满足柯西中值定理的条件,故可得出

$$\dfrac{f(x)}{g(x)}=\dfrac{f(x)-f(x_0)}{g(x)-g(x_0)}=\dfrac{f'(\xi)}{g'(\xi)} \ (x_0<\xi<x).$$

由于当 $x\to x_0$ 时,$\xi\to x_0$,由条件(3),有

$$\lim_{x\to x_0}\dfrac{f'(x)}{g'(x)}=\lambda, \lim_{\xi\to x_0}\dfrac{f'(\xi)}{g'(\xi)}=\lambda.$$

对 $\dfrac{f(x)}{g(x)}=\dfrac{f'(\xi)}{g'(\xi)}$ 两边取极限,有

$$\lim_{x\to x_0}\dfrac{f(x)}{g(x)}=\lim_{x\to x_0}\dfrac{f'(\xi)}{g'(\xi)}=\lim_{\xi\to x_0}\dfrac{f'(\xi)}{g'(\xi)}=\lambda,$$

于是便得

$$\lim_{x \to x_0} \frac{f(x)}{g(x)} = \lim_{x \to x_0} \frac{f'(x)}{g'(x)} = \lambda.$$

证毕.

对 $\frac{\infty}{\infty}$ 型的情况也有相应的洛必达法则.

同理可证：定理 1 中的 $x \to x_0$ 换成 $x \to x_0^+$，$x \to x_0^-$，$x \to +\infty$ 或其他任何一种变化趋势时，该法则仍然成立.

例 1 求 $\lim\limits_{x \to 1} \dfrac{x^3 - 3x + 2}{x^3 - x^2 - x + 1}$.

解 这是 $\dfrac{0}{0}$ 型，因此得

$$\lim_{x \to 1} \frac{x^3 - 3x + 2}{x^3 - x^2 - x + 1} = \lim_{x \to 1} \frac{3x^2 - 3}{3x^2 - 2x - 1} = \lim_{x \to 1} \frac{6x}{6x - 2} = \frac{3}{2}.$$

例 2 求 $\lim\limits_{x \to \pi} \dfrac{1 + \cos x}{\tan^2 x}$.

解 这是 $\dfrac{0}{0}$ 型，因此得

$$\lim_{x \to \pi} \frac{1 + \cos x}{\tan^2 x} = \lim_{x \to \pi} \frac{-\sin x}{2 \tan x \sec^2 x} = \lim_{x \to \pi} \left(-\frac{\cos^3 x}{2} \right) = \frac{1}{2}.$$

例 3 求 $\lim\limits_{x \to 0} \dfrac{\sin x - 2x}{\sin 2x + 3x}$.

解 这是 $\dfrac{0}{0}$ 型，因此得

$$\lim_{x \to 0} \frac{\sin x - 2x}{\sin 2x + 3x} = \lim_{x \to 0} \frac{\cos x - 2}{2 \cos 2x + 3} = \frac{1 - 2}{2 \times 1 + 3} = -\frac{1}{5}.$$

注 1 上式中 $\lim\limits_{x \to 0} \dfrac{\cos x - 2}{2 \cos 2x + 3}$ 已不是未定式，故不能对其用洛必达法则，否则会导致结果错误.

例 4 求 $\lim\limits_{x \to +\infty} \dfrac{x^3}{a^x} \ (a > 1)$.

解 这是 $\dfrac{\infty}{\infty}$ 型,因此得

$$\lim_{x\to+\infty}\dfrac{x^3}{a^x}$$

$$=\lim_{x\to+\infty}\dfrac{3x^2}{a^x\ln a}=\lim_{x\to+\infty}\dfrac{6x}{a^x(\ln a)^2}$$

$$=\lim_{x\to+\infty}\dfrac{6}{a^x(\ln a)^3}=0.$$

例5 求 $\lim\limits_{x\to 0^+}\dfrac{\ln\sin 5x}{\ln\sin 2x}$.

解 这是 $\dfrac{\infty}{\infty}$ 型,因此得

$$\lim_{x\to 0^+}\dfrac{\ln\sin 5x}{\ln\sin 2x}=\lim_{x\to 0^+}\dfrac{\dfrac{1}{\sin 5x}5\cos 5x}{\dfrac{1}{\sin 2x}2\cos 2x}$$

$$=\lim_{x\to 0^+}\dfrac{5\cos 5x}{2\cos 2x}\cdot\lim_{x\to 0^+}\dfrac{\sin 2x}{\sin 5x}=\dfrac{5}{2}\lim_{x\to 0^+}\dfrac{2\cos 2x}{5\cos 5x}=\dfrac{5}{2}\cdot\dfrac{2}{5}=1.$$

例6 求 $\lim\limits_{x\to\frac{\pi}{2}}\dfrac{\tan x}{\tan 3x}$.

解 这是 $\dfrac{\infty}{\infty}$ 型,因此得

$$\lim_{x\to\frac{\pi}{2}}\dfrac{\tan x}{\tan 3x}=\lim_{x\to\frac{\pi}{2}}\dfrac{\sec^2 x}{3\sec^2 3x}=\lim_{x\to\frac{\pi}{2}}\dfrac{\cos^2 3x}{3\cos^2 x}$$

$$=\dfrac{1}{3}\left(\lim_{x\to\frac{\pi}{2}}\dfrac{\cos 3x}{\cos x}\right)^2=\dfrac{1}{3}\left(\lim_{x\to\frac{\pi}{2}}\dfrac{-3\sin 3x}{-\sin x}\right)^2$$

$$=\dfrac{1}{3}\left(\dfrac{-3\cdot 1}{-1}\right)^2=3.$$

4.2.2 其他类型的未定式

对于 $0\cdot\infty$,1^∞,0^0,∞^0,$\infty-\infty$ 型未定式,总可以通过一些简单的恒等变化将其化成 $\dfrac{\infty}{\infty}$ 或者 $\dfrac{0}{0}$,从而可以应用洛必达法则来计算.

例 7 求 $\lim\limits_{x\to 0^+} x\ln x$.

解 这是 $0 \cdot \infty$ 型，因此可得

$$\lim_{x\to 0^+} x\ln x = \lim_{x\to 0^+}\frac{\ln x}{\frac{1}{x}} = \lim_{x\to 0^+}\frac{\frac{1}{x}}{-\frac{1}{x^2}} = \lim_{x\to 0^+}(-x) = 0.$$

例 8 求 $\lim\limits_{x\to 0}\left(\cot x - \frac{1}{x}\right)$.

解 这是 $\infty - \infty$ 型，因此得

$$\lim_{x\to 0}\left(\cot x - \frac{1}{x}\right) = \lim_{x\to 0}\frac{x\cos x - \sin x}{x\sin x}$$

$$= \lim_{x\to 0}\frac{\cos x - x\sin x - \cos x}{\sin x + x\cos x} = -\lim_{x\to 0}\frac{x\sin x}{\sin x + x\cos x}$$

$$= -\lim_{x\to 0}\frac{\sin x + x\cos x}{\cos x + \cos x - x\sin x} = -\lim_{x\to 0}\frac{\sin x + x\cos x}{2\cos x - x\sin x} = 0.$$

例 9 求 $\lim\limits_{x\to 0^+}(\sin x)^{\frac{1}{\ln x}}$.

解 这是 0^0 型，因此得

$$\lim_{x\to 0^+}(\sin x)^{\frac{1}{\ln x}} = \lim_{x\to 0^+} e^{\frac{1}{\ln x}\ln\sin x},$$

又因为

$$\lim_{x\to 0^+}\frac{\ln\sin x}{\ln x} = \lim_{x\to 0^+}\frac{x\cos x}{\sin x} = 1,$$

故原式 $= e$.

习题 4.2

1. 计算下列极限：

(1) $\lim\limits_{x\to 0^+}\dfrac{e^x - e^{-x}}{x}$;

(2) $\lim\limits_{x\to 0}\dfrac{e^x\sin x - x(x+1)}{\tan x \sin x^2}$;

(3) $\lim\limits_{x\to\frac{\pi}{2}}\dfrac{\ln\sin x}{\left(x-\dfrac{\pi}{2}\right)^2}$;

(4) $\lim\limits_{x\to\pi}\dfrac{\cot x}{\cot 3x}$;

(5) $\lim\limits_{x\to+\infty}\dfrac{e^x-e^{-x}}{e^x+e^{-x}}$;

(6) $\lim\limits_{x\to-\infty}\dfrac{\ln(1+4^x)}{\ln(1+3^x)}$;

(7) $\lim\limits_{x\to 0}\left(\dfrac{1}{x}-\dfrac{1}{e^x-1}\right)$;

(8) $\lim\limits_{x\to 0}\left(\dfrac{1}{\sin^2 x}-\dfrac{1}{x^2}\right)$;

(9) $\lim\limits_{x\to 0}(1+\sin x)^{\frac{1}{x}}$;

(10) $\lim\limits_{x\to 0^+}\left(\dfrac{1}{\sqrt{x}}\right)^{\tan x}$;

(11) $\lim\limits_{x\to\infty}\left(\cos\dfrac{1}{x}\right)^{x^2}$;

(12) $\lim\limits_{x\to 0^+}\left(\ln\dfrac{1}{x}\right)^x$.

2. 验证函数 $\lim\limits_{x\to+\infty}\dfrac{x+\sin x}{x}$ 和 $\lim\limits_{x\to+\infty}\dfrac{e^x+e^{-x}}{e^x-e^{-x}}$ 存在,但不能用洛必达法则.

4.3 泰勒公式

对于一些较复杂的函数,为了便于研究,往往希望用一些简单的函数来近似表达. 由于用多项式表示的函数,只要对自变量进行有限次加、减、乘 3 种运算,便能求出它的函数值,因此,我们经常用多项式来近似表达函数.

在微分的应用中已经知道,当 $|x|$ 很小时,有如下的近似等式:

$$e^x\approx 1+x, \ln(1+x)\approx x,$$

这些都是用一次多项式来近似表达函数的例子. 但是这种近似表达式还存在着不足之处:首先是精确度不高,所产生的误差仅是关于 x 的高阶无穷小;其次是用它来作近似计算时,不能具体估算出误差大小. 因此,对于精确度要求较高且需要估计误差的时候,就必须用高次多项式来近似表达函数,同时给出误差公式.

设函数 $f(x)$ 在含有 x_0 的开区间内具有直到 $n+1$ 阶导数,现在我们希望做的是:找出一个关于 $x-x_0$ 的 n 次多项式:

$$p_n(x)=a_0+a_1(x-x_0)+a_2(x-x_0)^2+\cdots+a_n(x-x_0)^n, \tag{4-3-1}$$

来近似表达 $f(x)$,要求 $p_n(x)$ 与 $f(x)$ 之差是比 $(x-x_0)^n$ 高阶的无穷小,并给

出误差$|f(x)-p_n(x)|$的具体表达式.

定理 1(泰勒(Taylor)中值定理) 如果函数$f(x)$在含有x_0的某个开区间(a,b)内具有直到$n+1$阶导数,则当x在(a,b)内时,$f(x)$可以表示为$x-x_0$的一个n次多项式与一个余项$R_n(x)$之和:

$$f(x)=f(x_0)+f'(x_0)(x-x_0)+\frac{1}{2!}f''(x_0)(x-x_0)^2+\cdots$$
$$+\frac{1}{n!}f^{(n)}(x_0)(x-x_0)^n+R_n(x),$$

$$(4-3-2)$$

其中

$$R_n(x)=\frac{f^{(n+1)}(\xi)}{(n+1)!}(x-x_0)^{n+1} \quad (\xi \text{ 介于 } x_0 \text{ 与 } x \text{ 之间}). (4-3-3)$$

证 由已知条件可得

$$R_n(x)=f(x)-\sum_{k=0}^{n}\frac{f^{(k)}(x_0)}{k!}(x-x_0)^k,$$

在区间(a,b)内具有直到$n+1$阶导数,则

$$R_n(x_0)=R_n'(x_0)=R_n^{(n)}(x_0)=0, R_n^{(n+1)}(x)=f^{(n+1)}(x).$$

取$g(x)=(x-x_0)^{n+1}$,则有

$$g(x_0)=g'(x_0)=g^{(n)}(x_0)=0, g^{(n+1)}(x)=(n+1)!.$$

容易验证$R_n(x)$和$g(x)$满足柯西中值定理,则有

$$\frac{R_n(x)}{g(x)}=\frac{R_n(x)-R_n(x_0)}{g(x)-g(x_0)}=\frac{R_n'(\xi_1)}{g'(\xi_1)}$$
$$=\frac{R_n''(\xi_2)}{g''(\xi_2)}=\cdots=\frac{R_n^{(n)}(\xi_n)}{g^{(n)}(\xi_n)}$$
$$=\frac{R_n^{(n+1)}(\xi_n)}{g^{(n+1)}(\xi_n)}=\frac{f^{(n+1)}(\xi)}{(n+1)!},$$

其中$\xi_1,\xi_2,\cdots,\xi_n,\xi$介于$x_0$与$x$之间.于是可得

$$R_n(x)=\frac{f^{(n+1)}(\xi)}{(n+1)!}(x-x_0)^{n+1} \quad (\xi \text{ 介于 } x_0 \text{ 与 } x \text{ 之间}).$$

证毕.

(4-3-2)式称为函数 $f(x)$ 在点 x_0 处的 n 阶泰勒公式,(4-3-3)式称为拉格朗日型余项.称多项式 $p_n(x)=\sum_{k=0}^{n}\dfrac{f^{(k)}(x_0)}{k!}(x-x_0)^k$ 为函数 $f(x)$ 在点 x_0 处的 n 阶泰勒多项式.

当 $n=0$ 时,泰勒公式变为拉格朗日公式:
$$f(x)=f(x_0)+f'(\xi)(x-x_0)\quad (\xi\text{ 介于 }x_0\text{ 与 }x\text{ 之间}).$$

因此,泰勒中值定理是拉格朗日中值定理的推广.

如果对于某个固定的 n,当 x 在区间 (a,b) 内变动时,$|f^{(n+1)}(x)|$ 总不超过一个常数 M,则有估计式:
$$|R_n(x)|=\left|\dfrac{f^{(n+1)}(\xi)}{(n+1)!}(x-x_0)^{n+1}\right|\leqslant\dfrac{M}{(n+1)!}|x-x_0|^{n+1},$$

以及
$$\lim_{x\to x_0}\dfrac{R_n(x)}{(x-x_0)^n}=0.$$

可见,当 $x\to x_0$ 时,$|R_n(x)|$ 是比 $(x-x_0)^n$ 高阶的无穷小,即 $R_n(x)=o[(x-x_0)^n]$,这种形式的余项称为**皮亚诺(Peano)余项**.

当 $x_0=0$ 时的泰勒公式称为**麦克劳林(Maclaurin)公式**:
$$f(x)=f(0)+f'(0)x+\dfrac{f''(0)}{2!}x^2+\cdots+\dfrac{f^{(n)}(0)}{n!}x^n+R_n(x),$$
(4-3-4)

或
$$f(x)=f(0)+f'(0)x+\dfrac{f''(0)}{2!}x^2+\cdots+\dfrac{f^{(n)}(0)}{n!}x^n+o(x^n).$$
(4-3-5)

由此得近似公式:
$$f(x)\approx f(0)+f'(0)x+\dfrac{f''(0)}{2!}x^2+\cdots+\dfrac{f^{(n)}(0)}{n!}x^n,$$

误差估计式变为

$$|R_n(x)| = \frac{M}{(n+1)!} |x|^{n+1}.$$

例1 求函数 $f(x) = e^x$ 的 n 阶麦克劳林公式.

解 因为 $f(x) = f'(x) = f''(x) = \cdots = f^{(n)}(x) = e^x$,所以
$$f(0) = f'(0) = f''(0) = \cdots = f^{(n)}(0) = 1,$$
于是
$$e^x = 1 + x + \frac{1}{2!}x^2 + \cdots + \frac{1}{n!}x^n + \frac{e^{\theta x}}{(n+1)!}x^{n+1}, \quad 0 < \theta < 1,$$
并有
$$e^x \approx 1 + x + \frac{1}{2!}x^2 + \cdots + \frac{1}{n!}x^n.$$

这时所产生的误差为
$$|R_n(x)| = \left|\frac{e^{\theta x}}{(n+1)!}x^{n+1}\right| < \frac{e^{|x|}}{(n+1)!} |x|^{n+1}.$$

当 $x = 1$ 时,可得 e 的近似式为 $e \approx 1 + 1 + \frac{1}{2!} + \cdots + \frac{1}{n!}$,其误差为
$$|R_n| < \frac{e}{(n+1)!} < \frac{3}{(n+1)!}.$$

例2 求函数 $f(x) = \sin x$ 的 n 阶麦克劳林公式.

解 因为
$$f'(x) = \cos x, \quad f''(x) = -\sin x, \quad f'''(x) = -\cos x,$$
$$f^{(4)}(x) = \sin x, \cdots, f^{(n)}(x) = \sin\left(x + n \cdot \frac{\pi}{2}\right),$$
$$f(0) = 0, \ f'(0) = 1, \ f''(0) = 0, \ f'''(0) = -1, \ f^{(4)}(0) = 0, \cdots,$$
于是
$$\sin x = x - \frac{1}{3!}x^3 + \frac{1}{5!}x^5 + \cdots + \frac{(-1)^{m-1}}{(2m-1)!}x^{2m-1} + R_{2m}(x).$$

当 $m = 1, 2, 3$ 时,有近似公式

$$\sin x \approx x, \quad \sin x \approx x - \frac{1}{3!}x^3, \quad \sin x \approx x - \frac{1}{3!}x^3 + \frac{1}{5!}x^5.$$

例3 求函数 $f(x) = x e^x$ 的 n 阶麦克劳林公式.

解 因为

$$f'(x) = xe^x + e^x, \quad f''(x) = xe^x + 2e^x, \quad f'''(x) = xe^x + 3e^x,$$
$$f^{(4)}(x) = xe^x + 4e^x, \cdots, f^{(n)}(x) = xe^x + ne^x,$$
$$f(0) = 0, \ f'(0) = 1, \ f''(0) = 2, \ f'''(0) = 3, \ f^{(4)}(0) = 4, \cdots, f^{(n)}(0) = n,$$

于是

$$xe^x = x + x^2 + \frac{x^3}{2!} \cdots + \frac{x^n}{(n-1)!} + \frac{\xi e^\xi + (n+1)e^\xi}{(n+1)!}x^{n+1}.$$

习题 4.3

1. 求函数 $f(x) = \dfrac{1}{x}$ 在 $x = 1$ 处的 n 阶泰勒展开式.

2. 求函数 $f(x) = x^2 e^{2x}$ 的 n 阶麦克劳林公式.

3. 求函数 $f(x) = \tan x$ 的二阶麦克劳林公式.

4. 用泰勒公式计算下列极限:

(1) $\lim\limits_{x \to 0} \dfrac{x - \sin x}{x^2(e^x - 1)}$;

(2) $\lim\limits_{x \to 0} \dfrac{x^2 + x - xe^x}{x - \sin x}$.

5. 用泰勒公式计算下列各数的近似值:

(1) $\sin 20°$;

(2) $\ln 1.2$.

4.4 函数的单调性、曲线的凹凸性与极值

第 1 章中已经给出了函数在某一区间上的单调性的定义. 本节将利用函数的导数和二阶导数的符号来刻画函数的动态性质, 即如果函数 $y = f(x)$ 在 $[a, b]$ 上单调增加(单调减少), 那么它的图形是一条沿 x 轴正向上升(下降)的曲线. 这时曲线的各点处的切线斜率是非负的(非正的)(如图 4-3、图 4-4), 即 $y' = f'(x) > 0$ ($y' = f'(x) < 0$). 由此可见, 函数的单调性与导数的符号有着密切的关系.

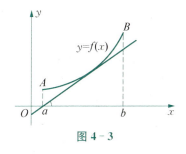
图 4-3

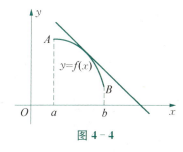
图 4-4

4.4.1 函数的单调性

定理 1(函数单调性的判定法) 设函数 $y=f(x)$ 在 $[a,b]$ 上连续,在 (a,b) 内可导.

(1) 如果在 (a,b) 内 $f'(x)>0$,那么函数 $y=f(x)$ 在 $[a,b]$ 上单调增加;

(2) 如果在 (a,b) 内 $f'(x)<0$,那么函数 $y=f(x)$ 在 $[a,b]$ 上单调减少.

证 只证(1),类似可证明(2).

在 $[a,b]$ 上任取两点 $x_1,x_2(x_1<x_2)$,应用拉格朗日中值定理,得到

$$f(x_2)-f(x_1)=f'(\xi)(x_2-x_1) \quad (x_1<\xi<x_2).$$

由于在上式中 $x_2-x_1>0$,因此,如果导数 $f'(x)>0$,必有 $f'(\xi)>0$,于是

$$f(x_2)-f(x_1)=f'(\xi)(x_2-x_1)>0,$$

即

$$f(x_1)<f(x_2).$$

因此,函数 $y=f(x)$ 在 $[a,b]$ 上单调增加.

注 1 判定法中的闭区间可换成其他各种区间.

例 1 判定函数 $y=x-\sin x$ 在 $[0,2\pi]$ 上的单调性.

解 因为在 $(0,2\pi)$ 内

$$y'=1-\cos x>0,$$

所以由判定法可知函数 $y=x-\sin x$ 在 $[0,2\pi]$ 上单调增加.

例 2 讨论函数 $y=\sqrt[3]{x^2}$ 的单调性.

解 函数的定义域为 $(-\infty,+\infty)$,

$$y' = \frac{2}{3\sqrt[3]{x}} \quad (x \neq 0).$$

当 $x=0$ 时,函数的导数不存在;当 $x<0$ 时,$y'<0$,所以函数在 $(-\infty, 0]$ 上单调减少;当 $x>0$ 时,$y'>0$,所以函数在 $[0, +\infty)$ 上单调增加.

注2 如果函数在定义区间上连续,除去有限个导数不存在的点外导数存在且连续,那么只要用方程 $f'(x)=0$ 的根及导数不存在的点来划分函数 $f(x)$ 的定义区间,就能保证 $f'(x)$ 在各个部分区间内保持固定的符号,因而函数 $f(x)$ 在每个部分区间上单调.

例3 确定函数 $f(x)=2x^3-9x^2+12x-3$ 的单调区间.

解 函数的定义域为 $(-\infty, +\infty)$,

$$f'(x)=6x^2-18x+12=6(x-1)(x-2).$$

由上式得导数为零的点有两个:$x_1=1, x_2=2$. 列表如下(表 4-1):

表 4-1

x	$(-\infty, 1]$	$[1, 2]$	$[2, +\infty)$
$f'(x)$	+	−	+
$f(x)$	↗	↘	↗

函数 $f(x)$ 在区间 $(-\infty, 1]$ 和 $[2, +\infty)$ 内单调增加,在区间 $[1, 2]$ 上单调减少.

例4 讨论函数 $y=x^3$ 的单调性.

解 函数的定义域为 $(-\infty, +\infty)$,且

$$y'=3x^2.$$

当 $x=0$ 时,$y'=0$,除此以外,在其余各点处均有 $y'>0$. 因此函数 $y=x^3$ 在区间 $(-\infty, 0]$ 及 $[0, +\infty)$ 内都是单调增加的,从而函数在 $(-\infty, +\infty)$ 内是单调增加的. 在 $x=0$ 处曲线有一水平切线.

注3 一般地,如果 $f'(x)$ 在某区间内的有限个点处为零,在其余各点处均为正(或负)时,那么 $f(x)$ 在该区间上仍旧是单调增加(或单调减少)的.

例5 证明当 $x>1$ 时,$2\sqrt{x} > 3 - \dfrac{1}{x}$.

证 令 $f(x) = 2\sqrt{x} - \left(3 - \dfrac{1}{x}\right)$,则

$$f'(x) = \frac{1}{\sqrt{x}} - \frac{1}{x^2} = \frac{1}{x^2}(x\sqrt{x} - 1).$$

因为当 $x > 1$ 时，$f'(x) > 0$，所以函数 $f(x)$ 在 $[1, +\infty)$ 上单调增加，从而当 $x > 1$ 时，$f(x) > f(1)$. 由于 $f(1) = 0$，故 $f(x) > f(1) = 0$，所以

$$2\sqrt{x} - \left(3 - \frac{1}{x}\right) > 0,$$

即

$$2\sqrt{x} > 3 - \frac{1}{x} \quad (x > 1).$$

证毕.

4.4.2 曲线的凹凸性

定义 1 设 $f(x)$ 在区间 I 上连续，如果对 I 上任意两点 x_1, x_2 恒有

$$f\left(\frac{x_1 + x_2}{2}\right) < \frac{f(x_1) + f(x_2)}{2},$$

那么称 $f(x)$ 在 I 上的图形是**(向下)凹的**(或凹弧)，如图 4-5 所示；如果恒有

$$f\left(\frac{x_1 + x_2}{2}\right) > \frac{f(x_1) + f(x_2)}{2},$$

那么称 $f(x)$ 在 I 上的图形是**(向上)凸的**(或凸弧)，如图 4-6 所示.

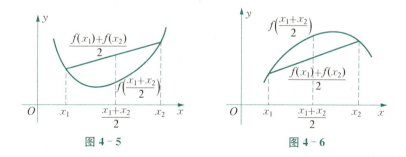

图 4-5　　　　　　　　图 4-6

定义 1' 设函数 $f(x)$ 在区间 I 上连续，如果函数的曲线位于其上任意一点的切线的上方，则称该曲线在区间 I 上是**凹的**；如果函数的曲线位于其上任意

一点的切线的下方,则称该曲线在区间 I 上是**凸的**.

定理 2(凹凸性的判定) 设函数 $y=f(x)$ 在 $[a,b]$ 上连续,在 (a,b) 内具有一阶和二阶导数,那么

(1) 若在 (a,b) 内 $f''(x)>0$,则 $f(x)$ 在 $[a,b]$ 上的图形是凹的;

(2) 若在 (a,b) 内 $f''(x)<0$,则 $f(x)$ 在 $[a,b]$ 上的图形是凸的.

证 (1) 在区间 $[a,b]$ 上任取两点 x_1,x_2 且 $x_1<x_2$,记 $x_0=\dfrac{x_1+x_2}{2}$. 由拉格朗日中值公式,得

$$f(x_1)-f(x_0)=f'(\xi_1)(x_1-x_0)=f'(\xi_1)\frac{x_1-x_2}{2},\ x_1<\xi_1<x_0,$$

$$f(x_2)-f(x_0)=f'(\xi_2)(x_2-x_0)=f'(\xi_2)\frac{x_2-x_1}{2},\ x_0<\xi_2<x_2,$$

两式相加并应用拉格朗日中值公式得

$$f(x_1)+f(x_2)-2f(x_0)=[f'(\xi_2)-f'(\xi_1)]\frac{x_2-x_1}{2}$$

$$=f''(\xi)(\xi_2-\xi_1)\frac{x_2-x_1}{2}>0,\ \xi_1<\xi<\xi_2,$$

即 $\dfrac{f(x_1)+f(x_2)}{2}>f\left(\dfrac{x_1+x_2}{2}\right)$,所以 $f(x)$ 在 $[a,b]$ 上的图形是凹的.

类似可证明(2).

定义 2 连续曲线上凹弧与凸弧的分界点称为曲线的**拐点**.

确定曲线 $y=f(x)$ 的凹凸区间和求曲线拐点的一般步骤如下:

(1) 确定函数 $y=f(x)$ 的定义域;

(2) 求出二阶导数 $f''(x)$;

(3) 求使二阶导数为零的点和使二阶导数不存在的点;

(4) 直接判断或列表判断,确定曲线的凹凸区间和拐点.

注 4 根据具体情况,步骤(1)与(3)有时可省略.

例 6 判断曲线 $y=\ln x$ 的凹凸性.

解 函数的定义域为 $(0,+\infty)$,且

$$y'=\frac{1}{x},\ y''=-\frac{1}{x^2}.$$

当 $x \in (0, +\infty)$ 时，$y'' < 0$，所以曲线 $y = \ln x$ 是凸的.

例 7 判断曲线 $y = x^3$ 的凹凸性.

解 函数的定义域为 $(-\infty, +\infty)$，且
$$y' = 3x^2, \quad y'' = 6x.$$

令 $y'' = 0$，得 $x = 0$. 当 $x < 0$ 时，$y'' < 0$，所以曲线在 $(-\infty, 0]$ 内是凸的；当 $x > 0$ 时，$y'' > 0$，所以曲线在 $[0, +\infty)$ 内是凹的.

例 8 求曲线 $y = 2x^3 + 3x^2 - 2x + 14$ 的拐点.

解 由题意可得
$$y' = 6x^2 + 6x - 2, \quad y'' = 12x + 6 = 12\left(x + \frac{1}{2}\right).$$

令 $y'' = 0$，得 $x = -\frac{1}{2}$. 当 $x < -\frac{1}{2}$ 时，$y'' < 0$；当 $x > -\frac{1}{2}$ 时，$y'' > 0$，所以点 $\left(-\frac{1}{2}, 15\frac{1}{2}\right)$ 是曲线的拐点.

例 9 求曲线 $y = 3x^4 - 4x^3 + 1$ 的拐点及凹、凸的区间.

解 由判定条件可知：

(1) 函数的定义域为 $(-\infty, +\infty)$；

(2) $y' = 12x^3 - 12x^2$，$y'' = 36x^2 - 24x = 36x\left(x - \frac{2}{3}\right)$；

(3) 解方程 $y'' = 0$，得 $x_1 = 0$，$x_2 = \frac{2}{3}$；

(4) 列表判断（见表 4-2）：

表 4-2

x	$(-\infty, 0)$	0	$(0, 2/3)$	$2/3$	$(2/3, +\infty)$
$f''(x)$	+	0	−	0	+
$f(x)$	凹	1	凸	11/27	凹

在区间 $(-\infty, 0]$ 和 $[2/3, +\infty)$ 上曲线是凹的，在区间 $[0, 2/3]$ 上曲线是凸的. 点 $(0, 1)$ 和 $(2/3, 11/27)$ 是曲线的拐点.

例 10 求曲线 $y = \sqrt[3]{x}$ 的拐点.

解 由求解拐点的方法得：

(1) 函数的定义域为 $(-\infty, +\infty)$；

(2) $y' = \dfrac{1}{3\sqrt[3]{x^2}}$，$y'' = -\dfrac{2}{9x\sqrt[3]{x^2}}$；

(3) 无二阶导数为零的点，二阶导数不存在的点为 $x = 0$；

(4) 判断：当 $x < 0$ 时，$y'' > 0$；当 $x > 0$ 时，$y'' < 0$，因此，点 $(0, 0)$ 是曲线的拐点.

4.4.3 函数极值与最值

1. 函数极值问题

定义 3 设函数 $f(x)$ 在区间 (a, b) 内有定义，$x_0 \in (a, b)$.

(1) 如果在 x_0 的某一去心邻域内有 $f(x) < f(x_0)$，则称 $f(x_0)$ 是函数 $f(x)$ 的一个**极大值**，x_0 为 $f(x)$ 的**极大值点**；

(2) 如果在 x_0 的某一去心邻域内有 $f(x) > f(x_0)$，则称 $f(x_0)$ 是函数 $f(x)$ 的一个**极小值**，x_0 为 $f(x)$ 的**极小值点**.

函数的极大值与极小值统称为函数的**极值**，使函数取得极值的点称为**极值点**.

注 5 函数的极大值和极小值概念是局部性的. 如果 $f(x_0)$ 是 $f(x)$ 的一个极大值，那只是就 x_0 附近的一个局部范围来说，$f(x_0)$ 是 $f(x)$ 的一个最大值；如果就 $f(x)$ 的整个定义域来说，$f(x_0)$ 不一定是最大值. 关于极小值也类似.

注 6 在函数取得极值处，曲线上的切线是水平的. 但曲线上有水平切线的地方，函数不一定取得极值.

定理 3(极值存在的必要条件) 设函数 $f(x_0)$ 在点 x_0 处可导，且在 x_0 处取得极值，则 $f'(x_0) = 0$.

证 假定 $f(x_0)$ 是极大值(极小值的情形可类似地证明). 根据极大值的定义，在 x_0 的某个去心邻域内，对于任何点 x，有 $f(x) < f(x_0)$ 均成立. 于是

(1) 当 $x < x_0$ 时，
$$\dfrac{f(x) - f(x_0)}{x - x_0} > 0,$$

因此

$$f'(x_0) = \lim_{x \to x_0^-} \frac{f(x) - f(x_0)}{x - x_0} \geq 0;$$

(2) 当 $x > x_0$ 时,

$$\frac{f(x) - f(x_0)}{x - x_0} < 0,$$

因此

$$f'(x_0) = \lim_{x \to x_0^+} \frac{f(x) - f(x_0)}{x - x_0} \leq 0.$$

从而得到 $f'(x_0) = 0$.

使导数为零的点(即方程 $f'(x) = 0$ 的实根)叫作函数 $f(x)$ 的驻点. 定理 3 就是说:可导函数 $f(x)$ 的极值点必定是函数的驻点. 但函数 $f(x)$ 的驻点却不一定是极值点.

定理 4(第一充分条件) 设函数 $f(x)$ 在点 x_0 的一个邻域内连续,在 x_0 的左右邻域内可导.

(1) 如果在点 x_0 的左邻域内 $f'(x) > 0$,在 x_0 的右邻域内 $f'(x) < 0$,则函数 $f(x)$ 在点 x_0 处取得极大值;

(2) 如果在点 x_0 的左邻域内 $f'(x) < 0$,在 x_0 的右邻域内 $f'(x) > 0$,则函数 $f(x)$ 在点 x_0 处取得极小值;

(3) 如果在点 x_0 的左右邻域内 $f'(x)$ 不改变符号,则函数 $f(x)$ 在点 x_0 处没有极值.

确定极值点和极值的步骤:

(1) 确定函数 $f(x)$ 的定义域,并求出导数 $f'(x)$;

(2) 求出 $f(x)$ 的全部驻点和不可导点;

(3) 考察 $f'(x)$ 的符号在每个驻点和不可导点左右邻近的情况,以便确定该点是否是极值点,如果是极值点,还要确定对应的函数值是极大值还是极小值;

(4) 求出函数的所有极值点和极值.

例 11 求函数 $f(x) = (x-4)\sqrt[3]{(x+1)^2}$ 的极值.

解 (1) $f(x)$ 在 $(-\infty, +\infty)$ 内连续,除 $x = -1$ 外处处可导,且

$$f'(x) = \frac{5(x-1)}{3\sqrt[3]{x+1}}.$$

(2) 令 $f'(x)=0$,得驻点 $x_1=1$;而 $x_2=-1$ 为不可导点.

(3) 列表判断(见表 4-3):

表 4-3

x	$(-\infty,-1)$	-1	$(-1,1)$	1	$(1,+\infty)$
$f'(x)$	$+$	不可导	$-$	0	$+$
$f(x)$	↗	0	↘	$-3\sqrt[3]{4}$	↗

(4) 极大值为 $f(-1)=0$,极小值为 $f(1)=-3\sqrt[3]{4}$.

定理 5(第二充分条件) 设函数 $f(x)$ 在点 x_0 处具有二阶导数且 $f'(x_0)=0$,$f''(x_0)\neq 0$,那么

(1) 当 $f''(x_0)<0$ 时,函数 $f(x)$ 在点 x_0 处取得极大值;

(2) 当 $f''(x_0)>0$ 时,函数 $f(x)$ 在点 x_0 处取得极小值.

证 在情形(1),由于 $f''(x_0)<0$,按二阶导数的定义有

$$f''(x_0)=\lim_{x\to x_0}\frac{f'(x)-f'(x_0)}{x-x_0}<0.$$

根据函数极限的局部保号性,当 x 在 x_0 的足够小的去心邻域内时,

$$\frac{f'(x)-f'(x_0)}{x-x_0}<0.$$

但 $f'(x_0)=0$,所以上式即

$$\frac{f'(x)}{x-x_0}<0.$$

因此,当 $x<x_0$ 时,$f'(x)>0$;当 $x>x_0$ 时,$f'(x)<0$. 根据定理 4,可得 $f(x)$ 在点 x_0 处取得极大值.

类似地可以证明情形(2).

注 7 如果函数 $f(x)$ 在驻点 x_0 处的二阶导数 $f''(x_0)\neq 0$,那么 x_0 一定是极值点,并且可以按二阶导数 $f''(x_0)$ 的符号来判定 $f(x_0)$ 是极大值还是极小值. 但如果 $f''(x_0)=0$,定理 5 就不能应用.

例 12 求函数 $f(x)=(x^2-1)^3+1$ 的极值.

解 由题意可得:

(1) $f'(x) = 6x(x^2-1)^2$.

(2) 令 $f'(x) = 0$，求得驻点 $x_1 = -1$，$x_2 = 0$，$x_3 = 1$.

(3) $f''(x) = 6(x^2-1)(5x^2-1)$.

(4) 因为 $f''(0) = 6 > 0$，所以 $f(x)$ 在 $x=0$ 处取得极小值，极小值为 $f(0) = 0$.

(5) 因为 $f''(-1) = f''(1) = 0$，所以用定理5无法判别. 因为在 -1 的左右邻域内 $f'(x) < 0$，所以 $f(x)$ 在 -1 处没有极值；同理可得 $f(x)$ 在 1 处也没有极值.

2. 函数最大值、最小值问题

在科技、工程技术与经济领域，常常会遇到这样一类问题：在一定条件下，怎样使"产品最多""用料最省""成本最低""效率最高"，等等，这类问题在数学上往往可归结为求某一函数的最大值或最小值问题.

设函数 $f(x)$ 在闭区间 $[a, b]$ 上连续，根据函数的连续性，$f(x)$ 在 $[a, b]$ 上一定存在最大值和最小值，函数的最大值和最小值只能在区间的端点或极值点处取得，因此，求 $f(x)$ 在 $[a, b]$ 上的最大值、最小值的方法为：

(1) 求出 $f(x)$ 在 (a, b) 内的所有驻点和不可导点；

(2) 求出 $f(x)$ 在驻点、不可导点和端点的函数值，比较其大小，最大的便是最大值，最小的便是最小值.

对于开区间的情况可以类似地讨论.

例 13 求函数 $f(x) = |x^2 - 3x + 2|$ 在 $[-3, 4]$ 上的最大值与最小值.

解 由题意可得

$$f(x) = \begin{cases} x^2 - 3x + 2, & x \in [-3, 1] \cup [2, 4], \\ -x^2 + 3x - 2, & x \in (1, 2), \end{cases}$$

$$f'(x) = \begin{cases} 2x - 3, & x \in (-3, 1) \cup (2, 4), \\ -2x + 3, & x \in (1, 2), \end{cases}$$

因此，在 $(-3, 4)$ 内 $f(x)$ 的驻点为 $x = \dfrac{3}{2}$，不可导点为 $x=1$ 和 $x=2$，其中，

$$f(-3) = 20, \ f(1) = 0, \ f\left(\dfrac{3}{2}\right) = \dfrac{1}{4}, \ f(2) = 0, \ f(4) = 6.$$

比较可得 $f(x)$ 在 $x = -3$ 处取得它在 $[-3, 4]$ 上的最大值 20，在 $x=1$ 和 $x=2$ 处取得它在 $[-3, 4]$ 上的最小值 0.

注8 函数 $f(x)$ 在一个区间(有限或无限,开或闭)内可导且只有一个驻点 x_0,并且这个驻点 x_0 是函数 $f(x)$ 的极值点,那么,当 $f(x_0)$ 是极大值时, $f(x_0)$ 就是 $f(x)$ 在该区间上的最大值;当 $f(x_0)$ 是极小值时, $f(x_0)$ 就是 $f(x)$ 在该区间上的最小值.如图 4-7 与图 4-8 所示.

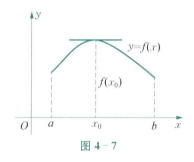

图 4-7

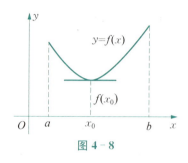

图 4-8

一般地,在解决实际问题时,往往根据问题的性质就可以断定函数 $f(x)$ 确有最大值或最小值,而且一定在定义区间内部取得.这时如果 $f(x)$ 在定义区间内部只有一个驻点 x_0,那么不必讨论 $f(x_0)$ 是否是极值,就可以断定 $f(x_0)$ 是最大值或最小值.

例14 把一根直径为 d 的圆木锯成截面为矩形的梁.问矩形截面的高 h 和宽 b 应如何选择才能使梁的抗弯截面模量 $W\left(W=\frac{1}{6}bh^2\right)$ 最大?

解 由题意可得,如图 4-9 所示,b 与 h 有下面的关系:
$$h^2 = d^2 - b^2,$$
因而
$$W = \frac{1}{6}b(d^2 - b^2) \quad (0 < b < d).$$

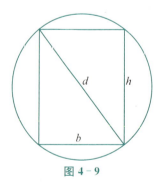

图 4-9

这样,W 就是自变量 b 的函数,b 的变化范围是 $(0, d)$.现在,问题化为:b 等于多少时目标函数 W 取最大值?为此,对 W 关于 b 求导数:
$$W' = \frac{1}{6}(d^2 - 3b^2).$$

解方程 $W'=0$ 得驻点 $b=\sqrt{\dfrac{1}{3}}d$. 由于梁的最大抗弯截面模量一定存在,而且在 $(0,d)$ 内部取得,现在,函数 $W=\dfrac{1}{6}b(d^2-b^2)$ 在 $(0,d)$ 内只有一个驻点,所以当 $b=\sqrt{\dfrac{1}{3}}d$ 时,W 的值最大. 这时,

$$h^2=d^2-b^2=d^2-\dfrac{1}{3}d^2=\dfrac{2}{3}d^2,$$

即 $h=\sqrt{\dfrac{2}{3}}d$.

习题 4.4

1. 求下列函数的极值:

(1) $y=x^2-2x+3$;

(2) $y=2x^3-3x^2$;

(3) $y=x-\ln(1+x)$;

(4) $y=\dfrac{x}{1+x^2}$;

(5) $y=2x^2-\ln x$;

(6) $y=(x^2-1)^3-1$.

2. 当 a 取何值时,函数 $f(x)=a\sin x+\dfrac{1}{3}\sin 3x$ 在点 $x=\dfrac{\pi}{3}$ 处可取得极值?并求出相应的极值点.

3. 求下列函数在指定区间上的最值:

(1) $y=(1+x)^2$,$[-2,2]$;

(2) $y=\cos x+\dfrac{1}{2}\cos 2x$,$[0,2\pi]$;

(3) $y=x^4-8x^2+2$,$[-1,3]$;

(4) $y=x+\sqrt{1-x}$,$[-3,1]$.

4. 工厂 C 与铁路线的垂直距离 AC 为 20 km,A 点到火车站 B 的距离为 100 km. 欲修一条从工厂到铁路的公路 CD. 已知铁路与公路每千米运费之比为 3∶5. 为了使火车站 B 与工厂 C 间的运费最省,问 D 点应选在何处?

4.5 导数在经济学中的应用

4.5.1 利润最大化

在经济学中,若总收入和总成本均表示为产量 Q 的函数,分别记为 $R(Q)$ 和 $C(Q)$,则总利润 $L(Q)$ 可表示为

$$L(Q) = R(Q) - C(Q). \qquad (4-5-1)$$

要使总利润最大,首先须 $L'(Q) = 0$,即

$$R'(Q) = C'(Q). \qquad (4-5-2)$$

在此 $R'(Q)$ 表示边际收益,$C'(Q)$ 表示边际成本.因此,使得总利润最大化的必要条件是:边际收益等于边际成本,这是经济学中关于厂商行为的一个重要命题.根据极值存在的第二充分条件,对于 $(4-5-2)$ 式成立的 Q,当 $L''(Q) < 0$ 时,即

$$R''(Q) < C''(Q) \qquad (4-5-3)$$

时,总利润达到最大.由 $(4-5-2)$,$(4-5-3)$ 式知,如果在某产量处,边际效益等于边际成本,同时边际收益对产量的导数小于边际成本对产量的导数,则该产量处一定可以取得最大利润.

例 1 某厂生产 Q 台 A 产品的费用函数为 $C(Q) = 5Q + 200$(万元),相应的收入函数为 $R(Q) = 10Q - 0.01Q^2$(万元),试问当 Q 等于何值时,才能获得最大利润?

解 设利润为 $L(Q)$,则

$$L(Q) = R(Q) - C(Q) = 5Q - 0.01Q^2 - 200,$$
$$L'(Q) = 5 - 0.02Q.$$

令 $L'(Q) = 0$,得 $Q = 250$,且

$$L''(Q) = -0.02 < 0,$$
$$L(250) = 425(万元).$$

因此,当生产 250 台时,利润最大,最大利润为 425 万元.

4.5.2 成本最小化

下面将讨论在给定条件下,如何使生产成本最低时,利润最大.

设某种产品的生产量为 Q 个单位,$C(Q)$ 代表总成本,于是 Q 处的边际成本为

$$C' = C'(Q), \qquad (4-5-4)$$

而生产每单位产品的平均成本为

$$g(Q) = \frac{C(Q)}{Q}, \qquad (4-5-5)$$

因此

$$C(Q) = Qg(Q), \qquad (4-5-6)$$

$$C'(Q) = g(Q) + Qg'(Q). \qquad (4-5-7)$$

由极值存在的必要条件可知,平均成本为极小值的生产量 Q_0 应满足

$$g'(Q_0) = 0, \qquad (4-5-8)$$

代入(4-5-7)式可得

$$C'(Q) = g(Q_0). \qquad (4-5-9)$$

这便是经济学中的一个重要结论:当边际成本等于平均成本的生产水平时,则平均成本达到最小的生产水平.

例 2 已知某商品的成本函数:

$$C(Q) = 100 + \frac{Q^2}{4},$$

求平均成本最小的产量水平,并指出当 $Q = 10$ 时边际成本的经济意义.

解 边际成本 $C'(Q) = \dfrac{Q}{2}$,平均成本

$$g(Q) = \frac{C(Q)}{Q} = \frac{100}{Q} + \frac{Q}{4},$$

$$g'(Q) = -\frac{100}{Q^2} + \frac{1}{4}.$$

令 $g'(Q)=0$，得 $Q=20$. 此时

$$g''(Q)=\frac{200}{Q^3}, \ g''(20)>0,$$

而且

$$g(20)=10=C'(20).$$

故当 $Q=20$ 时，边际成本等于平均成本，且平均成本达到最小值.

当 $Q=10$ 时，$C'(10)=5$. 表示产量有 1 个单位的改变时，总成本改变 5 个单位.

习题 4.5

1. 生产某种商品 Q 单位的利润函数为

$$L(Q)=5\,000+Q-0.000\,01Q^2(\text{元}),$$

问生产多少个单位时利润最大？

2. 已知大型超市的某种毛巾的销量 Q（条）和它的成本 C 的关系函数为

$$C(Q)=1\,000+6Q-0.003Q^2+(0.01Q)^3(\text{元}),$$

假定每条毛巾的定价为 6 元，问销量为何值时利润最大？

3. 设某产品日产量为 Q 件时，需要付出的总成本为

$$C(Q)=\frac{Q^2}{100}+20Q+1\,600(\text{元}),$$

求：(1) 日产量为 500 件的总成本和平均成本；
(2) 最低平均成本及相应的产量.

4.6 函数图形的描绘

在中学阶段，我们常常用描点法来绘制函数的图形.

描绘函数图形的一般步骤：

(1) 确定函数的定义域，并求函数的一阶和二阶导数；
(2) 求出一阶、二阶导数为零的点，求出一阶、二阶导数不存在的点；
(3) 列表分析，确定曲线的单调性和凹凸性；

(4) 确定曲线的渐近性;
(5) 确定并描出曲线上极值对应的点、拐点、与坐标轴的交点、其他点;
(6) 连接这些点,画出函数的图形.

例 1 画出函数 $y = x^3 - x^2 - x + 1$ 的图形.

解 (1) 函数的定义域为 $(-\infty, +\infty)$.

(2) $y' = 3x^2 - 2x - 1 = (3x+1)(x-1)$,$y'' = 6x - 2 = 2(3x-1)$. $f'(x) = 0$ 的根为 $x = -1/3, 1$,$f''(x) = 0$ 的根为 $x = -1/3$.

(3) 列表分析(见表 4-4):

表 4-4

x	$(-\infty, -1/3)$	$-1/3$	$(-1/3, 1/3)$	$1/3$	$(1/3, 1)$	1	$(1, +\infty)$
$f'(x)$	+	0	−	−	−	0	+
$f''(x)$	−	−	−	0	+	+	+
$f(x)$	↗	极大	↘	拐点	↘	极小	↗

(4) 当 $x \to +\infty$ 时,$y \to +\infty$;当 $x \to -\infty$ 时,$y \to -\infty$.

(5) 计算特殊点:$f(-1/3) = 32/27$,$f(1/3) = 16/27$,$f(1) = 0$,$f(0) = 1$,$f(-1) = 0$,$f(3/2) = 5/8$.

(6) 描点连线画出图形如下(如图 4-10):

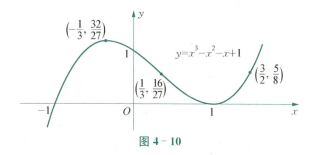

图 4-10

例 2 作函数 $f(x) = \dfrac{1}{\sqrt{2\pi}} e^{-\frac{1}{2}x^2}$ 的图形.

解 (1) 函数为偶函数,定义域为 $(-\infty, +\infty)$,图形关于 y 轴对称.

(2) $f'(x) = -\dfrac{x}{\sqrt{2\pi}} e^{-\frac{1}{2}x^2}$,$f''(x) = \dfrac{(x+1)(x-1)}{\sqrt{2\pi}} e^{-\frac{1}{2}x^2}$.

令 $f'(x)=0$,得 $x=0$;令 $f''(x)=0$,得 $x=-1$ 和 $x=1$.

(3) 列表分析(见表 4-5):

表 4-5

x	$(-\infty,-1)$	-1	$(-1,0)$	0	$(0,1)$	1	$(1,+\infty)$
$f'(x)$	+		+	0	−		−
$f''(x)$	+	0	−		−	0	+
$f(x)$	↗	$\dfrac{1}{\sqrt{2\pi\mathrm{e}}}$	↗	$\dfrac{1}{\sqrt{2\pi}}$	↘	$\dfrac{1}{\sqrt{2\pi\mathrm{e}}}$	↘
	凹函数	拐点	凸函数	极大值	凸函数	拐点	凹函数

(4) 曲线有水平渐近线 $y=0$.

(5) 先作出区间 $(0,+\infty)$ 内的图形,然后利用对称性作出区间 $(-\infty,0)$ 内的图形,如图 4-11 所示.

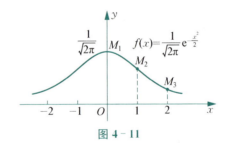

图 4-11

习题 4.6

1. 函数 $f(x)=\dfrac{3x+1}{1-x}\mathrm{e}^{\frac{1}{x}}$ 的水平渐近线方程为( ).

　　A. $y=2$　　　　B. $y=1$　　　　C. $y=-3$　　　　D. $y=0$

2. 求下列曲线的渐近线:

(1) $y=\dfrac{\mathrm{e}^x}{1+x}$;

(2) $y=\ln(2+x)$.

3. 描绘下列函数的图形:

(1) $y=3x-x^3$;

(2) $y=\dfrac{(x-3)^2}{4(x-1)}$;

(3) $y = 1 + \dfrac{36x}{(x+3)^2}$;   (4) $y = \ln(1+x^2)$.

本章小结

一、微分中值定理

1. 罗尔定理.

设函数 $f(x)$ 在闭区间 $[a,b]$ 上连续,在开区间 (a,b) 内可导,$f(a) = f(b)$,则存在 $\xi \in (a,b)$,使得 $f'(\xi) = 0$.

2. 拉格朗日中值定理.

设函数 $f(x)$ 在闭区间 $[a,b]$ 上连续,在开区间 (a,b) 内可导,$f(a) = f(b)$,则存在 $\xi \in (a,b)$,使得

$$f'(\xi) = \frac{f(b) - f(a)}{b - a},$$

或 $f(b) - f(a) = f'(\xi)(b - a)$.

3. 如果函数 $f(x)$ 在区间 I 上的导数恒为零,那么 $f(x)$ 在区间 I 上是一个常数.

4. 柯西中值定理.

设函数 $f(x)$ 及 $g(x)$ 在闭区间 $[a,b]$ 上连续,在开区间 (a,b) 内可导,且 $g'(x)$ 在 (a,b) 内的每一点处均不为零,那么至少有一点 $\xi(a < \xi < b)$,使得

$$\frac{f(b) - f(a)}{g(b) - g(a)} = \frac{f'(\xi)}{g'(\xi)}.$$

二、洛必达法则

1. $\dfrac{0}{0}$ 型不定式极限.

(1) $\lim\limits_{x \to x_0} f(x) = 0$,$\lim\limits_{x \to x_0} g(x) = 0$;

(2) $f(x)$,$g(x)$ 可导,且 $g(x) \neq 0$;

(3) $\lim\limits_{x \to x_0} \dfrac{f'(x)}{g'(x)} = \lambda$(含 $\lambda = \infty$),

则
$$\lim_{x \to x_0} \frac{f(x)}{g(x)} = \lim_{x \to x_0} \frac{f'(x)}{g'(x)} = \lambda.$$

2. $\frac{\infty}{\infty}$ 型不定式极限.

(1) $\lim_{x \to x_0} f(x) = \infty$, $\lim_{x \to x_0} g(x) = \infty$;

(2) $f(x)$, $g(x)$ 可导,且 $g'(x) \neq 0$;

(3) $\lim_{x \to x_0} \frac{f'(x)}{g'(x)} = \lambda$ (含 $\lambda = \infty$),

则
$$\lim_{x \to x_0} \frac{f(x)}{g(x)} = \lim_{x \to x_0} \frac{f'(x)}{g'(x)} = \lambda.$$

三、泰勒定理

1. 拉格朗日型余项的 n 阶泰勒公式:

$$f(x) = f(x_0) + f'(x_0)(x - x_0) + \frac{1}{2!} f''(x_0)(x - x_0)^2 + \cdots + \frac{1}{n!} f^{(n)}(x_0)(x - x_0)^n + R_n(x),$$

其中 $R_n(x) = \frac{f^{(n+1)}(\xi)}{(n+1)!}(x - x_0)^{n+1}$ (ξ 介于 x_0 与 x 之间).

2. 麦克劳林公式:

$$f(x) = f(0) + f'(0)x + \frac{f''(0)}{2!}x^2 + \cdots + \frac{f^{(n)}(0)}{n!}x^n + o(x^n).$$

四、函数的单调性、曲线的凹凸性与极值

1. 函数单调性判别法:设函数 $y = f(x)$ 在 $[a, b]$ 上连续,在 (a, b) 内可导.

(1) 如果在 (a, b) 内 $f'(x) > 0$,那么函数 $y = f(x)$ 在 $[a, b]$ 上单调增加;

(2) 如果在 (a, b) 内 $f'(x) < 0$,那么函数 $y = f(x)$ 在 $[a, b]$ 上单调减少.

2. 函数凹凸性的判定:设函数 $y = f(x)$ 在 $[a, b]$ 上连续,在 (a, b) 内具有

一阶和二阶导数,那么

(1) 若在(a,b)内$f''(x)>0$,则$f(x)$在$[a,b]$上的图形是凹的;

(2) 若在(a,b)内$f''(x)<0$,则$f(x)$在$[a,b]$上的图形是凸的.

3. 拐点:连续曲线上凹弧与凸弧的分界点称为曲线的拐点.

4. 极值存在的必要条件:设函数$f(x_0)$在点x_0处可导,且在x_0处取得极值,则$f'(x_0)=0$.

使导数$f'(x_0)=0$的点称为函数$f(x)$的驻点.可导函数$f(x)$的极值点必定是函数的驻点,但函数$f(x)$的驻点却不一定是极值点.

极值点只可能是驻点或不可导点.

5. 极值判别法第一充分条件:设函数$f(x)$在点x_0的一个邻域内连续,在x_0的左右邻域内可导.

(1) 如果在x_0的左邻域内$f'(x)>0$,在x_0的右邻域内$f'(x)<0$,那么函数$f(x)$在x_0处取得极大值;

(2) 如果在x_0的左邻域内$f'(x)<0$,在x_0的右邻域内$f'(x)>0$,那么函数$f(x)$在x_0处取得极小值;

(3) 如果在x_0的左右邻域内$f'(x)$不改变符号,那么函数$f(x)$在x_0处没有极值.

6. 函数极值第二充分条件:设函数$f(x)$在点x_0处具有二阶导数且$f'(x_0)=0$,$f''(x_0)\neq 0$,那么

(1) 当$f''(x_0)<0$时,函数$f(x)$在x_0处取得极大值;

(2) 当$f''(x_0)>0$时,函数$f(x)$在x_0处取得极小值.

7. 在闭区间$[a,b]$上连续函数$f(x)$一定存在最大值和最小值,函数的最大值和最小值只能在区间的端点或极值点处取得,因此,求$f(x)$在$[a,b]$上的最大值、最小值的方法为:

(1) 求出$f(x)$在(a,b)内的所有驻点和不可导点;

(2) 求出$f(x)$在驻点、不可导点和端点的函数值,比较其大小,最大的便是最大值,最小的便是最小值.

对于开区间除去端点即可.

五、利润最大化和成本最小化

1. 利润最大化:要使总利润最大,首先须$L'(Q)=0(L(Q)=R(Q)-C(Q))$,$R'(Q)=C'(Q)$.在此$R'(Q)$表示边际收益,$C'(Q)$表示边际成本.因

此,使得总利润最大化的必要条件是:边际收益等于边际成本,这是经济学中关于厂商行为的一个重要命题. 根据极值存在的第二充分条件,对于(4-5-2)式成立的Q,当$L''(Q)<0$时,即$R''(Q)<C''(Q)$时,总利润达到最大.

2. 成本最小化:当边际成本等于平均成本的生产水平时,则平均成本达到最小的生产水平.

六、函数图形的描绘

描绘函数图形的一般步骤:
(1) 确定函数的定义域,并求函数的一阶和二阶导数;
(2) 求出一阶、二阶导数为零的点,求出一阶、二阶导数不存在的点;
(3) 列表分析,确定曲线的单调性和凹凸性;
(4) 确定曲线的渐近性;
(5) 确定并描出曲线上极值对应的点、拐点、与坐标轴的交点、其他点;
(6) 连接这些点画出函数的图形.

总习题 4

(A)

1. 设函数 $f(x)$ 在 $[0,4]$ 上连续,在 $(0,4)$ 内可导,$0<x_1<x_2<4$,则下式中不一定成立的是( ).
   A. $f(4)-f(0)=f'(\xi)(4-0)$,$\xi\in(0,4)$
   B. $f(0)-f(4)=f'(\xi)(0-4)$,$\xi\in(0,4)$
   C. $f(4)-f(0)=f'(\xi)(4-0)$,$\xi\in(x_1,x_2)$
   D. $f(x_1)-f(x_2)=f'(\xi)(x_1-x_2)$,$\xi\in(x_1,x_2)$

2. 若在区间 I 上,$f'(x)>0$,$f''(x)>0$,则曲线在 I 上_____.
   A. 单调递减,向上凹的   B. 单调递减,向下凹的
   C. 单调递增,向上凹的   D. 单调递增,向下凹的

3. 在"充分""必要""充分必要"三者中选择一个正确的填入下列空格内:
   (1) 若函数 $f(x)$ 在闭区间 $[a,b]$ 上可导,则在开区间 (a,b) 内,$f'(x)\equiv 0$ 是在 $[a,b]$ 上 $f(a)=f(x)$ 的_____条件;
   (2) $f'(x_0)=0$ 或 $f'(x_0)$ 不存在是 $f(x)$ 在 x_0 处取得极值的_____条件.

4. 设 $k>0$,试问当 k 为何值时,方程 $\arctan x-kx=0$ 存在正根?

5. 验证拉格朗日中值定理对函数 $y=4x^3-5x^2+x-2$ 在区间 $[0,1]$ 上的正确性.

6. 求函数 $f(x)=\dfrac{1}{2-3x+x^2}$ 的麦克劳林展开式.

7. 计算下列极限：

(1) $\lim\limits_{x\to 0}\dfrac{x-(1+x)\sin x}{x^2}$;

(2) $\lim\limits_{x\to\infty}\dfrac{3\ln x}{\sqrt{x+3}+\sqrt{x}}$;

(3) $\lim\limits_{x\to 1^-}\ln x\ln(1-x)$.

8. 证明：函数 $y=x-\ln(1+x^2)$ 单调递增.

9. 试证：方程 $\sin x=x$ 只有一个实根.

10. 确定函数 $y=2x^3+3x^2-12x+10$ 的单调区间,并求其在区间 $[-3,3]$ 上的极值与最值.

(B)

1. 确定 a,b,c 的值,使函数 $y=x^3+3ax^2+3bx+c$ 在 $x=-1$ 处有极大值,点 $(0,3)$ 是拐点.

2. 设 $f(x)$ 在 $[0,1]$ 上连续,在 $(0,1)$ 内可导,且 $f(0)=f(1)=0$. 证明：至少存在一点 $\xi\in(0,1)$,使得 $\xi f'(\xi)+2f(\xi)=0$.

3. 求函数极限：

(1) $\lim\limits_{x\to 0^+}x^x$;

(2) $\lim\limits_{x\to 1}\left(\dfrac{1}{\ln x}-\dfrac{1}{x-1}\right)$.

4. 设函数 $f(x)$ 在区间 $[0,1]$ 上连续,在 $(0,1)$ 内可导,且 $f(0)=f(1)=0$, $f\left(\dfrac{1}{2}\right)=1$. 试证存在 $\eta\in\left(\dfrac{1}{2},1\right)$,使 $f(\eta)=\eta$.

5. 证明下列不等式：

(1) 当 $x>0$ 时, $\dfrac{x}{1+x^2}<\arctan x$;

(2) 当 $x>0$ 时, $\dfrac{1}{1+x}<\ln\left(1+\dfrac{1}{x}\right)$.

6. 证明：当 $x\in(0,1)$ 时, $1+x^2<2^x$.

第 5 章

不定积分

我们已经学习了一元函数的微分和求导的问题,但在实际生活中常常会遇到相反的问题,即已知一个函数的导数或微分,如何求其相应的原函数,例如,在经济、技术及科学等各学科中常常会碰到此类问题. 因此,在本章和下一章我们将讨论一元函数的积分学,积分学又分为不定积分和定积分两大类. 本章将通过原函数和不定积分的概念来介绍它们的性质,从而讨论不定积分的解法.

5.1 不定积分的概念与性质

5.1.1 原函数的概念

定义 1 如果在区间 I 上,可导函数 $F(x)$ 的导函数为 $f(x)$,对任意的 $x \in I$,都有

$$F'(x) = f(x) \text{ 或 } dF(x) = f(x)dx, \quad (5-1-1)$$

那么函数 $F(x)$ 就称为 $f(x)$(或 $f(x)dx$)在区间 I 上的原函数.

例如,在区间 $(-\infty, +\infty)$ 内,因为 $(\sin x)' = \cos x$,所以 $\sin x$ 是 $\cos x$ 在区间 $(-\infty, +\infty)$ 内的原函数. 又如当 $x \in (1, +\infty)$ 时,因为 $(\sqrt{x})' = \dfrac{1}{2\sqrt{x}}$,所以 $\sqrt{x}$ 是 $\dfrac{1}{2\sqrt{x}}$ 的原函数.

定理 1(原函数存在定理) 若函数 $f(x)$ 在区间 I 上连续,则在区间 I 上存在可导函数 $F(x)$,使得对任一 $x \in I$ 都有

$$F'(x) = f(x). \quad (5-1-2)$$

即连续函数一定有原函数.

注 1　如果函数 $f(x)$ 在区间 I 上有原函数 $F(x)$, 那么 $f(x)$ 就有无限多个原函数, $F(x)+C$ 都是 $f(x)$ 的原函数, 其中 C 是任意常数.

注 2　$f(x)$ 的任意两个原函数之间只差一个常数, 即如果 $\Phi(x)$ 和 $F(x)$ 都是 $f(x)$ 的原函数, 则 $\Phi(x)-F(x)=C$ (C 为某个常数).

5.1.2 不定积分的概念

定义 2　在区间 I 上, 函数 $f(x)$ 带有任意常数项的原函数称为 $f(x)$ 在区间 I 上的**不定积分**, 记作

$$\int f(x)\mathrm{d}x. \quad (5-1-3)$$

其中记号 $\int$ 称为**积分号**, $f(x)$ 称为**被积函数**, $f(x)\mathrm{d}x$ 称为**被积表达式**, x 称为**积分变量**.

根据定义, 如果 $F(x)$ 是 $f(x)$ 在区间 I 上的一个原函数, 那么 $F(x)+C$ 就是 $f(x)$ 在区间 I 上的不定积分, 即

$$\int f(x)\mathrm{d}x = F(x)+C. \quad (5-1-4)$$

因而不定积分 $\int f(x)\mathrm{d}x$ 可以表示为 $f(x)$ 的任意一个原函数.

例 1　求函数 $f(x)=\sin x$ 的不定积分.

解　由于 $(-\cos x)' = \sin x$, 因此有 $\int \sin x \mathrm{d}x = -\cos x + C.$

例 2　求函数 $f(x)=\dfrac{1}{x}$ 的不定积分.

解　当 $x>0$ 时, $(\ln x)' = \dfrac{1}{x}$,

$$\int \frac{1}{x}\mathrm{d}x = \ln x + C \quad (x>0);$$

当 $x<0$ 时, $[\ln(-x)]' = \dfrac{1}{-x} \cdot (-1) = \dfrac{1}{x}$,

$$\int \frac{1}{x} dx = \ln(-x) + C \quad (x < 0).$$

因此,可得 $\int \frac{1}{x} dx = \ln|x| + C \, (x \neq 0)$.

例3 设曲线通过点$(1,2)$,且其上任一点处的切线斜率等于这点横坐标的2倍,求此曲线的方程.

解 设所求的曲线方程为$y = f(x)$,根据题设,曲线上任一点(x, y)处的切线斜率为$y' = f'(x) = 2x$,即$f(x)$是$2x$的一个原函数.因为

$$\int 2x \, dx = x^2 + C,$$

故必有某个常数C,使$f(x) = x^2 + C$,即曲线方程为$y = x^2 + C$.因为所求曲线通过点$(1, 2)$,故可得$2 = 1 + C$,$C = 1$.于是所求曲线方程为

$$y = x^2 + 1.$$

5.1.3 不定积分的几何意义

设函数$f(x)$在某区间上的一个原函数为$F(x)$,在几何上,将曲线$y = F(x)$称为$f(x)$的一条积分曲线.这条曲线上点x处的切线斜率等于$f(x)$,即$F'(x) = f(x)$.

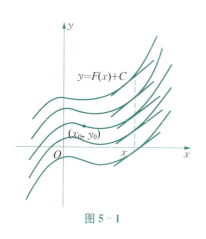

图 5-1

由于函数$f(x)$的不定积分是$f(x)$的全体原函数的一般表达式$F(x) + C$(C为任意常数),对于每一个给定的C值,都对应一条确定的曲线,当C取不同值时,即得到不同的积分曲线,所有积分曲线组成了积分曲线族.由于积分曲线族中每一条积分曲线在横坐标相同的点x处的切线斜率都等于$f(x)$,因此它们在横坐标相同的点x处的切线相互平行.因为任意两条积分曲线的纵坐标之间只相差一个常数,所以积分曲线由$y = F(x)$沿纵轴方向上下平移而得到,如图5-1所示.

如果已知 $f(x)$ 的原函数满足条件：在点 x_0 处原函数的值为 y_0，就可以确定积分常数 C 的值，从而可以找到一个特定的原函数. 在几何直观上它就是过点 (x_0,y_0) 的那一条积分曲线. 例 3 中就是求函数 $2x$ 通过点 $(1,2)$ 的那条积分曲线，显然，这条积分曲线可以由另一条积分曲线 $y=x^2$ 沿着 y 轴向上平移一个单位而得，如图 5-2，其中 $x=1$，$y=2$ 又称为曲线的初始条件.

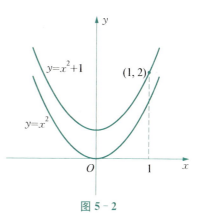

图 5-2

5.1.4 基本积分表

(1) $\int 0\mathrm{d}x = C$；

(2) $\int k\mathrm{d}x = kx + C$（$k$ 是常数）；

(3) $\int x^\mu \mathrm{d}x = \dfrac{1}{\mu+1}x^{\mu+1} + C$（$\mu \neq -1$）；

(4) $\int \dfrac{1}{x}\mathrm{d}x = \ln|x| + C$；

(5) $\int \mathrm{e}^x \mathrm{d}x = \mathrm{e}^x + C$；

(6) $\int a^x \mathrm{d}x = \dfrac{a^x}{\ln a} + C$（$a>0, a\neq 1$）；

(7) $\int \cos x \mathrm{d}x = \sin x + C$；

(8) $\int \sin x \mathrm{d}x = -\cos x + C$；

(9) $\int \dfrac{1}{\cos^2 x}\mathrm{d}x = \int \sec^2 x \mathrm{d}x = \tan x + C$；

(10) $\int \dfrac{1}{\sin^2 x}\mathrm{d}x = \int \csc^2 x \mathrm{d}x = -\cot x + C$；

(11) $\int \dfrac{1}{1+x^2}\mathrm{d}x = \arctan x + C$；

(12) $\int \dfrac{1}{\sqrt{1-x^2}}\mathrm{d}x = \arcsin x + C$；

(13) $\int \sec x \tan x \mathrm{d}x = \sec x + C$；

(14) $\int \csc x \cot x \mathrm{d}x = -\csc x + C$；

(15) $\int \mathrm{sh}\, x \mathrm{d}x = \mathrm{ch}\, x + C$；

(16) $\int \mathrm{ch}\, x \mathrm{d}x = \mathrm{sh}\, x + C$.

例 4 求 $\int \dfrac{1}{x^3}\mathrm{d}x$.

解 因为 $\dfrac{1}{x^3} = x^{-3}$ 是幂函数，于是

$$\int \frac{1}{x^3}\mathrm{d}x = \int x^{-3}\mathrm{d}x = \frac{1}{-3+1}x^{-3+1} + C = -\frac{1}{2x^2} + C.$$

例 5 求 $\int x^2 \sqrt{x}\,\mathrm{d}x$.

解 因为 $x^2\sqrt{x} = x^{\frac{5}{2}}$ 是幂函数, 于是

$$\int x^2\sqrt{x}\,\mathrm{d}x = \int x^{\frac{5}{2}}\mathrm{d}x = \frac{1}{\frac{5}{2}+1}x^{\frac{5}{2}+1} + C$$

$$= \frac{2}{7}x^{\frac{7}{2}} + C = \frac{2}{7}x^3\sqrt{x} + C.$$

例 6 求 $\int 3^x \mathrm{e}^x \mathrm{d}x$.

解 因为 $3^x\mathrm{e}^x = (3\mathrm{e})^x$, 把 $3\mathrm{e}$ 视为 a, 便得

$$\int 3^x\mathrm{e}^x\mathrm{d}x = \int (3\mathrm{e})^x\mathrm{d}x = \frac{(3\mathrm{e})^x}{\ln(3\mathrm{e})} = \frac{3^x\mathrm{e}^x}{1+\ln 3} + C.$$

5.1.5 不定积分的性质

性质 1 被积函数中不为零的常数因子可以提到积分号外, 即

$$\int kf(x)\mathrm{d}x = k\int f(x)\mathrm{d}x \quad (k \text{ 是常数}, k \neq 0). \tag{5-1-5}$$

性质 2 函数的和(差)的不定积分等于各个函数的不定积分的和(差), 即

$$\int [f(x) \pm g(x)]\mathrm{d}x = \int f(x)\mathrm{d}x \pm \int g(x)\mathrm{d}x. \tag{5-1-6}$$

例 7 求 $\int \sqrt{x}(x^2 - 5)\mathrm{d}x$.

解 $\int \sqrt{x}(x^2 - 5)\mathrm{d}x = \int (x^{\frac{5}{2}} - 5x^{\frac{1}{2}})\mathrm{d}x$

$$= \int x^{\frac{5}{2}}\mathrm{d}x - \int 5x^{\frac{1}{2}}\mathrm{d}x = \int x^{\frac{5}{2}}\mathrm{d}x - 5\int x^{\frac{1}{2}}\mathrm{d}x$$

$$= \frac{2}{7}x^{\frac{7}{2}} - 5 \cdot \frac{2}{3}x^{\frac{3}{2}} + C = \frac{2}{7}x^{\frac{7}{2}} - \frac{10}{3}x^{\frac{3}{2}} + C.$$

例 8 求 $\int \frac{(x-1)^3}{x^2}\mathrm{d}x$.

解 $\int \dfrac{(x-1)^3}{x^2}dx = \int \dfrac{x^3-3x^2+3x-1}{x^2}dx = \int \left(x-3+\dfrac{3}{x}-\dfrac{1}{x^2}\right)dx$

$\qquad = \int x\,dx - 3\int dx + 3\int \dfrac{1}{x}dx - \int \dfrac{1}{x^2}dx$

$\qquad = \dfrac{1}{2}x^2 - 3x + 3\ln|x| + \dfrac{1}{x} + C.$

例 9 求 $\int (e^x - 3\cos x)dx$.

解 $\int (e^x - 3\cos x)dx = \int e^x dx - 3\int \cos x\,dx$

$\qquad = e^x - 3\sin x + C.$

例 10 求 $\int \dfrac{x^4}{1+x^2}dx$.

解 $\int \dfrac{x^4}{1+x^2}dx = \int \dfrac{x^4-1+1}{1+x^2}dx = \int \dfrac{(x^2+1)(x^2-1)+1}{1+x^2}dx$

$\qquad = \int \left(x^2-1+\dfrac{1}{1+x^2}\right)dx = \int x^2 dx - \int dx + \int \dfrac{1}{1+x^2}dx$

$\qquad = \dfrac{1}{3}x^3 - x + \arctan x + C.$

例 11 求 $\int \tan^2 x\,dx$.

解 $\int \tan^2 x\,dx = \int (\sec^2 x - 1)dx = \int \sec^2 x\,dx - \int dx$

$\qquad = \tan x - x + C.$

例 12 求 $\int \dfrac{\cos 2x}{\cos^2 x \sin^2 x}dx$.

解 $\int \dfrac{\cos 2x}{\cos^2 x \sin^2 x}dx = \int \dfrac{\cos^2 x - \sin^2 x}{\cos^2 x \sin^2 x}dx$

$\qquad = \int \left(\dfrac{1}{\sin^2 x} - \dfrac{1}{\cos^2 x}\right)dx$

$\qquad = -\cot x - \tan x + C.$

习题 5.1

1. 写出下列函数的一个原函数：

(1) $3x^7$；

(2) $-\sin 3x$；

(3) e^{3x}；

(4) $\dfrac{1}{1+(2x)^2}$.

2. 一曲线通过点 $(e^2, 3)$，且在任一点的切线的斜率等于该点横坐标的倒数，求该曲线的方程.

3. 求下列不定积分：

(1) $\displaystyle\int \left(-\dfrac{1}{x^2}\right)\mathrm{d}x$；

(2) $\displaystyle\int x^3 \sqrt{x^3}\,\mathrm{d}x$；

(3) $\displaystyle\int (2x-1)^2\,\mathrm{d}x$；

(4) $\displaystyle\int \sin^2\dfrac{x}{2}\,\mathrm{d}x$；

(5) $\displaystyle\int \dfrac{x^2}{1+x^2}\,\mathrm{d}x$；

(6) $\displaystyle\int \dfrac{\cos 2x}{\cos x - \sin x}\,\mathrm{d}x$；

(7) $\displaystyle\int \dfrac{1}{x^2(1+x^2)}\,\mathrm{d}x$；

(8) $\displaystyle\int \left(e^x + \dfrac{3x^2}{1+x^2}\right)\mathrm{d}x$.

4. 根据不定积分的性质验证下列等式的正确性：

(1) $\displaystyle\int \dfrac{1}{x(1+x)}\,\mathrm{d}x = \ln|x| + \ln|1+x| + C$；

(2) $\displaystyle\int \dfrac{1}{\sin^2 x \cos^2 x}\,\mathrm{d}x = \tan x - \cot x + C$.

5.2　换元积分法

在前一节中计算不定积分时，都是直接利用基本积分公式和相应的线性性质可以算出其结果，但在现实问题中能够利用直接积分法计算的不定积分是有限的，因此，需要寻找其他的方法来解决这类不能直接计算的不定积分.

下面我们主要讨论换元积分法，换元积分法主要分为两类：**第一类换元法**和**第二类换元法**.

5.2.1　第一类换元法

如果 $f(u)$ 的原函数为 $F(u)$，则

$$\int f(x)\,\mathrm{d}x = F(x) + C.$$

当 u 表示成关于变量 x 的函数时，即 $u = \varphi(x)$，且 $\varphi(x)$ 可微，那么，根据复

合函数微分法,有
$$\mathrm{d}F[\varphi(x)] = F'[\varphi(x)]\mathrm{d}\varphi(x) = f[\varphi(x)]\mathrm{d}\varphi(x) = f[\varphi(x)]\varphi'(x)\mathrm{d}x,$$
因此
$$\int f[\varphi(x)]\varphi'(x)\mathrm{d}x = \int f[\varphi(x)]\mathrm{d}\varphi(x)$$
$$= \int F'(u)\mathrm{d}u = \int \mathrm{d}F(u)$$
$$= \int \mathrm{d}F[\varphi(x)] = F[\varphi(x)] + C.$$
即
$$\int f[\varphi(x)]\varphi'(x)\mathrm{d}x = \int f[\varphi(x)]\mathrm{d}\varphi(x) = \left[\int f(u)\mathrm{d}u\right]_{u=\varphi(x)}$$
$$= [F(u) + C]_{u=\varphi(x)} = F[\varphi(x)] + C.$$

于是有如下定理.

定理 1 设函数 $f(u)$ 具有原函数,$u = \varphi(x)$ 可导,则有换元公式:
$$\int f[\varphi(x)]\varphi'(x)\mathrm{d}x = \left[\int f(u)\mathrm{d}u\right]_{u=\varphi(x)} = F[\varphi(x)] + C. \quad (5-2-1)$$

称 (5-2-1) 式为第一换元积分法公式. 也即是说,如果所求的积分 $\int g(x)\mathrm{d}x$ 不能直接利用基本积分公式计算,而函数 $g(x)$ 可以化为 $g(x)\mathrm{d}x = f[\varphi(x)]\varphi'(x)\mathrm{d}x = f[\varphi(x)]\mathrm{d}\varphi(x)$ 的形式,那么
$$\int g(x)\mathrm{d}x = \int f[\varphi(x)]\varphi'(x)\mathrm{d}x = \left[\int f(u)\mathrm{d}u\right]_{u=\varphi(x)}. \quad (5-2-2)$$

第一换元法是将被积函数通过微分变形变成了基本积分表中的形式,所以这种方法也称为**凑微分法**. 下面我们将通过例子来熟悉这一方法.

例 1 求 $\int 2\cos 2x \, \mathrm{d}x$.

解 被积函数中,$\cos 2x$ 是 $\cos u$ 和 $u = 2x$ 构成的一个复合函数,通过凑微分法可得
$$\int 2\cos 2x \, \mathrm{d}x = \int \cos 2x \cdot (2x)' \mathrm{d}x = \int \cos 2x \, \mathrm{d}(2x)$$

$$= \int \cos u \, du = \sin u + C$$
$$= \sin 2x + C.$$

例 2 求 $\int 2\sin 2x \, dx$.

解 被积函数中, $\sin 2x$ 是 $\sin u$ 和 $u = 2x$ 构成的一个复合函数, 通过凑微分法可得

$$\int 2\sin 2x \, dx = \int \sin 2x \cdot (2x)' \, dx = \int \sin 2x \, d(2x)$$
$$= \int \sin u \, du = -\cos u + C$$
$$= -\cos 2x + C.$$

例 3 求 $\int \dfrac{1}{1+2x} \, dx$.

解 被积函数 $\dfrac{1}{1+2x}$ 是 $\dfrac{1}{u}$ 和 $u = 1 + 2x$ 构成的一个复合函数, 通过凑微分法可得

$$\int \dfrac{1}{1+2x} \, dx = \int \dfrac{1}{2} \cdot \dfrac{1}{2x+1} (2x+1)' \, dx$$
$$= \int \dfrac{1}{2} \cdot \dfrac{1}{2x+1} \, d(2x+1) = \int \dfrac{1}{2} \cdot \dfrac{1}{u} \, du$$
$$= \dfrac{1}{2} \ln |u| + C = \dfrac{1}{2} \ln |2x+1| + C.$$

例 4 求 $\int e^{3x+2} \, dx$.

解 被积函数 e^{3x+2} 是 e^u 和 $u = 3x + 2$ 构成的一个复合函数, 通过凑微分法可得

$$\int e^{3x+2} \, dx = \int \dfrac{1}{3} e^{3x+2} (3x+2)' \, dx = \dfrac{1}{3} \int e^{3x+2} \, d(3x+2)$$
$$= \dfrac{1}{3} \int e^u \, du = \dfrac{1}{3} e^{3x+2} + C.$$

例 5 $\int x\sqrt{1-x^2} \, dx$.

解 令 $u = 1 - x^2$，则

$$\int x\sqrt{1-x^2}\,dx = \frac{1}{2}\int \sqrt{1-x^2}\,(x^2)'\,dx = \frac{1}{2}\int \sqrt{1-x^2}\,d(x^2)$$

$$= -\frac{1}{2}\int \sqrt{1-x^2}\,d(1-x^2) = -\frac{1}{2}\int u^{\frac{1}{2}}\,du = -\frac{1}{3}u^{\frac{3}{2}} + C$$

$$= -\frac{1}{3}(1-x^2)^{\frac{3}{2}} + C.$$

例 6 求 $\int \tan x\,dx$.

解 由凑微分法可得

$$\int \tan x\,dx = \int \frac{\sin x}{\cos x}\,dx = -\int \frac{1}{\cos x}\,d\cos x$$

$$= -\int \frac{1}{u}\,du = -\ln|u| + C$$

$$= -\ln|\cos x| + C.$$

类似地可得

$$\int \cot x\,dx = \ln|\sin x| + C.$$

例 7 求 $\int \frac{1}{a^2 + x^2}\,dx$ $(a \neq 0)$.

解 由凑微分法可得

$$\int \frac{1}{a^2 + x^2}\,dx = \int \frac{1}{a^2} \cdot \frac{1}{1 + \left(\frac{x}{a}\right)^2}\,dx = \frac{1}{a}\int \frac{1}{1 + \left(\frac{x}{a}\right)^2}\,d\left(\frac{x}{a}\right)$$

$$= \frac{1}{a}\arctan \frac{x}{a} + C.$$

例 8 当 $a > 0$ 时，求 $\int \frac{1}{\sqrt{a^2 - x^2}}\,dx$.

解 当 $a > 0$ 时，有

$$\int \frac{1}{\sqrt{a^2 - x^2}}\,dx = \frac{1}{a}\int \frac{1}{\sqrt{1 - \left(\frac{x}{a}\right)^2}}\,dx = \int \frac{1}{\sqrt{1 - \left(\frac{x}{a}\right)^2}}\,d\left(\frac{x}{a}\right) = \arcsin \frac{x}{a} + C.$$

例9 求 $\int \dfrac{1}{x^2-a^2}\mathrm{d}x$.

解 由凑微分法可得

$$\int \dfrac{1}{x^2-a^2}\mathrm{d}x = \dfrac{1}{2a}\int\left(\dfrac{1}{x-a}-\dfrac{1}{x+a}\right)\mathrm{d}x$$

$$= \dfrac{1}{2a}\left(\int \dfrac{1}{x-a}\mathrm{d}x - \int \dfrac{1}{x+a}\mathrm{d}x\right)$$

$$= \dfrac{1}{2a}\left[\int \dfrac{1}{x-a}\mathrm{d}(x-a) - \int \dfrac{1}{x+a}\mathrm{d}(x+a)\right]$$

$$= \dfrac{1}{2a}(\ln|x-a|-\ln|x+a|)+C$$

$$= \dfrac{1}{2a}\ln\left|\dfrac{x-a}{x+a}\right|+C.$$

例10 求 $\int \dfrac{1}{x(1+2\ln x)}\mathrm{d}x$.

解 由凑微分法可得

$$\int \dfrac{1}{x(1+2\ln x)}\mathrm{d}x = \int \dfrac{1}{1+2\ln x}\mathrm{d}\ln x = \dfrac{1}{2}\int \dfrac{1}{1+2\ln x}\mathrm{d}(1+2\ln x)$$

$$= \dfrac{1}{2}\ln|1+2\ln x|+C.$$

例11 求 $\int \sin^3 x \,\mathrm{d}x$.

解 由凑微分法可得

$$\int \sin^3 x \,\mathrm{d}x = \int \sin^2 x \cdot \sin x \,\mathrm{d}x = -\int(1-\cos^2 x)\mathrm{d}\cos x$$

$$= -\int \mathrm{d}\cos x + \int \cos^2 x \,\mathrm{d}\cos x$$

$$= -\cos x + \dfrac{1}{3}\cos^3 x + C.$$

例12 求 $\int \csc x \,\mathrm{d}x$.

解 由凑微分法可得

$$\int \csc x \, dx = \int \frac{1}{\sin x} dx = \int \frac{1}{2\sin \frac{x}{2} \cos \frac{x}{2}} dx$$

$$= \int \frac{1}{\tan \frac{x}{2} \cos^2 \frac{x}{2}} d\frac{x}{2} = \int \frac{1}{\tan \frac{x}{2}} d\tan \frac{x}{2} = \ln \left| \tan \frac{x}{2} \right| + C,$$

用倍角公式可得

$$\tan \frac{x}{2} = \frac{\sin \frac{x}{2}}{\cos \frac{x}{2}} = \frac{2\sin^2 \frac{x}{2}}{2\sin \frac{x}{2} \cos \frac{x}{2}} = \frac{1-\cos x}{\sin x} = \csc x - \cot x,$$

故

$$\int \csc x \, dx = \ln |\csc x - \cot x| + C.$$

例 13 求 $\int \sec x \, dx$.

解 由凑微分法可得

$$\int \sec x \, dx = \int \csc\left(x + \frac{\pi}{2}\right) dx$$

$$= \ln \left| \csc\left(x + \frac{\pi}{2}\right) - \cot\left(x + \frac{\pi}{2}\right) \right| + C$$

$$= \ln |\sec x + \tan x| + C.$$

例 14 求 $\int \frac{e^{\sqrt[3]{x}}}{\sqrt{x}} dx$.

解 由凑微分法可得

$$\int \frac{e^{\sqrt[3]{x}}}{\sqrt{x}} dx = 2\int e^{\sqrt[3]{x}} d\sqrt{x} = \frac{2}{3} \int e^{\sqrt[3]{x}} d(3\sqrt{x})$$

$$= \frac{2}{3} e^{\sqrt[3]{x}} + C.$$

一般地,第一类换元法可通过以下 6 种方法进行凑微分:

凑法 1 $\int f(ax+b) dx = a^{-1} \int f(ax+b) d(ax+b) \xrightarrow{u=ax+b} a^{-1} \int f(u) du.$

凑法 2 $\int x^{k-1}f(x^k)\mathrm{d}x = k^{-1}\int f(x^k)\mathrm{d}(x^k) \xrightarrow{u=x^k} k^{-1}\int f(u)\mathrm{d}u.$

凑法 3 (1) $\int f(\sin x)\cos x\,\mathrm{d}x = \int f(\sin x)\mathrm{d}\sin x \xrightarrow{u=\sin x} \int f(u)\mathrm{d}u;$

(2) $\int f(\cos x)\sin x\,\mathrm{d}x = -\int f(\cos x)\mathrm{d}\cos x \xrightarrow{u=\cos x} -\int f(u)\mathrm{d}u;$

(3) $\int f(\tan x)\sec^2 x\,\mathrm{d}x = \int f(\tan x)\mathrm{d}\tan x \xrightarrow{u=\tan x} \int f(u)\mathrm{d}u;$

(4) $\int f(\cot x)\csc^2 x\,\mathrm{d}x = -\int f(\cot x)\mathrm{d}\cot x \xrightarrow{u=\cot x} -\int f(u)\mathrm{d}u.$

凑法 4 $\int f(\mathrm{e}^x)\mathrm{e}^x\,\mathrm{d}x = \int f(\mathrm{e}^x)\mathrm{d}\mathrm{e}^x \xrightarrow{u=\mathrm{e}^x} \int f(u)\mathrm{d}u.$

凑法 5 $\int f(\ln x)x^{-1}\mathrm{d}x = \int f(\ln x)\mathrm{d}\ln x \xrightarrow{u=\ln x} \int f(u)\mathrm{d}u.$

凑法 6 (1) $\int f(\arcsin x)(1-x^2)^{-\frac{1}{2}}\mathrm{d}x = \int f(\arcsin x)\mathrm{d}\arcsin x$
$\xrightarrow{u=\arcsin x} \int f(u)\mathrm{d}u;$

(2) $\int f(\arccos x)(1-x^2)^{-\frac{1}{2}}\mathrm{d}x = -\int f(\arccos x)\mathrm{d}\arccos x$
$\xrightarrow{u=\arccos x} -\int f(u)\mathrm{d}u;$

(3) $\int f(\arctan x)(1+x^2)^{-1}\mathrm{d}x = \int f(\arctan x)\mathrm{d}\arctan x$
$\xrightarrow{u=\arctan x} \int f(u)\mathrm{d}u;$

(4) $\int f(\mathrm{arccot}\, x)(1+x^2)^{-1}\mathrm{d}x = -\int f(\mathrm{arccot}\, x)\mathrm{d}\,\mathrm{arccot}\, x$
$\xrightarrow{u=\mathrm{arccot}\, x} -\int f(u)\mathrm{d}u.$

5.2.2 第二类换元法

第一类换元法是通过变量替换 $u=u(x)$,即 $\int f[\varphi(x)]\varphi'(x)\mathrm{d}x = \int f(u)\mathrm{d}u$,由此能够直接利用基本积分算得其结果. 但实际情况中往往会碰到相反的情形,为求积分 $\int f(x)\mathrm{d}x$,通过变量替换 $x=\varphi(t)$,可得

$$\int f(x)\mathrm{d}x = \int f[\varphi(t)]\varphi'(t)\mathrm{d}t, \tag{5-2-3}$$

求出式(5-2-3)右边的积分后,再以 $x=\varphi(t)$ 的反函数 $t=\varphi^{-1}(x)$ 代回去,这样可把上式表示为

$$\int f(x)\mathrm{d}x = \left[\int f[\varphi(t)]\varphi'(t)\mathrm{d}t\right]_{t=\varphi^{-1}(x)}. \tag{5-2-4}$$

这便是下面我们将讨论的第二类换元法.

定理 2 设 $f(x)$ 是连续函数,$x=\varphi(t)$ 单调、可导,并且 $\varphi'(t)\neq 0$. 又设 $f[\varphi(t)]\varphi'(t)$ 具有原函数 $F(t)$,则有换元公式:

$$\int f(x)\mathrm{d}x = \left[\int f[\varphi(t)]\varphi'(t)\mathrm{d}t\right]_{t=\varphi^{-1}(x)}, \tag{5-2-5}$$

其中 $t=\varphi^{-1}(x)$ 是 $x=\varphi(t)$ 的反函数.

证 由于 $f[\varphi(t)]\varphi'(t)$ 连续,所以存在原函数,设为 $\Phi(t)$,且 $\Phi(\varphi^{-1}(x))=F(x)$,利用复合函数可得

$$\int f[\varphi(t)]\varphi'(t)\mathrm{d}t = \Phi(t) + C,$$

$$\frac{\mathrm{d}(F(x)+C)}{\mathrm{d}x} = \frac{\mathrm{d}F(x)}{\mathrm{d}x} = \frac{\mathrm{d}\Phi(\varphi^{-1}(x))}{\mathrm{d}x} = \Phi'(t)\frac{\mathrm{d}t}{\mathrm{d}x}$$

$$= f[\varphi(t)]\varphi'(t)\frac{\mathrm{d}t}{\mathrm{d}x} = f[\varphi(t)]\varphi'(t)\frac{1}{\frac{\mathrm{d}x}{\mathrm{d}t}}$$

$$= f[\varphi(t)]\varphi'(t)\frac{1}{\varphi'(t)} = f[\varphi(t)] = f(x),$$

也即

$$\int f(x)\mathrm{d}x = \left[\int f[\varphi(t)]\varphi'(t)\mathrm{d}t\right]_{t=\varphi^{-1}(x)}.$$

故定理 2 证毕.

第二类换元积分法又称拆微分积分法. 拆微分积分法常用代换方法,主要包括三角代换、倒代换、无理代换、万能代换、双曲代换和欧拉(Euler)代换等.

1. 三角代换

例 15 求 $\int \sqrt{a^2 - x^2}\,\mathrm{d}x\ (a>0)$.

解 设 $x = a\sin t$,$-\dfrac{\pi}{2} < t < \dfrac{\pi}{2}$,那么 $\sqrt{a^2 - x^2} = \sqrt{a^2 - a^2\sin^2 t} = a\cos t$,$dx = a\cos t\, dt$,于是

$$\int \sqrt{a^2 - x^2}\, dx = \int a\cos t \cdot a\cos t\, dt$$

$$= a^2 \int \cos^2 t\, dt = a^2 \left(\dfrac{1}{2}t + \dfrac{1}{4}\sin 2t\right) + C.$$

因为 $t = \arcsin\dfrac{x}{a}$,$\sin 2t = 2\sin t \cos t = 2 \cdot \dfrac{x}{a} \cdot \dfrac{\sqrt{a^2 - x^2}}{a}$,所以

$$\int \sqrt{a^2 - x^2}\, dx = a^2\left(\dfrac{1}{2}t + \dfrac{1}{4}\sin 2t\right) + C$$

$$= \dfrac{a^2}{2}\arcsin\dfrac{x}{a} + \dfrac{1}{2}x\sqrt{a^2 - x^2} + C.$$

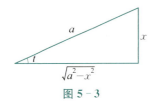

图 5-3

注1 根据 $\sin t = \dfrac{x}{a}$ 作辅助三角形(如图 5-3),可以方便快速地把 $\cos t$ 化为关于 x 的函数.

例16 求 $\displaystyle\int \dfrac{dx}{\sqrt{x^2 + a^2}}$ $(a > 0)$.

解 设 $x = a\tan t$,$-\dfrac{\pi}{2} < t < \dfrac{\pi}{2}$,那么

$$\int \dfrac{dx}{\sqrt{x^2 + a^2}} = \int \dfrac{a\sec^2 t}{a\sec t}\, dt = \int \sec t\, dt = \ln|\sec t + \tan t| + C_1.$$

因为 $\sec t = \dfrac{\sqrt{x^2 + a^2}}{a}$,$\tan t = \dfrac{x}{a}$,所以

$$\int \dfrac{dx}{\sqrt{x^2 + a^2}} = \ln|\sec t + \tan t| + C_1 = \ln\left(\dfrac{x}{a} + \dfrac{\sqrt{x^2 + a^2}}{a}\right) + C_1$$

$$= \ln(x + \sqrt{x^2 + a^2}) + C.$$

注2 根据 $\tan t = \dfrac{x}{a}$ 作辅助三角形(如图 5-4),可以方便快速地把 $\sec t$ 化为关于 x 的函数.

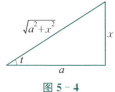

图 5-4

例17 求 $\int \dfrac{\mathrm{d}x}{\sqrt{x^2-a^2}}$ $(a>0)$.

解 由题意可得被积函数的定义域为 $(-\infty, a) \cup (a, +\infty)$，则须分两大类讨论：

当 $x > a$ 时，设 $x = a\sec t$ $\left(t \in \left(0, \dfrac{\pi}{2}\right)\right)$，那么

$$\sqrt{x^2-a^2} = \sqrt{a^2\sec^2 t - a^2} = a\sqrt{\sec^2 t - 1} = a\tan t,$$

于是

$$\int \dfrac{\mathrm{d}x}{\sqrt{x^2-a^2}} = \int \dfrac{a\sec t \tan t}{a \tan t}\mathrm{d}t = \int \sec t\, \mathrm{d}t = \ln|\sec t + \tan t| + C_0.$$

因为 $\tan t = \dfrac{\sqrt{x^2-a^2}}{a}$，$\sec t = \dfrac{x}{a}$，所以

$$\int \dfrac{\mathrm{d}x}{\sqrt{x^2-a^2}} = \ln|\sec t + \tan t| + C_0$$

$$= \ln\left|\dfrac{x}{a} + \dfrac{\sqrt{x^2-a^2}}{a}\right| + C_0$$

$$= \ln(x + \sqrt{x^2-a^2}) + C_1,$$

其中 $C_1 = C_0 - \ln a$. 当 $x < a$ 时，令 $x = -u$，则 $u > a$，于是可得到与上式相同的结果. 综合起来可得

$$\int \dfrac{\mathrm{d}x}{\sqrt{x^2-a^2}} = \ln|x + \sqrt{x^2-a^2}| + C.$$

注3 根据 $\sec t = \dfrac{x}{a}$ 作辅助三角形（如图 5-5），可以方便快速地把 $\tan t$ 化为关于 x 的函数.

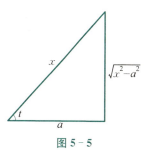

图 5-5

例18 求不定积分 $\int \dfrac{\mathrm{d}x}{(x^2+a^2)^2}$ $(a>0)$.

解 令 $x = a\tan t$，$|t| < \dfrac{\pi}{2}$，于是可得

$$\int \frac{\mathrm{d}x}{(x^2+a^2)^2} = \int \frac{a\sec^2 t}{a^4 \sec^4 t} \mathrm{d}t = \frac{1}{a^3} \int \cos^2 t \, \mathrm{d}t$$

$$= \frac{1}{2a^3} \int (1+\cos 2t) \mathrm{d}t = \frac{1}{2a^3}(t+\sin t \cos t) + C$$

$$= \frac{1}{2a^3}\left(\arctan \frac{x}{a} + \frac{ax}{x^2+a^2}\right) + C.$$

以上 4 个例中都用了三角恒等式,称作**三角代换**,常用的三角代换如下:

(1) **正弦代换**:正弦代换简称为"弦换",是针对被积函数具有形如 $\sqrt{a^2-x^2}$ $(a>0)$ 的根式进行变换,其目的是去掉根号,其方法是:利用三角公式 $\sin^2 t + \cos^2 t = 1$,令 $x = a\sin t$ $\left(a>0, |t| \leqslant \dfrac{\pi}{2}\right)$,则

$$\sqrt{a^2-x^2} = a\cos t, \quad t = \arcsin(xa^{-1}), \quad \mathrm{d}x = a\cos t \, \mathrm{d}t. \quad (5-2-6)$$

(2) **正切代换**:正切代换简称为"切换",是针对被积函数具有形如 $\sqrt{a^2+x^2}$ $(a>0)$ 的根式进行变换,其目的是去掉根号,其方法是:利用三角公式 $\sec^2 t - \tan^2 t = 1$,令 $x = a\tan t$,其中 $a>0, |t| \leqslant \dfrac{\pi}{2}$,则

$$\sqrt{a^2+x^2} = a\sec t = \arctan(xa^{-1}), \quad \mathrm{d}x = a\sec^2 t \, \mathrm{d}t. \quad (5-2-7)$$

(3) **正割代换**:正割代换简称为"割换",是针对被积函数具有形如 $\sqrt{x^2-a^2}$ $(a>0)$ 的根式进行变换,其目的是去掉根号,其方法是:利用三角公式 $\sec^2 t - 1 = \tan^2 t$,令 $x = a\sec t$,其中 $a>0, |t| < \dfrac{\pi}{2}$,则

$$\sqrt{x^2-a^2} = a\tan t, \quad \mathrm{d}x = a\sec t \cdot \tan t \, \mathrm{d}t. \quad (5-2-8)$$

例 19 求不定积分 $\displaystyle\int \frac{1}{x^2\sqrt{9+x^2}} \mathrm{d}x$.

解 令 $x = \dfrac{3}{t}$, $\mathrm{d}x = -\dfrac{3}{t^2} \mathrm{d}t$,从而可得

$$\int \frac{1}{x^2\sqrt{9+x^2}} \mathrm{d}x = \int \frac{1}{(3t^{-1})^2 \sqrt{9+(3t^{-1})^2}} (-3t^{-2}) \mathrm{d}t$$

$$= -\frac{1}{9}\int \frac{1}{\sqrt{1+t^{-2}}} \mathrm{d}t = -\frac{1}{9}\int \frac{t}{\sqrt{1+t^2}} \mathrm{d}t$$

$$= -\frac{1}{9}\sqrt{1+t^2} + C = -\frac{1}{9}\sqrt{1+(3x^{-1})^2} + C$$

$$= -\frac{\sqrt{x^2+9}}{9x} + C.$$

2. 倒代换

当被积函数中分母次数高于分子次数,且分子分母均为"因式"时,通常可作**倒代换**:

$$x = t^{-1}, \ dx = -t^{-2}dt. \tag{5-2-9}$$

对于 $\int \dfrac{dx}{x\sqrt{a^2-x^2}}$, $\int \dfrac{du}{x^2\sqrt{a^2-x^2}}$, $\int \dfrac{dx}{x\sqrt{x^2 \pm a^2}}$, $\int \dfrac{dx}{x^2\sqrt{x^2 \pm a^2}}$ 等类型的不定积分,通常可令 $x = \dfrac{a}{t}$ 进行求解.

3. 无理代换

例20 求不定积分 $\int \dfrac{1}{x}\sqrt{\dfrac{x+2}{x-2}}\, dx$.

解 令 $t = \sqrt{\dfrac{x+2}{x-2}}$,则有 $x = \dfrac{2(t^2+1)}{t^2-1}$, $dx = \dfrac{-8t}{(t^2-1)^2}dt$,于是可得

$$\int \frac{1}{x}\sqrt{\frac{x+2}{x-2}}\, dx = \int \frac{4t^2}{(1-t^2)(1+t^2)}\, dt = \int \left(\frac{2}{1-t^2} - \frac{2}{1+t^2}\right) dt$$

$$= \ln|1+t| - \ln|1-t| - 2\arctan t + C$$

$$= \ln\left|1+\sqrt{\frac{x+2}{x-2}}\right| - \ln\left|1-\sqrt{\frac{x+2}{x-2}}\right| - 2\arctan\sqrt{\frac{x+2}{x-2}} + C.$$

例20采用的方法是**无理代换**,无理代换有以下两种情况:

(1) 若被积函数是由 $\sqrt[n_1]{x}$, $\sqrt[n_2]{x}$, $\cdots$, $\sqrt[n_k]{x}$ 的有理式构成时,设 n 为 n_i ($1 \leqslant i \leqslant k$) 的最小公倍数,其目的是去掉根号,其方法是:作代换 $t = \sqrt[n]{x}$,则

$$x = t^n, \ dx = nt^{n-1}dt. \tag{5-2-10}$$

于是原被积函数可化为关于 t 的有理函数.

(2) 若被积函数中只有一种根式 $\sqrt[n]{ax+b}$ 或 $\sqrt[n]{(ax+b)(cx+d)^{-1}}$,则可考虑作代换

$$t = \sqrt[n]{ax+b} \text{ 或 } t = \sqrt[n]{(ax+b)(cx+d)^{-1}}. \qquad (5-2-11)$$

于是原被积函数可化为关于 t 的有理函数.

4. 万能代换

万能代换常用于被积函数为三角函数的有理式的不定积分：

$$\int f(\sin x, \cos x) \mathrm{d}x.$$

其方法为：令 $t = \tan \dfrac{x}{2}$，则

$$\sin x = 2\sin \frac{x}{2} \cos \frac{x}{2} = 2\tan \frac{x}{2} \left(\sec^2 \frac{x}{2}\right)^{-1} = \frac{2t}{1+t^2}, \qquad (5-2-12)$$

$$\cos x = \cos^2 \frac{x}{2} - \sin^2 \frac{x}{2} = \left(1 - \tan^2 \frac{x}{2}\right)\left(\cos^2 \frac{x}{2}\right)^{-1} = \frac{1-t^2}{1+t^2}, $$
$$(5-2-13)$$

$$\tan x = \frac{\sin x}{\cos x} = \frac{2t}{1-t^2}, \quad x = 2\arctan t, \quad \mathrm{d}x = \frac{2\mathrm{d}t}{1+t^2}. \qquad (5-2-14)$$

例 21 求不定积分 $\int \dfrac{1+\sin x}{\sin x(1+\cos x)}\mathrm{d}x$.

解 令 $t = \tan \dfrac{x}{2}$，则

$$\sin x = \frac{2t}{1+t^2}, \quad \cos x = \frac{1-t^2}{1+t^2}, \quad \mathrm{d}x = \frac{2}{1+t^2}\mathrm{d}t,$$

于是得

$$\int \frac{1+\sin x}{\sin x(1+\cos x)}\mathrm{d}x = \int \frac{1+2t(1+t^2)^{-1}}{2t(1+t^2)^{-1}[1+(1-t^2)(1+t^2)^{-1}]} \cdot \frac{2}{1+t^2}\mathrm{d}t$$

$$= \int \frac{1}{2}\left(t + 2 + \frac{1}{t}\right)\mathrm{d}t = \frac{1}{2}\left(\frac{t^2}{2} + 2t + \ln|t| + C\right)$$

$$= \frac{1}{4}t^2 + t + \frac{1}{2}\ln|t| + C$$

$$= \frac{1}{4}\tan^2 \frac{x}{2} + \tan \frac{x}{2} + \frac{1}{2}\ln\left|\tan \frac{x}{2}\right| + C.$$

5. 双曲代换

双曲代换是利用双曲函数恒等式 $\text{ch}^2 x - \text{sh}^2 x = 1$,其目的是去掉被积函数中型如 $\sqrt{a^2 + x^2}$ 的根号,其方法为:令 $x = a\,\text{sh}\,t$,则 $\mathrm{d}x = a\,\text{ch}\,t\,\mathrm{d}t$.

注4 化简时常用到的双曲函数的一些恒等式有:

$$\text{ch}^2 t = \frac{1}{2}(\text{ch}\,2t + 1),\ \text{sh}^2 t = \frac{1}{2}(\text{ch}\,2t - 1),$$

$$\text{sh}\,2t = 2\,\text{sh}\,t\,\text{ch}\,t,\ \text{arsh}\,x(\text{反双曲正弦}) = \ln(x + \sqrt{x^2 + 1}).$$

6. 欧拉代换

欧拉代换常用于形如 $\int f(x, \sqrt{ax^2 + bx + c})\,\mathrm{d}x$ 的不定积分,其中 $b^2 - 4ac \neq 0$,以下欧拉代换可以将某一类无理函数积分化为有理函数的积分:

(1) 若 $a > 0$,则可令

$$\sqrt{ax^2 + bx + c} = \sqrt{a}\,x \pm t. \tag{5-2-15}$$

(2) 若 $c > 0$,则可令

$$\sqrt{ax^2 + bx + c} = xt \pm \sqrt{c}. \tag{5-2-16}$$

(3) 若二次三项式 $ax^2 + bx + c$ 有相异实根 λ, μ,即

$$ax^2 + bx + c = a(x - \lambda)(x - \mu),$$

则可令

$$\sqrt{ax^2 + bx + c} = t(x - \lambda). \tag{5-2-17}$$

注5 根据上式,所求的积分可化为关于 t 的有理函数的不定积分.

例22 求不定积分 $\int \dfrac{x - \sqrt{x^2 + 3x + 2}}{x + \sqrt{x^2 + 3x + 2}}\,\mathrm{d}x$.

解 根据等式(5-2-17),可令 $\sqrt{x^2 + 3x + 2} = t(x + 1)$,则

$$x = \frac{2 - t^2}{t^2 - 1},\ \mathrm{d}x = -\frac{2t}{(t^2 - 1)^2}\mathrm{d}t.$$

于是可得

$$\int \frac{x-\sqrt{x^2+3x+2}}{x+\sqrt{x^2+3x+2}}dx = \int \frac{2t(2-t-t^2)}{(t^2-t-2)(t^2-1)^2}dt$$

$$=\int \left[\frac{-17}{108(t-1)} + \frac{5}{18(t+1)^2} + \frac{1}{3(t+1)^3} + \frac{3}{4(t-1)} - \frac{16}{27(t-2)}\right]dt$$

$$=-\frac{17}{108}\ln|t+1| - \frac{5}{18}\frac{1}{(t+1)} - \frac{1}{6}\frac{1}{(t+1)^2} + \frac{3}{4}\ln|t-1| - \frac{16}{27}\ln|t-2| + C,$$

其中 $t=(x+1)^{-1}\sqrt{x^2+3x+2}$.

下面把一些常用的积分公式补充如下：

(17) $\int \tan x \, dx = -\ln|\cos x| + C$;

(18) $\int \cot x \, dx = \ln|\sin x| + C$;

(19) $\int \sec x \, dx = \ln|\sec x + \tan x| + C$;

(20) $\int \csc x \, dx = \ln|\csc x - \cot x| + C$;

(21) $\int \frac{1}{a^2+x^2}dx = \frac{1}{a}\arctan\frac{x}{a} + C \quad (a \neq 0)$;

(22) $\int \frac{1}{x^2-a^2}dx = \frac{1}{2a}\ln\left|\frac{x-a}{x+a}\right| + C \quad (a \neq 0)$;

(23) $\int \frac{1}{\sqrt{a^2-x^2}}dx = \arcsin\frac{x}{a} + C \quad (a > 0)$;

(24) $\int \frac{dx}{\sqrt{x^2+a^2}} = \ln(x+\sqrt{x^2+a^2}) + C$;

(25) $\int \frac{dx}{\sqrt{x^2-a^2}} = \ln|x+\sqrt{x^2-a^2}| + C$.

习题 5.2

1. 填空：

(1) $dx = \underline{\quad} d(3x-1)$;

(2) $x \, dx = \underline{\quad} d(3-2x^2)$;

(3) $e^{2x+1}dx = \underline{\quad} d(e^{2x+1}+2)$;

(4) $\frac{dx}{1+4x^2} = \underline{\quad} d(\arctan 2x)$;

(5) $\dfrac{1}{x^2}\mathrm{d}x = \underline{\quad}\mathrm{d}\left(\dfrac{1}{x}\right)$；

(6) $\dfrac{\mathrm{d}x}{\sqrt{1-x^2}} = \underline{\quad}\mathrm{d}(2-\arcsin x)$；

(7) $\dfrac{x\mathrm{d}x}{\sqrt{1-x^2}} = \underline{\quad}\mathrm{d}(\sqrt{1-x^2})$； (8) $\sin x\cos x\,\mathrm{d}x = \underline{\quad}\mathrm{d}(\sin^2 x)$.

2. 求下列不定积分：

(1) $\displaystyle\int \dfrac{1}{3+2x}\mathrm{d}x$；

(2) $\displaystyle\int 2x\,\mathrm{e}^{x^2}\mathrm{d}x$；

(3) $\displaystyle\int \dfrac{1}{(x-1)(x-2)}\mathrm{d}x$；

(4) $\displaystyle\int \dfrac{1}{x^2+2x+3}\mathrm{d}x$；

(5) $\displaystyle\int \dfrac{1}{1+\mathrm{e}^x}\mathrm{d}x$；

(6) $\displaystyle\int \cos^2 x\,\mathrm{d}x$；

(7) $\displaystyle\int \cos^4 x\,\mathrm{d}x$；

(8) $\displaystyle\int \sin^2 x\cos^5 x\,\mathrm{d}x$；

(9) $\displaystyle\int \dfrac{\mathrm{e}^x}{\mathrm{e}^{2x}+1}\mathrm{d}x$；

(10) $\displaystyle\int \dfrac{\cos x}{1+\sin^2 x}\mathrm{d}x$；

(11) $\displaystyle\int \dfrac{\mathrm{e}^x}{\mathrm{e}^x+1}\mathrm{d}x$；

(12) $\displaystyle\int \dfrac{1}{\sin^2 x\cos^2 x}\mathrm{d}x$.

3. 求下列不定积分：

(1) $\displaystyle\int \dfrac{1}{x^2\sqrt{x^2-1}}\mathrm{d}x$；

(2) $\displaystyle\int \dfrac{1}{\sqrt{4x^2-9}}\mathrm{d}x$；

(3) $\displaystyle\int \dfrac{1}{\sqrt{1+x-x^2}}\mathrm{d}x$；

(4) $\displaystyle\int \dfrac{1}{\sqrt{1+\mathrm{e}^x}}\mathrm{d}x$；

(5) $\displaystyle\int \dfrac{1}{1+\sqrt{1-x^2}}\mathrm{d}x$；

(6) $\displaystyle\int \sqrt{\mathrm{e}^x-1}\,\mathrm{d}x$；

(7) $\displaystyle\int \dfrac{1}{\sqrt{3+2x-x^2}}\mathrm{d}x$；

(8) $\displaystyle\int \dfrac{1}{\sin 2x-2\sin x}\mathrm{d}x$.

5.3 分部积分法

前面在复合函数的基础上得到了换元积分法，现在利用两个函数乘积的微分法，来推导出另一种求积分的方法——**分部积分法**.

设函数 $u=u(x)$ 及 $v=v(x)$ 具有连续导数. 那么, 两个函数乘积的导数公式为

$$(uv)'=u'v+uv',$$

移项得

$$uv'=(uv)'-u'v.$$

对上式两边求不定积分, 得

$$\int uv'\mathrm{d}x = uv - \int u'v\mathrm{d}x, \tag{5-3-1}$$

或

$$\int u\mathrm{d}v = uv - \int v\mathrm{d}u. \tag{5-3-2}$$

这个公式称为**分部积分公式**. 如果求 $\int u\mathrm{d}v$ 不易, 而求 $\int v\mathrm{d}u$ 比较容易时, 分部积分公式就可以发挥作用了. 下面介绍使用分部积分法求积分的一般原则.

1. 幂指型

若被积函数由幂函数与指数函数的乘积形式构成, 通常将指数函数凑进微分项, 再使用分部积分法可使幂函数的"幂"降次, 通常每使用一次分部积分法可使幂函数降幂一次.

2. 幂三型

若被积函数由幂函数与三角函数的乘积形式构成, 通常将三角函数凑进微分项, 再使用分部积分法可使幂函数的"幂"降次, 通常每使用一次分部积分法可使幂函数降幂一次.

3. 幂对型

若被积函数由幂函数与对数函数的乘积形式构成, 通常将幂函数凑进微分项, 再使用分部积分法可达到求解的目的.

4. 幂反型

若被积函数由幂函数与反三角函数的乘积形式构成, 通常将幂函数凑进微分项, 再使用分部积分法可达到求解的目的.

5. 指三型(循环型)

若被积函数由指数函数与三角函数的乘积形式构成, 那么这是一种循环型

不定积分,可将指数函数凑进微分项,使用分部积分法运算,再次将指数函数凑进微分项,并使用分部积分法运算,即连续两次使用分部积分法可达到求解的目的.同理将三角函数凑进微分项,重复上面的步骤也可达到求解的目的.

例1 求 $\int x\sin x\,\mathrm{d}x$.

解 由于被积函数是 x,$\sin x$ 两个函数的乘积,选其中一个为 u,那么另外一个即为 v'.如果选择 $u=x$,$v'=\sin x$,则 $\mathrm{d}v=-\mathrm{d}\cos x$,得

$$\int x\sin x\,\mathrm{d}x = -\int x\,\mathrm{d}\cos x = -x\cos x + \int \cos x\,\mathrm{d}x$$
$$= -x\cos x + \sin x + C.$$

例2 求 $\int x\mathrm{e}^x\,\mathrm{d}x$.

解 由于被积函数是 x,e^x 两个函数的乘积,选其中一个为 u,那么另外一个即为 v'.如果选择 $u=x$,$v'=\mathrm{e}^x$,则 $\mathrm{d}v=\mathrm{d}\mathrm{e}^x$,得

$$\int x\mathrm{e}^x\,\mathrm{d}x = \int x\,\mathrm{d}\mathrm{e}^x = x\mathrm{e}^x - \int \mathrm{e}^x\,\mathrm{d}x = x\mathrm{e}^x - \mathrm{e}^x + C.$$

例3 求 $\int x\ln x\,\mathrm{d}x$.

解 由于被积函数是 x,$\ln x$ 两个函数的乘积,选其中一个为 u,那么另外一个即为 v'.如果选择 $u=\ln x$,$v'=x$,则 $\mathrm{d}v=\frac{1}{2}\mathrm{d}(x^2)$,得

$$\int x\ln x\,\mathrm{d}x = \frac{1}{2}\int \ln x\,\mathrm{d}(x^2) = \frac{1}{2}x^2\ln x - \frac{1}{2}\int x^2 \cdot \frac{1}{x}\mathrm{d}x$$
$$= \frac{1}{2}x^2\ln x - \frac{1}{2}\int x\,\mathrm{d}x = \frac{1}{2}x^2\ln x - \frac{1}{4}x^2 + C.$$

例4 求 $\int \arccos x\,\mathrm{d}x$.

解 由于被积函数是 $\arccos x$,1 两个函数的乘积,选其中一个为 u,那么另外一个即为 v'.如果选择 $u=\arccos x$,$v'=1$,则 $\mathrm{d}v=\mathrm{d}x$,得

$$\int \arccos x\,\mathrm{d}x = x\arccos x - \int x\,\mathrm{d}\arccos x$$
$$= x\arccos x + \int x\frac{1}{\sqrt{1-x^2}}\mathrm{d}x$$

$$= x\arccos x - \frac{1}{2}\int (1-x^2)^{-\frac{1}{2}}\mathrm{d}(1-x^2)$$
$$= x\arccos x - \sqrt{1-x^2} + C.$$

例 5 求 $\int x\arctan x\,\mathrm{d}x$.

解 由于被积函数是 x, $\arctan x$ 两个函数的乘积，选其中一个为 u，那么另外一个即为 v'. 如果选择 $u = \arctan x$，$v' = x$，则 $\mathrm{d}v = \frac{1}{2}\mathrm{d}(x^2)$，得

$$\int x\arctan x\,\mathrm{d}x = \frac{1}{2}\int \arctan x\,\mathrm{d}(x^2)$$
$$= \frac{1}{2}x^2\arctan x - \frac{1}{2}\int x^2 \cdot \frac{1}{1+x^2}\mathrm{d}x$$
$$= \frac{1}{2}x^2\arctan x - \frac{1}{2}\int \left(1 - \frac{1}{1+x^2}\right)\mathrm{d}x$$
$$= \frac{1}{2}x^2\arctan x - \frac{1}{2}x + \frac{1}{2}\arctan x + C.$$

例 6 求 $\int \mathrm{e}^x \sin x\,\mathrm{d}x$.

解 由于被积函数是 e^x, $\sin x$ 两个函数的乘积，选其中一个为 u，那么另外一个即为 v'. 如果选择 $u = \sin x$，$v' = \mathrm{e}^x$，则 $\mathrm{d}v = \mathrm{d}\mathrm{e}^x$. 因为

$$\int \mathrm{e}^x \sin x\,\mathrm{d}x = \int \sin x\,\mathrm{d}\mathrm{e}^x = \mathrm{e}^x \sin x - \int \mathrm{e}^x \mathrm{d}\sin x$$
$$= \mathrm{e}^x \sin x - \int \mathrm{e}^x \cos x\,\mathrm{d}x = \mathrm{e}^x \sin x - \int \cos x\,\mathrm{d}\mathrm{e}^x$$
$$= \mathrm{e}^x \sin x - \mathrm{e}^x \cos x + \int \mathrm{e}^x \mathrm{d}\cos x$$
$$= \mathrm{e}^x \sin x - \mathrm{e}^x \cos x - \int \mathrm{e}^x \sin x\,\mathrm{d}x,$$

所以

$$\int \mathrm{e}^x \sin x\,\mathrm{d}x = \frac{1}{2}\mathrm{e}^x(\sin x - \cos x) + C.$$

例 7 求 $\int \sec^3 x\,\mathrm{d}x$.

解 因为

$$\int \sec^3 x \, dx = \int \sec x \cdot \sec^2 x \, dx = \int \sec x \, d\tan x$$

$$= \sec x \tan x - \int \sec x \tan^2 x \, dx$$

$$= \sec x \tan x - \int \sec x (\sec^2 x - 1) \, dx$$

$$= \sec x \tan x - \int \sec^3 x \, dx + \int \sec x \, dx$$

$$= \sec x \tan x + \ln|\sec x + \tan x| - \int \sec^3 x \, dx,$$

所以

$$\int \sec^3 x \, dx = \frac{1}{2}(\sec x \tan x + \ln|\sec x + \tan x|) + C.$$

例 8 求 $\int \ln(1+\sqrt{x}) \, dx$.

解 令 $x = t^2$,于是

$$\int \ln(1+\sqrt{x}) \, dx = \int \ln(1+t) \, d(t^2) = t^2 \ln(1+t) - \int t^2 \, d\ln(1+t)$$

$$= t^2 \ln(1+t) - \int \frac{t^2}{1+t} \, dt$$

$$= t^2 \ln(1+t) - \int \frac{(t^2-1)+1}{1+t} \, dt$$

$$= t^2 \ln(1+t) - \int (t-1) \, dt - \int \frac{1}{1+t} \, dt$$

$$= t^2 \ln(1+t) - \frac{t^2}{2} + t - \ln(1+t) + C$$

$$= (x-1)\ln(1+\sqrt{x}) - \frac{x}{2} + \sqrt{x} + C.$$

习题 5.3

1. 求下列不定积分:

(1) $\int x \cos x \, dx$;

(2) $\int x^2 e^x \, dx$;

(3) $\int x \sec^2 x \, dx$;

(4) $\int \arcsin x \, dx$;

(5) $\int x\mathrm{e}^{-x}\mathrm{d}x$; (6) $\int \mathrm{e}^x \cos x\,\mathrm{d}x$;

(7) $\int x^2 \ln x\,\mathrm{d}x$; (8) $\int (x+1)\ln x\,\mathrm{d}x$;

(9) $\int \sin x \ln(\tan x)\,\mathrm{d}x$; (10) $\int \arctan\sqrt{x}\,\mathrm{d}x$;

(11) $\int (\ln x)^2\,\mathrm{d}x$; (12) $\int x\sec^2 x\,\mathrm{d}x$;

(13) $\int \mathrm{e}^{\sqrt{x}}\,\mathrm{d}x$; (14) $\int \ln(x+\sqrt{1+x^2})\,\mathrm{d}x$.

2. 已知 $f(x)$ 的一个原函数是 e^{-x^2}，求 $\int xf'(x)\,\mathrm{d}x$.

3. 已知 $f(x)$ 的一个原函数是 $\dfrac{\sin x}{x}$，求 $\int xf'(x)\,\mathrm{d}x$.

4. 设 $f'(\mathrm{e}^x)=2x$，求 $f(x)$.

本章小结

一、基本概念与性质

1. 原函数和不定积分的概念.

如果在区间 I 上，可导函数 $F(x)$ 的导函数为 $f(x)$，对任意的 $x\in I$，都有 $F'(x)=f(x)$，那么函数 $F(x)$ 就称为 $f(x)$ 在区间 I 上的一个原函数.

$f(x)$ 在区间 I 上的不定积分，即：$\int f(x)\,\mathrm{d}x = F(x)+C$.

2. 不定积分的性质.

(1) $\int kf(x)\,\mathrm{d}x = k\int f(x)\,\mathrm{d}x$ （k 是常数，$k\neq 0$）；

(2) $\int [f(x)\pm g(x)]\,\mathrm{d}x = \int f(x)\,\mathrm{d}x \pm \int g(x)\,\mathrm{d}x$.

3. 不定积分的基本公式及直接积分法详见 5.1 节.

二、换元积分法

1. 第一类换元法（凑微分法）.

如果所求的积分 $\int g(x)\,\mathrm{d}x$ 不能直接利用基本积分公式计算，而函数 $g(x)$

可以化为 $g(x)\mathrm{d}x = f[\varphi(x)]\varphi'(x)\mathrm{d}x = f[\varphi(x)]\mathrm{d}\varphi(x)$ 的形式,那么

$$\int g(x)\mathrm{d}x = \int f[\varphi(x)]\varphi'(x)\mathrm{d}x = \left[\int f(u)\mathrm{d}u\right]_{u=\varphi(x)} = [F(u)+C]_{u=\varphi(x)}.$$

2. 第二类换元法.

设 $f(x)$ 是连续函数,$x=\varphi(t)$ 单调、可导,并且 $\varphi'(t) \neq 0$. 又设 $f[\varphi(t)]\varphi'(t)$ 具有原函数 $F(t)$,则有换元公式:

$$\int f(x)\mathrm{d}x = \left[\int f[\varphi(t)]\varphi'(t)\mathrm{d}t\right]_{t=\varphi^{-1}(x)},$$

其中 $t=\varphi^{-1}(x)$ 是 $x=\varphi(t)$ 的反函数.

第二类换元积分法又称拆微分积分法. 拆微分积分法常用代换方法,主要包括三角代换、倒代换、无理代换、万能代换、双曲代换和欧拉代换等.

三、分部积分法

分部积分公式: $\int uv'\mathrm{d}x = uv - \int u'v\mathrm{d}x$ (或 $\int u\mathrm{d}v = uv - \int v\mathrm{d}u$).

如果求 $\int u\mathrm{d}v$ 不易,而求 $\int v\mathrm{d}u$ 比较容易时,分部积分公式就可以发挥作用了. 一般地,如果被积函数是两类基本初等函数的乘积,那么可利用分部积分法计算的主要有以下 5 种类型:幂指型、幂三型、幂对型、幂反型、指三型(循环型).

总习题 5

(A)

1. 求下列不定积分:

(1) $\int \mathrm{e}^{5x}\mathrm{d}x$;

(2) $\int (3-x)^2 \mathrm{d}x$;

(3) $\int \dfrac{1}{3x+1}\mathrm{d}x$;

(4) $\int \dfrac{1}{\mathrm{e}^x+\mathrm{e}^{-x}}\mathrm{d}x$;

(5) $\int \dfrac{\mathrm{e}^{2x}}{1+\mathrm{e}^x}\mathrm{d}x$;

(6) $\int \sin^2 2x\,\mathrm{d}x$;

(7) $\int \dfrac{1}{\sqrt{4-x^2}}\mathrm{d}x$;

(8) $\int \dfrac{1}{4+x^2}\mathrm{d}x$;

(9) $\int \tan^3 x \, dx$;

(10) $\int \tan^4 x \, dx$;

(11) $\int \dfrac{1}{x^2 \sqrt{x^2+1}} dx$;

(12) $\int \dfrac{1}{x^2 \sqrt{a^2-x^2}} dx$;

(13) $\int \dfrac{x+3}{x^2-5x+6} dx$;

(14) $\int \dfrac{x-2}{x^2+2x+3} dx$;

(15) $\int \dfrac{1}{x(x-1)^2} dx$;

(16) $\int \dfrac{1+\sin x}{\sin x(1+\cos x)} dx$.

(B)

1. 已知 $f(x)$ 的一个原函数是 $\sec^2 x$, 求:

   (1) $\int x f'(x) \, dx$;

   (2) $\int x f(x) \, dx$.

2. 设 $f'(\sin^2 x) = \cos 2x + \tan^2 x$, $f(0)=0$, 求 $f(x)$.

3. 计算下列不定积分:

   (1) $\int \dfrac{3x^2+2}{x^2(x^2+1)} dx$;

   (2) $\int \dfrac{4x+3}{(x-2)^2} dx$;

   (3) $\int \dfrac{x}{\sin^2 x} dx$;

   (4) $\int \dfrac{\ln x}{x^2} dx$;

   (5) $\int \dfrac{\ln \ln x}{x} dx$;

   (6) $\int \dfrac{1+\cos x}{1+\sin x} dx$;

   (7) $\int \dfrac{\ln x}{(1-x)^2} dx$;

   (8) $\int \dfrac{\arctan x}{x^2(1+x^2)} dx$;

   (9) $\int \dfrac{1-x^8}{x(1+x^8)} dx$;

   (10) $\int \dfrac{x+\sin x}{1+\cos x} dx$;

   (11) $\int e^{\sqrt[3]{x}} \, dx$;

   (12) $\int \cos(\ln x) \, dx$;

   (13) $\int x \ln(x-1) \, dx$;

   (14) $\int e^{-x} \sin x \, dx$.

第6章

定积分及其应用

本章我们将讨论积分学中的另一个基本问题——定积分问题. 微分和积分是微积分学的两大基本概念. 在17世纪下半叶,英国数学家牛顿(Newton)和德国数学家莱布尼茨(Leibniz)综合、发展了前人的工作,几乎同时并独立地建立了微积分学基本定理,并指出了微分和积分的互逆性,揭示了微分和积分的内在联系,也就宣告了微积分的诞生. 我们先从几何学、物理学问题出发引入定积分的定义,然后讨论其性质、计算方法及应用.

6.1 定积分概念与性质

6.1.1 定积分问题的提出

1. 曲边梯形的面积

设函数 $y=f(x)$ 在区间 $[a,b]$ 上非负、连续. 由直线 $x=a$, $x=b$, $y=0$ 以及曲线 $y=f(x)$ 所围成的图形称为**曲边梯形**,如图 6-1 所示,其中曲线弧称为**曲边**. 下面将讨论如何求曲边梯形的面积 A.

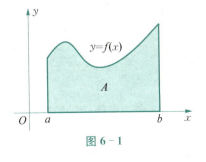

图 6-1

(1) **分割**:现将曲边梯形分割成一些小的曲边梯形,在区间 $[a,b]$ 中任意插入 $n-1$ 个分点:

$$a=x_0<x_1<x_2<\cdots<x_{n-1}<x_n=b,$$

这便把$[a,b]$分成n个小区间：

$$[x_0,x_1],[x_1,x_2],[x_2,x_3],\cdots,[x_{n-1},x_n],$$

它们的长度依次为：

$$\Delta x_1=x_1-x_0,\Delta x_2=x_2-x_1,\cdots,\Delta x_n=x_n-x_{n-1}.$$

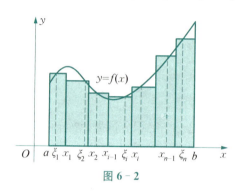

图 6-2

过每一个分点作平行于 y 轴的直线段，把曲边梯形分成 n 个窄曲边梯形，如图 6-2 所示.

（2）**近似代替**：在每个小区间 $[x_{i-1},x_i]$ 上任取一点 ξ_i，以 $[x_{i-1},x_i]$ 为底，$f(\xi_i)$ 为高的窄矩形近似替代第 i 个窄曲边梯形面积 $\Delta A_i(i=1,2,\cdots,n)$，即

$$\Delta A_i\approx f(\xi_i)\Delta x_i \quad (i=1,2,\cdots,n).$$

（3）**近似求和**：把上面得到的 n 个窄矩形面积之和作为所求曲边梯形面积 A 的近似值，即

$$A\approx f(x_1)\Delta x_1+f(x_2)\Delta x_2+\cdots+f(x_n)\Delta x_n=\sum_{i=1}^n f(\xi_i)\Delta x_i.$$

（4）**取极限**：显然，分点越多，每个小曲边梯形就越窄，所求得的曲边梯形面积 A 的近似值就越接近曲边梯形面积 A 的精确值，因此，要求曲边梯形面积 A 的精确值，只须无限地增加分点，使得每个小曲边梯形的宽度趋于零. 现记 $\lambda=\max\{\Delta x_1,\Delta x_2,\cdots,\Delta x_n\}$，于是，要使每个小曲边梯形的宽度趋于零，就相当于令 $\lambda\to 0$. 所以曲边梯形的面积为

$$A=\lim_{\lambda\to 0}\sum_{i=1}^n f(\xi_i)\Delta x_i.$$

2. 变速直线运动的路程

设某物体作直线运动，已知速度 $v=v(t)$ 是时间间隔 $[T_1,T_2]$ 上 t 的连续函数，且 $v(t)\geqslant 0$，求在这段时间内物体所经过的路程 s.

由初中物理可知，对于匀速直线运动的路程，有公式：

$$路程=速度\times 时间.$$

但在实际问题中,速度常常不是常量,而是随着时间 t 变化的变量,因此所求的路程就不能直接用匀速直线运动的公式来计算. 然而,由于速度 $v(t)$ 是连续变化的,因此,在很短的时间内速度的变化很小,此时我们可以仿照求曲边梯形的方法和步骤来求路程 s.

(1) **分割**:在时间间隔 $[T_1, T_2]$ 内任意插入若干个分点:

$$T_1 = t_0 < t_1 < t_2 < \cdots < t_{n-1} < t_n = T_2,$$

把 $[T_1, T_2]$ 分成 n 个小段:

$$[t_0, t_1], [t_1, t_2], \cdots, [t_{n-1}, t_n],$$

各小段时间的长依次为 $\Delta t_i = t_i - t_{i-1}(i = 1, 2, \cdots, n)$,相应地,在各段时间内物体经过的路程依次为:

$$\Delta s_1, \Delta s_2, \cdots, \Delta s_n.$$

(2) **近似代替**:在时间间隔 $[t_{i-1}, t_i]$ 上任取一个时刻 $\tau_i(t_{i-1} < \tau_i < t_i)$,以 τ_i 时刻的速度 $v(\tau_i)$ 来代替 $[t_{i-1}, t_i]$ 上各个时刻的速度,得到部分路程 Δs_i 的近似值,即

$$\Delta s_i \approx v(\tau_i) \Delta t_i, \ i = 1, 2, \cdots, n.$$

(3) **近似求和**:于是这 n 段部分路程的近似值之和就是所求变速直线运动路程 s 的近似值,即

$$s \approx \sum_{i=1}^{n} v(\tau_i) \Delta t_i.$$

(4) **取极限**:记 $\lambda = \max\{\Delta t_1, \Delta t_2, \cdots, \Delta t_n\}$,当 $\lambda \to 0$ 时,取上述和式的极限,即得变速直线运动的路程:

$$s = \lim_{\lambda \to 0} \sum_{i=1}^{n} v(\tau_i) \Delta t_i.$$

6.1.2 定积分的概念

上面讨论的两个例子中,尽管它们的实际意义不一样,但是所求的量,都取决于一个函数及其变量的变化区间. 抛开上述问题的具体意义,从解决方法上看都是通过分割、近似代替、近似求和、取极限 4 个步骤. 抓住它们在数量关系上共

同的本质与特性加以概括,就可得出下述定积分的定义.

定义 1 设函数 $f(x)$ 在 $[a,b]$ 上有界,在 $[a,b]$ 中任意插入若干个分点:
$$a=x_0<x_1<x_2<\cdots<x_{n-1}<x_n=b,$$
把区间 $[a,b]$ 分成 n 个小区间:
$$[x_0,x_1],[x_1,x_2],[x_2,x_3],\cdots,[x_{n-1},x_n],$$
各小段区间的长依次为
$$\Delta x_1=x_1-x_0,\Delta x_2=x_2-x_1,\cdots,\Delta x_n=x_n-x_{n-1}.$$
在每个小区间 $[x_{i-1},x_i]$ 上任取一个点 $\xi_i(x_{i-1}<\xi_i<x_i)$,作函数值 $f(\xi_i)$ 与小区间长度 Δx_i 的乘积 $f(\xi_i)\Delta x_i (i=1,2,\cdots,n)$,并作出和
$$S=\sum_{i=1}^{n}f(\xi_i)\Delta x_i. \qquad (6-1-1)$$
记 $\lambda=\max\{\Delta x_1,\Delta x_2,\cdots,\Delta x_n\}$,设不论对 $[a,b]$ 怎样分法,也不论在小区间 $[x_{i-1},x_i]$ 上点 ξ_i 怎样取法,只要当 $\lambda\to 0$ 时,和 S 总趋于确定的极限 I,这时我们称这个极限 I 为函数 $f(x)$ 在区间 $[a,b]$ 上的**定积分**,记作 $\int_a^b f(x)\mathrm{d}x$,即
$$I=\int_a^b f(x)\mathrm{d}x=\lim_{\lambda\to 0}\sum_{i=1}^{n}f(\xi_i)\Delta x_i. \qquad (6-1-2)$$
其中 $f(x)$ 叫作**被积函数**,$f(x)\mathrm{d}x$ 叫作**被积表达式**,x 叫作**积分变量**,a 叫作**积分下限**,b 叫作**积分上限**,$[a,b]$ 叫作**积分区间**.

注 1 定积分的值只与被积函数及积分区间有关,而与积分变量的记法无关,即
$$\int_a^b f(x)\mathrm{d}x=\int_a^b f(t)\mathrm{d}t=\int_a^b f(u)\mathrm{d}u.$$

注 2 和式 $\sum_{i=1}^{n}f(\xi_i)\Delta x_i$ 通常称为 $f(x)$ 的**积分和**.

注 3 如果函数 $f(x)$ 在 $[a,b]$ 上的定积分存在,我们就说 $f(x)$ 在区间 $[a,b]$ 上可积.

对于定积分,有这样一个问题,即函数 $f(x)$ 在 $[a,b]$ 上满足什么条件时,$f(x)$ 在 $[a,b]$ 上可积?

定理 1 设 $f(x)$ 在区间 $[a,b]$ 上连续，则 $f(x)$ 在 $[a,b]$ 上可积.

定理 2 设 $f(x)$ 在区间 $[a,b]$ 上有界，且只有有限个间断点，则 $f(x)$ 在 $[a,b]$ 上可积.

根据定积分的定义，前面所讨论的两个实际问题可以简洁表示如下：曲边梯形的面积为 $A=\int_a^b f(x)\mathrm{d}x$；变速直线运动的路程为 $s=\int_{T_1}^{T_2} v(t)\mathrm{d}t$.

下面讨论定积分的几何意义：在区间 $[a,b]$ 上，

(1) 当 $f(x)\geqslant 0$ 时，积分 $\int_a^b f(x)\mathrm{d}x$ 在几何上表示由曲线 $y=f(x)$，直线 $x=a$，$x=b$ 与 x 轴所围成的曲边梯形的面积.

(2) 当 $f(x)\leqslant 0$ 时，由曲线 $y=f(x)$，直线 $x=a$，$x=b$ 与 x 轴所围成的曲边梯形位于 x 轴的下方，在几何上表示上述曲边梯形面积的负值：

$$\int_a^b f(x)\mathrm{d}x = \lim_{\lambda\to 0}\sum_{i=1}^n f(\xi_i)\Delta x_i = -\lim_{\lambda\to 0}\sum_{i=1}^n [-f(\xi_i)]\Delta x_i = -\int_a^b [-f(x)]\mathrm{d}x.$$

(3) 当 $f(x)$ 既取得正值又取得负值时，函数 $f(x)$ 的图形某些部分在 x 轴的上方，而其他部分在 x 轴的下方. 如果我们对面积赋以正负号，在 x 轴上方的图形面积赋以正号，在 x 轴下方的图形面积赋以负号，则在一般情形下，定积分 $\int_a^b f(x)\mathrm{d}x$ 的几何意义为：介于 x 轴，函数 $f(x)$ 的图形以及两条直线 $x=a$，$x=b$ 之间的各部分面积的代数和，如图 6-3 所示.

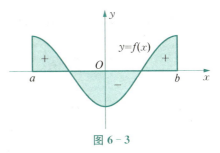

图 6-3

例 1 利用定义计算定积分 $\int_0^1 x^2\mathrm{d}x$.

解 把区间 $[0,1]$ 分成 n 等份，分点和小区间的长度分别为

$$x_i=\frac{i}{n}\ (i=1,2,\cdots,n-1),\ \Delta x_i=\frac{1}{n}\ (i=1,2,\cdots,n).$$

取 $\xi_i=\frac{i}{n}\ (i=1,2,\cdots,n)$，作积分和

$$\sum_{i=1}^n f(\xi_i)\Delta x_i = \sum_{i=1}^n \xi_i^2 \Delta x_i = \sum_{i=1}^n \left(\frac{i}{n}\right)^2 \cdot \frac{1}{n}$$

$$= \frac{1}{n^3}\sum_{i=1}^{n} i^2 = \frac{1}{n^3} \cdot \frac{1}{6}n(n+1)(2n+1)$$

$$= \frac{1}{6}\left(1+\frac{1}{n}\right)\left(2+\frac{1}{n}\right).$$

因为 $\lambda = \frac{1}{n}$,当 $\lambda \to 0$ 时,$n \to \infty$,所以

$$\int_0^1 x^2 \mathrm{d}x = \lim_{\lambda \to 0}\sum_{i=1}^{n} f(\xi_i)\Delta x_i = \lim_{n \to \infty}\frac{1}{6}\left(1+\frac{1}{n}\right)\left(2+\frac{1}{n}\right) = \frac{1}{3}.$$

6.1.3 定积分的性质

为了今后计算和应用方便,先对定积分作两点补充规定:

(1) 当 $a = b$ 时,$\int_a^b f(x)\mathrm{d}x = 0.$

(2) 当 $a > b$ 时,$\int_a^b f(x)\mathrm{d}x = -\int_b^a f(x)\mathrm{d}x.$

性质 1 函数的和(差)的定积分等于它们的定积分的和(差),即

$$\int_a^b [f(x) \pm g(x)]\mathrm{d}x = \int_a^b f(x)\mathrm{d}x \pm \int_a^b g(x)\mathrm{d}x.$$

证
$$\int_a^b [f(x) \pm g(x)]\mathrm{d}x = \lim_{\lambda \to 0}\sum_{i=1}^{n}[f(\xi_i) \pm g(\xi_i)]\Delta x_i$$

$$= \lim_{\lambda \to 0}\sum_{i=1}^{n} f(\xi_i)\Delta x_i \pm \lim_{\lambda \to 0}\sum_{i=1}^{n} g(\xi_i)\Delta x_i$$

$$= \int_a^b f(x)\mathrm{d}x \pm \int_a^b g(x)\mathrm{d}x.$$

性质 2 被积函数的常数因子可以提到积分号外面,即

$$\int_a^b kf(x)\mathrm{d}x = k\int_a^b f(x)\mathrm{d}x.$$

这是因为

$$\int_a^b kf(x)\mathrm{d}x = \lim_{\lambda \to 0}\sum_{i=1}^{n} kf(\xi_i)\Delta x_i = k\lim_{\lambda \to 0}\sum_{i=1}^{n} f(\xi_i)\Delta x_i = k\int_a^b f(x)\mathrm{d}x.$$

性质 3 如果将积分区间分成两部分,则在整个区间上的定积分等于这两部分区间上定积分之和,即

$$\int_a^b f(x)\mathrm{d}x = \int_a^c f(x)\mathrm{d}x + \int_c^b f(x)\mathrm{d}x.$$

这个性质表明定积分对于积分区间具有可加性.

注 4 不论 a,b,c 的相对位置如何,总有等式

$$\int_a^b f(x)\mathrm{d}x = \int_a^c f(x)\mathrm{d}x + \int_c^b f(x)\mathrm{d}x$$

成立. 例如,当 $a<b<c$ 时,由于

$$\int_a^c f(x)\mathrm{d}x = \int_a^b f(x)\mathrm{d}x + \int_b^c f(x)\mathrm{d}x,$$

于是有

$$\int_a^b f(x)\mathrm{d}x = \int_a^c f(x)\mathrm{d}x - \int_b^c f(x)\mathrm{d}x = \int_a^c f(x)\mathrm{d}x + \int_c^b f(x)\mathrm{d}x.$$

性质 4 如果在区间 $[a,b]$ 上 $f(x)\equiv 1$,则

$$\int_a^b 1\mathrm{d}x = \int_a^b \mathrm{d}x = b-a.$$

性质 5 如果在区间 $[a,b]$ 上 $f(x)\geqslant 0$,则

$$\int_a^b f(x)\mathrm{d}x \geqslant 0 \quad (a<b).$$

推论 1 如果在区间 $[a,b]$ 上 $f(x)\leqslant g(x)$,则

$$\int_a^b f(x)\mathrm{d}x \leqslant \int_a^b g(x)\mathrm{d}x \quad (a<b).$$

证 因为 $g(x)-f(x)\geqslant 0$,从而

$$\int_a^b g(x)\mathrm{d}x - \int_a^b f(x)\mathrm{d}x = \int_a^b [g(x)-f(x)]\mathrm{d}x \geqslant 0,$$

所以

$$\int_a^b f(x)\mathrm{d}x \leqslant \int_a^b g(x)\mathrm{d}x.$$

推论 2 $\left|\int_a^b f(x)\mathrm{d}x\right| \leqslant \int_a^b |f(x)|\mathrm{d}x \ (a<b).$

证 因为 $-|f(x)|\leqslant f(x)\leqslant |f(x)|$,所以

$$-\int_a^b |f(x)|\,\mathrm{d}x \leqslant \int_a^b f(x)\,\mathrm{d}x \leqslant \int_a^b |f(x)|\,\mathrm{d}x,$$

即

$$\left|\int_a^b f(x)\,\mathrm{d}x\right| \leqslant \int_a^b |f(x)|\,\mathrm{d}x.$$

性质 6 设 M 与 m 分别是函数 $f(x)$ 在区间 $[a,b]$ 上的最大值与最小值,则

$$m(b-a) \leqslant \int_a^b f(x)\,\mathrm{d}x \leqslant M(b-a) \quad (a<b).$$

证 因为 $m \leqslant f(x) \leqslant M$,所以

$$\int_a^b m\,\mathrm{d}x \leqslant \int_a^b f(x)\,\mathrm{d}x \leqslant \int_a^b M\,\mathrm{d}x,$$

从而

$$m(b-a) \leqslant \int_a^b f(x)\,\mathrm{d}x \leqslant M(b-a).$$

性质 7(定积分中值定理) 如果函数 $f(x)$ 在闭区间 $[a,b]$ 上连续,则在积分区间 $[a,b]$ 上至少存在一点 ξ,使下式成立:

$$\int_a^b f(x)\,\mathrm{d}x = f(\xi)(b-a). \tag{6-1-3}$$

这个公式叫作**积分中值公式**.

证 由性质 6,

$$m(b-a) \leqslant \int_a^b f(x)\,\mathrm{d}x \leqslant M(b-a),$$

各项除以 $b-a$,得

$$m \leqslant \frac{1}{b-a}\int_a^b f(x)\,\mathrm{d}x \leqslant M,$$

再由连续函数的介值定理,在 $[a,b]$ 上至少存在一点 ξ,使

$$f(\xi) = \frac{1}{b-a}\int_a^b f(x)\,\mathrm{d}x,$$

于是两端乘以 $b-a$ 得中值公式

$$\int_a^b f(x)\mathrm{d}x = f(\xi)(b-a).$$

积分中值公式的几何解释：在积分区间 $[a,b]$ 上至少存在一个点 ξ，使以区间为底，以曲线为曲边的梯形的面积等同于同一底边而高为 $f(\xi)$ 的一个矩形的面积，如图 6-4 所示。显然，不论 $a<b$ 还是 $a>b$，积分中值公式 $\int_a^b f(x)\mathrm{d}x = f(\xi)(b-a)$，$\xi\in(a,b)$ 都成立。$f(\xi) = \dfrac{1}{b-a}\int_a^b f(x)\mathrm{d}x$ 称为函数在区间 $[a,b]$ 上的平均值。

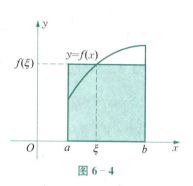

图 6-4

习题 6.1

1. 利用定积分定义计算下列积分：

(1) $\int_a^b 2x\,\mathrm{d}x\ (a<b)$；

(2) $\int_0^2 \mathrm{e}^x\,\mathrm{d}x$.

2. 根据定积分性质，比较下列积分值的大小：

(1) $\int_0^1 x^2\,\mathrm{d}x$ 与 $\int_0^1 x^3\,\mathrm{d}x$；

(2) $\int_1^2 x^2\,\mathrm{d}x$ 与 $\int_1^2 x^3\,\mathrm{d}x$；

(3) $\int_0^1 \mathrm{e}^x\,\mathrm{d}x$ 与 $\int_0^1 (x+1)\,\mathrm{d}x$；

(4) $\int_0^1 x\,\mathrm{d}x$ 与 $\int_0^1 \ln(x+1)\,\mathrm{d}x$.

3. 估计下列积分值的范围：

(1) $\int_1^4 (x^2+1)\,\mathrm{d}x$；

(2) $\int_1^2 \dfrac{x}{1+x^2}\,\mathrm{d}x$；

(3) $\int_0^1 \mathrm{e}^{x^2}\,\mathrm{d}x$；

(4) $\int_0^2 \mathrm{e}^{x^2-x}\,\mathrm{d}x$.

6.2 微积分基本公式

在 6.1 节中，我们用定积分的定义计算了函数 $f(x)=x^2$ 在区间 $[0,1]$ 上的定积分 $\int_0^1 x^2\,\mathrm{d}x$。虽然被积函数与积分区间都很简单，但是计算过程却较烦琐，可想而知,当被积函数变得复杂后,用定积分的定义求解,我们将面临更大的困难,这就要求我们必须探索计算定积分的新方法.另外,不定积分和定积分这两个概念的建立,从表征上看似乎没有任何关系,为了达到上述的目的,本节的讨论就从探索二者的本质关系开始.

6.2.1 积分上限函数及其导数

设函数 $f(x)$ 在区间 $[a,b]$ 上连续,并且设 x 为 $[a,b]$ 上的一点. 显然函数 $f(x)$ 在区间 $[a,x]$ 上仍然连续,故 $f(x)$ 在 $[a,x]$ 上可积,即定积分 $\int_a^x f(x)\mathrm{d}x$ 存在,因为在这个积分中 x 既表示上限又表示变量,由于积分与变量的记法无关,为明确起见,把积分变量改用其他符号.如果用 t 表示,则上面的积分可表示为

$$\int_a^x f(t)\mathrm{d}t.$$

如果上限 x 在 $[a,b]$ 上任意变动,则对于每一个取定的上限 x 值,定积分都有一个对应值,所以在区间 $[a,b]$ 上定义了一个函数,记为 $\Phi(x)$,即

$$\Phi(x)=\int_a^x f(t)\mathrm{d}t \ (a\leqslant x\leqslant b). \tag{6-2-1}$$

称这个积分为**积分上限的函数**,或**变上限积分**.下面将介绍它的重要性质.

定理 1 如果函数 $f(x)$ 在区间 $[a,b]$ 上连续,则积分上限的函数

$$\Phi(x)=\int_a^x f(t)\mathrm{d}t$$

在 $[a,b]$ 上具有导数,并且它的导数为

$$\Phi'(x)=\frac{\mathrm{d}}{\mathrm{d}x}\int_a^x f(t)\mathrm{d}t=f(x) \ (a\leqslant x\leqslant b). \tag{6-2-2}$$

证 若 $x\in(a,b)$,取 Δx 使 $x+\Delta x\in(a,b)$,则

$$\Phi(x+\Delta x)=\int_a^{x+\Delta x} f(t)\mathrm{d}t.$$

由此可得函数的增量

$$\Delta\Phi=\Phi(x+\Delta x)-\Phi(x)=\int_a^{x+\Delta x} f(t)\mathrm{d}t-\int_a^x f(t)\mathrm{d}t$$

$$= \int_a^x f(t)dt + \int_x^{x+\Delta x} f(t)dt - \int_a^x f(t)dt$$
$$= \int_x^{x+\Delta x} f(t)dt.$$

应用积分中值定理(如图 6-5 所示),从而得到 $\Delta\Phi(x) = f(\xi)\Delta x$,其中 ξ 在 x 与 $x+\Delta x$ 之间,$\Delta x \to 0$ 时,$\xi \to x$. 于是

$$\Phi'(x) = \lim_{\Delta x \to 0}\frac{\Delta\Phi}{\Delta x} = \lim_{\Delta x \to 0} f(\xi)$$
$$= \lim_{\xi \to x} f(\xi) = f(x).$$

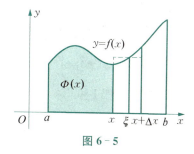

图 6-5

若 $x=a$,取 $\Delta x > 0$,则同理可证 $\Phi'_+(x) = f(a)$;若 $x=b$,取 $\Delta x < 0$,则同理可证 $\Phi'_-(x) = f(b)$.

综上所述,对任意的 $x \in [a,b]$,$\Phi'(x) = f(x)$,定理获证.

另外,如果函数 $f(x)$ 在区间 $[a,b]$ 上连续,则称函数

$$\int_x^b f(t)dt, \quad x \in [a,b]$$

为 $f(x)$ 在区间 $[a,b]$ 上的**积分下限的函数**,由定理 1 可得

$$\Phi'(x) = \frac{d}{dx}\int_x^b f(t)dt = -\frac{d}{dx}\int_b^x f(t)dt = -f(x) \ (a \leqslant x \leqslant b).$$

$$(6-2-3)$$

定理 2(原函数存在定理) 如果函数 $f(x)$ 在区间 $[a,b]$ 上连续,则函数

$$\Phi(x) = \int_a^x f(t)dt \qquad (6-2-4)$$

是 $f(x)$ 在区间 $[a,b]$ 上的一个原函数.

例 1 求 $\dfrac{d}{dx}\int_0^x \cos^2 t\, dt$.

解 由定理 1 可得

$$\frac{d}{dx}\int_0^x \cos^2 t\, dt = \cos^2 x.$$

例 2 求 $\dfrac{d}{dx}\int_x^2 e^{-t^2} dt$.

解 由定理 1 可得

$$\frac{d}{dx}\int_x^2 e^{-t^2}dt = -\frac{d}{dx}\int_2^x e^{-t^2}dt = -e^{-x^2}.$$

例 3 求 $\dfrac{d}{dx}\int_2^{x^2}\ln t\,dt$.

解 设 $\Phi(x)=\int_2^{x^2}\ln t\,dt$, 令 $u=x^2$, 则 $\Phi(u)=\int_2^u\ln t\,dt$, 根据复合函数的求导法则和定理 1 可得

$$\frac{d}{dx}\int_2^{x^2}\ln t\,dt = \frac{d}{du}\int_2^u\ln t\,dt\,\frac{du}{dx} = \Phi'(u)\cdot(2x)$$
$$= \ln x^2\cdot(2x) = 2x\ln x^2.$$

例 4 求 $\lim\limits_{x\to 0}\dfrac{\int_0^x e^{-t^2}dt}{\sin x}$.

解 上式是 $\dfrac{0}{0}$ 型的不定式, 利用洛必达法则及定理 1 可得

$$\lim_{x\to 0}\frac{\int_0^x e^{-t^2}dt}{\sin x} = \lim_{x\to 0}\frac{\left(\int_0^x e^{-t^2}dt\right)'}{(\sin x)'} = \lim_{x\to 0}\frac{e^{-x^2}}{\cos x} = 1.$$

6.2.2 微积分基本公式

定理 1 一方面肯定了连续函数的原函数是存在的, 另一方面初步地揭示了积分学中的定积分与原函数之间的联系. 因此, 我们可以通过原函数来计算定积分.

定理 3(牛顿-莱布尼茨公式) 如果函数 $F(x)$ 是连续函数 $f(x)$ 在区间 $[a,b]$ 上的一个原函数, 则

$$\int_a^b f(x)dx = F(b)-F(a). \qquad(6-2-5)$$

此公式称为**牛顿-莱布尼茨公式**, 也称为**微积分基本公式**.

证 已知函数 $F(x)$ 是连续函数 $f(x)$ 的一个原函数, 又根据定理 2, 积分上限函数 $\Phi(x)=\int_a^x f(t)dt$ 也是 $f(x)$ 的一个原函数. 于是有一常数 C, 使

$$F(x) - \Phi(x) = C \quad (a \leqslant x \leqslant b).$$

当 $x = a$ 时,有 $F(a) - \Phi(a) = C$,而 $\Phi(a) = \int_a^a f(t)\mathrm{d}t = 0$,所以

$$F(a) = C,$$

当 $x = b$ 时,有 $F(b) - \Phi(b) = C = F(a)$,所以

$$\Phi(b) = \int_a^b f(t)\mathrm{d}t = F(b) - F(a),$$

或

$$\int_a^b f(x)\mathrm{d}x = F(b) - F(a).$$

为了方便起见,可把 $F(b) - F(a)$ 记成 $F(x)|_a^b$,于是

$$\int_a^b f(x)\mathrm{d}x = F(x)\,|_a^b = F(b) - F(a).$$

这个公式进一步揭示了定积分与被积函数的原函数或不定积分之间的联系.

例 5 计算 $\int_0^1 x^2 \mathrm{d}x$.

解 由于 $\frac{1}{3}x^3$ 是 x^2 的一个原函数,所以由牛顿-莱布尼茨公式可得

$$\int_0^1 x^2 \mathrm{d}x = \frac{1}{3}x^3 \bigg|_0^1 = \frac{1}{3} \cdot 1^3 - \frac{1}{3} \cdot 0^3 = \frac{1}{3}.$$

例 6 计算 $\int_{-1}^{\sqrt{3}} \frac{\mathrm{d}x}{1+x^2}$.

解 由于 $\arctan x$ 是 $\frac{1}{1+x^2}$ 的一个原函数,所以

$$\int_{-1}^{\sqrt{3}} \frac{\mathrm{d}x}{1+x^2} = \arctan x \,\big|_{-1}^{\sqrt{3}} = \arctan\sqrt{3} - \arctan(-1)$$

$$= \frac{\pi}{3} - \left(-\frac{\pi}{4}\right) = \frac{7}{12}\pi.$$

例 7 计算 $\int_{-2}^{-1} \frac{1}{x}\mathrm{d}x$.

解 根据牛顿-莱布尼茨公式可得

$$\int_{-2}^{-1} \frac{1}{x} dx = \ln|x| \Big|_{-2}^{-1} = \ln 1 - \ln 2 = -\ln 2.$$

例 8 汽车以每小时 36 km 速度行驶,到某处需要减速停车. 设汽车以等加速度 $a = -5 \text{ m/s}^2$ 刹车. 问从开始刹车到停车,汽车走了多少距离?

解 当 $t = 0$ 时,汽车速度

$$v_0 = 36 \text{ km/h} = \frac{36 \times 1\,000}{3\,600} \text{ m/s} = 10 \text{ m/s}.$$

刹车后 t 时刻汽车的速度为

$$v(t) = v_0 + at = 10 - 5t.$$

当汽车停止时,速度 $v(t) = 0$,由

$$v(t) = 10 - 5t = 0,$$

得 $t = 2(\text{s})$. 于是从开始刹车到停车汽车所走过的距离为

$$s = \int_0^2 v(t) dt = \int_0^2 (10 - 5t) dt = \left(10t - 5 \cdot \frac{1}{2} t^2\right) \Big|_0^2 = 10 (\text{m}),$$

即在刹车后,汽车须走过 10 m 才能停住.

习题 6.2

1. 求下列导数:

(1) $\int_1^x e^{t-t^2} dt$;

(2) $\int_1^{x^2} \cos(t^2 + 1) dt$;

(3) $\int_1^{\sqrt{x}} (1 + t^2) dt$;

(4) $\int_x^{2\pi} \frac{\sin t}{t} dt$.

2. 求下列极限:

(1) $\lim\limits_{x \to 0} \dfrac{\int_0^x t^2 dt}{x}$;

(2) $\lim\limits_{x \to 0} \dfrac{\int_0^x \arctan t \, dt}{x^2}$;

(3) $\lim\limits_{x \to 0} \dfrac{\int_x^0 \ln(1+t) dt}{x^2}$;

(4) $\lim\limits_{x \to 0} \dfrac{\int_{\cos x}^1 e^{-t^2} dt}{x^2}$.

3. 计算正弦曲线 $y=\sin x$ 在 $[0,\pi]$ 上与 x 轴所围成的平面图形的面积.

4. 计算下列定积分:

(1) $\int_0^1 4x^3 \mathrm{d}x$;

(2) $\int_e^5 \frac{1}{x} \mathrm{d}t$;

(3) $\int_{\frac{\pi}{2}}^{\pi} \cos x \mathrm{d}x$;

(4) $\int_0^3 \sqrt{(2-x)^2} \mathrm{d}t$.

5. 设 $f(x)$ 在 $[0,+\infty)$ 内连续且 $f(x)>0$,证明:函数 $F(x)=\dfrac{\int_0^x tf(t)\mathrm{d}t}{\int_0^x f(t)\mathrm{d}t}$ 在 $(0,+\infty)$ 内为单调增加函数.

6. 设 $F(x)=x\int_0^x f(t)\mathrm{d}t - 2\int_0^x tf(t)\mathrm{d}t$,证明:当 $x>0$ 且 $f'(x)\leqslant 0$ 时, $F'(x)\geqslant 0$.

6.3 定积分的换元法和分部积分法

在不定积分的计算时用到了换元法和分部积分法.因此,在一定条件下定积分也可以用换元法和分部积分法来计算.

6.3.1 换元积分法

定理 1 假设函数 $f(x)$ 在区间 $[a,b]$ 上连续,函数 $x=\varphi(t)$ 满足条件:

(1) $\varphi(\alpha)=a$, $\varphi(\beta)=b$;

(2) $\varphi(t)$ 在 $[\alpha,\beta]$ (或 $[\beta,\alpha]$) 上具有连续导数,且 $a\leqslant \varphi(t)\leqslant b$,则有

$$\int_a^b f(x)\mathrm{d}x = \int_\alpha^\beta f[\varphi(t)]\varphi'(t)\mathrm{d}t. \quad (6\text{-}3\text{-}1)$$

这个公式叫作**定积分换元公式**.

证 由假设知, $f(x)$ 在区间 $[a,b]$ 上连续可积, $f[\varphi(t)]\varphi'(t)$ 在区间 $[\alpha,\beta]$ (或 $[\beta,\alpha]$) 上也连续可积.假设 $F(x)$ 是 $f(x)$ 的一个原函数,则

$$\int_a^b f(x)\mathrm{d}x = F(b)-F(a).$$

由复合函数的求导法则可知 $F[\varphi(t)]$ 是 $f[\varphi(t)]\varphi'(t)$ 的一个原函数,从而

$$\int_\alpha^\beta f[\varphi(t)]\varphi'(t)\mathrm{d}t = F[\varphi(\beta)] - F[\varphi(\alpha)] = F(b) - F(a).$$

因此

$$\int_a^b f(x)\mathrm{d}x = \int_\alpha^\beta f[\varphi(t)]\varphi'(t)\mathrm{d}t.$$

注1 用换元法计算定积分时，一旦得到了用新变量表示的原函数后，不必作变量还原，而只要用新的积分上、下限代入并求差值即可。

例1 计算 $\int_0^a \sqrt{a^2 - x^2}\,\mathrm{d}x \ (a > 0)$.

解 令 $x = a\sin t$，则 $\mathrm{d}x = a\cos t\,\mathrm{d}t$，且当 $x = 0$ 时，$t = 0$；当 $x = a$ 时，$t = \dfrac{\pi}{2}$. 所以

$$\int_0^a \sqrt{a^2 - x^2}\,\mathrm{d}x = \int_0^{\frac{\pi}{2}} a\cos t \cdot a\cos t\,\mathrm{d}t = a^2 \int_0^{\frac{\pi}{2}} \cos^2 t\,\mathrm{d}t$$

$$= \frac{a^2}{2} \int_0^{\frac{\pi}{2}} (1 + \cos 2t)\,\mathrm{d}t = \frac{a^2}{2}\left(t + \frac{1}{2}\sin 2t\right)\bigg|_0^{\frac{\pi}{2}}$$

$$= \frac{1}{4}\pi a^2.$$

例2 计算 $\int_0^{\frac{\pi}{2}} \cos^3 x \sin x\,\mathrm{d}x$.

解 令 $t = \cos x$，则当 $x = 0$ 时，$t = 1$；当 $x = \dfrac{\pi}{2}$ 时，$t = 0$. 所以

$$\int_0^{\frac{\pi}{2}} \cos^3 x \sin x\,\mathrm{d}x = -\int_0^{\frac{\pi}{2}} \cos^3 x\,\mathrm{d}\cos x = -\int_1^0 t^3\,\mathrm{d}t$$

$$= \int_0^1 t^3\,\mathrm{d}t = \frac{1}{4}t^4\bigg|_0^1 = \frac{1}{4}.$$

例3 计算 $\int_0^\pi \sqrt{\sin^3 x - \sin^5 x}\,\mathrm{d}x$.

解 将被积函数的根号去掉，可得

$$\int_0^\pi \sqrt{\sin^3 x - \sin^5 x}\,\mathrm{d}x = \int_0^\pi \sin^{\frac{3}{2}} x\,|\cos x|\,\mathrm{d}x$$

$$= \int_0^{\frac{\pi}{2}} \sin^{\frac{3}{2}} x \cos x\,\mathrm{d}x - \int_{\frac{\pi}{2}}^\pi \sin^{\frac{3}{2}} x \cos x\,\mathrm{d}x$$

$$= \int_0^{\frac{\pi}{2}} \sin^{\frac{3}{2}} x \, d\sin x - \int_{\frac{\pi}{2}}^{\pi} \sin^{\frac{3}{2}} x \, d\sin x$$

$$= \frac{2}{5} \sin^{\frac{5}{2}} x \Big|_0^{\frac{\pi}{2}} - \frac{2}{5} \sin^{\frac{5}{2}} x \Big|_{\frac{\pi}{2}}^{\pi}$$

$$= \frac{2}{5} - \left(-\frac{2}{5}\right) = \frac{4}{5}.$$

例 4 计算 $\int_0^4 \frac{x+2}{\sqrt{2x+1}} dx$.

解 令 $\sqrt{2x+1} = t$，则 $dx = t \, dt$，且当 $x = 0$ 时，$t = 1$；当 $x = 4$ 时，$t = 3$. 所以

$$\int_0^4 \frac{x+2}{\sqrt{2x+1}} dx = \int_1^3 \frac{\frac{t^2-1}{2}+2}{t} \cdot t \, dt = \frac{1}{2} \int_1^3 (t^2+3) dt$$

$$= \frac{1}{2} \left(\frac{1}{3} t^3 + 3t\right) \Big|_1^3 = \frac{1}{2} \left(\frac{27}{3} + 9 - \frac{1}{3} - 3\right)$$

$$= \frac{22}{3}.$$

例 5 设 $f(x)$ 在区间 $[-a, a]$ 上连续，试证：

(1) 当 $f(x)$ 为偶函数时，$\int_{-a}^{a} f(x) dx = 2 \int_0^a f(x) dx$；

(2) 当 $f(x)$ 为奇函数时，$\int_{-a}^{a} f(x) dx = 0$.

证 因为

$$\int_{-a}^{a} f(x) dx = \int_{-a}^{0} f(x) dx + \int_0^a f(x) dx,$$

令 $x = -t$，则 $dx = -dt$，所以

$$\int_{-a}^{0} f(x) dx = -\int_a^0 f(-t) dt = \int_0^a f(-t) dt = \int_0^a f(-x) dx.$$

(1) 当 $f(x)$ 为偶函数时，则 $f(-x) + f(x) = 2f(x)$，于是可得

$$\int_{-a}^{a} f(x) dx = \int_0^a f(-x) dx + \int_0^a f(x) dx$$

$$= \int_0^a [f(-x) + f(x)] dx = \int_0^a 2f(x) dx$$

$$= 2\int_0^a f(x)\mathrm{d}x.$$

(2) 若 $f(x)$ 为奇函数,则 $f(-x)+f(x)=0$,从而

$$\int_{-a}^a f(x)\mathrm{d}x = \int_0^a [f(-x)+f(x)]\mathrm{d}x = 0.$$

例 6 设函数 $f(x)=\begin{cases} x\mathrm{e}^{-x^2}, & x\geqslant 0, \\ \dfrac{1}{1+\cos x}, & -1<x<0, \end{cases}$ 计算 $\int_1^4 f(x-2)\mathrm{d}x$.

解 设 $x-2=t$,则 $\mathrm{d}x=\mathrm{d}t$,可得

$$\int_1^4 f(x-2)\mathrm{d}x = \int_{-1}^2 f(t)\mathrm{d}t = \int_{-1}^0 \frac{1}{1+\cos t}\mathrm{d}t + \int_0^2 t\mathrm{e}^{-t^2}\mathrm{d}t$$

$$= \tan\frac{t}{2}\Big|_{-1}^0 - \frac{1}{2}\mathrm{e}^{-t^2}\Big|_0^2 = \tan\frac{1}{2} - \frac{1}{2}\mathrm{e}^{-4} + \frac{1}{2}.$$

6.3.2 分部积分法

设函数 $u(x),v(x)$ 在区间 $[a,b]$ 上分别具有连续导数 $u'(x),v'(x)$,由 $(uv)'=u'v+uv'$ 得 $u'v=(uv)'-uv'$,两端在区间 $[a,b]$ 上积分得

$$\int_a^b uv'\mathrm{d}x = uv\Big|_a^b - \int_a^b u'v\mathrm{d}x, \qquad (6-3-2)$$

或

$$\int_a^b u\mathrm{d}v = uv\Big|_a^b - \int_a^b v\mathrm{d}u. \qquad (6-3-3)$$

这就是**定积分分部积分公式**.

例 7 计算 $\int_0^{\frac{1}{2}} \arcsin x\mathrm{d}x$.

解 根据定积分分部积分公式可得

$$\int_0^{\frac{1}{2}} \arcsin x\mathrm{d}x = x\arcsin x\Big|_0^{\frac{1}{2}} - \int_0^{\frac{1}{2}} x\mathrm{d}\arcsin x = \frac{1}{2}\cdot\frac{\pi}{6} - \int_0^{\frac{1}{2}} \frac{x}{\sqrt{1-x^2}}\mathrm{d}x$$

$$= \frac{\pi}{12} + \frac{1}{2}\int_0^{\frac{1}{2}} \frac{1}{\sqrt{1-x^2}}\mathrm{d}(1-x^2) = \frac{\pi}{12} + \sqrt{1-x^2}\Big|_0^{\frac{1}{2}}$$

$$= \frac{\pi}{12} + \frac{\sqrt{3}}{2} - 1.$$

例 8 计算 $\int_0^1 e^{\sqrt{x}} dx$.

解 由换元法可令 $\sqrt{x} = t$，则 $dx = 2t\, dt$，当 $x=0$ 时，$t=0$；当 $x=1$ 时，$t=1$. 所以

$$\int_0^1 e^{\sqrt{x}} dx = 2\int_0^1 e^t t\, dt = 2\int_0^1 t\, de^t = 2(te^t)\Big|_0^1 - 2\int_0^1 e^t dt$$
$$= 2e - 2e^t\Big|_0^1 = 2.$$

例 9 设 $I_n = \int_0^{\frac{\pi}{2}} \sin^n x\, dx$，证明：

(1) 当 n 为正偶数时，$I_n = \dfrac{n-1}{n} \cdot \dfrac{n-3}{n-2} \cdot \cdots \cdot \dfrac{3}{4} \cdot \dfrac{1}{2} \cdot \dfrac{\pi}{2}$；

(2) 当 n 为大于 1 的正奇数时，$I_n = \dfrac{n-1}{n} \cdot \dfrac{n-3}{n-2} \cdot \cdots \cdot \dfrac{4}{5} \cdot \dfrac{2}{3}$.

证 因为

$$I_n = \int_0^{\frac{\pi}{2}} \sin^n x\, dx = -\int_0^{\frac{\pi}{2}} \sin^{n-1} x\, d\cos x$$
$$= -(\cos x \sin^{n-1} x)\Big|_0^{\frac{\pi}{2}} + \int_0^{\frac{\pi}{2}} \cos x\, d\sin^{n-1} x$$
$$= (n-1)\int_0^{\frac{\pi}{2}} \cos^2 x \sin^{n-2} x\, dx = (n-1)\int_0^{\frac{\pi}{2}} (\sin^{n-2} x - \sin^n x)\, dx$$
$$= (n-1)\int_0^{\frac{\pi}{2}} \sin^{n-2} x\, dx - (n-1)\int_0^{\frac{\pi}{2}} \sin^n x\, dx$$
$$= (n-1)I_{n-2} - (n-1)I_n,$$

所以

$$I_n = \frac{n-1}{n} I_{n-2},$$

$$I_{2m} = \frac{2m-1}{2m} \cdot \frac{2m-3}{2m-2} \cdot \frac{2m-5}{2m-4} \cdot \cdots \cdot \frac{3}{4} \cdot \frac{1}{2} I_0,$$

$$I_{2m+1} = \frac{2m}{2m+1} \cdot \frac{2m-2}{2m-1} \cdot \frac{2m-4}{2m-3} \cdot \cdots \cdot \frac{4}{5} \cdot \frac{2}{3} I_1,$$

又因为
$$I_0 = \int_0^{\frac{\pi}{2}} dx = \frac{\pi}{2}, \quad I_1 = \int_0^{\frac{\pi}{2}} \sin x \, dx = 1,$$

从而可得
$$I_{2m} = \frac{2m-1}{2m} \cdot \frac{2m-3}{2m-2} \cdot \frac{2m-5}{2m-4} \cdot \cdots \cdot \frac{3}{4} \cdot \frac{1}{2} \cdot \frac{\pi}{2},$$
$$I_{2m+1} = \frac{2m}{2m+1} \cdot \frac{2m-2}{2m-1} \cdot \frac{2m-4}{2m-3} \cdot \cdots \cdot \frac{4}{5} \cdot \frac{2}{3}.$$

证毕.

习题 6.3

1. 计算下列定积分：

(1) $\int_{\frac{\pi}{3}}^{\pi} \sin\left(x + \frac{\pi}{3}\right) dx$；

(2) $\int_{-2}^{1} \frac{1}{(11+5x)^2} dx$；

(3) $\int_0^{\frac{\pi}{2}} \sin^2\theta \cos\theta \, d\theta$；

(4) $\int_{\frac{\pi}{6}}^{\frac{\pi}{2}} \cos^2 u \, du$；

(5) $\int_1^{e^2} \frac{1}{x\sqrt{1+\ln x}} dx$；

(6) $\int_{-2}^{0} \frac{1}{x^2 + 2x + 2} dx$.

2. 计算下列定积分：

(1) $\int_0^1 x e^{-x} dx$；

(2) $\int_1^e x^2 \ln x \, dx$；

(3) $\int_0^{\pi} x \cos x \, dx$；

(4) $\int_1^4 \frac{\ln x}{\sqrt{x}} dx$；

(5) $\int_0^{\pi} (x \sin x)^2 dx$；

(6) $\int_1^2 x \log_2 x \, dx$；

(7) $\int_0^{\frac{\pi}{2}} e^{2x} \cos x \, dx$；

(8) $\int_1^e \left(\ln x + \frac{1}{x}\right) e^x dx$.

3. 利用奇偶性计算下列积分：

(1) $\int_{-1}^{1} x e^{x^2} dx$；

(2) $\int_{-1}^{1} \frac{2 + \sin x}{1 + x^2} dx$；

(3) $\int_{-3}^{3} (x + \sqrt{4-x^2})^2 dx$；

(4) $\int_{-1}^{1} \frac{x\ln(1+x^2) + 1}{1+x^2} dx$.

4. 若 $f(x)$ 在 $[0,1]$ 上连续,证明:

(1) $\int_0^{\frac{\pi}{2}} f(\sin x)\mathrm{d}x = \int_0^{\frac{\pi}{2}} f(\cos x)\mathrm{d}x$;

(2) $\int_0^{\pi} x f(\sin x)\mathrm{d}x = \frac{\pi}{2}\int_0^{\pi} f(\sin x)\mathrm{d}x$.

5. 设 $f(x)$ 在 $[-a,a]$ 上连续,证明: $\int_{-a}^{a} f(x)\mathrm{d}x = \int_{-a}^{a} f(-x)\mathrm{d}x$.

6. 若 $f(x)$ 连续且为奇函数,证明 $F(x) = \int_0^x f(t)\mathrm{d}t$ 是偶函数;若 $f(x)$ 连续且为偶函数,证明 $F(x) = \int_0^x f(t)\mathrm{d}t$ 是奇函数.

6.4 反常积分

6.4.1 无穷限的反常积分

定义 1 设函数 $f(x)$ 在区间 $[a,+\infty)$ 上连续,取 $b > a$. 如果极限

$$\lim_{b \to +\infty} \int_a^b f(x)\mathrm{d}x$$

存在,则称此极限为函数 $f(x)$ 在**无穷区间** $[a,+\infty)$ 上的**反常积分**,记作 $\int_a^{+\infty} f(x)\mathrm{d}x$,即

$$\int_a^{+\infty} f(x)\mathrm{d}x = \lim_{b \to +\infty} \int_a^b f(x)\mathrm{d}x. \qquad (6-4-1)$$

这时也称**反常积分** $\int_a^{+\infty} f(x)\mathrm{d}x$ **收敛**. 如果上述极限不存在,函数 $f(x)$ 在无穷区间 $[a,+\infty)$ 上的反常积分 $\int_a^{+\infty} f(x)\mathrm{d}x$ 就没有意义,此时称**反常积分** $\int_a^{+\infty} f(x)\mathrm{d}x$ **发散**.

类似地,设函数 $f(x)$ 在区间 $(-\infty,b]$ 上连续,如果极限

$$\lim_{a \to -\infty} \int_a^b f(x)\mathrm{d}x \quad (a < b)$$

存在,则称此极限为函数 $f(x)$ 在无穷区间 $(-\infty,b]$ 上的反常积分,记作 $\int_{-\infty}^{b} f(x) \mathrm{d}x$, 即

$$\int_{-\infty}^{b} f(x) \mathrm{d}x = \lim_{a \to -\infty} \int_{a}^{b} f(x) \mathrm{d}x. \tag{6-4-2}$$

这时也称反常积分 $\int_{-\infty}^{b} f(x) \mathrm{d}x$ 收敛. 如果上述极限不存在,则称反常积分 $\int_{-\infty}^{b} f(x) \mathrm{d}x$ 发散.

设函数 $f(x)$ 在区间 $(-\infty,+\infty)$ 上连续,如果反常积分

$$\int_{-\infty}^{0} f(x) \mathrm{d}x \text{ 和 } \int_{0}^{+\infty} f(x) \mathrm{d}x$$

都收敛,则称上述两个反常积分的和为函数 $f(x)$ 在无穷区间 $(-\infty,+\infty)$ 上的反常积分,记作 $\int_{-\infty}^{+\infty} f(x) \mathrm{d}x$, 即

$$\begin{aligned}\int_{-\infty}^{+\infty} f(x) \mathrm{d}x &= \int_{-\infty}^{0} f(x) \mathrm{d}x + \int_{0}^{+\infty} f(x) \mathrm{d}x \\ &= \lim_{a \to -\infty} \int_{a}^{0} f(x) \mathrm{d}x + \lim_{b \to +\infty} \int_{0}^{b} f(x) \mathrm{d}x.\end{aligned} \tag{6-4-3}$$

这时也称反常积分 $\int_{-\infty}^{+\infty} f(x) \mathrm{d}x$ 收敛. 如果上式右端有一个反常积分发散,则称反常积分 $\int_{-\infty}^{+\infty} f(x) \mathrm{d}x$ 发散.

以上所定义的反常积分,统称为**无穷限的反常积分**.

对于反常积分 $\int_{a}^{+\infty} f(x) \mathrm{d}x$, 如果 $F(x)$ 是 $f(x)$ 的原函数,则

$$\begin{aligned}\int_{a}^{+\infty} f(x) \mathrm{d}x &= \lim_{b \to +\infty} \int_{a}^{b} f(x) \mathrm{d}x = \lim_{b \to +\infty} F(x) \big|_{a}^{b} \\ &= \lim_{b \to +\infty} F(b) - F(a) = \lim_{x \to +\infty} F(x) - F(a).\end{aligned}$$

可采用如下简记形式:

$$\int_{a}^{+\infty} f(x) \mathrm{d}x = F(x) \big|_{a}^{+\infty} = \lim_{x \to +\infty} F(x) - F(a). \tag{6-4-4}$$

类似地,记

$$\int_{-\infty}^{b} f(x)\mathrm{d}x = F(x)\,|_{-\infty}^{b} = F(b) - \lim_{x \to -\infty} F(x), \quad (6\text{-}4\text{-}5)$$

$$\int_{-\infty}^{+\infty} f(x)\mathrm{d}x = F(x)\,|_{-\infty}^{+\infty} = \lim_{x \to +\infty} F(x) - \lim_{x \to -\infty} F(x). \quad (6\text{-}4\text{-}6)$$

例1 计算反常积分 $\int_{-\infty}^{+\infty} \dfrac{1}{1+x^2}\mathrm{d}x$.

解 根据无穷限的反常积分定义可得

$$\begin{aligned}\int_{-\infty}^{+\infty} \frac{1}{1+x^2}\mathrm{d}x &= \arctan x\,|_{-\infty}^{+\infty} \\ &= \lim_{x \to +\infty} \arctan x - \lim_{x \to -\infty} \arctan x \\ &= \frac{\pi}{2} - \left(-\frac{\pi}{2}\right) = \pi.\end{aligned}$$

例2 计算反常积分 $\int_{0}^{+\infty} x\mathrm{e}^{-px}\mathrm{d}x$（$p$ 是常数，且 $p > 0$）.

解 根据无穷限的反常积分定义可得

$$\begin{aligned}\int_{0}^{+\infty} x\mathrm{e}^{-px}\mathrm{d}x &= \left(\int x\mathrm{e}^{-px}\mathrm{d}x\right)\Big|_{0}^{+\infty} = -\frac{1}{p}\left(\int x\mathrm{d}\mathrm{e}^{-px}\right)\Big|_{0}^{+\infty} \\ &= \left(-\frac{1}{p}x\mathrm{e}^{-px} + \frac{1}{p}\int \mathrm{e}^{-px}\mathrm{d}x\right)\Big|_{0}^{+\infty} = \left(-\frac{1}{p}x\mathrm{e}^{-px} - \frac{1}{p^2}\mathrm{e}^{-px}\right)\Big|_{0}^{+\infty} \\ &= \lim_{x \to +\infty}\left(-\frac{1}{p}x\mathrm{e}^{-px} - \frac{1}{p^2}\mathrm{e}^{-px}\right) + \frac{1}{p^2} = \frac{1}{p^2}.\end{aligned}$$

例3 讨论反常积分 $\int_{a}^{+\infty} \dfrac{1}{x^p}\mathrm{d}x$（$a > 0$）的敛散性.

解 当 $p = 1$ 时，$\int_{a}^{+\infty} \dfrac{1}{x^p}\mathrm{d}x = \int_{a}^{+\infty} \dfrac{1}{x}\mathrm{d}x = \ln x\,|_{a}^{+\infty} = +\infty$.

当 $p < 1$ 时，$\int_{a}^{+\infty} \dfrac{1}{x^p}\mathrm{d}x = \dfrac{1}{1-p}x^{1-p}\Big|_{a}^{+\infty} = +\infty$.

当 $p > 1$ 时，$\int_{a}^{+\infty} \dfrac{1}{x^p}\mathrm{d}x = \dfrac{1}{1-p}x^{1-p}\Big|_{a}^{+\infty} = \dfrac{a^{1-p}}{p-1}$.

因此，当 $p > 1$ 时，此反常积分收敛，其值为 $\dfrac{a^{1-p}}{p-1}$；当 $p \leqslant 1$ 时，此反常积分发散.

6.4.2 无界函数的反常积分

定义 2 设函数 $f(x)$ 在区间 $(a,b]$ 上连续,而在点 a 的右邻域内无界,如果极限

$$\lim_{t\to a^+}\int_t^b f(x)\mathrm{d}x \qquad (6-4-7)$$

存在,则称此极限为函数 $f(x)$ 在 $(a,b]$ 上的反常积分,仍然记作 $\int_a^b f(x)\mathrm{d}x$,即

$$\int_a^b f(x)\mathrm{d}x = \lim_{t\to a^+}\int_t^b f(x)\mathrm{d}x. \qquad (6-4-8)$$

这时也称反常积分 $\int_a^b f(x)\mathrm{d}x$ 收敛. 如果上述极限不存在,就称反常积分 $\int_a^b f(x)\mathrm{d}x$ 发散. 无界函数的反常积分又称为**瑕积分**.

类似地,设函数 $f(x)$ 在区间 $[a,b)$ 上连续,而在点 b 的左邻域内无界. 如果极限

$$\lim_{t\to b^-}\int_a^t f(x)\mathrm{d}x \qquad (6-4-9)$$

存在,则称此极限为函数 $f(x)$ 在 $[a,b)$ 上的反常积分,仍然记作 $\int_a^b f(x)\mathrm{d}x$,即

$$\int_a^b f(x)\mathrm{d}x = \lim_{t\to b^-}\int_a^t f(x)\mathrm{d}x. \qquad (6-4-10)$$

这时也称反常积分 $\int_a^b f(x)\mathrm{d}x$ 收敛. 如果上述极限不存在,就称反常积分 $\int_a^b f(x)\mathrm{d}x$ 发散.

设函数 $f(x)$ 在区间 $[a,b]$ 上除点 $c\ (a<c<b)$ 外连续,而在点 c 的邻域内无界. 如果两个反常积分

$$\int_a^c f(x)\mathrm{d}x \ \text{与}\ \int_c^b f(x)\mathrm{d}x$$

都收敛,则称上述两个积分之和为函数 $f(x)$ 在 $[a,b]$ 上的反常积分,即

$$\int_a^b f(x)\mathrm{d}x = \int_a^c f(x)\mathrm{d}x + \int_c^b f(x)\mathrm{d}x. \qquad (6-4-11)$$

这时也称反常积分 $\int_a^b f(x)\mathrm{d}x$ 收敛.否则,就称反常积分 $\int_a^b f(x)\mathrm{d}x$ 发散.

例 4 计算反常积分 $\int_0^a \dfrac{1}{\sqrt{a^2-x^2}}\mathrm{d}x$.

解 因为 $\lim\limits_{x\to a^-}\dfrac{1}{\sqrt{a^2-x^2}}=+\infty$,所以点 a 为被积函数的瑕点.

$$\int_0^a \frac{1}{\sqrt{a^2-x^2}}\mathrm{d}x=\arcsin\frac{x}{a}\Big|_0^a=\lim_{x\to a^-}\arcsin\frac{x}{a}-0=\frac{\pi}{2}.$$

例 5 讨论反常积分 $\int_{-1}^1 \dfrac{1}{x^2}\mathrm{d}x$ 的收敛性.

解 函数 $\dfrac{1}{x^2}$ 在区间 $[-1,1]$ 上除 $x=0$ 外连续,且 $\lim\limits_{x\to 0}\dfrac{1}{x^2}=\infty$. 由于

$$\int_{-1}^0 \frac{1}{x^2}\mathrm{d}x=-\frac{1}{x}\Big|_{-1}^0=\lim_{x\to 0^-}\left(-\frac{1}{x}\right)-1=+\infty,$$

即反常积分 $\int_{-1}^0 \dfrac{1}{x^2}\mathrm{d}x$ 发散,所以反常积分 $\int_{-1}^1 \dfrac{1}{x^2}\mathrm{d}x$ 发散.

例 6 讨论反常积分 $\int_a^b \dfrac{1}{(x-a)^q}\mathrm{d}x$ 的敛散性.

解 当 $q=1$ 时,

$$\int_a^b \frac{1}{(x-a)^q}\mathrm{d}x=\lim_{\varepsilon\to 0^+}\int_{a+\varepsilon}^b \frac{1}{x-a}\mathrm{d}x=\lim_{\varepsilon\to 0^+}\ln|x-a|\Big|_{a+\varepsilon}^b=+\infty.$$

当 $q>1$ 时,$\int_a^b \dfrac{1}{(x-a)^q}\mathrm{d}x=\dfrac{1}{1-q}(x-a)^{1-q}\Big|_a^b=+\infty$.

当 $q<1$ 时,$\int_a^b \dfrac{1}{(x-a)^q}\mathrm{d}x=\dfrac{1}{1-q}(x-a)^{1-q}\Big|_a^b=\dfrac{1}{1-q}(b-a)^{1-q}$.

因此,当 $q<1$ 时,此反常积分收敛,其值为 $\dfrac{1}{1-q}(b-a)^{1-q}$;当 $q\geqslant 1$ 时,此反常积分发散.

习题 6.4

1. 判断下列反常积分的收敛性,如果收敛,计算反常积分的值:

(1) $\int_1^{+\infty} \dfrac{1}{x^3} dx$;

(2) $\int_1^{+\infty} \dfrac{2}{\sqrt{x}} dx$;

(3) $\int_0^1 \dfrac{1}{x^2} dx$;

(4) $\int_0^{+\infty} \cos x \, dx$;

(5) $\int_1^2 \dfrac{x}{\sqrt{x-1}} dx$;

(6) $\int_0^1 \dfrac{x}{\sqrt{1-x^2}} dx$;

(7) $\int_1^{+\infty} \dfrac{1}{(1-x)^3} dx$;

(8) $\int_0^e \dfrac{1}{x\sqrt{1-(\ln x)^2}} dx$.

2. 讨论反常积分 $\int_2^{+\infty} \dfrac{1}{x(\ln x)^k} dx$ 的敛散性.

3. 利用递推公式计算反常积分 $I_n = \int_0^{+\infty} x^n e^{-x} dx$.

4. 求介于曲线 $y = e^x$ 与它的一条通过原点的切线以及 x 轴之间的图形的面积.

6.5 定积分的应用

定积分的应用除了我们前面所学的利用其来计算曲边梯形的面积外,还有其他方面的广泛应用.本节将讨论如何运用我们前面所学的定积分来分析和解决一些实际生活中所碰到的问题.主要介绍其在几何和经济上的应用.

6.5.1 定积分的微分元素法

从定积分的定义可知,定积分所解决的是连续但非均匀分布的整体量问题.解决这些问题的方法是通过分割的手段,把所求的整体问题转化为局部问题,再在各个局部范围内"以直代曲""以均匀代替不均匀",求得该量在局部范围内的近似值,然后把这些所求的近似值求和并取极限,从而求得整体量的精确值.这便是用定积分解决实际问题的基本思想.

由定积分的定义知,如果某一实际问题中所求量 U 符合下列条件:

(1) U 是与一个变量 x 的取值区间 $[a,b]$ 有关的量;

(2) U 对区间 $[a,b]$ 具有可加性,即如果把 $[a,b]$ 任意划分成 n 个小区间 $[x_{i-1}, x_i]$ $(i=1,2,\cdots,n)$,则 U 相应地分成了 n 个部分量 ΔU_i,且 $U = \sum_{i=1}^n \Delta U_i$;

(3) 部分量 ΔU_i 可近似地表示为 $f(\xi_i) \Delta x_i$ $(\xi_i \in [x_{i-1}, x_i])$,

那么,所求量 U 就可以用定积分来解决.具体步骤如下:

(1) 确定积分变量如 x,并给出其积分区间 $[a, b]$.

(2) 在积分区间 $[a, b]$ 上任取一小区间 $[x, x+dx]$,并求出在该小区间上的部分量 ΔU 的近似值,记作 $\Delta U \approx dU = f(x)dx$;这里 ΔU 与 dU 相差一个比 dx 高阶的无穷小量,称 dU 为 U 的元素.

(3) 由此可得在积分区间 $[a, b]$ 上所求量 U 的定积分表达式为

$$U = \int_a^b f(x)dx.$$

我们将这种方法称为**定积分的微分元素法**.

6.5.2 平面图形的面积

设平面图形由上下两条曲线 $y=f(x)$ 与 $y=g(x)$ 及左右两条直线 $x=a$ 与 $x=b$ 所围成,其中 $f(x) \geqslant g(x)(a \leqslant x \leqslant b)$,如图 6-6 所示,则面积元素为

$$dS = [f(x) - g(x)]dx,$$

于是平面图形的面积为

$$S = \int_a^b [f(x) - g(x)]dx. \qquad (6-5-1)$$

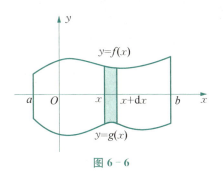

图 6-6

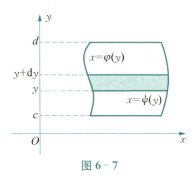

图 6-7

类似地,由左右两条曲线 $x=\varphi(y)$ 与 $x=\psi(y)(\varphi(y) \leqslant \psi(y))$ 及上下两条直线 $y=d$ 与 $y=c$ ($c < d$),如图 6-7 所示,所围成的平面图形的面积为

$$S = \int_c^d [\psi(y) - \varphi(y)]dy. \qquad (6-5-2)$$

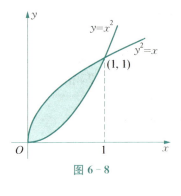

图 6-8

例1 计算由抛物线 $y^2=x$,$y=x^2$ 所围成的图形的面积,如图 6-8 所示.

解 由方程组
$$\begin{cases} y^2=x, \\ y=x^2 \end{cases}$$

解得两抛物线的交点为 $(0,0)$ 及 $(1,1)$,于是在 x 轴上的投影区间为 $[0,1]$. 设 $f(x)=\sqrt{x}$,$g(x)=x^2$,则

$$S=\int_0^1 [f(x)-g(x)]dx = \int_0^1 (\sqrt{x}-x^2)dx$$
$$=\left(\frac{2}{3}x^{\frac{3}{2}}-\frac{1}{3}x^3\right)\Big|_0^1 = \frac{1}{3}.$$

例2 计算由抛物线 $y^2=2x$ 与直线 $y=x-4$ 所围成的图形的面积,如图 6-9 所示.

解 由方程组
$$\begin{cases} y^2=2x, \\ y=x-4 \end{cases}$$

解得两线的交点为 $(2,-2)$ 及 $(8,4)$,于是在 y 轴上的投影区间为 $[-2,4]$,面积元素为

$$dS=\left(y+4-\frac{1}{2}y^2\right)dy,$$

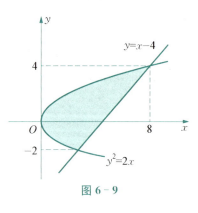

图 6-9

所以

$$S=\int_{-2}^4 \left(y+4-\frac{1}{2}y^2\right)dy = \left(\frac{1}{2}y^2+4y-\frac{1}{6}y^3\right)\Big|_{-2}^4 = 18.$$

例3 求由椭圆 $\dfrac{x^2}{a^2}+\dfrac{y^2}{b^2}=1$ 所围成的图形的面积,如图 6-10 所示.

解 显然,整个椭圆的面积是椭圆在第一象限部分的 4 倍,椭圆在第一象限部分在 x 轴上的投影区间为 $[0,a]$,因为面积元素为 ydx,所以

$$S = 4\int_0^a y\,dx.$$

由于椭圆的参数方程为

$$x = a\cos t, \quad y = b\sin t,$$

于是

$$S = 4\int_0^a y\,dx = 4\int_{\frac{\pi}{2}}^0 b\sin t\,d(a\cos t)$$

$$= -4ab\int_{\frac{\pi}{2}}^0 \sin^2 t\,dt = 2ab\int_0^{\frac{\pi}{2}}(1-\cos 2t)\,dt$$

$$= 2ab \cdot \frac{\pi}{2} = \pi ab.$$

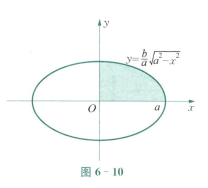

图 6-10

6.5.3 空间立体的体积

1. 旋转体的体积

旋转体就是由一个平面图形绕这平面内一条直线旋转一周而成的立体。这直线叫作**旋转轴**。常见的旋转体有圆柱、圆锥、圆台、球体等。

旋转体都可以看成是由连续曲线 $y = f(x)$，直线 $x = a$，$x = b$ 以及 x 轴所围成的曲边梯形绕 x 轴旋转一周而成的立体，如图 6-11 所示。

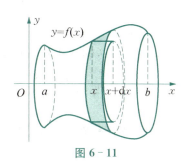

图 6-11

设过区间 $[a, b]$ 内点 x 且垂直于 x 轴的平面左侧的旋转体的体积为 $V(x)$，当平面左右平移 dx 后，体积的增量近似为 $\Delta V = \pi[f(x)]^2 dx$，于是体积元素为

$$dV = \pi[f(x)]^2 dx,$$

旋转体的体积为

$$V = \int_a^b \pi[f(x)]^2 dx. \qquad (6-5-3)$$

例 4 连接坐标原点 O 及点 $A(h, r)$ 的直线、直线 $x = h$ 及 x 轴围成一个直角三角形，将它绕 x 轴旋转构成一个底半径为 r、高为 h 的圆锥体，如图 6-12

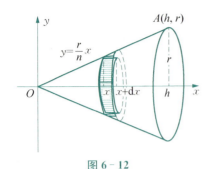

图 6-12

所示,计算此圆锥体的体积.

解 直角三角形斜边的直线方程为 $y = \dfrac{r}{h}x$,从而得体积元素为

$$dV = \pi y^2 dx = \pi \left(\dfrac{r}{h}x\right)^2 dx,$$

所求圆锥体的体积为

$$V = \int_0^h \pi \left(\dfrac{r}{h}x\right)^2 dx = \dfrac{\pi r^2}{h^2} \cdot \dfrac{1}{3}x^3 \Big|_0^h = \dfrac{1}{3}\pi h r^2.$$

例5 计算由椭圆 $\dfrac{x^2}{a^2} + \dfrac{y^2}{b^2} = 1$ 所成的图形绕 x 轴旋转而成的旋转体(称为旋转椭球体,如图 6-13)的体积.

解 这个旋转椭球体也可以看作是由半个椭圆 $y = \dfrac{b}{a}\sqrt{a^2 - x^2}$ 及 x 轴围成的图形绕 x 轴旋转而成的立体,体积元素为

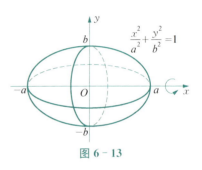

图 6-13

$$dV = \pi y^2 dx,$$

于是所求旋转椭球体的体积为

$$V = \int_{-a}^{a} \pi \dfrac{b^2}{a^2}(a^2 - x^2) dx = \pi \dfrac{b^2}{a^2}\left(a^2 x - \dfrac{1}{3}x^3\right)\Big|_{-a}^{a} = \dfrac{4}{3}\pi a b^2.$$

2. 平行截面面积为已知的立体体积

对于处在垂直于 x 轴的两平行平面 $x = a$ 与 $x = b$ 之间的立体(如图 6-14 所示),若对任意的 $x \in [a, b]$,立体在此处垂直于 x 轴的截面面积可以用连续函数 $A(x)$ 来表示,则此立体的体积可用定积分表示.

在 $[a, b]$ 内取微小区间,对应于此小区间的体积近似地等于底面积为 $A(x)$、高为 dx 的柱体体积,故体积微元为

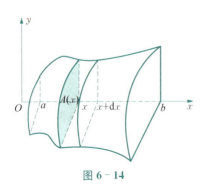

图 6-14

$$dV = A(x)dx,$$

从而

$$V = \int_a^b A(x)dx. \qquad (6-5-4)$$

例6 一平面经过半径为 R 的圆柱体的底圆中心,并与底面交成角 α(如图 6-15 所示),计算此平面截圆柱体所得楔形体的体积 V.

解 解法一 建立直角坐标系如图 6-15 所示,则底面圆方程为 $x^2 + y^2 = R^2$. 对任意 $x \in [-R, R]$,过点 x 且垂直于 x 轴的截面是一个直角三角形,两直角边的长度分别为 $y = \sqrt{R^2 - x^2}$ 和 $y\tan\alpha = \sqrt{R^2 - x^2}\tan\alpha$,故截面面积为

$$A(x) = \frac{1}{2}(R^2 - x^2)\tan\alpha,$$

于是立体体积为

$$V = \int_{-R}^{R} \frac{1}{2}(R^2 - x^2)\tan\alpha \, dx$$
$$= \tan\alpha \int_0^R (R^2 - x^2)dx = \frac{2}{3}R^3\tan\alpha.$$

解法二 在楔形体中过点 y 且垂直于 y 轴的截面是一个矩形,如图 6-16 所示,其长为 $2x = 2\sqrt{R^2 - y^2}$,高为 $y\tan\alpha$,故其面积为

$$A(y) = 2y\sqrt{R^2 - y^2}\tan\alpha,$$

从而楔形体的体积为

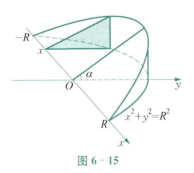

图 6-15

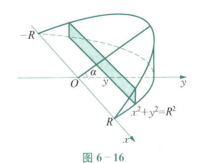

图 6-16

$$V = \int_0^R 2y\sqrt{R^2 - y^2}\tan\alpha\,\mathrm{d}y = -\frac{2}{3}\tan\alpha\,(R^2 - y^2)^{\frac{3}{2}}\bigg|_0^R$$
$$= \frac{2}{3}R^3\tan\alpha.$$

6.5.4 定积分在经济学中的应用

设某产品的固定成本为 C_0，边际成本为 $C'(Q)$，边际收益为 $R'(Q)$，其中 Q 为产量，并假设该产品处于产销平衡状态，则可得：

总成本函数 $C(Q) = \int_0^Q C'(Q)\mathrm{d}Q + C_0$；

总收益函数 $R(Q) = \int_0^Q R'(Q)\mathrm{d}Q$；

总利润函数 $L(Q) = R(Q) - C(Q) = \int_0^Q [R'(Q) - C'(Q)]\mathrm{d}Q - C_0$.

例 7 设某公司产品生产的边际成本为 $C'(Q) = Q^2 - 18Q + 100$，固定成本为 $C_0 = 0$，边际收益为 $R'(Q) = 200 - 3Q$，其中 Q 为产量.

(1) 求总成本函数 $C(Q)$ 和总收益函数 $R(Q)$；

(2) 产量为多少时，利润最大？

解 (1) 总成本函数为

$$C(Q) = \int_0^Q C'(Q)\mathrm{d}Q + C_0$$
$$= \int_0^Q (Q^2 - 18Q + 100)\mathrm{d}Q$$
$$= \frac{Q^3}{3} - 9Q^2 + 100Q.$$

总收益函数为

$$R(Q) = \int_0^Q R'(Q)\mathrm{d}Q$$
$$= \int_0^Q (200 - 3Q)\mathrm{d}Q$$
$$= 200Q - \frac{3}{2}Q^2.$$

(2) 总利润函数为

$$L(Q) = R(Q) - C(Q)$$
$$= 200Q - \frac{3}{2}Q^2 - \left(\frac{Q^3}{3} - 9Q^2 + 100Q\right)$$
$$= \frac{15}{2}Q^2 - \frac{1}{3}Q^3 + 100Q,$$
$$L'(Q) = 15Q - Q^2 + 100.$$

令 $L'(Q) = 0$，得 $Q = 20$，又因 $L''(20) = -25 < 0$，所以当 $Q = 20$ 时，总利润最大，最大利润为 $L(20) \approx 2\,333.3$.

例8 已知生产某产品 Q 单位时，边际成本为 $C'(Q) = 4 + \dfrac{Q}{4}$（万元/百台），边际收益为 $R'(Q) = 8 - Q$（万元/百台），求：

(1) 产量从 100 台增加到 500 台的成本增量；
(2) 总成本函数 $C(Q)$ 和总收益函数 $R(Q)$；
(3) 产量为多少时，利润最大？

解 (1) 产量从 100 台增加到 500 台的成本增量为
$$C(500) - C(100) = \int_1^5 \left(4 + \frac{Q}{4}\right) dQ$$
$$= \left(4Q + \frac{Q^2}{8}\right)\bigg|_1^5 = 19(\text{万元}).$$

(2) 总成本函数为
$$C(Q) = \int_0^Q C'(Q) dQ = \int_0^Q \left(4 + \frac{Q}{4}\right) dQ$$
$$= 4Q + \frac{Q^2}{8}.$$

总收益函数为
$$R(Q) = \int_0^Q R'(Q) dQ = \int_0^Q (8 - Q) dQ$$
$$= 8Q - \frac{Q^2}{2}.$$

(3) 总利润函数

$$L(Q) = R(Q) - C(Q) = 8Q - \frac{Q^2}{2} - \left(4Q + \frac{Q^2}{8}\right)$$
$$= -\frac{5}{8}Q^2 + 4Q,$$

从而得到

$$L'(Q) = -\frac{5}{4}Q + 4.$$

令 $L'(Q) = 0$，得 $Q = 3.2$（百台），又因 $L''(3.2) = -\frac{5}{4} < 0$，所以当 $Q = 3.2$（百台）时，总利润最大，最大利润为 $L(3.2) = 6.4$（万元）．

习题 6.5

1. 求由下列曲线所围成的平面图形的面积：

(1) $y = \frac{1}{2}x^2$，$x^2 + y^2 = 8$ $(y > 0)$；　(2) $y^2 = 2x + 1$，$x - y - 1 = 0$；

(3) $y = x^2 - 25$，$y = x - 13$；　(4) $y^2 = \pi x$，$y^2 + x^2 = 2\pi^2$；

(5) $y = \frac{1}{x}$，$y = x$，$x = 2$；　(6) $y = 2x$，$y = \frac{x}{2}$，$x + y = 2$；

(7) $x = a\cos^3 t$，$y = a\sin^3 t$ $(a > 0)$；

(8) $y = \sin x$ $\left(0 \leqslant x \leqslant \frac{\pi}{2}\right)$，$x = 0$，$y = 1$．

2. 求由下列曲线所围成的图形绕指定轴旋转所得旋转体的体积：

(1) $y = x^3$，$y = 0$，$x = 2$ 绕 x 轴旋转；

(2) $y = x^2$，$y = 0$，$x = 1$ 分别绕 x 轴及 y 轴旋转；

(3) $y = x^2$，$x = y^2$ 绕 y 轴旋转；

(4) $x = a(t - \sin t)$，$y = a(1 - \cos t)$，$y = 0$ 分别绕 x 轴及 y 轴旋转．

3. 设有一截锥体，其高为 h，上下底均为椭圆，椭圆轴长分别为 $2a$，$2b$ 及 $2A$，$2B$，求此截锥体的体积．

4. 设某公司产品生产的边际成本为 $C'(Q) = Q^2 - 14Q + 111$，固定成本为 $C_0 = 50$，边际收益为 $R'(Q) = 100 - 2Q$，其中 Q 为产量．

(1) 求总成本函数 $C(Q)$ 和总收益函数 $R(Q)$；

(2) 产量为多少时,利润最大?

5. 设某公司产品生产的边际成本为 $C'(Q)=2\mathrm{e}^{0.2Q}$(万元/单位),固定成本为 $C_0=90$(万元),其中 Q(单位)为产量,求成本函数.

6. 设某公司产品生产的边际成本为 $C'(Q)=2$(万元/百台),固定成本为 $C_0=0$,边际收益为 $R'(Q)=7-2Q$(万元/百台),其中 Q(百台)为产量,问:
   (1) 产量为多少时,利润最大?最大利润为多少?
   (2) 在总利润最大的基础上又多生产了 100 台,总利润减少多少?

本章小结

一、定积分的概念与基本性质

1. 定积分:$I=\int_a^b f(x)\mathrm{d}x=\lim\limits_{\lambda\to 0}\sum\limits_{i=1}^n f(\xi_i)\Delta x_i$.

2. 定积分的几何意义:$\int_a^b f(x)\mathrm{d}x$ 表示介于 x 轴、函数 $f(x)$ 的图形及两条直线 $x=a$,$x=b$ 之间的各部分面积的代数和.

3. 定积分的性质.

(1) $\int_a^b [f(x)\pm g(x)]\mathrm{d}x=\int_a^b f(x)\mathrm{d}x\pm\int_a^b g(x)\mathrm{d}x$.

(2) $\int_a^b kf(x)\mathrm{d}x=k\int_a^b f(x)\mathrm{d}x$.

(3) 区间可加性:$\int_a^b f(x)\mathrm{d}x=\int_a^c f(x)\mathrm{d}x+\int_c^b f(x)\mathrm{d}x$.

(4) $\int_a^b 1\mathrm{d}x=\int_a^b \mathrm{d}x=b-a$.

(5) 若 $f(x)\geqslant 0$,则 $\int_a^b f(x)\mathrm{d}x\geqslant 0\ (a<b)$.

(6) 比较性质:如果在区间 $[a,b]$ 上 $f(x)\leqslant g(x)$,则
$$\int_a^b f(x)\mathrm{d}x\leqslant \int_a^b g(x)\mathrm{d}x\ (a<b).$$

(7) $\left|\int_a^b f(x)\mathrm{d}x\right|\leqslant \int_a^b |f(x)|\mathrm{d}x\ (a<b)$.

(8) 估值性质:设 M 及 m 分别是函数 $f(x)$ 在区间 $[a,b]$ 上的最大值及最

小值,则

$$m(b-a) \leqslant \int_a^b f(x)\mathrm{d}x \leqslant M(b-a) \ (a<b).$$

(9) 定积分中值定理：如果函数 $f(x)$ 在闭区间 $[a,b]$ 上连续,则在积分区间 $[a,b]$ 上至少存在一个点 ξ,使

$$\int_a^b f(x)\mathrm{d}x = f(\xi)(b-a).$$

(10) 连续奇偶函数的积分性质:

(i) 当 $f(x)$ 连续且为偶函数时, $\int_{-a}^a f(x)\mathrm{d}x = 2\int_0^a f(x)\mathrm{d}x$;

(ii) 当 $f(x)$ 连续且为奇函数时, $\int_{-a}^a f(x)\mathrm{d}x = 0$.

二、基本定理

1. 积分上限的函数及其导数.

(1) 积分上限 x 的函数 $\Phi(x) = \int_a^x f(t)\mathrm{d}t$ 的导数为

$$\Phi'(x) = \frac{\mathrm{d}}{\mathrm{d}x}\int_a^x f(t)\mathrm{d}t = f(x).$$

(2) 积分下限 x 的函数 $\Phi(x) = \int_x^b f(t)\mathrm{d}t$ 的导数为 $\frac{\mathrm{d}}{\mathrm{d}x}\int_x^b f(t)\mathrm{d}t = -f(x).$

2. 牛顿-莱布尼茨公式:

$$\int_a^b f(x)\mathrm{d}x = F(b) - F(a).$$

三、定积分的换元积分法和分部积分法

1. 换元积分法.

设函数 $f(x)$ 在区间 $[a,b]$ 上连续,函数 $x = \varphi(t)$ 满足条件:

(1) $\varphi(\alpha) = a$, $\varphi(\beta) = b$;

(2) $\varphi(t)$ 在 $[\alpha,\beta]$ (或 $[\beta,\alpha]$) 上具有连续导数,且 $a \leqslant \varphi(t) \leqslant b$,则有

$$\int_a^b f(x)\mathrm{d}x = \int_\alpha^\beta f[\varphi(t)]\varphi'(t)\mathrm{d}t.$$

定积分的换元法和不定积分换元法的区别有：一是换元必换上下限，二是不必回代.

2. 分部积分法.

$$\int_a^b uv'\mathrm{d}x = uv\mid_a^b - \int_a^b u'v\mathrm{d}x, \text{或} \int_a^b u\mathrm{d}v = uv\mid_a^b - \int_a^b v\mathrm{d}u.$$

四、反常积分

1. 无穷区间上的反常积分.

(1) $\int_a^{+\infty} f(x)\mathrm{d}x = F(x)\mid_a^{+\infty} = \lim\limits_{x\to+\infty} F(x) - F(a).$

(2) $\int_{-\infty}^b f(x)\mathrm{d}x = F(x)\mid_{-\infty}^b = F(b) - \lim\limits_{x\to-\infty} F(x).$

(3) $\int_{-\infty}^{+\infty} f(x)\mathrm{d}x = F(x)\mid_{-\infty}^{+\infty} = \lim\limits_{x\to+\infty} F(x) - \lim\limits_{x\to-\infty} F(x).$

2. 无界函数的反常积分.

(1) 设函数 $f(x)$ 在区间 $(a, b]$ 上连续，而在点 a 的右邻域内无界，则

$$\int_a^b f(x)\mathrm{d}x = \lim_{t\to a^+}\int_t^b f(x)\mathrm{d}x.$$

(3) 设函数 $f(x)$ 在区间 $[a, b)$ 上连续，而在点 b 的左邻域内无界，则

$$\int_a^b f(x)\mathrm{d}x = \lim_{t\to b^-}\int_a^t f(x)\mathrm{d}x.$$

五、定积分的应用

1. 平面图形的面积.

(1) 设平面图形由上下两条曲线 $y = f(x)$ 与 $y = g(x)$ 及左右两条直线 $x = a$ 与 $x = b$ 所围成，$f(x) \geqslant g(x)$ $(a \leqslant x \leqslant b)$，则其面积为

$$S = \int_a^b [f(x) - g(x)]\mathrm{d}x.$$

(2) 设平面图形由左右两条曲线 $x = \varphi(y)$ 与 $x = \psi(y)$ $(\varphi(y) \leqslant \psi(y))$ 及

上下两条直线 $y=d$ 与 $y=c$ ($c<d$)，则其面积为 $S=\int_c^d [\psi(y)-\varphi(y)]\mathrm{d}y$.

2. 旋转体的体积.

设旋转体由连续曲线 $y=f(x)$，直线 $x=a$，$x=b$ 及 x 轴所围成的曲边梯形绕 x 轴旋转一周而成，则其体积为 $V_x=\int_a^b \pi[f(x)]^2\mathrm{d}x$.

设旋转体由连续曲线 $x=g(y)$，直线 $y=c$，$y=b$ 及 y 轴所围成的曲边梯形绕 y 轴旋转一周而成，则其体积为 $V_y=\int_c^d \pi[g(y)]^2\mathrm{d}y$.

3. 定积分在经济学中的应用.

设某产品的固定成本为 C_0，边际成本为 $C'(Q)$，边际收益为 $R'(Q)$，其中 Q 为产量，并假设该产品处于产销平衡状态，则可得：

总成本函数 $C(Q)=\int_0^Q C'(Q)\mathrm{d}Q+C_0$；

总收益函数 $R(Q)=\int_0^Q R'(Q)\mathrm{d}Q$；

总利润函数 $L(Q)=R(Q)-C(Q)=\int_0^Q [R'(Q)-C'(Q)]\mathrm{d}Q-C_0$.

总习题 6

(A)

1. 求下列积分：

(1) $\int_{-2}^{2} \dfrac{\tan x}{\cos^2 x+1}\mathrm{d}x$；

(2) $\int_\pi^\pi x^4 \sin 2x\,\mathrm{d}x$；

(3) $\int_0^{\frac{\pi}{2}} \sin^5\theta\cos\theta\,\mathrm{d}\theta$；

(4) $\int_1^{\mathrm{e}} x\ln x\,\mathrm{d}x$；

(5) $\int_0^2 \ln(x+\sqrt{1+x^2})\,\mathrm{d}x$；

(6) $\int_0^1 \sqrt{2x-x^2}\,\mathrm{d}x$；

(7) $\int_0^{\ln 2} \sqrt{\mathrm{e}^x-1}\,\mathrm{d}x$；

(8) $\int_0^{\frac{\pi}{2}} \dfrac{x+\sin x}{1+\cos x}\mathrm{d}x$；

(9) $\int_{\frac{1}{\pi}}^{\frac{2}{\pi}} \dfrac{1}{\theta^2}\sin\dfrac{1}{\theta}\mathrm{d}\theta$；

(10) $\int_0^{\frac{\pi}{2}} \dfrac{\sin x}{1+\mathrm{e}^{\cos^2 x}}\mathrm{d}x$；

(11) $\int_0^{\frac{\pi}{4}} \ln(1+\tan x)\mathrm{d}x$；

(12) $\int_0^1 x\mathrm{e}^{-\frac{x^2}{2}}\mathrm{d}x$.

2. 设 $f(x)$ 在 $[a,b]$ 上连续,且 $\int_a^b f(x)\mathrm{d}x = 1$,求证:$\int_a^b f(a+b-x)\mathrm{d}x = 1$.

3. 设 $f(x)$ 是周期为 T 的连续函数,证明:$\int_a^{a+T} f(x)\mathrm{d}x = \int_0^T f(x)\mathrm{d}x$.

4. 设 $\varphi(u)$ 为连续函数,证明:$\int_{-a}^a \varphi(x^2)\mathrm{d}x = 2\int_0^a \varphi(x^2)\mathrm{d}x$.

5. 计算下列反常积分:

   (1) $\int_0^{+\infty} \dfrac{1}{x^2+4x+5}\mathrm{d}x$;

   (2) $\int_0^1 \ln x \,\mathrm{d}x$;

   (3) $\int_1^{+\infty} \dfrac{\arctan x}{x^2}\mathrm{d}x$;

   (4) $\int_1^{+\infty} \dfrac{1}{x(x^2+1)}\mathrm{d}x$.

6. 已知曲线 $f(x)=x-x^2$ 与 $g(x)=ax$ 围成的图形面积等于 $\dfrac{9}{2}$,求常数 a.

7. 设某公司产品生产的边际成本为 $C'(Q)=2-Q$(万元/台),固定成本为 $C_0=0$,边际收益为 $R'(Q)=20-4Q$(万元/百台),其中 Q(百台)为产量.
   (1) 求总成本函数和总收益函数.
   (2) 产量为多少时,利润最大?最大利润为多少?
   (3) 在总利润最大的基础上又多生产了 4 台,总利润减少多少?

(B)

1. 填空题:

   (1) $\dfrac{\mathrm{d}}{\mathrm{d}x}\int_0^{x^2} tf(t)\mathrm{d}t = $ _____ .

   (2) $\dfrac{\mathrm{d}}{\mathrm{d}x}\int_0^x \sin^2(x-t)\mathrm{d}t = $ _____ .

   (3) 设 $f(x)=\int_0^{x^2} \dfrac{\sin t}{t}\mathrm{d}t$,则 $\int_0^1 xf(x)\mathrm{d}x = $ _____ .

   (4) 设 $f(x)$ 连续,$F(x)=\int_0^{x^2} xf(t^2)\mathrm{d}t$,则 $F'(x) = $ _____ .

   (5) 设 $f(x)=\int_0^x \cos^2 t\,\mathrm{d}t$,则 $f'\left(\dfrac{\pi}{4}\right) = $ _____ .

   (6) $\int_e^{+\infty} \dfrac{1}{x\ln^2 x}\mathrm{d}x = $ _____ .

2. 计算下列积分:

   (1) $\int_1^2 \dfrac{\sqrt{x-1}}{x}\mathrm{d}x$;

   (2) $\int_0^1 \dfrac{\ln(1+x)}{(2-x)^2}\mathrm{d}x$;

(3) 设 $f(x)=\begin{cases} x+1, & x\leqslant 1, \\ \dfrac{1}{2}x^2, & x>1, \end{cases}$ 求 $\int_0^2 f(x)\mathrm{d}x$;

(4) 设 $f(x)=\int_0^x \dfrac{\sin t}{\pi-t}\mathrm{d}t$, 求 $\int_0^\pi f(x)\mathrm{d}x$.

3. 证明: $\int_0^a x^3 f(x^2)\mathrm{d}x=\dfrac{1}{2}\int_0^{a^2} xf(x)\mathrm{d}x$ (a 为正常数).

4. 已知 $f(2)=\dfrac{1}{2}$, $f'(2)=0$, $\int_0^2 f(x)\mathrm{d}x=1$, 求 $\int_0^1 x^2 f''(2x)\mathrm{d}x$.

5. 求圆域 $x^2+(y-b)^2\leqslant a^2 (b>a)$ 绕 x 轴旋转而成的圆环体的体积.

6. 计算底面是半径为 R 的圆, 而垂直于底面一固定直径的所有截面都是等边三角形的立体体积.

7. 设函数 $f(x)$ 在闭区间 $[a,b]$ 上连续, 且 $f(x)>0$,

$$F(x)=\int_a^x f(t)\mathrm{d}t+\int_b^x \dfrac{1}{f(t)}\mathrm{d}t \ (t\in[a,b]),$$

证明: 方程 $F(x)=0$ 在闭区间 $[a,b]$ 上有且只有一个根.

8. 设函数 $f(x)$ 连续, 且满足 $f(2x)=2f(x)$, 证明:

$$\int_1^2 xf(x)\mathrm{d}x=7\int_0^1 xf(x)\mathrm{d}x.$$

附录 I
希腊字母表

大写	小写	读音
Α	α	Alpha
Β	β	Beta
Γ	γ	Gamma
Δ	δ	Delta
Ε	ε	Epsilon
Ζ	ζ	Zeta
Η	η	Eta
Θ	θ	Theta
Ι	ι	Iota
Κ	κ	Kappa
Λ	λ	Lambda
Μ	μ	Mu
Ν	ν	Nu
Ξ	ξ	Xi
Ο	ο	Omicron
Π	π	Pi
Ρ	ρ	Rho
Σ	σ	Sigma
Τ	τ	Tau
Υ	υ	Upsilon
Φ	φ	Phi

X	χ	Chi
Ψ	ψ	Psi
Ω	ω	Omega

附录 II
简易积分表

一、含有 $ax+b$ 的积分

1. $\int \dfrac{\mathrm{d}x}{ax+b} = \dfrac{1}{a}\ln|ax+b| + C.$

2. $\int (ax+b)^\mu \mathrm{d}x = \dfrac{1}{a(\mu+1)}(ax+b)^{\mu+1} + C \ (\mu \neq -1).$

3. $\int \dfrac{x\,\mathrm{d}x}{ax+b} = \dfrac{1}{a^2}(ax+b-b\ln|ax+b|) + C.$

4. $\int \dfrac{x^2\,\mathrm{d}x}{ax+b} = \dfrac{1}{a^3}\left[\dfrac{1}{2}(ax+b)^2 - 2b(ax+b) + b^2\ln|ax+b|\right] + C.$

5. $\int \dfrac{\mathrm{d}x}{x(ax+b)} = -\dfrac{1}{b}\ln\left|\dfrac{ax+b}{x}\right| + C.$

6. $\int \dfrac{\mathrm{d}x}{x^2(ax+b)} = -\dfrac{1}{bx} + \dfrac{a}{b^2}\ln\left|\dfrac{ax+b}{x}\right| + C.$

7. $\int \dfrac{x\,\mathrm{d}x}{(ax+b)^2} = \dfrac{1}{a^2}\left(\ln|ax+b| + \dfrac{b}{ax+b}\right) + C.$

8. $\int \dfrac{x^2\,\mathrm{d}x}{(ax+b)^2} = \dfrac{1}{a^3}\left(ax+b - 2b\ln|ax+b| - \dfrac{b^2}{ax+b}\right) + C.$

9. $\int \dfrac{\mathrm{d}x}{x(ax+b)^2} = \dfrac{1}{b(ax+b)} - \dfrac{1}{b^2}\ln\left|\dfrac{ax+b}{x}\right| + C.$

二、含有 $\sqrt{ax+b}$ 的积分

10. $\int \sqrt{ax+b}\,\mathrm{d}x = \dfrac{2}{3a}\sqrt{(ax+b)^3} + C.$

11. $\int x\sqrt{ax+b}\,dx = \dfrac{2}{15a^2}(3ax-2b)\sqrt{(ax+b)^3}+C.$

12. $\int x^2\sqrt{ax+b}\,dx = \dfrac{2}{105a^3}(15a^2x^2-12abx+8b^2)\sqrt{(ax+b)^3}+C.$

13. $\int \dfrac{x}{\sqrt{ax+b}}\,dx = \dfrac{2}{3a^2}(ax-2b)\sqrt{ax+b}+C.$

14. $\int \dfrac{x^2}{\sqrt{ax+b}}\,dx = \dfrac{2}{15a^3}(3a^2x^2-4abx+8b^2)\sqrt{ax+b}+C.$

15. $\int \dfrac{dx}{x\sqrt{ax+b}} = \begin{cases} \dfrac{1}{\sqrt{b}}\ln\left|\dfrac{\sqrt{ax+b}-\sqrt{b}}{\sqrt{ax+b}+\sqrt{b}}\right|+C & (b>0), \\ \dfrac{2}{\sqrt{-b}}\operatorname{arccot}\sqrt{\dfrac{ax+b}{-b}}+C & (b<0). \end{cases}$

16. $\int \dfrac{dx}{x^2\sqrt{ax+b}} = -\dfrac{\sqrt{ax+b}}{bx}-\dfrac{a}{2b}\int \dfrac{dx}{x\sqrt{ax+b}}.$

17. $\int \dfrac{\sqrt{ax+b}}{x}\,dx = 2\sqrt{ax+b}+b\int \dfrac{dx}{\sqrt{ax+b}}.$

18. $\int \dfrac{\sqrt{ax+b}}{x^2}\,dx = -\dfrac{\sqrt{ax+b}}{x}+\dfrac{a}{2}\int \dfrac{dx}{x\sqrt{ax+b}}.$

三、含有 x^2+a^2 的积分

19. $\int \dfrac{dx}{x^2+a^2} = \dfrac{1}{a}\arctan\dfrac{x}{a}+C \ (a\neq 0).$

20. $\int \dfrac{dx}{(x^2+a^2)^n} = \dfrac{x}{2(n-1)a^2(x^2+a^2)^{n-1}} + \dfrac{2n-3}{2(n-1)a^2}\int \dfrac{dx}{(x^2+a^2)^{n-1}}.$

21. $\int \dfrac{dx}{x^2-a^2} = \dfrac{1}{2a}\ln\left|\dfrac{x-a}{x+a}\right|+C.$

四、含有 $ax^2+b\ (a>0)$ 的积分

22. $\int \dfrac{dx}{ax^2+b} = \begin{cases} \dfrac{1}{\sqrt{ab}}\arctan\sqrt{\dfrac{ax}{b}}+C & (b>0), \\ \dfrac{1}{2\sqrt{-ab}}\ln\left|\dfrac{\sqrt{ax}-\sqrt{-b}}{\sqrt{ax}+\sqrt{-b}}\right|+C & (b<0). \end{cases}$

23. $\int \dfrac{x \mathrm{d}x}{ax^2 + b} = \dfrac{1}{2a} \ln |ax^2 + b| + C.$

24. $\int \dfrac{x^2 \mathrm{d}x}{ax^2 + b} = \dfrac{x}{a} - \dfrac{b}{a} \int \dfrac{\mathrm{d}x}{ax^2 + b}.$

25. $\int \dfrac{\mathrm{d}x}{x(ax^2 + b)} = \dfrac{1}{2b} \ln \dfrac{x^2}{|ax^2 + b|} + C.$

26. $\int \dfrac{\mathrm{d}x}{x^2(ax^2 + b)} = -\dfrac{1}{bx} - \dfrac{a}{b} \int \dfrac{\mathrm{d}x}{ax^2 + b}.$

27. $\int \dfrac{\mathrm{d}x}{x^3(ax^2 + b)} = \dfrac{a}{2b^2} \ln \dfrac{|ax^2 + b|}{x^2} - \dfrac{1}{2bx^2} + C.$

28. $\int \dfrac{\mathrm{d}x}{(ax^2 + b)^2} = \dfrac{x}{2b(ax^2 + b)} + \dfrac{1}{2b} \int \dfrac{\mathrm{d}x}{ax^2 + b}.$

五、含有 $ax^2 + bx + c$ $(a > 0)$ 的积分

29. $\int \dfrac{\mathrm{d}x}{ax^2 + bx + c} = \begin{cases} \dfrac{2}{\sqrt{4ac - b^2}} \arctan \dfrac{2ax + b}{\sqrt{4ac - b^2}} + C & (b^2 < 4ac), \\ \dfrac{1}{\sqrt{b^2 - 4ac}} \ln \left| \dfrac{2ax + b - \sqrt{b^2 - 4ac}}{2ax + b + \sqrt{b^2 - 4ac}} \right| + C & (b^2 > 4ac). \end{cases}$

30. $\int \dfrac{x \mathrm{d}x}{ax^2 + bx + c} = \dfrac{1}{2a} \ln |ax^2 + bx + c| - \dfrac{b}{2a} \int \dfrac{\mathrm{d}x}{ax^2 + bx + c}.$

六、含有 $\sqrt{x^2 + a^2}$ $(a > 0)$ 的积分

31. $\int \dfrac{\mathrm{d}x}{\sqrt{x^2 + a^2}} = \operatorname{arsh} \dfrac{x}{a} + C_1 = \ln(x + \sqrt{x^2 + a^2}) + C.$

32. $\int \dfrac{\mathrm{d}x}{\sqrt{(x^2 + a^2)^3}} = \dfrac{x}{a^2 \sqrt{x^2 + a^2}} + C.$

33. $\int \dfrac{x \mathrm{d}x}{\sqrt{x^2 + a^2}} = \sqrt{x^2 + a^2} + C.$

34. $\int \dfrac{x \mathrm{d}x}{\sqrt{(x^2 + a^2)^3}} = -\dfrac{1}{\sqrt{x^2 + a^2}} + C.$

35. $\int \dfrac{x^2 \mathrm{d}x}{\sqrt{x^2 + a^2}} = \dfrac{x}{2} \sqrt{x^2 + a^2} - \dfrac{a^2}{2} \ln(x + \sqrt{x^2 + a^2}) + C.$

36. $\int \dfrac{x^2 \mathrm{d}x}{\sqrt{(x^2+a^2)^3}} = -\dfrac{x}{\sqrt{x^2+a^2}} + \ln(x+\sqrt{x^2+a^2}) + C.$

37. $\int \dfrac{\mathrm{d}x}{x\sqrt{x^2+a^2}} = \dfrac{1}{a}\ln\dfrac{\sqrt{x^2+a^2}-a}{|x|} + C.$

38. $\int \dfrac{\mathrm{d}x}{x^2\sqrt{x^2+a^2}} = -\dfrac{\sqrt{x^2+a^2}}{a^2 x} + C.$

39. $\int \sqrt{x^2+a^2}\,\mathrm{d}x = \dfrac{x}{2}\sqrt{x^2+a^2} + \dfrac{a^2}{2}\ln(x+\sqrt{x^2+a^2}) + C.$

40. $\int \sqrt{(x^2+a^2)^3}\,\mathrm{d}x = \dfrac{x}{8}(2x^2+5a^2)\sqrt{x^2+a^2} + \dfrac{3a^4}{8}\ln(x+\sqrt{x^2+a^2}) + C.$

41. $\int x\sqrt{x^2+a^2}\,\mathrm{d}x = \dfrac{1}{3}\sqrt{(x^2+a^2)^3} + C.$

42. $\int x^2\sqrt{x^2+a^2}\,\mathrm{d}x = \dfrac{x}{8}(2x^2+a^2)\sqrt{x^2+a^2} - \dfrac{a^4}{8}\ln(x+\sqrt{x^2+a^2}) + C.$

43. $\int \dfrac{\sqrt{x^2+a^2}}{x}\,\mathrm{d}x = \sqrt{x^2+a^2} + a\ln\dfrac{\sqrt{x^2+a^2}-a}{|x|} + C.$

44. $\int \dfrac{\sqrt{x^2+a^2}}{x^2}\,\mathrm{d}x = -\dfrac{\sqrt{x^2+a^2}}{x} + \ln(x+\sqrt{x^2+a^2}) + C.$

七、含有 $\sqrt{x^2-a^2}$ $(a>0)$ 的积分

45. $\int \dfrac{\mathrm{d}x}{\sqrt{x^2-a^2}} = \dfrac{x}{|x|}\mathrm{arsh}\dfrac{|x|}{a} + C_1 = \ln(x+\sqrt{x^2-a^2}) + C.$

46. $\int \dfrac{\mathrm{d}x}{\sqrt{(x^2-a^2)^3}} = -\dfrac{x}{a^2\sqrt{x^2-a^2}} + C.$

47. $\int \dfrac{x\,\mathrm{d}x}{\sqrt{x^2-a^2}} = \sqrt{x^2-a^2} + C.$

48. $\int \dfrac{x\,\mathrm{d}x}{\sqrt{(x^2-a^2)^3}} = -\dfrac{1}{\sqrt{x^2-a^2}} + C.$

49. $\int \dfrac{x^2\,\mathrm{d}x}{\sqrt{x^2-a^2}} = \dfrac{x}{2}\sqrt{x^2-a^2} + \dfrac{a^2}{2}\ln|x+\sqrt{x^2-a^2}| + C.$

50. $\int \dfrac{x^2\,\mathrm{d}x}{\sqrt{(x^2-a^2)^3}} = -\dfrac{x}{\sqrt{x^2-a^2}} + \ln|x+\sqrt{x^2-a^2}| + C$

51. $\int \dfrac{dx}{x\sqrt{x^2-a^2}} = \dfrac{1}{a}\arccos\dfrac{a}{|x|} + C.$

52. $\int \dfrac{dx}{x^2\sqrt{x^2-a^2}} = \dfrac{\sqrt{x^2-a^2}}{a^2 x} + C.$

53. $\int \sqrt{x^2-a^2}\, dx = \dfrac{x}{2}\sqrt{x^2-a^2} + \dfrac{a^2}{2}\ln\left|x+\sqrt{x^2-a^2}\right| + C.$

54. $\int \sqrt{(x^2-a^2)^3}\, dx = \dfrac{x}{8}(2x^2-5a^2)\sqrt{x^2-a^2} + \dfrac{3a^4}{8}\ln\left|x+\sqrt{x^2-a^2}\right| + C.$

55. $\int x\sqrt{x^2-a^2}\, dx = \dfrac{1}{3}\sqrt{(x^2-a^2)^3} + C.$

56. $\int x^2\sqrt{x^2-a^2}\, dx = \dfrac{x}{8}(2x^2-a^2)\sqrt{x^2-a^2} - \dfrac{a^4}{8}\ln\left|x+\sqrt{x^2-a^2}\right| + C.$

57. $\int \dfrac{\sqrt{x^2-a^2}}{x}\, dx = \sqrt{x^2-a^2} + a\arccos\dfrac{a}{|x|} + C.$

58. $\int \dfrac{\sqrt{x^2-a^2}}{x^2}\, dx = -\dfrac{\sqrt{x^2-a^2}}{x} + \ln\left|x+\sqrt{x^2-a^2}\right| + C.$

八、含有 $\sqrt{a^2-x^2}$ $(a>0)$ 的积分

59. $\int \dfrac{dx}{\sqrt{a^2-x^2}} = \arcsin\dfrac{x}{a} + C.$

60. $\int \dfrac{dx}{\sqrt{(a^2-x^2)^3}} = \dfrac{x}{a^2\sqrt{a^2-x^2}} + C.$

61. $\int \dfrac{x\, dx}{\sqrt{a^2-x^2}} = -\sqrt{a^2-x^2} + C.$

62. $\int \dfrac{x\, dx}{\sqrt{(a^2-x^2)^3}} = \dfrac{1}{\sqrt{a^2-x^2}} + C.$

63. $\int \dfrac{x^2\, dx}{\sqrt{a^2-x^2}} = -\dfrac{x}{2}\sqrt{a^2-x^2} + \dfrac{a^2}{2}\arcsin\dfrac{x}{a} + C.$

64. $\int \dfrac{x^2\, dx}{\sqrt{(a^2-x^2)^3}} = \dfrac{x}{\sqrt{a^2-x^2}} - \arcsin\dfrac{x}{a} + C.$

65. $\int \dfrac{dx}{x\sqrt{a^2-x^2}} = \dfrac{1}{a}\ln\dfrac{a-\sqrt{a^2-x^2}}{|x|} + C.$

66. $\int \dfrac{\mathrm{d}x}{x^2\sqrt{a^2-x^2}} = -\dfrac{\sqrt{a^2-x^2}}{a^2 x} + C.$

67. $\int \sqrt{a^2-x^2}\,\mathrm{d}x = \dfrac{x}{2}\sqrt{a^2-x^2} + \dfrac{a^2}{2}\arcsin\dfrac{x}{a} + C.$

68. $\int \sqrt{(a^2-x^2)^3}\,\mathrm{d}x = \dfrac{x}{8}(5a^2-2x^2)\sqrt{a^2-x^2} + \dfrac{3}{8}a^4\arcsin\dfrac{x}{a} + C.$

69. $\int x\sqrt{a^2-x^2}\,\mathrm{d}x = -\dfrac{1}{3}\sqrt{(a^2-x^2)^3} + C.$

70. $\int x^2\sqrt{a^2-x^2}\,\mathrm{d}x = \dfrac{x}{8}(2x^2-a^2)\sqrt{a^2-x^2} + \dfrac{a^4}{8}\arcsin\dfrac{x}{a} + C.$

71. $\int \dfrac{\sqrt{a^2-x^2}}{x}\,\mathrm{d}x = \sqrt{a^2-x^2} + a\ln\dfrac{a-\sqrt{a^2-x^2}}{|x|} + C.$

72. $\int \dfrac{\sqrt{a^2-x^2}}{x^2}\,\mathrm{d}x = -\dfrac{\sqrt{a^2-x^2}}{x} - \arcsin\dfrac{x}{a} + C.$

九、含有 $\sqrt{\pm ax^2+bx+c}$ $(a>0)$ 的积分

73. $\int \dfrac{\mathrm{d}x}{\sqrt{ax^2+bx+c}} = \dfrac{1}{\sqrt{a}}\ln\left|2ax+b+2\sqrt{a}\sqrt{ax^2+bx+c}\right| + C.$

74. $\int \sqrt{ax^2+bx+c}\,\mathrm{d}x = \dfrac{2ax+b}{4a}\sqrt{ax^2+bx+c} + \dfrac{4ac-b^2}{8\sqrt{a^3}}\ln\left|2ax+b+2\sqrt{a}\sqrt{ax^2+bx+c}\right| + C.$

75. $\int \dfrac{x}{\sqrt{ax^2+bx+c}}\,\mathrm{d}x = \dfrac{1}{a}\sqrt{ax^2+bx+c} - \dfrac{b}{2\sqrt{a^3}}\ln\left|2ax+b+2\sqrt{a}\sqrt{ax^2+bx+c}\right| + C.$

76. $\int \dfrac{\mathrm{d}x}{\sqrt{bx+c-ax^2}} = -\dfrac{1}{\sqrt{a}}\arcsin\dfrac{2ax-b}{\sqrt{b^2+4ac}} + C.$

77. $\int \sqrt{bx+c-ax^2}\,\mathrm{d}x = \dfrac{2ax-b}{4a}\sqrt{bx+c-ax^2} + \dfrac{b^2+4ac}{8\sqrt{a^3}}\arcsin\dfrac{2ax-b}{\sqrt{b^2+4ac}} + C.$

78. $\int \dfrac{x\,\mathrm{d}x}{\sqrt{bx+c-ax^2}} = -\dfrac{1}{a}\sqrt{bx+c-ax^2} + \dfrac{b}{2\sqrt{a^3}}\arcsin\dfrac{2ax-b}{\sqrt{b^2+4ac}} + C.$

十、含有 $\sqrt{\pm\dfrac{x-a}{x-b}}$ 或 $\sqrt{(x-a)(b-x)}$ 的积分

79. $\displaystyle\int \sqrt{\dfrac{x-a}{x-b}}\,dx = (x-b)\sqrt{\dfrac{x-a}{x-b}} + (b-a)\ln(\sqrt{|x-a|}+\sqrt{|x-b|}) + C.$

80. $\displaystyle\int \sqrt{\dfrac{x-a}{b-x}}\,dx = (x-b)\sqrt{\dfrac{x-a}{b-x}} + (b-a)\arcsin\sqrt{\dfrac{x-a}{b-a}} + C.$

81. $\displaystyle\int \dfrac{dx}{\sqrt{(x-a)(b-x)}} = 2\arcsin\sqrt{\dfrac{x-a}{b-a}} + C \ (a<b).$

82. $\displaystyle\int \sqrt{(x-a)(b-x)}\,dx = \dfrac{2x-a-b}{4}\sqrt{(x-a)(b-x)} + \dfrac{(b-a)^2}{4}\arcsin\sqrt{\dfrac{x-a}{b-a}} + C \ (a<b).$

十一、含有三角函数的积分

83. $\displaystyle\int \sin x\,dx = -\cos x + C.$

84. $\displaystyle\int \cos x\,dx = \sin x + C.$

85. $\displaystyle\int \tan x\,dx = -\ln|\cos x| + C.$

86. $\displaystyle\int \cot x\,dx = \ln|\sin x| + C.$

87. $\displaystyle\int \sec x\,dx = \ln\left|\tan\left(\dfrac{\pi}{4}+\dfrac{x}{2}\right)\right| + C = \ln|\sec x + \tan x| + C.$

88. $\displaystyle\int \csc x\,dx = \ln\left|\tan\dfrac{x}{2}\right| + C = \ln|\csc x - \cot x| + C.$

89. $\displaystyle\int \sec^2 x\,dx = \tan x + C.$

90. $\displaystyle\int \csc^2 x\,dx = -\cot x + C.$

91. $\displaystyle\int \sec x\tan x\,dx = \sec x + C.$

92. $\displaystyle\int \csc x\cot x\,dx = -\csc x + C.$

93. $\int \sin^2 x \, dx = \dfrac{x}{2} - \dfrac{1}{4} \sin 2x + C.$

94. $\int \cos^2 x \, dx = \dfrac{x}{2} + \dfrac{1}{4} \sin 2x + C.$

95. $\int \sin^n x \, dx = -\dfrac{1}{n} \sin^{n-1} x \cos x + \dfrac{n-1}{n} \int \sin^{n-2} x \, dx.$

96. $\int \cos^n x \, dx = -\dfrac{1}{n} \cos^{n-1} x \sin x + \dfrac{n-1}{n} \int \cos^{n-2} x \, dx.$

97. $\int \dfrac{dx}{\sin^n x} = -\dfrac{1}{n-1} \dfrac{\cos x}{\sin^{n-1} x} + \dfrac{n-2}{n-1} \int \dfrac{dx}{\sin^{n-2} x}.$

98. $\int \dfrac{dx}{\cos^n x} = \dfrac{1}{n-1} \dfrac{\sin x}{\cos^{n-1} x} + \dfrac{n-2}{n-1} \int \dfrac{dx}{\cos^{n-2} x}.$

99. $\int \cos^m x \sin^n x \, dx = \dfrac{1}{m+n} \cos^{m-1} x \sin^{n+1} x + \dfrac{m-1}{m+n} \int \cos^{m-2} x \sin^n x \, dx$

$= -\dfrac{1}{m+n} \cos^{m+1} x \sin^{n-1} x + \dfrac{n-1}{m+n} \int \cos^m x \sin^{n-2} x \, dx.$

100. $\int \sin ax \cos bx \, dx = -\dfrac{x}{2(a+b)} \cos(a+b)x - \dfrac{1}{2(a-b)} \cos(a-b)x + C.$

101. $\int \sin ax \sin bx \, dx = -\dfrac{x}{2(a+b)} \sin(a+b)x - \dfrac{1}{2(a-b)} \sin(a-b)x + C.$

102. $\int \cos ax \cos bx \, dx = \dfrac{x}{2(a+b)} \sin(a+b)x + \dfrac{1}{2(a-b)} \sin(a-b)x + C.$

103. $\int \dfrac{dx}{a + b \sin x} = \dfrac{2}{\sqrt{a^2 - b^2}} \arctan \dfrac{a \tan \dfrac{x}{2} + b}{\sqrt{a^2 - b^2}} + C \ (a^2 > b^2).$

104. $\int \dfrac{dx}{a + b \sin x} = \dfrac{2}{\sqrt{b^2 - a^2}} \ln \left| \dfrac{a \tan \dfrac{x}{2} + b - \sqrt{b^2 - a^2}}{a \tan \dfrac{x}{2} + b + \sqrt{b^2 - a^2}} \right| + C \ (a^2 < b^2).$

105. $\int \dfrac{dx}{a + b \cos x} = \dfrac{2}{a+b} \sqrt{\dfrac{a+b}{a-b}} \arctan \left(\sqrt{\dfrac{a+b}{a-b}} \arctan \dfrac{x}{2} \right) + C \ (a^2 > b^2).$

106. $\int \dfrac{dx}{a + b \cos x} = \dfrac{1}{a+b} \sqrt{\dfrac{a+b}{a-b}} \ln \left| \dfrac{\tan \dfrac{x}{2} + \sqrt{\dfrac{a+b}{a-b}}}{\tan \dfrac{x}{2} - \sqrt{\dfrac{a+b}{a-b}}} \right| + C \ (a^2 < b^2).$

107. $\int \dfrac{\mathrm{d}x}{a^2\cos^2 x + b^2\sin^2 x} = \dfrac{1}{ab}\arctan\left(\dfrac{b}{a}\tan x\right) + C.$

108. $\int \dfrac{\mathrm{d}x}{a^2\cos^2 x - b^2\sin^2 x} = \dfrac{1}{2ab}\ln\left|\dfrac{b\tan x + a}{b\tan x - a}\right| + C.$

109. $\int x\sin ax\,\mathrm{d}x = \dfrac{1}{a^2}\sin ax - \dfrac{1}{a}x\cos ax + C.$

110. $\int x^2\sin ax\,\mathrm{d}x = -\dfrac{1}{a}x^2\cos ax + \dfrac{2}{a^2}x\sin ax + \dfrac{2}{a^3}\cos ax + C.$

111. $\int x\cos ax\,\mathrm{d}x = \dfrac{1}{a^2}\cos ax + \dfrac{1}{a}x\sin ax + C.$

112. $\int x^2\cos ax\,\mathrm{d}x = \dfrac{1}{a}x^2\sin ax + \dfrac{2}{a^2}x\cos ax - \dfrac{2}{a^3}\sin ax + C.$

十二、含有反三角函数的积分 ($a > 0$)

113. $\int \arcsin\dfrac{x}{a}\,\mathrm{d}x = x\arcsin\dfrac{x}{a} + \sqrt{a^2 - x^2} + C.$

114. $\int x\arcsin\dfrac{x}{a}\,\mathrm{d}x = \left(\dfrac{x^2}{2} - \dfrac{a^2}{4}\right)\arcsin\dfrac{x}{a} + \dfrac{x}{4}\sqrt{a^2 - x^2} + C.$

115. $\int x^2\arcsin\dfrac{x}{a}\,\mathrm{d}x = \dfrac{x^3}{3}\arcsin\dfrac{x}{a} + \dfrac{1}{9}(x^2 + 2a^2)\sqrt{a^2 - x^2} + C.$

116. $\int \arccos\dfrac{x}{a}\,\mathrm{d}x = x\arccos\dfrac{x}{a} - \sqrt{a^2 - x^2} + C.$

117. $\int x\arccos\dfrac{x}{a}\,\mathrm{d}x = \left(\dfrac{x^2}{2} - \dfrac{a^2}{4}\right)\arccos\dfrac{x}{a} - \dfrac{x}{4}\sqrt{a^2 - x^2} + C.$

118. $\int x^2\arccos\dfrac{x}{a}\,\mathrm{d}x = \dfrac{x^3}{3}\arccos\dfrac{x}{a} - \dfrac{1}{9}(x^2 + 2a^2)\sqrt{a^2 - x^2} + C.$

119. $\int \arctan\dfrac{x}{a}\,\mathrm{d}x = x\arctan\dfrac{x}{a} - \dfrac{a}{2}\ln(a^2 + x^2) + C.$

120. $\int x\arctan\dfrac{x}{a}\,\mathrm{d}x = \dfrac{1}{2}(a^2 + x^2)\arctan\dfrac{x}{a} - \dfrac{ax}{2} + C.$

121. $\int x^2\arctan\dfrac{x}{a}\,\mathrm{d}x = \dfrac{x^3}{3}\arctan\dfrac{x}{a} - \dfrac{a}{6}x^2 + \dfrac{a^3}{6}\ln(a^2 + x^2) + C.$

十三、含有指数函数的积分

122. $\int a^x\,\mathrm{d}x = \dfrac{a^x}{\ln a} + C.$

123. $\int e^{ax} dx = \dfrac{1}{a} e^{ax} + C.$

124. $\int x e^{ax} dx = \dfrac{1}{a^2}(ax-1) e^{ax} + C.$

125. $\int x^n e^{ax} dx = \dfrac{1}{a} x^n e^{ax} - \dfrac{n}{a} \int x^{n-1} e^{ax} dx.$

126. $\int x a^x dx = \dfrac{x a^x}{\ln a} - \dfrac{a^x}{(\ln a)^2} + C.$

127. $\int x^n a^x dx = \dfrac{1}{\ln a} x^n a^x - \dfrac{n}{\ln a} \int x^{n-1} a^x dx.$

128. $\int e^{ax} \sin bx \, dx = \dfrac{1}{a^2+b^2} e^{ax} (a\sin bx - b\cos bx) + C.$

129. $\int e^{ax} \cos bx \, dx = \dfrac{1}{a^2+b^2} e^{ax} (b\sin bx + a\cos bx) + C.$

130. $\int e^{ax} \sin^n bx \, dx = \dfrac{1}{a^2+b^2 n^2} e^{ax} \sin^{n-1} bx (a\sin bx - nb\cos bx)$
$\qquad + \dfrac{n(n-1)b^2}{a^2+b^2 n^2} \int e^{ax} \sin^{n-2} bx \, dx.$

131. $\int e^{ax} \cos^n bx \, dx = \dfrac{1}{a^2+b^2 n^2} e^{ax} \cos^{n-1} bx (a\cos bx + nb\sin bx)$
$\qquad + \dfrac{n(n-1)b^2}{a^2+b^2 n^2} \int e^{ax} \cos^{n-2} bx \, dx.$

十四、含有对数函数的积分

132. $\int \ln x \, dx = x\ln x - x + C.$

133. $\int \dfrac{dx}{x\ln x} = \ln|\ln x| + C.$

134. $\int x^n \ln x \, dx = \dfrac{1}{n+1} x^{n+1} \left(\ln x - \dfrac{1}{n+1} \right) + C.$

135. $\int (\ln x)^n dx = x(\ln x)^n - n\int (\ln x)^{n-1} dx.$

136. $\int x^m (\ln x)^n dx = \dfrac{1}{m+1} x^{m+1} (\ln x)^n - \dfrac{n}{m+1} \int x^m (\ln x)^{n-1} dx.$

十五、含有双曲函数的积分

137. $\int \operatorname{sh} x \, dx = \operatorname{ch} x + C.$

138. $\int \operatorname{ch} x \, dx = \operatorname{sh} x + C.$

139. $\int \operatorname{th} x \, dx = \ln \operatorname{ch} x + C.$

140. $\int \operatorname{sh}^2 x \, dx = -\dfrac{x}{2} + \dfrac{1}{4} \operatorname{sh} 2x + C.$

141. $\int \operatorname{ch}^2 x \, dx = \dfrac{x}{2} + \dfrac{1}{4} \operatorname{sh} 2x + C.$

十六、定积分

142. $\int_{-\pi}^{\pi} \cos nx \, dx = \int_{-\pi}^{\pi} \sin nx \, dx = 0.$

143. $\int_{-\pi}^{\pi} \cos mx \sin nx \, dx = 0.$

144. $\int_{-\pi}^{\pi} \cos mx \cos nx \, dx = \begin{cases} 0, & m \neq n, \\ \pi, & m = n. \end{cases}$

145. $\int_{-\pi}^{\pi} \sin mx \sin nx \, dx = \begin{cases} 0, & m \neq n, \\ \pi, & m = n. \end{cases}$

146. $\int_{0}^{\pi} \cos mx \cos nx \, dx = \int_{0}^{\pi} \sin mx \sin nx \, dx = \begin{cases} 0, & m \neq n, \\ \dfrac{\pi}{2}, & m = n. \end{cases}$

147. $I_n = \int_{0}^{\frac{\pi}{2}} \sin^n x \, dx = \int_{0}^{\frac{\pi}{2}} \cos^n x \, dx$，$I_n = \dfrac{n-1}{n} I_{n-2}$，

$I_n = \dfrac{n-1}{n} I_{n-2}$

$= \begin{cases} \dfrac{n-1}{n} \cdot \dfrac{n-3}{n-2} \cdot \cdots \cdot \dfrac{4}{5} \cdot \dfrac{2}{3} \cdot 1 \ (n \text{ 为大于 1 的正奇数}), I_1 = 1, \\ \dfrac{n-1}{n} \cdot \dfrac{n-3}{n-2} \cdot \cdots \cdot \dfrac{3}{4} \cdot \dfrac{1}{2} \cdot \dfrac{\pi}{2} \ (n \text{ 为大于 0 的正偶数}), I_0 = \dfrac{\pi}{2}. \end{cases}$

附录Ⅲ

参考答案

习题 1.1

1. (1) $x > 1$; (2) $6 < x \leqslant 7$; (3) $1 < x \leqslant 6$.

2. $a = 1, b = 5$.

3. (1) $(-\infty, -6] \cup [6, +\infty)$; (2) $\left(-\dfrac{1}{3}, 1\right)$; (3) $(a-\delta, a+\delta)$; (4) $(-\infty, -2) \cup (0, +\infty)$.

习题 1.2

1. (1) 不相同; (2) 相同; (3) 不相同; (4) 相同.

2. (1) 奇函数; (2) 偶函数; (3) 奇函数; (4) 奇函数.

3. $f(0) = 0$, $f(1) = 2$, $f\left(\dfrac{\sqrt{3}}{2}\right) = \dfrac{3}{4}$, $f\left(\dfrac{\pi}{2}\right) = \pi$.

4. (1) 是,$T = \pi$; (2) 是,$T = \pi$; (3) 不是; (4) 是,$T = 1$.

5. (1) $y = \sqrt[3]{\dfrac{5-x}{4}}$; (2) $y = \dfrac{5x-1}{2x+3}$; (3) $y = \dfrac{1}{2}\arcsin 3x$; (4) $y = 3^{x-1} - 3$.

6. $f(x) = x^2 - 2$.

7. $f(f(x)) = \dfrac{x}{1-2x}$, $f(f(f(x))) = \dfrac{x}{1-3x}$.

8. (1) $f(\varphi(x)) = \sin^2 x$; (2) $\varphi(f(x)) = \sin x^2$.

习题 1.3

1. (1) $y = \sqrt{u}$, $u = x^2 + \sqrt{3x}$; (2) $y = u^2$, $u = \arcsin v$, $v = \dfrac{3x}{1+x^2}$;

(3) $y = \ln u, u = \dfrac{(2-x)e^x}{\arctan x}$; (4) $y = e^u, u = \sqrt{v}, v = \dfrac{1+x^2}{1-x^2}$.

2. $f(x) = x^2 + x$.

3. 略.

习题 1.4

1. (1) 121; (2) 122.5; (3) 11.

2. $\bar{P} = 10, \bar{Q} = 240$.

3. (1) $C(Q) = 1\,000 + 4Q$; (2) $\bar{C}(Q) = \dfrac{1\,000}{Q} + 4$; (3) $R(Q) = 8Q$; (4) $L(Q) = 4Q - 1\,000$.

4. (1) $L(Q) = 20Q - (2\,000 + 15Q) = 5Q - 2\,000$; (2) 400 单位.

5. (1) $L(P) = -900(P^2 - 60P + 800)$; (2) $P = 30$ 元.

6. 盈亏平衡点分别为 $Q_1 = 1, Q_2 = 5$. 当 $Q < 1$ 时亏损, $1 < Q < 5$ 时盈利, 而当 $Q > 5$ 时又转为亏损.

总习题 1

(A)

1. (1) $a^{\ln x}(\ln^2 x - 1)$; (2) $\varnothing$; (3) $0 \leqslant k < 2$; (4) 2π.

2. (1) D; (2) D; (3) B; (4) A.

3. $g(x) = \dfrac{1}{2}\ln\dfrac{1+x}{1-x}$.

4. $2^{x\ln x}, x2^x \ln 2, 2^{2^x}, x\ln x \ln(x\ln x)$.

5. $f(g(x)) = \begin{cases} e^{x+2}, & x < -1, \\ x + 2, & -1 \leqslant x < 0, \\ e^{x^2-1}, & 0 \leqslant x < \sqrt{2}, \\ x^2 - 1, & x \geqslant \sqrt{2}. \end{cases}$

6. $f(x) + g(x) = \begin{cases} 2x, & x < 0, \\ x, & 0 \leqslant x < 1, \\ 1, & x \geqslant 1. \end{cases}$

7. 略.

8. (1) $L(Q) = -Q^2 + 12Q - 10, L(6) = 26$(万元); (2) $L(7) = 25$(万元), 能盈利.

(B)

1. (1) $[-1, 0) \cup (0, 3)$; (2) $[-3, -1]$; (3) $f(x) = x^2 - 2$; (4) $y = $

$\ln(x+\sqrt{x^2+1})$.

2. (1) C; (2) D; (3) B; (4) D.

3. $\cos 2x + 3$.

4. $\dfrac{3x}{4} + \dfrac{x+1}{4(x-1)}$.

5. (1) $2k, 5k$; (2) 0.

6. 平衡点为 $x_1 = 2, x_2 = 6$, 当 $x < 2$ 时亏损, 当 $2 < x < 6$ 时盈利, 当 $x > 6$ 时亏损.

习题 2.1

1. (1) 1; (2) 发散; (3) 发散; (4) 0; (5) 2; (6) 发散.

2. (1) 对; (2) 错; (3) 对; (4) 错; (5) 错; (6) 错.

3. (1) $N = \dfrac{1}{\varepsilon} > 0$ 或 $N = \left[\dfrac{1}{\varepsilon}\right] + 1$; (2) $N = 1\,000$ 或 $N = 1\,001$.

4. (1) $N = \dfrac{1}{\varepsilon} > 0$ 或 $N = \left[\dfrac{1}{\varepsilon}\right] + 1$; (2) $N = \dfrac{4}{\varepsilon} > 0$ 或 $N = \left[\dfrac{4}{\varepsilon}\right] + 1$;

(3) $N = \dfrac{2}{\varepsilon} > 0$ 或 $N = \left[\dfrac{2}{\varepsilon}\right] + 1$; (4) $N = \log_2 \dfrac{1}{\varepsilon}$ 或 $N = \left[\log_2 \dfrac{1}{\varepsilon}\right] + 1 \;(0 < \varepsilon < 1)$.

习题 2.2

1. (1) 0; (2) C; (3) $\dfrac{\pi}{2}$; (4) 1; (5) 3; (6) 4; (7) 2; (8) 1.

2. D.

3. B.

4. $\lim\limits_{x \to 0} f(x) = \lim\limits_{x \to 0^+} f(x) = \lim\limits_{x \to 0^-} f(x) = 1$;

$\lim\limits_{x \to 0^+} g(x) = 1,\; \lim\limits_{x \to 0^-} g(x) = -1,\; \lim\limits_{x \to 0} g(x)$ 不存在.

5. (1) $\delta = \varepsilon$; (2) $\delta = \varepsilon$; (3) $X = \dfrac{2}{\sqrt{\varepsilon}}$; (4) $X = \dfrac{2}{\varepsilon} + 1$.

习题 2.3

1. (1) $x \to 3$ 时, $f(x)$ 是无穷小; (2) $x \to \infty$ 时, $f(x)$ 是无穷大.

2. (1) 0; (2) 0; (3) 0.

习题 2.4

1. (1) $\dfrac{3^{20} \cdot 2^{30}}{5^{50}}$; (2) -3; (3) $\dfrac{1}{4}$; (4) 2; (5) $3x^2$;

(6) $\dfrac{1}{2}$; (7) $\dfrac{1}{2}$; (8) $\dfrac{1}{2}$; (9) $\dfrac{3}{4}$; (10) $\dfrac{1}{2}$.

2. (1) 正确；(2) 错误，例如 $f(x)=\dfrac{1}{1-x}$，$g(x)=\dfrac{1}{x-1}$，显然 $\lim\limits_{x\to 1}\dfrac{1}{1-x}$ 与 $\lim\limits_{x\to 1}\dfrac{1}{x-1}$ 极限不存在，但是 $\lim\limits_{x\to 1}\left(\dfrac{1}{x-1}+\dfrac{1}{1-x}\right)=0$.

3. $\lim\limits_{x\to 0^+}f(x)=\lim\limits_{x\to 0^-}f(x)=\lim\limits_{x\to 0}f(x)=1$，$\lim\limits_{x\to +\infty}f(x)=0$，$\lim\limits_{x\to -\infty}f(x)=-\infty$.

习题 2.5

1. (1) πR^2；(2) 1；(3) $\dfrac{2}{3}$；(4) $\dfrac{1}{2}$；(5) 1；(6) $\dfrac{1}{2}$；(7) e；(8) e^2；(9) e；
(10) e^2.

2～3. 略.

习题 2.6

1. x^2-x^3.

2. (1) $1-x$ 与 $\dfrac{1-x^2}{2}$ 等价；(2) $1-x$ 与 $1-x^3$ 同阶.

3. (1) $\sqrt{2}a$；(2) $\dfrac{1}{2}$；(3) 2；(4) -1.

4. 略.

5. $k=2$.

习题 2.7

1. (1) $f(x)$ 在 $0\leqslant x\leqslant 2$ 连续；(2) $f(x)$ 在 $x=-1$ 处间断，其余点连续.

2. (1) $x=1$ 为可去间断点，$x=2$ 为第二类间断点；(2) $x=0$ 为可去间断点；
(3) $x=0$ 为可去间断点；(4) $x=1$ 为跳跃间断点；(5) $x=\pm 1$ 为跳跃间断点；
(6) $x=0$ 为跳跃间断点.

3. $a=1$.

4～5. 略.

总习题 2

(A)

1. (1) $\dfrac{\ln a}{2}$；(2) -3；(3) 3；(4) 2.

2. (1) C；(2) D；(3) B；(4) B；(5) B.

3. (1) 3； (2) $-\dfrac{3}{2}$； (3) $\dfrac{3}{2}$； (4) $\dfrac{3}{4}$； (5) $\ln 3$； (6) 0； (7) e^2；

(8) 1； (9) $\dfrac{\beta^2-\alpha^2}{2}$； (10) e^6； (11) $\ln 2$； (12) $\dfrac{1}{2}$.

4. $a=2$.

5. $a=2, b=\ln 2$.

6. (1) 当 $a=1$ 时，$x=0$ 是 $f(x)$ 的连续点；

(2) 当 $a\neq 1 (a<0)$ 时，$x=0$ 是 $f(x)$ 的跳跃间断点.

7～8. 略.

(B)

1. (1) $\dfrac{\sqrt{2}}{2}$； (2) $\dfrac{3}{2}$； (3) $a=1, b=-4$； (4) $a=\ln 2$.

2. (1) B； (2) D； (3) C； (4) C； (5) D.

3. (1) $e^{-\frac{\pi}{2}}$； (2) $-\dfrac{1}{4}$； (3) e^2； (4) 1.

4. $a=-\dfrac{2}{3}, b=\dfrac{1}{6}, c=\dfrac{1}{3}$.

5. $a=1, b=-1$.

6. $a=1$.

7. $x=\dfrac{\pi}{4}, \dfrac{5\pi}{4}$ 为无穷间断点；$x=\dfrac{3\pi}{4}, \dfrac{7\pi}{4}$ 为可去间断点.

8～10. 略.

习题 3.1

1. (1) 2； (2) 404； (3) 202； (4) 200.

2. -8.

3. (1) $-k$； (2) $3k$.

4. 4.

5. (1) $12x$； (2) $-2e^{-2x}$； (3) $\dfrac{1}{x}$； (4) $2\cos(2x+1)$.

6. 连续，不可导.

7. $(0, 0)$.

习题 3.2

1. (1) $3x^2+4x+\sin x$； (2) $12x^2 e^x + 4x^3 e^x$； (3) $\dfrac{-2x}{(1-x)^2}$；

(4) $\dfrac{1+\cos x+\sin x}{(1+\cos x)^2}$；　(5) $2x\mathrm{e}^{x^2}\sin 3x+3\mathrm{e}^{x^2}\cos 3x$；　(6) $\dfrac{(1-x)^2\mathrm{e}^x}{(1+x^2)^2}$.

2. (1) 3；　(2) $-\dfrac{1}{18}$；　(3) $\dfrac{1}{1-\pi}$.

3. (1) $-\dfrac{\sin x}{\cos x}$；　(2) $4x(x^2+2)$；　(3) $3(x+\sin^2 x)^2(1+\sin 2x)$；

(4) $\sin 2x \sin x^2 + 2x\sin^2 x \cos x^2$；　(5) $-\dfrac{1}{x^2}2^{\sin\frac{1}{x}}\ln 2\cos\dfrac{1}{x}$；　(6) $-\dfrac{1}{x^2}\mathrm{e}^{\sin\frac{1}{x}}\cos\dfrac{1}{x}$.

4. (1) $\dfrac{y}{y-x}$；　(2) $\dfrac{ay-x^2}{y^2-ax}$；　(3) $\dfrac{y\cos x+\sin(x-y)}{\sin(x-y)-\sin x}$；　(4) $\dfrac{\mathrm{e}^x+y\cos xy}{\mathrm{e}^y-x\cos xy}$.

5. $\dfrac{\mathrm{d}y}{\mathrm{d}x}=\cot\dfrac{t}{2}$ $(t\ne 2n\pi, n\in\mathbf{N})$.

习题 3.3

1. (1) $6x+4$；　(2) $\mathrm{e}^x+\cos x$；　(3) $2\mathrm{e}^x\cos x$；　(4) $\dfrac{2(1-x^2)}{(1+x^2)^2}$；

(5) $2x\mathrm{e}^{x^2}(3+2x^2)$；　(6) $x^x(1+\ln x)^2+x^{x-1}$.

2. 略.

3. (1) $2f(\ln x)+3f'(\ln x)+f''(\ln x)$；

(2) $2\cos x^2 f'(\sin x^2)-4x^2\sin x^2 f'(\sin x^2)+4x^2\cos x^2 f''(\sin x^2)$.

4. (1) $\dfrac{2xy+2y\mathrm{e}^y-y^2\mathrm{e}^y}{(\mathrm{e}^y+x)^3}$；　(2) $-2\csc^2(x+y)\cot^3(x+y)$.

5. (1) $-\dfrac{b}{a^2\sin^3 t}$；　(2) $\dfrac{3}{4(t-1)}$.

6. (1) $\dfrac{(-1)^n n!\, 2^n}{(1+2x)^{n+1}}$；　(2) $-2^{n-1}\cos\left(2x+\dfrac{n\pi}{2}\right)$；　(3) $(-1)^n\dfrac{(n-2)!}{x^{n-1}}$ $(n\geqslant 2)$；

(4) $\mathrm{e}^x(x+n)$.

习题 3.4

1. 0.01.

2. (1) $(1+\ln x)\mathrm{d}x$；　(2) $(\sin x+x\cos x)\mathrm{d}x$；　(3) $-\dfrac{x\sin x+\cos x}{x^2}\mathrm{d}x$；

(4) $-\dfrac{x}{|x|\sqrt{1-x^2}}\mathrm{d}x$；　(5) $-\mathrm{e}^{-5x}(5\cos 2x+2\sin 2x)\mathrm{d}x$；

(6) $12x\tan(1+3x^2)\sec^2(1+3x^2)\mathrm{d}x$.

3. 0.

4. (1) 1.01；　(2) 3.005.

5. (1) x^3; (2) $-\cos x$; (3) $\dfrac{\sin \omega t}{\omega}$; (4) $-\dfrac{1}{3}e^{3x}$; (5) $2\sqrt{x}$; (6) $\arctan x$.

习题 3.5

1. (1) 21 250, 212.5; (2) 210, 200; (3) 4 000, 399 000, 300.25.

2. (1) $104 - 0.8Q$; (2) 64.

3. (1) $\dfrac{-10\,485}{Q} + 6.75 - 0.000\,3Q$, $6.75 - 0.000\,6Q$; (2) 3.153, 3.75.

4. (1) $-1.39P$; (2) 增加 13.9%.

5. (1) $-\dfrac{P}{3}$.

   (2) $|\eta(2)| = \dfrac{2}{3} < 1$,说明当 $P=2$ 时,价格提高 1%,需求减少 0.67%;

   $|\eta(3)| = 1$,说明当 $P=3$ 时,价格与需求变动幅度相同;

   $|\eta(4)| = \dfrac{4}{3} > 1$,说明当 $P=4$ 时,价格提高 1%,需求减少 1.33%.

6. (1) -10,说明价格 P 为 5 元时,上涨 1 元,则需求量下降 10 件;

   (2) -1,价格提高 1%,需求减少 1%; (3) 不变; (4) 减少 0.85%.

总习题 3

(A)

1. (1) $\dfrac{k}{2}$; (2) $\dfrac{k}{2}$; (3) $3k$.

2. A.

3. B.

4. (1) $\dfrac{e^x}{1+e^{2x}}$; (2) $\dfrac{1}{1+\ln(1+x)} \cdot \dfrac{1}{1+x}$; (3) $\dfrac{1}{2}$; (4) $-\dfrac{1}{a(1-\cos t)^2}$;

   (5) $-4x - \dfrac{1}{x^2}$; (6) $(n-1)!$.

5. $f'_+(0) = 0$, $f'_-(0) = -1$, $f'(0)$ 不存在.

6. $a = 2$, $b = -1$.

7. 略.

8. $a = \dfrac{1}{2e}$.

(B)

1. 全正确.

2. $(1+x)e^x$.

3. 连续，可导.

4. $f'(e^x)e^{x+f(x)} + f(e^x)e^{f(x)}f'(x)$.

5. $e^{\frac{f(x)}{f'(x)}}$.

6. $-\dfrac{99!}{2}\pi$.

7. $3x - x^2$.

8. 略.

9. $\dfrac{1}{b^2 - a^2}\left(bc + \dfrac{ac}{x^2}\right)$.

习题 4.1

1~4. 略.

5. 4；$(-2, -1), (-1, 0), (0, 1), (1, 2)$.

6~8. 略.

习题 4.2

1. (1) 2；　(2) $\dfrac{1}{3}$；　(3) $-\dfrac{1}{2}$；　(4) 3；　(5) 1；　(6) 0；　(7) $\dfrac{1}{2}$；　(8) $\dfrac{1}{3}$；　(9) e；

(10) 1；　(11) $\dfrac{1}{\sqrt{e}}$；　(12) 1.

2. 略.

习题 4.3

1. $f(x) = 1 - (x-1) + (x-1)^2 - \cdots + (-1)^n(x-1)^n + o[(x-1)^n]$.

2. $f(x) = 2x^2 + 2x^3 + \dfrac{2^2 x^4}{2!} + \cdots + \dfrac{2^{n-2} x^n}{(n-2)!} + \dfrac{2^{n-1} x^{n+1}}{(n-1)!}e^{2\theta x}\quad (0 < \theta < 1)$.

3. $\tan x = x + \dfrac{1 + 2\sin^2(\theta x)}{3\cos^4(\theta x)}x^3 \quad (0 < \theta < 1)$.

4. (1) $\dfrac{1}{6}$；　(2) -3.

5. (1) 0.34198；　(2) 0.1823.

习题 4.4

1. (1) 极小值 $y(1) = 2$；

(2) 极小值 $y(1) = -1$，极大值 $y(0) = 0$；

(3) 极小值 $y(0) = 0$;

(4) 极小值 $y(-1) = -\dfrac{1}{2}$,极大值 $y(1) = \dfrac{1}{2}$;

(5) 极小值 $y\left(\dfrac{1}{2}\right) = \dfrac{1}{2} + \ln 2$;

(6) 极小值 $y(0) = -2$.

2. $a = 2$;极大值 $f\left(\dfrac{\pi}{3}\right) = \sqrt{3}$.

3. (1) $y_{\max}(2) = 9$, $y_{\min}(-1) = 0$;

(2) $y_{\max}(2\pi) = y_{\max}(0) = \dfrac{3}{2}$, $y_{\min}\left(\dfrac{2\pi}{3}\right) = y_{\min}\left(\dfrac{4\pi}{3}\right) = -\dfrac{3}{4}$;

(3) $y_{\max}(3) = 11$, $y_{\min}(2) = -14$;

(4) $y_{\max}\left(\dfrac{3}{4}\right) = \dfrac{5}{4}$, $y_{\min}(-3) = -1$.

4. $AD = x = 15$ km 总运费最低.

习题 4.5

1. $Q = 50\,000$, $L(Q) = 30\,000$.

2. $L(2\,000) = 3\,000$.

3. (1) $C(500) = 14\,100$, $\overline{C}(500) = 28.2$; (2) $Q = 400$, $\overline{C}(400) = 28$.

习题 4.6

1. C.

2. (1) $x = -1$, $y = 0$; (2) $x + 2 = 0$.

3. 略.

总习题 4

(A)

1. C.

2. C.

3. (1) 充分必要; (2) 必要.

4. $0 < k < 1$.

5. 略.

6. $f(x) = \sum\limits_{k=0}^{n}\left(1 + \dfrac{1}{2^{k+1}}\right)x^k + o(x^n)$.

7. (1) -1; (2) 0; (3) 0.

8～9. 略.

10. 在$(-\infty, -2]$, $[1, +\infty)$上递增, 在$[-2, 1]$上递减, 极大值$y(-2) = 30$, 极小值$y(1) = 3$, $y_{\max}(3) = 55$, $y_{\min}(1) = 3$.

(B)

1. $a = 0$, $b = -1$, $c = 3$.

2. 略.

3. (1) 1; (2) $\dfrac{1}{2}$.

4～6. 略.

习题 5.1

1. (1) $\dfrac{3}{8}x^8$; (2) $\dfrac{\cos 3x}{3}$; (3) $\dfrac{1}{3}e^{3x}$; (4) $\dfrac{1}{2}\arctan 2x$.

2. $\ln x + 1$.

3. (1) $\dfrac{1}{x} + C$; (2) $\dfrac{2}{11}x^{\frac{11}{2}} + C$; (3) $\dfrac{1}{6}(2x-1)^3 + C$; (4) $\dfrac{1}{2}(x - \sin x) + C$;

(5) $x - \arctan x + C$; (6) $\sin x - \cos x + C$; (7) $-\dfrac{1}{x} - \arctan x + C$;

(8) $e^x + 3x - 3\arctan x + C$.

4. 略.

习题 5.2

1. (1) $\dfrac{1}{3}$; (2) $-\dfrac{1}{4}$; (3) $\dfrac{1}{2}$; (4) $\dfrac{1}{2}$; (5) -1; (6) -1; (7) -1; (8) $\dfrac{1}{2}$.

2. (1) $\dfrac{1}{2}\ln|3 + 2x| + C$; (2) $e^{x^2} + C$; (3) $\ln|x-2| - \ln|x-1| + C$;

(4) $\dfrac{1}{\sqrt{2}}\arctan\dfrac{1+x}{\sqrt{2}} + C$; (5) $x - \ln(1+e^x) + C$; (6) $\dfrac{1}{2}x + \dfrac{1}{4}\sin 2x + C$;

(7) $\dfrac{3}{8}x + \dfrac{1}{4}\sin 2x + \dfrac{1}{32}\sin 4x + C$; (8) $\dfrac{1}{3}\sin^3 x - \dfrac{2}{5}\sin^5 x + \dfrac{1}{7}\sin^7 x + C$;

(9) $\arctan e^x + C$; (10) $\arctan \sin x + C$; (11) $\ln(e^x + 1) + C$;

(12) $\tan x - \cot x + C$.

3. (1) $\dfrac{1}{x}\sqrt{x^2 - 1} + C$; (2) $\dfrac{1}{2}\ln|2x + \sqrt{4x^2 - 9}| + C$; (3) $\arcsin\dfrac{2x-1}{\sqrt{5}} + C$;

(4) $\ln\dfrac{\sqrt{1+e^x} - 1}{\sqrt{1+e^x} + 1} + C$; (5) $\arcsin x - \dfrac{x}{1 + \sqrt{1 - x^2}} + C$;

(6) $2\sqrt{e^x-1}-2\arctan\sqrt{e^x-1}+C$; (7) $\arcsin\dfrac{x-1}{2}+C$;

(8) $\dfrac{1}{8}\left(\cot\dfrac{x}{2}-2\ln\left|\tan\dfrac{x}{2}\right|\right)+C$.

习题 5.3

1. (1) $x\sin x+\cos x+C$; (2) $e^x(x^2-2x+2)+C$; (3) $x\tan x+\ln|\cos x|+C$;

(4) $x\arcsin x+\sqrt{1-x^2}+C$; (5) $-e^{-x}(x+1)+C$; (6) $\dfrac{e^x}{2}(\cos x+\sin x)+C$;

(7) $\dfrac{1}{3}x^3\ln x-\dfrac{1}{9}x^3+C$; (8) $\dfrac{1}{2}x^2\ln^2 x+x\ln x-\dfrac{1}{4}x^2-x-\dfrac{1}{2}\ln x+C$;

(9) $-\cos x\ln(\tan x)+\ln|\csc x-\cot x|+C$; (10) $(x+1)\arctan\sqrt{x}-\sqrt{x}+C$;

(11) $x(\ln x)^2-2x(\ln x-1)+C$; (12) $x\tan x+\ln|\cos x|+C$;

(13) $2\sqrt{x}\,e^{\sqrt{x}}-2e^{\sqrt{x}}+C$; (14) $x\ln(x+\sqrt{1+x^2})-\sqrt{1+x^2}+C$.

2. $-e^{-x^2}(2x^2+1)+C$.

3. $\dfrac{x\cos x-2\sin x}{x}+C$.

4. $2x(\ln x-1)+C$.

总习题 5

(A)

1. (1) $\dfrac{1}{5}e^{5x}+C$; (2) $-\dfrac{1}{3}(3-x)^3+C$; (3) $\dfrac{1}{3}\ln|3x+1|+C$; (4) $\arctan e^x+C$;

(5) $e^x-\ln(1+e^x)+C$; (6) $\dfrac{1}{2}x-\dfrac{1}{8}\sin 4x+C$; (7) $\arcsin\dfrac{x}{2}+C$;

(8) $\dfrac{1}{2}\arctan\dfrac{1}{2}x+C$; (9) $\dfrac{1}{2}\tan^2 x+\ln|\cos x|+C$;

(10) $\dfrac{1}{3}\tan^3 x-\tan x+x+C$; (11) $-\dfrac{\sqrt{x^2+1}}{x}+C$; (12) $-\dfrac{1}{a^2}\dfrac{\sqrt{a^2-x^2}}{x}+C$;

(13) $6\ln|x-3|-5\ln|x-2|+C$; (14) $\dfrac{1}{2}\ln(x^2+2x+3)-\dfrac{3}{\sqrt{2}}\arctan\dfrac{x+1}{\sqrt{2}}+C$;

(15) $\ln|x|-\ln|x-1|-\dfrac{1}{x-1}+C$; (16) $\dfrac{1}{4}\tan^2\dfrac{x}{2}+\tan\dfrac{x}{2}+\dfrac{1}{2}\ln\left|\tan\dfrac{x}{2}\right|+C$.

(B)

1. (1) $2x\tan x\sec^2 x-\sec^2 x+C$; (2) $x\sec^2 x-\tan x+C$.

2. $-x^2-\ln|1-x|$.

3. (1) $\arctan x - \dfrac{2}{x} + C$; (2) $4\ln|x-2| - \dfrac{11}{x-2} + C$; (3) $\ln|\sin x| - x\cot x + C$;

(4) $-\dfrac{1+\ln x}{x^2} + C$; (5) $\ln x(\ln\ln x - 1) + C$;

(6) $\tan x + \ln|\sec x + \tan x| - \sec x + \ln|\cos x| + C$; (7) $\dfrac{\ln x}{1-x} - \ln\left|\dfrac{x}{1-x}\right| + C$;

(8) $-\dfrac{\arctan x}{x} - \dfrac{1}{2}\arctan^2 x + \dfrac{1}{2}\ln\dfrac{x^2}{1+x^2} + C$; (9) $\ln|x| - \dfrac{1}{2}\ln(1+x^8) + C$;

(10) $x\tan\dfrac{x}{2} + C$; (11) $3e^{\sqrt[3]{x}}(\sqrt[3]{x^2} - 2\sqrt[3]{x} + 2) + C$;

(12) $\dfrac{x}{2}[\cos(\ln x) + \sin(\ln x)] + C$;

(13) $\dfrac{1}{2}x^2\ln(x-1) - \dfrac{1}{4}(x+1)^2 - \dfrac{1}{2}\ln(x-1) + C$;

(14) $-\dfrac{e^{-x}(\sin x + \cos x)}{2} + C$.

习题 6.1

1. (1) $b^2 - a^2$; (2) $e^2 - 1$.
2. (1) $\geqslant$; (2) $\leqslant$; (3) $\geqslant$; (4) $\geqslant$.
3. (1) $[6, 51]$; (2) $\left[\dfrac{2}{5}, \dfrac{1}{2}\right]$; (3) $[1, e]$; (4) $[2e^{-\frac{1}{4}}, 2e^2]$.

习题 6.2

1. (1) e^{x-x^2}; (2) $2x\cos(x^4+1)$; (3) $\dfrac{1}{2\sqrt{x}}(1+x)$; (4) $-\dfrac{\sin x}{x}$.

2. (1) 0; (2) $\dfrac{1}{2}$; (3) $-\dfrac{1}{2}$; (4) $\dfrac{1}{2e}$.

3. 2.

4. (1) 1; (2) $\ln 5 - 1$; (3) -1; (4) $\dfrac{5}{2}$.

5~6. 略.

习题 6.3

1. (1) 0; (2) $\dfrac{51}{256}$; (3) $\dfrac{1}{3}$; (4) $\dfrac{\pi}{6} - \dfrac{\sqrt{3}}{8}$; (5) $2(\sqrt{3}-1)$; (6) $\dfrac{\pi}{2}$.

2. (1) $1 - \dfrac{2}{e}$; (2) $\dfrac{1}{9}(2e^3+1)$; (3) -2; (4) $4(2\ln 2 - 1)$; (5) $\dfrac{\pi^3}{6} - \dfrac{\pi}{4}$;

(6) $2-\dfrac{3}{4\ln 2}$; (7) $\dfrac{1}{5}(e^\pi-2)$; (8) e^e.

3. (1) 0; (2) π; (3) 24; (4) $\dfrac{\pi}{2}$.

4~6. 略.

习题 6.4

1. (1) 收敛,$\dfrac{1}{2}$; (2) 发散; (3) 发散; (4) 发散; (5) 收敛,$2\dfrac{2}{3}$; (6) 收敛,1;

(7) 发散; (8) 收敛,$\dfrac{\pi}{2}$.

2. 当 $k<1$ 时收敛于 $\dfrac{1}{1-k}$;当 $k\geqslant 1$ 时发散.

3. $n!$.

4. $\dfrac{e}{2}$.

习题 6.5

1. (1) $\dfrac{4}{3}+2\pi$; (2) $\dfrac{8}{3}$; (3) $57\dfrac{1}{6}$; (4) $\pi^2\left(\dfrac{1}{3}+\dfrac{\pi}{2}\right)$; (5) $\dfrac{3}{2}-\ln 2$; (6) $\dfrac{2}{3}$;

(7) $\dfrac{3}{8}\pi a^2$; (8) $\dfrac{\pi}{2}-1$.

2. (1) $\dfrac{128}{7}\pi$; (2) $\dfrac{\pi}{5},\dfrac{\pi}{2}$; (3) $\dfrac{3}{10}\pi$; (4) $5\pi^2 a^3$, $6\pi^3 a^3$.

3. $\dfrac{1}{6}\pi h[2(ab+AB)+aB+bA]$.

4. (1) 总成本 $C(Q)=\dfrac{Q^3}{3}-7Q^2+111Q+50$,总收益 $R(Q)=100Q-Q^2$;

(2) $111\dfrac{1}{3}$.

5. $10e^{0.2Q}+80$.

6. (1) 当 $Q=2.5$(百台) 时,$L(2.5)=6.25$(万元); (2) 1(万元).

总习题 6

(A)

1. (1) 0; (2) 0; (3) $\dfrac{1}{6}$; (4) $\dfrac{1}{4}(e^2+1)$; (5) $2\ln(2+\sqrt{5})-\sqrt{5}+1$; (6) $\dfrac{\pi}{4}$;

(7) $2\left(1-\dfrac{\pi}{4}\right)$； (8) $\dfrac{\pi}{2}$； (9) 1； (10) $\dfrac{1}{2}\ln\dfrac{2e}{1+e}$； (11) $\dfrac{\pi\ln 2}{8}$； (12) $1-e^{-\frac{1}{2}}$.

2. 1.

3～4. 略.

5. (1) $\dfrac{\pi}{2}-\arctan 2$； (2) -1； (3) $\dfrac{\pi}{4}-\dfrac{\ln 2}{2}$； (4) $\dfrac{1}{2}\ln 2$.

6. -2 或者 4.

7. (1) $C(Q)=2Q-\dfrac{Q^2}{2}+22, R(Q)=20Q-2Q^2$； (2) $Q=6, R_{\max}(6)=54(万元)$；

(3) 利润减少 24(万元).

(B)

1. (1) $2x^3 f(x^2)$； (2) $\sin^2 x$； (3) $\dfrac{1}{2}(\cos 1-1)$； (4) $\displaystyle\int_0^{x^2} f(t^2)\mathrm{d}t + 2x^2 f(x^4)$；

(5) $\dfrac{1}{2}$； (6) 1.

2. (1) $2-\dfrac{\pi}{2}$； (2) $\dfrac{1}{3}\ln 2$； (3) $\dfrac{8}{3}$； (4) 2.

3. 略.

4. 0.

5. $2\pi^2 a^2 b$.

6. $\dfrac{4}{3}\sqrt{3}R^3$.

7～8. 略.

附录 Ⅳ

参考文献

［1］华东师范大学数学系.数学分析(第四版)[M].北京：高等教育出版社,2013.
［2］同济大学数学系.高等数学(第六版)[M].北京：高等教育出版社,2007.
［3］林伟初,郭安学.高等数学(第二版)[M].上海：复旦大学出版社,2013.
［4］舒斯会,易云辉.应用微积分[M].北京：北京理工大学出版社,2016.
［5］彭勤文,马祖强.微积分[M].北京：北京大学出版社,2015.
［6］陈静,孙慧,司会香.微积分[M].武汉：华中师范大学出版社,2015.
［7］赵树嫄.微积分[M].北京：中国人民大学出版社,2007.
［8］宋承先.微观经济学[M].上海：复旦大学出版社,1994.
［9］张天德,蒋晓芸.高等数学习题精选精解[M].济南：山东科技教育出版社,2007.
［10］孙清华,孙昊.数学分析内容与技巧[M].武汉：华中科技大学出版社,2004.
［11］强文久.数学分析的基本概念与方法[M].北京：高等教育出版社,1989.
［12］同济大学应用数学系.微积分(第二版)[M].北京：高等教育出版社,2003.
［13］张学军,党高学.微积分学习指导(第二版)[M].北京：科学出版社,2015.
［14］叶春辉,王兰兰.经济数学[M].成都：电子科技大学出版社,2011.
［15］黄立宏.高等数学(第五版)[M].上海：复旦大学出版社,2017.

弘教系列教材

微积分（下）

主　　编	吴红星	李永明			
副 主 编	张　芬	饶贤清	程国飞	马江山	汪小明
编写人员	吴红星	李永明	张　芬	饶贤清	程国飞
	马江山	汪小明	孙杨剑	袁邓彬	双　鹏
	喻　晓	杨联华	梁晓斌	石黄萍	龚　攀
	刘　超				

复旦大学出版社

"弘教系列教材"编委会

主　任　詹世友
副主任　李培生　徐惠平
委　员（按姓氏笔画排列）

马江山　于秀君　王艾平　叶　青

张志荣　李　波　杨建荣　杨赣太

周茶仙　项建民　袁　平　徐国琴

贾凌昌　盛世明　葛　新　赖声利

顾　问　刘子馨

前言

"微积分"是理工类和经管类专业学生的数学基础课程之一,不仅对后续的数理知识体系的学习与研究具有基础性的意义,而且对学生的数学素养与数学能力的培养起到关键性作用.

目前,多数地方高校所用的教材直接选自传统的高教系列教材,本质上无法有效地满足实际教学需要,经济类和管理类专业显得尤为突出.本书是根据教育部教学指导委员会新颁布的经管类本科教学基础课程教学基本要求,结合地方本科院校学生的实际情况和经管类微积分课程的培养目标、教学大纲编写的.本书提供了丰富的现实生活中的实例以及同学们感兴趣的数学、物理、经济和管理方面的应用问题.通过这些实例引出了极限、导数、微分、不定积分、定积分等概念,展示了微积分知识产生和发展的背景,并注重培养同学们用微积分知识、方法去解决经济和管理等实际问题的能力.通过这些应用问题,充分展示了微积分在经济和管理方面的应用前景,激发同学们学习微积分的动机与兴趣.

本书叙述条理清晰、深入浅出、通俗易懂,编者在编写过程中参考了国内外相关专家和学者的研究成果,举例富有时代性和吸引力,有效地帮助同学们克服学习微积分的畏难情绪.在每节内容介绍结束之后,均附有少量基础习题,避免了学生对大量且难的习题产生厌烦情绪.为了便于同学们巩固本章主要内容,在每章后安排了A、B两套总习题,其中总习题A为本章基础知识,并对本章学习内容进一步巩固和扩展;总习题B和考研的要求接轨,并且部分习题来源于历年考研真题.本书中标注"＊"的章节是为理工科专业准备的,经济管理类专业不作要求.

本书由吴红星统稿,共计10章,第1、2、8章由吴红星、李永明编写,第3、4、5、6章由张芬、吴红星、饶贤清编写,第7章由吴红星、马江山、程国飞编写,第9、10章由程国飞、吴红星、李永明编写.本书在撰写、校对修订过程中,上饶师范学院王胜华教授提出了许多宝贵建议,在此表示感谢!本书属上饶师范学院"弘教系列教材",可作为复合型地方本科院校经济类和管理类等相关专业的"微积分"课程的教材或参考书.

由于编者水平有限,书中难免有不足之处,恳请广大教师和读者批评、指正,并提出宝贵建议.

编　者

2019年5月30日

目 录

第7章 多元函数微分学 ······ 1
7.1 空间解析几何基本知识 ······ 1
- 7.1.1 空间直角坐标系 ······ 1
- 7.1.2 平面点集 ······ 3
- 7.1.3 n 维空间 ······ 6
- 7.1.4 多元函数概念 ······ 6
- 习题 7.1 ······ 8

7.2 多元函数的极限与连续性 ······ 9
- 7.2.1 二元函数的极限 ······ 9
- 7.2.2 二元函数的连续性 ······ 11
- 7.2.3 有界闭区域上二元连续函数的性质 ······ 13
- 习题 7.2 ······ 14

7.3 偏导数及其在经济中的应用 ······ 14
- 7.3.1 偏导数的定义及其计算 ······ 14
- 7.3.2 高阶偏导数 ······ 18
- 7.3.3 偏导数在经济学中的应用 ······ 20
- 习题 7.3 ······ 25

7.4 全微分及其应用 ······ 26
- 7.4.1 全微分的定义 ······ 26
- 7.4.2 全微分在近似计算中的应用 ······ 29
- 习题 7.4 ······ 31

7.5 多元复合函数的微分法 ······ 32
- 7.5.1 复合函数的求导法则 ······ 32
- 7.5.2 全微分形式不变性 ······ 38
- 习题 7.5 ······ 39

7.6 隐函数的求导法则 ………………………………… 40
 7.6.1 一元隐函数的求导法则 ……………………… 40
 7.6.2 二元隐函数的求导法则 ……………………… 41
 7.6.3 由方程组确定隐函数组的求导法则 ………… 42
 习题 7.6 ……………………………………………… 44

7.7 多元函数的极值及其应用 ………………………… 45
 7.7.1 多元函数的极值 ……………………………… 45
 7.7.2 多元函数的最值 ……………………………… 48
 7.7.3 条件极值 ……………………………………… 50
 习题 7.7 ……………………………………………… 54

本章小结 …………………………………………………… 55
总习题 7 …………………………………………………… 59

第 8 章 二重积分 …………………………………………… 64

8.1 二重积分的概念与性质 …………………………… 64
 8.1.1 二重积分的概念 ……………………………… 64
 8.1.2 二重积分的性质 ……………………………… 67
 习题 8.1 ……………………………………………… 69

8.2 直角坐标系中二重积分的计算 …………………… 70
 8.2.1 直角坐标系中矩形区域中的二重积分的
    计算 …………………………………………… 70
 8.2.2 直角坐标系中一般区域中的二重积分的
    计算 …………………………………………… 71
 习题 8.2 ……………………………………………… 75

8.3 极坐标系中二重积分的计算 ……………………… 76
 8.3.1 极坐标系中积分区域的刻画 ………………… 78
 8.3.2 极坐标系中二重积分计算 …………………… 78
 习题 8.3 ……………………………………………… 81

8.4 无界区域上反常二重积分的计算 ………………… 82
 习题 8.4 ……………………………………………… 84

8.5 二重积分在几何上的应用 ………………………… 84
 8.5.1 求平面图形的面积 …………………………… 84

8.5.2 求空间立体的体积 ················· 85
习题 8.5 ························· 86
本章小结 ·························· 86
总习题 8 ·························· 89

第9章 无穷级数 ······················· 95
9.1 常数项级数的概念与性质 ················ 95
9.1.1 常数项级数的概念及其敛散性 ·········· 95
9.1.2 常数项级数的基本性质 ·············· 97
习题 9.1 ························· 99
9.2 正项级数敛散性判别法 ················· 100
习题 9.2 ························· 104
9.3 任意项级数 ······················· 105
9.3.1 交错级数及其判别法 ··············· 105
9.3.2 绝对收敛与条件收敛 ··············· 107
习题 9.3 ························· 108
9.4 幂级数 ························· 109
9.4.1 函数项级数的概念 ················ 109
9.4.2 幂级数及其收敛性 ················ 110
9.4.3 幂级数的运算 ··················· 114
习题 9.4 ························· 116
9.5 函数的幂级数展开 ···················· 117
9.5.1 泰勒级数 ···················· 117
9.5.2 函数展开成幂级数 ················ 120
9.5.3 函数的幂级数展开式的应用 ············ 124
习题 9.5 ························· 129
本章小结 ·························· 129
总习题 9 ·························· 133

第10章 微分方程 ······················ 137
10.1 微分方程的基本概念 ·················· 137
10.1.1 典型实例 ···················· 137

10.1.2　微分方程的概念 …………………… 139
　　　习题 10.1 ……………………………………… 141
　10.2　一阶微分方程 …………………………………… 142
　　　10.2.1　可分离变量的微分方程 …………… 142
　　　10.2.2　齐次微分方程 ……………………… 145
　　　10.2.3　一阶线性微分方程 ………………… 148
　　　习题 10.2 ……………………………………… 154
　10.3　可降阶的高阶微分方程 ………………………… 155
　　　10.3.1　$y^{(n)}=f(x)$ 型的微分方程 ……… 155
　　　10.3.2　$y''=f(x,y')$ 型的微分方程 …… 156
　　　10.3.3　$y''=f(y,y')$ 型的微分方程 …… 157
　　　习题 10.3 ……………………………………… 159
　10.4　二阶线性微分方程及其通解结构 ……………… 159
　　　10.4.1　二阶齐次线性微分方程的通解
　　　　　　　结构 …………………………………… 160
　　　10.4.2　二阶非齐次线性微分方程的通解
　　　　　　　结构 …………………………………… 162
　　　习题 10.4 ……………………………………… 163
　10.5　二阶常系数线性微分方程 ……………………… 163
　　　10.5.1　二阶常系数齐次线性微分方程的
　　　　　　　解法 …………………………………… 163
　　　10.5.2　二阶常系数非齐次线性微分方程的
　　　　　　　解法 …………………………………… 167
　　　习题 10.5 ……………………………………… 171
　本章小结 …………………………………………………… 172
　总习题 10 ………………………………………………… 175

附录Ⅰ　希腊字母表 ……………………………………… 180
附录Ⅱ　参考答案 ………………………………………… 182
附录Ⅲ　参考文献 ………………………………………… 197

第7章

多元函数微分学

　　我们知道,微积分中的许多概念都有很强的实际背景,它解决了很多初等数学无法解决的问题.但是,实际问题往往很复杂,反映到数学上就是一个变量依赖多个变量,这类问题用一元函数的微积分知识解决不了.因此,必须引进多元函数的概念.本章将介绍多元函数的微积分,它是一元函数微积分的推广和发展,从一元函数的情形推广到二元函数时会出现一些新的问题,而从二元函数推广到三元及三元以上的多元函数却没有本质的区别,完全可以类推.因此,本章主要讨论二元函数的情形.

7.1 空间解析几何基本知识

7.1.1 空间直角坐标系

1. 空间直角坐标系的建立

　　过空间定点 O 作 3 条互相垂直的数轴,它们都以 O 为原点,并且通常取相同的长度单位. 这 3 条数轴分别称为 x 轴、y 轴、z 轴. 各轴正向之间的顺序通常按下述法则确定:以右手握住 z 轴,让右手的四指从 x 轴的正向以 $\dfrac{\pi}{2}$ 的角度转向 y 轴的正向,这时大拇指所指的方向就是 z 轴的正向. 这个法则称为右手法则,如图 7 - 1 所示. 这样就组成了**空间直角坐标系** $Oxyz$. O 称为**坐标原点**, Ox, Oy, Oz 轴分别简称为 x 轴、y 轴、z 轴,也分别称为**横轴**、**纵轴**、**竖轴**,统称为**坐标轴**. 每两条坐标轴确定

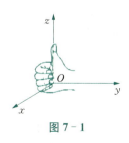

图 7 - 1

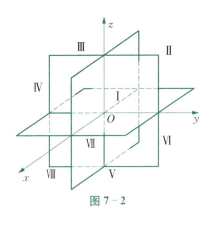

图 7-2

的平面称为**坐标平面**,简称为平面.x 轴与 y 轴所确定的坐标平面称为 xOy 平面.类似地,有 yOz 平面、zOx 平面.这些坐标平面把空间分成 8 个部分,称为 8 个**卦限**,每一部分称为一个卦限,如图 7-2 所示.x 轴、y 轴、z 轴的正半轴的卦限称为第 I 卦限,从第 I 卦限开始,按逆时针方向,先后出现的卦限依次称为第 II、第 III、第 IV 卦限,在 xOy 平面的下方与第 I、第 II、第 III、第 IV 卦限相对的依次为第 V、第 VI、第 VII、第 VIII 卦限.

注1 空间直角坐标系中 8 个卦限中点的坐标的正负符号的特点是 I(+,+,+), II(−,+,+), III(−,−,+), IV(+,−,+), V(+,+,−), VI(−,+,−), VII(−,−,−), VIII(+,−,−).

2. 空间中点的直角坐标系

设 M 为空间的任意一点,若过点 M 分别作垂直于三坐标轴的平面,与三坐标轴分别相交于 P,Q,R 这 3 点,且这 3 点在 x 轴、y 轴、z 轴上的坐标依次为 x,y,z,则点 M 唯一地确定了一个有序数组 (x,y,z).反之,设给定一个有序数组 (x,y,z),且它们分别在 x 轴、y 轴、z 轴上依次对应于点 P,Q,R,若过点 P,Q,R 分别作平面垂直于所在坐标轴,则这 3 个平面确定了唯一的交点 M.这样建立了点 M 与有序数组 $(x,y,$

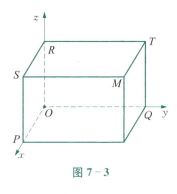

图 7-3

$z)$ 之间的一一对应关系,如图 7-3 所示.称有序数组 (x,y,z) 为空间点 M 的坐标,记为 $M(x,y,z)$,称 x,y,z 依次为 M 的**横坐标**、**纵坐标**与**竖坐标**.

显然,原点 O 的坐标为 $(0,0,0)$,坐标轴上的点至少有两个坐标点为 0,坐标平面上的点至少有一个坐标为 0.例如,在 x 轴上的点,均有 $y=z=0$;在 xOy 坐标平面上的点,均有 $z=0$.

3. 空间两点间的距离公式

设空间任意两点 $M_1(x_1,y_1,z_1),M_2(x_2,y_2,z_2)$,求它们之间的距离 $d=|M_1M_2|$.过点 M_1,M_2 各作 3 个平面分别垂直于 3 条坐标轴,形成如图 7-4 所示的长方体.易知

$$d^2 = |M_1M_2|^2 = |M_1Q|^2 + |QM_2|^2$$
$$= |PQ|^2 + |M_1P|^2 + |QM_2|^2$$
$$= (x_2-x_1)^2 + (y_2-y_1)^2 + (z_2-z_1)^2.$$

所以

$$d = \sqrt{(x_2-x_1)^2 + (y_2-y_1)^2 + (z_2-z_1)^2}. \tag{7-1-1}$$

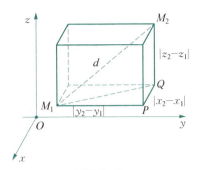

图 7-4

特别地,点 $M(x,y,z)$ 与原点 $O(0,0,0)$ 的距离为

$$d = |OM| = \sqrt{x^2+y^2+z^2}. \tag{7-1-2}$$

4. 空间曲面及其方程

在日常生活中,我们经常遇到各种曲面,例如反光镜的镜面、足球的外表面等. 和在平面解析几何中将平面曲线作为动点的轨迹一样,在空间解析几何中,任何曲面都可看作动点的轨迹. 因此,若曲面 S 上的点 $M(x,y,z)$ 的坐标满足某一个三元方程 $F(x,y,z)=0$,反过来,坐标满足这个方程的点 $M(x,y,z)$ 都在曲面 S 上,则称方程 $F(x,y,z)=0$ 为曲面 S 的方程,而曲面 S 称为该方程的图形,如图 7-5 所示.

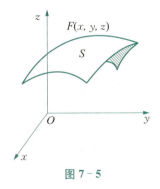

图 7-5

7.1.2 平面点集

讨论一元函数时,经常用到邻域和区间的概念. 在多元函数讨论中,首先需要把邻域和区间的概念加以推广.

1. 平面点集

由平面解析几何知道,当在平面上引入了一个直角坐标系后,平面上的点 P 与有序二元实数组 (x,y) 之间就建立了一一对应. 于是,我们常把有序实数组 (x,y) 与平面上的点 P 视作是等同的. 这种建立了坐标系的平面称为坐标平面.

二元有序实数组 (x,y) 的全体,即 $\mathbf{R}^2 = \mathbf{R} \times \mathbf{R} = \{(x,y) \mid x,y \in \mathbf{R}\}$ 就表示坐标平面. 坐标平面上具有某种性质 P 的点的集合,称为**平面点集**,记作

$$E = \{(x, y) \mid (x, y) \text{ 具有性质 } P\}. \qquad (7-1-3)$$

例如,平面上以原点为中心、r 为半径的圆内所有点的集合是

$$C = \{(x, y) \mid x^2 + y^2 < r^2\}.$$

如果我们以点 P 表示 (x, y),以 $|OP|$ 表示点 P 到原点 O 的距离,那么集合 C 可表为

$$C = \{P \mid |OP| < r\}.$$

2. 邻域

下面,我们引进二元函数邻域的概念.

设 $P_0(x_0, y_0)$ 是平面 xOy 上的一个点,δ 是某一正数. 与点 $P_0(x_0, y_0)$ 距离小于 δ 的点 $P(x, y)$ 的全体,称为点 $P_0(x_0, y_0)$ 的 **δ 邻域**,记为 $U(P_0, \delta)$,即

$$U(P_0, \delta) = \{P \mid |PP_0| < \delta\}, \qquad (7-1-4)$$

或

$$U(P_0, \delta) = \{(x, y) \mid \sqrt{(x-x_0)^2 + (y-y_0)^2} < \delta\}. \qquad (7-1-5)$$

邻域的几何意义:$U(P_0, \delta)$ 表示 xOy 平面上以点 $P_0(x_0, y_0)$ 为中心、$\delta > 0$ 为半径的圆的内部的点 $P(x, y)$ 的全体.

在 $U(P_0, \delta)$ 中去掉中心 $P_0(x_0, y_0)$ 后剩余的部分称为点 $P_0(x_0, y_0)$ 的 **去心 δ 邻域**,记作 $U^\circ(P_0, \delta)$,即

$$U^\circ(P_0, \delta) = \{P \mid 0 < |P_0P| < \delta\}. \qquad (7-1-6)$$

注2 如果不需要强调邻域的半径 δ,则用 $U(P_0)$ 表示点 P_0 的某个邻域,点 P_0 的去心邻域记作 $U^\circ(P_0)$.

3. 点与点集的关系

任意一点 $P \in \mathbf{R}^2$ 与任意一个点集 $E \subset \mathbf{R}^2$ 之间必有以下 3 种关系中的一种:

(1) 如果存在点 P 的某一邻域 $U(P)$,使得 $E \supset U(P)$,则称 P 为 E 的 **内点**,如图 7-6 所示.

(2) 如果存在点 P 的某个邻域 $U(P)$,使得 $U(P) \cap E = \varnothing$,则称 P 为 E 的

外点.

（3）如果点 P 的任一邻域内既有属于 E 的点,也有不属于 E 的点,则称 P 点为 E 的**边界点**. E 的边界点的全体,称为 E 的**边界**,记作 ∂E,如图 7-7 所示.

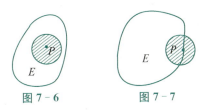

图 7-6   图 7-7

注3 E 的内点必属于 E; E 的外点必定不属于 E;而 E 的边界点可能属于 E,也可能不属于 E.

如果对于任意给定的 $\delta > 0$,点 P 的去心邻域 $\overset{\circ}{U}(P,\delta)$ 内总有 E 中的点,则称 P 是 E 的**聚点**.

注4 由聚点的定义可知,点集 E 的聚点 P 本身,可能属于 E 也可能不属于 E.

例如,设平面点集 $E = \{(x,y) \mid 1 < x^2 + y^2 \leqslant 2\}$. 满足 $1 < x^2 + y^2 < 2$ 的一切点 (x,y) 都是 E 的内点;满足 $x^2 + y^2 = 1$ 的一切点 (x,y) 都是 E 的边界点,它们都不属于 E;满足 $x^2 + y^2 = 2$ 的一切点 (x,y) 也是 E 的边界点,它们都属于 E;点集 E 以及它的边界 ∂E 上的一切点都是 E 的聚点.

4. 开集、闭集、开域、闭域

如果点集 E 的点都是内点,则称 E 为**开集**.

如果点集 E 的余集 E^c 为开集,则称 E 为**闭集**.

例如, $E_1 = \{(x,y) \mid 1 < x^2 + y^2 < 2\}$ 是开集, $E_2 = \{(x,y) \mid 1 \leqslant x^2 + y^2 \leqslant 2\}$ 是闭集. 集合 $E = \{(x,y) \mid 1 < x^2 + y^2 \leqslant 2\}$ 既非开集,也非闭集.

如果点集 E 内任何两点,都可用折线连接起来,且该折线上的点都属于 E,则称 E 为**连通集**;否则,称 E 为**非连通集**.

连通的开集称为**区域**或**开区域**. 例如 $E_1 = \{(x,y) \mid 1 < x^2 + y^2 < 2\}$ 为开区域. 开区域连同它的边界一起所构成的点集称为**闭区域**. 例如 E_2 为闭区域.

对于平面点集 E,如果存在某一正数 r,使得 $E \subset U(O,r)$,其中 O 是坐标原点,则称 E 为**有界点集**. 一个集合如果不是有界集,就称这集合为**无界集**.

例如,集合 E_1 是有界开区域,集合 E_2 是有界闭区域,集合 $\{(x,y) \mid x^2 +$

$y^2 > 1\}$ 是无界开区域.

7.1.3 n 维空间

设 n 为取定的一个自然数,我们用 $\mathbf{R}^n$ 表示 n 元有序数组 $(x_1, x_2, \cdots, x_n)$ 全体所构成的集合,即

$$\mathbf{R}^n = \mathbf{R} \times \mathbf{R} \times \cdots \times \mathbf{R} = \{(x_1, x_2, \cdots, x_n) \mid x_i \in \mathbf{R}, i = 1, 2, \cdots, n\}.$$

$\mathbf{R}^n$ 中的元素 $(x_1, x_2, \cdots, x_n)$ 有时也用单个字母 $\boldsymbol{x}$ 来表示,即 $\boldsymbol{x} = (x_1, x_2, \cdots, x_n)$. 当所有的 x_i, $i = 1, 2, \cdots, n$ 都为零时,称这样的元素为 $\mathbf{R}^n$ 中的零元,记为 $\boldsymbol{0}$ 或 O. 在解析几何中,通过直角坐标,$\mathbf{R}^2$(或 $\mathbf{R}^3$)中的元素分别与平面(或空间)中的点或向量建立一一对应,因而 $\mathbf{R}^n$ 中的元素 $\boldsymbol{x} = (x_1, x_2, \cdots, x_n)$ 也称为 $\mathbf{R}^n$ 中的一个点或一个 n 维向量,x_i 称为点 $\boldsymbol{x}$ 的第 i 个坐标或 n 维向量 $\boldsymbol{x}$ 的第 i 个分量. 特别地,$\mathbf{R}^n$ 中的零元 $\boldsymbol{0}$ 称为 $\mathbf{R}^n$ 中的坐标原点或 n 维零向量.

为了在集合 $\mathbf{R}^n$ 中的元素之间建立联系,在 $\mathbf{R}^n$ 中定义线性运算如下:

设 $\boldsymbol{x} = (x_1, x_2, \cdots, x_n)$, $\boldsymbol{y} = (y_1, y_2, \cdots, y_n)$ 为 $\mathbf{R}^n$ 中任意两个元素,$\lambda \in \mathbf{R}$,规定 $\boldsymbol{x} + \boldsymbol{y} = (x_1 + y_1, x_2 + y_2, \cdots, x_n + y_n)$, $\lambda \boldsymbol{x} = (\lambda x_1, \lambda x_2, \cdots, \lambda x_n)$,这样定义了线性运算的集合 $\mathbf{R}^n$ 称为 n 维空间.

$\mathbf{R}^n$ 中点 $\boldsymbol{x} = (x_1, x_2, \cdots, x_n)$ 和点 $\boldsymbol{y} = (y_1, y_2, \cdots, y_n)$ 间的距离,记作 $\rho(\boldsymbol{x}, \boldsymbol{y})$,规定

$$\rho(\boldsymbol{x}, \boldsymbol{y}) = \sqrt{(x_1 - y_1)^2 + (x_2 - y_2)^2 + \cdots + (x_n - y_n)^2}.$$

(7-1-7)

显然,$i = 1, 2, 3$ 时,上述规定与数轴上、直角坐标系下平面及空间中两点间的距离一致.

上述有关平面点集合的概念均可逐一推广到 n 维空间.

7.1.4 多元函数概念

在许多客观世界和经济管理的实际问题中,许多变量都不是孤立存在的,它们相互依赖,相互作用. 例如圆柱体的体积 V 与它的底半径 r、高 h 之间具有关系 $V = \pi r^2 h$,所以 V 是关于两个变量 r 与 h 的函数,即 V 是二元有序数组 (r, h) 的函数. 又如某商品的社会需求量 Q 与该商品的价格 P、消费者人数 L 以及消费者的收入水平 R 有关,所以该商品的社会需求量 Q 就是 3 个变量 P, L, R 的函

数,或者说 Q 是三元有序数组 (P, L, R) 的函数,这种依赖两个或更多变量的函数就是多元函数.

1. 二元函数的定义

定义 1 设 D 是 $\mathbf{R}^2$ 的一个非空子集,如果对于每个点 $P(x, y) \in D$,变量 z 按照一定法则 f 总有确定的值与它对应,则称 z 是变量 x, y 的**二元函数**(或点 P 的函数),记为

$$z = f(x, y), (x, y) \in D \quad (\text{或 } z = f(P), P \in D). \quad (7-1-8)$$

其中点集 D 称为该函数的定义域,x, y 称为自变量,z 称为因变量. 数集

$$\{z \mid z = f(x, y), (x, y) \in D\}$$

称为该函数的值域. z 是 x, y 的函数,也可记为 $z = z(x, y), z = g(x, y)$ 等.

类似地,可定义三元函数 $u = f(x, y, z), (x, y, z) \in D$ 以及三元以上的函数.

定义 2 设 D 是 n 维空间 $\mathbf{R}^n$ 的非空子集,$\mathbf{R}$ 是实数集. 如果对于每个点 $P(x_1, x_2, \cdots, x_n) \in D$,按照一定法则总有确定的 $y \in \mathbf{R}$ 与它对应,则称 y 是 $x_1, x_2, \cdots, x_n$ 的 **n 元函数**,记为

$$y = f(x_1, x_2, \cdots, x_n), (x_1, x_2, \cdots, x_n) \in D, \quad (7-1-9)$$

或

$$y = f(P), P \in D. \quad (7-1-10)$$

当 $n = 1$ 时,y 就是一元函数;当 $n \geqslant 2$ 时,n 元函数统称为**多元函数**.

在讨论多元函数的定义域时,我们作一元函数类似的规定:在一般地讨论用算式表达的多元函数 $y = f(P)$ 时,就以使这个算式有意义的所有 P 组成的点集为这个多元函数的**自然定义域**. 因而,对这类函数,它的定义域不再特别标出. 例如,函数 $z = \ln(x + y)$ 的定义域为 $\{(x, y) \mid x + y > 0\}$(无界开区域),函数 $z = \arcsin(x^2 + y^2)$ 的定义域为 $\{(x, y) \mid x^2 + y^2 \leqslant 1\}$(有界闭区域).

例 1 试确定函数 $z = \sqrt{x - y^2} + \sqrt{2 - x^2 - y^2}$ 的定义域.

解 要使得函数有确定的实数值,就要求

$$\begin{cases} x - y^2 \geqslant 0, \\ 2 - x^2 - y^2 \geqslant 0. \end{cases}$$

因此,定义域为 xOy 平面内的点集为 $D=\{(x,y)\mid x\geqslant y^2,x^2+y^2\leqslant 2\}$ 为 xOy 平面上的有界闭区域,如图 7-8 所示.

2. 二元函数的几何意义

设函数 $z=f(x,y)$ 的定义域为平面区域 D,对于 D 中的任意一点 $P(x,y)$,对应一确定的函数值 $z(z=f(x,y))$.这样便得到一个三元有序数组 (x,y,z),相应地在空间可得到一点 $M(x,y,z)$.当点 P 在 D 内变动时,相应的点 M 就在空间中变动,当点 P 取遍整个定义域 D 上所有点时,得到的一个空间点集

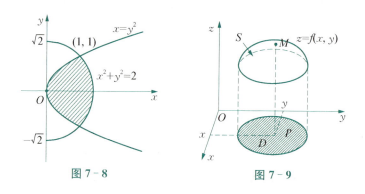

图 7-8　　　　图 7-9

$$S=\{(x,y,z)\mid z=f(x,y),(x,y)\in D\}$$

构成了一张空间曲面,这个曲面 S 称为二元函数 $z=f(x,y)$ 的图形,如图 7-9 所示.例如,线性函数 $z=ax+by+c$ 是一张平面,二元函数 $z=x^2+y^2$ 的图形是旋转抛物面.

习题　7.1

1. 在空间直角坐标系中,指出下列各点所在的位置(所在的坐标轴、坐标面或卦限):

    (1) $(-\sqrt{5},0,0)$;　(2) $(0,-2,2)$;　(3) $(-1,-2,0)$;　(4) $(1,2,3)$;　(5) $(-2,\sqrt{2},2)$;　(6) $(3,-2,5)$;　(7) $(2,-4,-6)$;　(8) $(-1,-2,-3)$.

2. 确定点 $A(-3,2,-1)$ 关于坐标原点、x 轴、y 轴、z 轴 3 个坐标轴以及 xOy、yOz、zOx 3 个坐标平面对称点的坐标.

3. 在 z 轴上求与两点 $P(-4,1,7)$ 和 $Q(3,5,-2)$ 等距离的点 R.

4. 证明以 $A_1(4,3,1)$，$A_2(7,1,2)$，$A_3(5,2,3)$ 这 3 点为顶点的三角形是一个等腰三角形.

5. 确定平面 $3x+2y-6z-12=0$ 在 x 轴、y 轴、z 轴上的截距，并画出该平面图形.

6. 方程 $x^2+y^2+z^2-2x+4y-4z-7=0$ 表示什么曲面？

7. 指出下列方程在平面解析几何与空间解析几何中分别表示什么图形？

   (1) $x-2y=1$；
   (2) $2x^2+3y^2=1$；
   (3) $x^2+y^2=1$；
   (4) $y=x^2$.

8. 求下列函数的定义域：

   (1) $z=\sqrt{1-\dfrac{x^2}{a^2}-\dfrac{y^2}{b^2}}$；
   (2) $z=\dfrac{1}{\ln(x-y)}$；
   (3) $z=\arcsin\dfrac{y}{x}$；
   (4) $z=\sqrt{x-\sqrt{y}}-\arccos(x^2+y^2)$.

9. 判断下列平面点集哪些是开集、闭集、区域、有界集、无界集，并分别指出它们的聚点集和边界.

   (1) $\{(x,y)\mid x\neq 0\}$；
   (2) $\{(x,y)\mid 1\leqslant x^2+y^2<4\}$；
   (3) $\{(x,y)\mid y<x^2\}$；
   (4) $\{(x,y)\mid x^2+y^2>0\}$.

7.2 多元函数的极限与连续性

7.2.1 二元函数的极限

与一元函数的极限概念类似，如果在 $P(x,y)\to P_0(x_0,y_0)$ 的过程中，对应的函数值 $f(x,y)$ 无限接近于一个确定的常数 A，则称 A 是函数 $f(x,y)$ 当 $(x,y)\to(x_0,y_0)$ 时的极限.

定义 1 设二元函数 $f(P)=f(x,y)$ 的定义域为 D，$P_0(x_0,y_0)$ 是 D 的聚点. 如果存在常数 A，对任意给定的正数 ε，总存在正数 δ，使得当 $P(x,y)\in D\cap \overset{\circ}{U}(P_0,\delta)$ 时，都有

$$|f(P)-A|=|f(x,y)-A|<\varepsilon \qquad (7-2-1)$$

成立,则称常数 A 为函数 $f(x,y)$ 当 $(x,y)\to(x_0,y_0)$ 时的极限,记为

$$\lim_{(x,y)\to(x_0,y_0)} f(x,y)=A, \text{或} \lim_{\substack{x\to x_0\\y\to y_0}} f(x,y)=A, \qquad (7-2-2)$$

也记作 $\lim\limits_{P\to P_0} f(P)=A$.

上述定义的极限称为**二重极限**. 这个定义与一元函数的极限定义几乎相同,所不同的是在平面上 P 以任何方式趋于 P_0,而在一维空间中,$x\to x_0$ 只能从它的左、右两边趋近于 x_0,所以在多维空间中,$P\to P_0$ 更具有"任意性",这也是考虑二元函数的极限时需要特别注意的问题.

由于二元函数的极限定义与一元函数的极限定义本质是一样的,因此一元函数的极限的一些性质和运算法则对于多元函数也是成立的.

例1 设 $f(x,y)=(x^2+y^2)\sin\dfrac{1}{x^2+y^2}$,求证 $\lim\limits_{(x,y)\to(0,0)} f(x,y)=0$.

证 因为

$$|f(x,y)-0|=\left|(x^2+y^2)\sin\dfrac{1}{x^2+y^2}-0\right|=$$

$$|x^2+y^2|\cdot\left|\sin\dfrac{1}{x^2+y^2}\right|\leqslant x^2+y^2,$$

所以 $\forall \varepsilon>0$,取 $\delta=\sqrt{\varepsilon}$,则当

$$0<\sqrt{(x-0)^2+(y-0)^2}<\delta,$$

即 $P(x,y)\in D\cap \overset{\circ}{U}(O,\delta)$ 时,总有

$$|f(x,y)-0|<\varepsilon.$$

因此, $\lim\limits_{(x,y)\to(0,0)} f(x,y)=0$.

注1 (1) 二重极限存在,是指 P 以任何方式趋于 P_0 时,函数都无限接近于 A.

(2) 如果当 P 以两种不同方式趋于 P_0 时,函数趋于不同的值,则函数的极限不存在.

例2 讨论函数 $f(x,y)=\begin{cases} \dfrac{xy}{x^2+y^2}, & x^2+y^2\neq 0, \\ 0, & x^2+y^2=0 \end{cases}$ 在点 $(0,0)$ 处的极

限存在性.

解 当点 $P(x,y)$ 沿 x 轴趋于点 $(0,0)$ 时,

$$\lim_{(x,y)\to(0,0)} f(x,y) = \lim_{x\to 0} f(x,0) = \lim_{x\to 0} 0 = 0;$$

当点 $P(x,y)$ 沿 y 轴趋于点 $(0,0)$ 时,

$$\lim_{(x,y)\to(0,0)} f(x,y) = \lim_{y\to 0} f(0,y) = \lim_{y\to 0} 0 = 0.$$

不能因为 $P(x,y)$ 以上述两种特殊方式趋于 $(0,0)$ 时的极限存在且相等,就断定所考察的二重极限存在. 事实上,当 $P(x,y)$ 沿直线 $y=kx(k\neq 0)$ 趋于 $(0,0)$ 时,有

$$\lim_{\substack{(x,y)\to(0,0)\\y=kx}} \frac{xy}{x^2+y^2} = \lim_{x\to 0} \frac{kx^2}{x^2+k^2x^2} = \frac{k}{1+k^2}.$$

这个极限值随 k 不同而变化. 因此,函数 $f(x,y)$ 在 $(0,0)$ 处极限不存在.

例 3 求 $\lim\limits_{(x,y)\to(0,2)} \dfrac{\sin(xy)}{x}$.

解 由题意可得

$$\lim_{(x,y)\to(0,2)} \frac{\sin(xy)}{x} = \lim_{(x,y)\to(0,2)} \frac{\sin(xy)}{xy} \cdot y$$

$$= \lim_{(x,y)\to(0,2)} \frac{\sin(xy)}{xy} \cdot \lim_{(x,y)\to(0,2)} y$$

$$= 1 \times 2 = 2.$$

7.2.2 二元函数的连续性

定义 2 设二元函数 $f(P)=f(x,y)$ 的定义域为 D,$P_0(x_0,y_0)$ 为 D 的聚点,且 $P_0(x_0,y_0)\in D$. 如果

$$\lim_{(x,y)\to(x_0,y_0)} f(x,y) = f(x_0,y_0),$$

则称函数 $f(x,y)$ 在点 $P_0(x_0,y_0)$ **连续**,并称点 $P_0(x_0,y_0)$ 为**连续点**.

如果函数 $f(x,y)$ 在 D 的每一点都连续,那么就称函数 $f(x,y)$ 在 D 上连续,或者称 $f(x,y)$ 是 D 上的连续函数.

二元函数的连续性概念可相应地推广到 n 元函数上去.

例 4 已知 $f(x,y)=\sin x$，证明 $f(x,y)$ 是 $\mathbf{R}^2$ 上的连续函数.

证 设 $P_0(x_0,y_0)$ 是 $\mathbf{R}^2$ 中的任意一点. 由于 $\sin x$ 在 x_0 处连续，故对 $\forall \varepsilon>0, \exists \delta>0$，当 $|x-x_0|<\delta$ 时，有

$$|\sin x - \sin x_0|<\varepsilon.$$

作 P_0 的 δ 邻域 $U(P_0,\delta)$，则当 $P(x,y)\in U(P_0,\delta)$ 时，可得

$$|f(x,y)-f(x_0,y_0)|=|\sin x - \sin x_0|<\varepsilon,$$

即 $\lim\limits_{(x,y)\to(x_0,y_0)} f(x,y)=f(x_0,y_0)$，从而 $f(x,y)=\sin x$ 在点 $P_0(x_0,y_0)$ 连续. 由 P_0 的任意性知，$f(x,y)=\sin x$ 在 $\mathbf{R}^2$ 上连续.

类似的讨论可知，一元基本初等函数看成二元函数或二元以上的多元函数时，它们在各自的定义域内都是连续的.

定义 3 设函数 $f(x,y)$ 的定义域为 D，$P_0(x_0,y_0)$ 是 D 的聚点. 如果函数 $f(x,y)$ 在点 $P_0(x_0,y_0)$ 不连续，则称 $P_0(x_0,y_0)$ 为函数 $f(x,y)$ 的**间断点**或**不连续点**.

例如，函数 $f(x,y)=\begin{cases}\dfrac{xy}{x^2+y^2}, & x^2+y^2\neq 0,\\ 0, & x^2+y^2=0,\end{cases}$ 其定义域为 $\mathbf{R}^2$，$O(0,0)$ 是 D 的聚点. 由于当 $(x,y)\to(0,0)$ 时，$f(x,y)$ 的极限不存在，所以点 $O(0,0)$ 是该函数的一个间断点.

又如，函数 $f(x,y)=\sin\dfrac{1}{x^2+y^2-1}$，其定义域为 $D=\{(x,y)\mid x^2+y^2\neq 1\}$，圆周 $C=\{(x,y)\mid x^2+y^2=1\}$ 上的点都是 D 的聚点，而 $f(x,y)$ 在 C 上没有定义，因此 $f(x,y)$ 在 C 上各点都不连续，所以圆周 C 上各点都是该函数的间断点.

注 2 间断点可能是孤立点也可能是曲线上的点.

注 3 多元连续函数的和、差、积仍为连续函数；连续函数的商在分母不为零处仍连续；多元连续函数的复合函数也是连续函数.

注 4 与一元初等函数类似，**多元初等函数**是指可用一个式子所表示的多元函数，这个式子是由常数及具有不同自变量的一元基本初等函数经过有限次的四则运算和复合运算而得到的. 一切多元初等函数在其定义区域内是连续的. 所谓定义区域是指包含在定义域内的区域或闭区域.

例如，$\dfrac{x+x^2-y^2}{1+y^2}$，$\sin(x+y)$，$\mathrm{e}^{x^2+y^2+z^2}$ 都是多元初等函数，而且它们在其定义区域内是连续的.

注5 由多元连续函数的连续性可知，如果要求多元连续函数 $f(P)$ 在点 P_0 处的极限，而该点又在此函数的定义区域内，则 $\lim\limits_{P\to P_0} f(P) = f(P_0)$.

例5 求 $\lim\limits_{(x,y)\to(1,2)} \dfrac{x+y}{xy}$.

解 函数 $f(x,y) = \dfrac{x+y}{xy}$ 是初等函数，其定义域为 $D = \{(x,y) \mid x \neq 0, y \neq 0\}$，$P_0(1,2)$ 为 D 的内点，故存在 P_0 的某一邻域 $U(P_0) \subset D$，而任何邻域都是区域，所以 $U(P_0)$ 是 $f(x,y)$ 的一个定义区域，因此

$$\lim_{(x,y)\to(1,2)} f(x,y) = f(1,2) = \frac{3}{2}.$$

例6 求 $\lim\limits_{(x,y)\to(0,0)} \dfrac{\sqrt{xy+1}-1}{xy}$.

解 经化简可得

$$\lim_{(x,y)\to(0,0)} \frac{\sqrt{xy+1}-1}{xy} = \lim_{(x,y)\to(0,0)} \frac{(\sqrt{xy+1}-1)(\sqrt{xy+1}+1)}{xy(\sqrt{xy+1}+1)}$$

$$= \lim_{(x,y)\to(0,0)} \frac{1}{\sqrt{xy+1}+1} = \frac{1}{2}.$$

7.2.3 有界闭区域上二元连续函数的性质

性质1(最值定理) 若 $f(x,y)$ 在有界闭区域 D 上连续，则 $f(x,y)$ 在 D 上必取得最大值和最小值.

推论1 若 $f(x,y)$ 在有界闭区域 D 上连续，则 $f(x,y)$ 在 D 上有界.

性质2(介值定理) 若 $f(x,y)$ 在有界闭区域 D 上连续，M 和 m 分别是 $f(x,y)$ 在 D 上的最大值与最小值，则对于介于 M 与 m 之间的任意一个数 C，必存在一点 $(x_0, y_0) \in D$，使得 $f(x_0, y_0) = C$.

以上关于二元函数的极限与连续性的概念及有界闭区域上连续函数的性质，可类推到三元及以上的函数中去.

习题 7.2

1. 求下列极限：

(1) $\lim\limits_{\substack{x\to 0\\y\to 0}} \dfrac{\sin(xy)}{x}$；

(2) $\lim\limits_{\substack{x\to\infty\\y\to\infty}} \dfrac{1-xy}{x^2+y^2}$；

(3) $\lim\limits_{\substack{x\to 0\\y\to 0}} \dfrac{xy}{\sqrt{xy+1}-1}$；

(4) $\lim\limits_{\substack{x\to 0\\y\to 0}} \dfrac{\sin(xy)}{x^2+y^2}$.

2. 判断下列函数在原点 $O(0,0)$ 处是否连续：

(1) $z = \begin{cases} \dfrac{\sin(x^3+y^3)}{x^2+y^2}, & x^2+y^2 \neq 0, \\ 0, & x^2+y^2 = 0; \end{cases}$

(2) $z = \begin{cases} \dfrac{\sin(x^3+y^3)}{x^3+y^3}, & x^3+y^3 \neq 0, \\ 0, & x^3+y^3 = 0; \end{cases}$

(3) $z = \begin{cases} \dfrac{x^2 y^2}{x^2 y^2 + (x-y)^2}, & x^2+y^2 \neq 0, \\ 0, & x^2+y^2 = 0. \end{cases}$

3. 证明下列极限不存在：

(1) $\lim\limits_{\substack{x\to 0\\y\to 0}} \dfrac{x-y}{x+y}$；

(2) $\lim\limits_{\substack{x\to 0\\y\to 0}} \dfrac{x^3 y}{x^6+y^2}$.

7.3 偏导数及其在经济中的应用

一元函数的导数刻画了函数相对于自变量的变化率，多元函数的自变量有两个或两个以上，函数对于自变量的变化率问题将更为复杂，但有规律可循. 例如，某新产品上市的销售量 Q 与定价 P 和广告投入费用 S 两个因素有关，在研究每个因素对销售量的影响时，分析在广告投入费用 S 一定的前提下，销售量 Q 对定价 P 的变化率；反之，也可分析在定价 P 一定的前提下，销售量 Q 对广告投入费用 S 的变化率，这就是本节要研究的多元函数偏导数等问题.

7.3.1 偏导数的定义及其计算

对于二元函数 $z=f(x,y)$，如果只有自变量 x 变化，而自变量 y 固定，这时

它就是 x 的一元函数,此函数对 x 的导数,就称为二元函数 $z=f(x,y)$ 对于 x 的偏导数.

定义 1 设函数 $z=f(x,y)$ 在点 (x_0,y_0) 的某一邻域内有定义,当 y 固定在 y_0,而 x 在 x_0 处有增量 Δx 时,相应地函数有增量

$$f(x_0+\Delta x,y_0)-f(x_0,y_0).$$

如果极限

$$\lim_{\Delta x \to 0}\frac{f(x_0+\Delta x,y_0)-f(x_0,y_0)}{\Delta x}$$

存在,则称此极限为函数 $z=f(x,y)$ 在点 (x_0,y_0) 处对 x 的偏导数,记作

$$\left.\frac{\partial z}{\partial x}\right|_{\substack{x=x_0\\y=y_0}},\ \left.\frac{\partial f}{\partial x}\right|_{\substack{x=x_0\\y=y_0}},\ \left.z_x\right|_{\substack{x=x_0\\y=y_0}},\ \text{或}\ f_x(x_0,y_0).$$

即

$$\left.\frac{\partial z}{\partial x}\right|_{\substack{x=x_0\\y=y_0}}=\left.\frac{\partial f}{\partial x}\right|_{\substack{x=x_0\\y=y_0}}=\left.z_x\right|_{\substack{x=x_0\\y=y_0}}=f_x(x_0,y_0)$$

$$=\lim_{\Delta x \to 0}\frac{f(x_0+\Delta x,y_0)-f(x_0,y_0)}{\Delta x}.$$

类似地,函数 $z=f(x,y)$ 在点 (x_0,y_0) 处对 y 的偏导数定义为

$$\lim_{\Delta y \to 0}\frac{f(x_0,y_0+\Delta y)-f(x_0,y_0)}{\Delta y},$$

记作

$$\left.\frac{\partial z}{\partial y}\right|_{\substack{x=x_0\\y=y_0}},\ \left.\frac{\partial f}{\partial y}\right|_{\substack{x=x_0\\y=y_0}},\ \left.z_y\right|_{\substack{x=x_0\\y=y_0}},\ \text{或}\ f_y(x_0,y_0).$$

即

$$\left.\frac{\partial z}{\partial y}\right|_{\substack{x=x_0\\y=y_0}}=\left.\frac{\partial f}{\partial y}\right|_{\substack{x=x_0\\y=y_0}}=\left.z_y\right|_{\substack{x=x_0\\y=y_0}}=f_y(x_0,y_0)$$

$$=\lim_{\Delta y \to 0}\frac{f(x_0,y_0+\Delta y)-f(x_0,y_0)}{\Delta y}.$$

如果函数 $z=f(x,y)$ 在区域 D 内每一点 (x,y) 处对 x 的偏导数都存在,

那么这个偏导数就是 x, y 的函数,它就称为函数 $z=f(x,y)$ 对自变量 x 的偏导函数,记作

$$\frac{\partial z}{\partial x}, \frac{\partial f}{\partial x}, z_x, 或 f_x(x,y).$$

即

$$f_x(x,y)=\frac{\partial z}{\partial x}=\frac{\partial f}{\partial x}=z_x=\lim_{\Delta x \to 0}\frac{f(x+\Delta x, y)-f(x,y)}{\Delta x}.$$

类似地,可定义函数 $z=f(x,y)$ 对 y 的偏导函数,记为

$$\frac{\partial z}{\partial y}, \frac{\partial f}{\partial y}, z_y, 或 f_y(x,y).$$

即

$$f_y(x,y)=\frac{\partial z}{\partial y}=\frac{\partial f}{\partial y}=z_y=\lim_{\Delta y \to 0}\frac{f(x,y+\Delta y)-f(x,y)}{\Delta y}.$$

注1 求 $\frac{\partial f}{\partial x}$ 时,只要把 y 暂时看作常量而对 x 求导数;求 $\frac{\partial f}{\partial y}$ 时,只要把 x 暂时看作常量而对 y 求导数.

偏导数的概念还可推广到二元以上的函数.例如三元函数 $u=f(x,y,z)$ 在点 (x,y,z) 处对 x 的偏导数定义为:

$$f_x(x,y,z)=\lim_{\Delta x \to 0}\frac{f(x+\Delta x, y, z)-f(x,y,z)}{\Delta x},$$

其中 (x,y,z) 是函数 $f(x,y,z)$ 的定义域的内点.它们的求法也仍旧是一元函数的微分法问题.

例1 求 $z=x^2+3xy+y^2$ 在点 $(1,2)$ 处的偏导数.

解 根据定义1可得

$$\frac{\partial z}{\partial x}=2x+3y, \frac{\partial z}{\partial y}=3x+2y,$$

$$\left.\frac{\partial z}{\partial x}\right|_{\substack{x=1\\y=2}}=2\cdot 1+3\cdot 2=8, \left.\frac{\partial z}{\partial y}\right|_{\substack{x=1\\y=2}}=3\cdot 1+2\cdot 2=7.$$

例 2 求 $z = x^2 \sin 2y$ 的偏导数.

解 根据偏导数的定义可得

$$\frac{\partial z}{\partial x} = 2x \sin 2y, \frac{\partial z}{\partial y} = 2x^2 \cos 2y.$$

例 3 设 $z = x^y (x > 0, x \neq 1)$，求证：$\dfrac{x}{y} \dfrac{\partial z}{\partial x} + \dfrac{1}{\ln x} \dfrac{\partial z}{\partial y} = 2z$.

证 由于

$$\frac{\partial z}{\partial x} = y x^{y-1}, \frac{\partial z}{\partial y} = x^y \ln x,$$

从而可得

$$\frac{x}{y} \frac{\partial z}{\partial x} + \frac{1}{\ln x} \frac{\partial z}{\partial y} = \frac{x}{y} y x^{y-1} + \frac{1}{\ln x} x^y \ln x = x^y + x^y = 2z.$$

例 4 求 $r = \sqrt{x^2 + y^2 + z^2}$ 的偏导数.

解 根据偏导数的定义可得

$$\frac{\partial r}{\partial x} = \frac{x}{\sqrt{x^2 + y^2 + z^2}} = \frac{x}{r}; \frac{\partial r}{\partial y} = \frac{y}{\sqrt{x^2 + y^2 + z^2}} = \frac{y}{r}; \frac{\partial r}{\partial z} = \frac{z}{\sqrt{x^2 + y^2 + z^2}} = \frac{z}{r}.$$

例 5 已知理想气体的状态方程为 $pV = RT$（R 为常数），求证：$\dfrac{\partial p}{\partial V} \cdot \dfrac{\partial V}{\partial T} \cdot \dfrac{\partial T}{\partial p} = -1.$

证 因为

$$p = \frac{RT}{V}, \frac{\partial p}{\partial V} = -\frac{RT}{V^2},$$

$$V = \frac{RT}{p}, \frac{\partial V}{\partial T} = \frac{R}{p},$$

$$T = \frac{pV}{R}, \frac{\partial T}{\partial p} = \frac{V}{R},$$

所以
$$\frac{\partial p}{\partial V} \cdot \frac{\partial V}{\partial T} \cdot \frac{\partial T}{\partial p} = -\frac{RT}{V^2} \cdot \frac{R}{p} \cdot \frac{V}{R} = -\frac{RT}{pV} = -1.$$

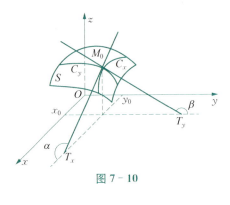

图 7-10

二元函数 $z=f(x,y)$ 在点 (x_0,y_0) 的偏导数的几何意义：$M_0(x_0,y_0,f(x_0,y_0))$ 为曲面 $z=f(x,y)$ 上的一点，过 M_0 作平面 $y=y_0$ 截此曲面得一空间曲线，此曲线在平面 $y=y_0$ 上的方程为 $z=f(x,y_0)$，则 $f_x(x_0,y_0) = \dfrac{\mathrm{d}}{\mathrm{d}x}f(x,y_0)\Big|_{x=x_0}$ 就是此曲线在点 M_0 处的切线 M_0T_x 对 x 轴的斜率；偏导数 $f'_y(x_0,y_0)$ 的几何意义是曲面被平面 $x=x_0$ 所截得的曲线在点 M_0 处的切线 M_0T_y 对 y 轴的斜率，如图 7-10 所示.

我们知道，如果一元函数在某点的导数存在，则它在该点必连续.但对于多元函数来说，即使各偏导数在某点都存在，也不能保证函数在该点连续.例如

$$f(x,y) = \begin{cases} \dfrac{xy}{x^2+y^2}, & x^2+y^2 \neq 0, \\ 0, & x^2+y^2 = 0 \end{cases}$$

在点 $(0,0)$ 处有 $f_x(0,0)=f_y(0,0)=0$，但函数在点 $(0,0)$ 并不连续.

7.3.2 高阶偏导数

定义 2 设函数 $z=f(x,y)$ 在区域 D 内具有偏导数

$$\frac{\partial z}{\partial x} = f_x(x,y), \quad \frac{\partial z}{\partial y} = f_y(x,y),$$

那么在 D 内 $f_x(x,y)$, $f_y(x,y)$ 都是 x,y 的函数.如果函数 $z=f(x,y)$ 在区域 D 内的偏导数 $f_x(x,y)$, $f_y(x,y)$ 也具有偏导数，则它们的偏导数称为函数 $z=f(x,y)$ 的**二阶偏导数**.按照对变量求导次序的不同有下列 4 个二阶偏导数：

$$\frac{\partial}{\partial x}\left(\frac{\partial z}{\partial x}\right) = \frac{\partial^2 z}{\partial x^2} = f_{xx}(x,y), \quad \frac{\partial}{\partial y}\left(\frac{\partial z}{\partial x}\right) = \frac{\partial^2 z}{\partial x \partial y} = f_{xy}(x,y),$$

$$\frac{\partial}{\partial x}\left(\frac{\partial z}{\partial y}\right)=\frac{\partial^2 z}{\partial y \partial x}=f_{yx}(x, y), \quad \frac{\partial}{\partial y}\left(\frac{\partial z}{\partial y}\right)=\frac{\partial^2 z}{\partial y^2}=f_{yy}(x, y).$$

其中 $f_{xy}(x, y)$，$f_{yx}(x, y)$ 称为混合偏导数. 同样可得三阶、四阶，以及 n 阶偏导数. 二阶及二阶以上的偏导数统称为**高阶偏导数**.

例6 设 $z = x^3 y^2 - 3xy^3 - xy + 1$，求 $\dfrac{\partial^2 z}{\partial x^2}$，$\dfrac{\partial^3 z}{\partial x^3}$，$\dfrac{\partial^2 z}{\partial y \partial x}$ 和 $\dfrac{\partial^2 z}{\partial x \partial y}$.

解 根据高阶偏导数求导法则可得

$$\frac{\partial z}{\partial x} = 3x^2 y^2 - 3y^3 - y, \quad \frac{\partial z}{\partial y} = 2x^3 y - 9xy^2 - x,$$

$$\frac{\partial^2 z}{\partial x^2} = 6xy^2, \quad \frac{\partial^3 z}{\partial x^3} = 6y^2,$$

$$\frac{\partial^2 z}{\partial x \partial y} = 6x^2 y - 9y^2 - 1, \quad \frac{\partial^2 z}{\partial y \partial x} = 6x^2 y - 9y^2 - 1.$$

由例 6 观察到一个现象：$\dfrac{\partial^2 z}{\partial y \partial x} = \dfrac{\partial^2 z}{\partial x \partial y}$，这并不是偶然的结果，而是在一定条件下的必然结果. 下面定理揭示了这一规律性.

定理 1 如果函数 $z = f(x, y)$ 的两个二阶混合偏导数 $\dfrac{\partial^2 z}{\partial y \partial x}$ 及 $\dfrac{\partial^2 z}{\partial x \partial y}$ 在点 P_0 的某邻域 $U(P_0)$ 内存在，且在 P_0 处连续，那么在 P_0 处这两个二阶混合偏导数必相等.

证明从略.

对于二元以上的函数，也可以类似地定义高阶偏导数，而且高阶混合偏导数在偏导数连续的条件下也与求导次序无关.

例7 验证函数 $z = \ln \sqrt{x^2 + y^2}$ 满足方程 $\dfrac{\partial^2 z}{\partial x^2} + \dfrac{\partial^2 z}{\partial y^2} = 0$.

证 因为

$$z = \ln \sqrt{x^2 + y^2} = \frac{1}{2} \ln(x^2 + y^2),$$

所以

$$\frac{\partial z}{\partial x} = \frac{x}{x^2 + y^2}, \quad \frac{\partial z}{\partial y} = \frac{y}{x^2 + y^2},$$

$$\frac{\partial^2 z}{\partial x^2} = \frac{(x^2+y^2) - x \cdot 2x}{(x^2+y^2)^2} = \frac{y^2 - x^2}{(x^2+y^2)^2},$$

$$\frac{\partial^2 z}{\partial y^2} = \frac{(x^2+y^2) - y \cdot 2y}{(x^2+y^2)^2} = \frac{x^2 - y^2}{(x^2+y^2)^2}.$$

因此

$$\frac{\partial^2 z}{\partial x^2} + \frac{\partial^2 z}{\partial y^2} = \frac{x^2 - y^2}{(x^2+y^2)^2} + \frac{y^2 - x^2}{(x^2+y^2)^2} = 0.$$

例8 证明函数 $u = \dfrac{1}{r}$ 满足方程 $\dfrac{\partial^2 u}{\partial x^2} + \dfrac{\partial^2 u}{\partial y^2} + \dfrac{\partial^2 u}{\partial z^2} = 0$，其中 $r = \sqrt{x^2 + y^2 + z^2}$.

证 由于

$$\frac{\partial u}{\partial x} = -\frac{1}{r^2} \cdot \frac{\partial r}{\partial x} = -\frac{1}{r^2} \cdot \frac{x}{r} = -\frac{x}{r^3},$$

$$\frac{\partial^2 u}{\partial x^2} = -\frac{1}{r^3} + \frac{3x}{r^4} \cdot \frac{\partial r}{\partial x} = -\frac{1}{r^3} + \frac{3x^2}{r^5}.$$

同理

$$\frac{\partial^2 u}{\partial y^2} = -\frac{1}{r^3} + \frac{3y^2}{r^5}, \quad \frac{\partial^2 u}{\partial z^2} = -\frac{1}{r^3} + \frac{3z^2}{r^5}.$$

因此

$$\frac{\partial^2 u}{\partial x^2} + \frac{\partial^2 u}{\partial y^2} + \frac{\partial^2 u}{\partial z^2} = \left(-\frac{1}{r^3} + \frac{3x^2}{r^5}\right) + \left(-\frac{1}{r^3} + \frac{3y^2}{r^5}\right) + \left(-\frac{1}{r^3} + \frac{3z^2}{r^5}\right)$$

$$= -\frac{3}{r^3} + \frac{3(x^2+y^2+z^2)}{r^5} = -\frac{3}{r^3} + \frac{3r^2}{r^5} = 0.$$

7.3.3 偏导数在经济学中的应用

在上册第 4 章 4.5 节中，我们清楚地认识到一元函数的导数在经济学中有着广泛的应用. 为此，我们可将相关性质推广到多元函数中去，并赋予更丰富的含义.

1. 边际分析

定义3 设函数 $z = f(x, y)$ 在 (x_0, y_0) 的偏导数存在，则称

$$f_x(x_0,y_0)=\lim_{\Delta x\to 0}\frac{f(x_0+\Delta x,y_0)-f(x_0,y_0)}{\Delta x}$$

为函数 $z=f(x,y)$ 在点 (x_0,y_0) 处**对 x 的边际**,称 $f_x(x,y)$ 为对 x 的**边际函数**.

类似地,称 $f_y(x_0,y_0)$ 为函数 $z=f(x,y)$ 在点 (x_0,y_0) 处**对 y 的边际**,称 $f_y(x,y)$ 为对 y 的**边际函数**.

边际 $f_x(x_0,y_0)$ 的经济含义是:在点 (x_0,y_0) 处,当 y 保持不变而 x 多生产一个单位,$z=f(x,y)$ 近似地改变了 $f_x(x_0,y_0)$ 个单位. 同理,边际 $f_y(x_0,y_0)$ 的经济含义是:在点 (x_0,y_0) 处,当 x 保持不变而 y 多生产一个单位,$z=f(x,y)$ 近似地改变了 $f_y(x_0,y_0)$ 个单位.

例9 某汽车生产商生产 A,B 两种型号的小车,其日产量分别用 x,y(单位:百辆)表示,总成本(单位:百万元)为

$$C(x,y)=10+5x^2+xy+2y^2,$$

求当 $x=5,y=3$ 时,这两种型号的小车的边际成本,并解释其经济含义.

解 总成本函数的偏导数为

$$C_x(x,y)=10x+y,\ C_y(x,y)=x+4y.$$

当 $x=5,y=3$ 时,A 型小车边际成本为

$$C_x(5,3)=10\times 5+3=53(百万元).$$

当 $x=5,y=3$ 时,B 型小车边际成本为

$$C_y(5,3)=5+4\times 3=17(百万元).$$

其经济含义是:在 A 型小车日产量为 5 百辆、B 型小车日产量为 3 百辆的条件下:

(1) 如果 B 型小车日产量不变,而 A 型小车日产量每增加 1 百辆,则总成本大约增加 53 百万元.

(2) 如果 A 型小车日产量不变,而 B 型小车日产量每增加 1 百辆,则总成本大约增加 17 百万元.

2. 偏弹性分析

定义 4 设函数 $z=f(x,y)$ 在 (x_0,y_0) 的偏导数存在,$z=f(x,y)$ 对 x 的偏改变量记为

$$\Delta_x z = f(x_0 + \Delta x, y_0) - f(x_0, y_0),$$

称 $\Delta_x z$ 的相对改变量 $\dfrac{\Delta_x z}{z_0}$ 与自变量 x 的相对改变量 $\dfrac{\Delta x}{x_0}$ 之比

$$\frac{\dfrac{\Delta_x z}{z_0}}{\dfrac{\Delta x}{x_0}} = \frac{\Delta_x z}{\Delta x} \cdot \frac{x_0}{z_0} \qquad (7-3-1)$$

为函数 $z = f(x, y)$ 在 (x_0, y_0) 处对 x 从 x_0 到 $x_0 + \Delta x$ 两点间的弹性.

令 $\Delta x \to 0$，则 (7-3-1) 式的极限称为 $z = f(x, y)$ 在 (x_0, y_0) 处对 x 的**偏弹性**，记为 E_x，即

$$E_x = \lim_{\Delta x \to 0} \frac{\Delta_x z}{\Delta x} \cdot \frac{x_0}{z_0} = f_x(x_0, y_0) \cdot \frac{x_0}{f(x_0, y_0)}.$$

注 2 偏弹性 E_x 反映在点 (x_0, y_0) 处 $f(x, y)$ 随 x 的强弱程度. 其经济含义是：在点 (x_0, y_0) 处，当 y 不变而 x 产生 1% 的改变时，$f(x, y)$ 近似地改变 $E_x\%$.

类似地，可定义 $z = f(x, y)$ 在 (x_0, y_0) 处对 y 的偏弹性，记为 E_y，即

$$E_y = \lim_{\Delta y \to 0} \frac{\Delta_y z}{\Delta y} \cdot \frac{y_0}{z_0} = f_y(x_0, y_0) \cdot \frac{y_0}{f(x_0, y_0)}.$$

一般地，称

$$E_x = f_x(x, y) \cdot \frac{x}{f(x, y)}, \quad E_y = f_y(x, y) \cdot \frac{y}{f(x, y)}$$

为 $z = f(x, y)$ 分别对 x 和 y 的偏弹性函数.

(1) 需求偏弹性.

设某产品的需求量 $Q = Q(p, y)$，其中 p 为该产品的价格，y 为消费者收入，则称

$$E_p = \lim_{\Delta p \to 0} \frac{\Delta_p Q}{\Delta p} \cdot \frac{p}{Q} = \frac{\partial Q}{\partial p} \cdot \frac{p}{Q}$$

为**需求 Q 对价格 p 的偏弹性**. 称

$$E_y = \lim_{\Delta y \to 0} \frac{\Delta_y Q}{\Delta y} \cdot \frac{y}{Q} = \frac{\partial Q}{\partial y} \cdot \frac{y}{Q}$$

为**需求 Q 对收入 y 的偏弹性**.

例 10 某城市计划建设一批经济住房,如果价格(单位:百元/m²)为 p,需求量(单位:百间)为 Q,当地居民年均收入(单位:万元)为 y,根据分析调研,得到需求函数为

$$Q = 10 + py - \frac{p^2}{10}.$$

求当 $p=30$,$y=3$ 时,需求量 Q 对价格 p 和收入 y 的偏弹性,并解释其经济含义.

解 因为

$$\frac{\partial Q}{\partial p} = y - \frac{2p}{10}, \quad \frac{\partial Q}{\partial y} = p,$$

将上式代入 $p=30$,$y=3$ 得到

$$\left.\frac{\partial Q}{\partial p}\right|_{(30,3)} = 3 - \frac{2 \times 30}{10} = -3, \quad \left.\frac{\partial Q}{\partial y}\right|_{(30,3)} = 30,$$

又因为

$$Q(30,3) = 10 + 30 \times 3 - \frac{30 \times 30}{10} = 10,$$

因此,需求量 Q 对价格 p 和收入 y 的偏弹性分别为

$$E_p = -3 \times \frac{30}{10} = -9, \quad E_y = 30 \times \frac{3}{10} = 9.$$

其经济含义是:在价格定在每平方米 3 000 元、人均年收入 3 万元的条件下,若价格每平方米提高 1%而人均年收入不变,则需求量将减少 9%;若价格不变而人均年收入增加 1%,则需求量将增加 9%.

(2) 交叉弹性分析.

设有 A,B 两种相关商品,价格分别为 p_1,p_2,消费者对这两种商品的需求量 Q_1,Q_2 分别由这两种商品的价格决定,需求函数分别表示为

$$Q_1 = Q_1(p_1, p_2), \quad Q_2 = Q_2(p_1, p_2).$$

对需求函数 $Q_1 = Q_1(p_1, p_2)$,当 p_2 不变时,需求量 Q_1 对价格 p_1 的偏弹性 E_{p_1} 称为**直接价格弹性**,即

$$E_{p_1} = \frac{\partial Q_1}{\partial p_1} \cdot \frac{p_1}{Q_1}.$$

注3 直接价格弹性用于度量商品对自身价格变化所引起的需求反应.

对需求函数 $Q_1 = Q_1(p_1, p_2)$，当 p_1 不变时，需求量 Q_1 对价格 p_2 的偏弹性 E_{p_2} 称为**交叉价格弹性**，即

$$E_{p_2} = \frac{\partial Q_1}{\partial p_2} \cdot \frac{p_2}{Q_1}.$$

注4 交叉价格弹性用于度量商品对与之相关的商品的价格变化所引起的需求反应.

需求量 Q_1 的交叉价格弹性 E_{p_2}，可用于分析两种商品的相互关系：

(1) 若 $E_{p_2} < 0$，则表示当商品 A 的价格 p_1 不变，而商品 B 的价格 p_2 上升时，商品 A 的需求量将相应地减少. 这时称商品 A 和 B 是**互相补充关系**.

(2) 若 $E_{p_2} > 0$，则表示当商品 A 的价格 p_1 不变，而商品 B 的价格 p_2 上升时，商品 A 的需求量将相应地增加. 这时称商品 A 和 B 是**互相竞争关系**.

(3) 若 $E_{p_2} = 0$，称商品 A 和 B **互相独立**.

例11 某品牌数码相机的需求量 Q，除与自身价格（单位：百元）p_1 有关外，还与彩色喷墨打印机的价格（单位：百元）p_2 有关，需求函数为

$$Q = 120 + \frac{100}{p_1} - 10p_2 - p_2^2.$$

求 $p_1 = 20$，$p_2 = 5$ 时，需求量 Q 的直接价格弹性和交叉价格弹性，并说明数码相机和彩色喷墨打印机是互相补充关系还是互相竞争关系.

解 当 $p_1 = 20$，$p_2 = 5$ 时，需求量 Q 为

$$Q(20, 5) = 120 + \frac{100}{20} - 10 \times 5 - 5^2 = 50,$$

从而得到

$$\frac{\partial Q}{\partial p_1}\bigg|_{(20, 5)} = -\frac{100}{p_1^2}\bigg|_{(20, 5)} = -\frac{1}{4},$$

$$\frac{\partial Q}{\partial p_2}\bigg|_{(20, 5)} = (-10 - 2p_2)\big|_{(20, 5)} = -20.$$

因此，需求量 Q 的直接价格弹性为

$$E_{p_1} = \frac{\partial Q}{\partial p_1} \cdot \frac{p_1}{Q} = -\frac{1}{4} \times \frac{20}{50} = -0.1,$$

需求量 Q 的交叉价格弹性为

$$E_{p_2} = \frac{\partial Q}{\partial p_2} \cdot \frac{p_2}{Q} = -20 \times \frac{5}{50} = -2.$$

由于 $E_{p_2} < 0$,则说明数码相机和彩色喷墨打印机是互相补充关系.

习题 7.3

1. 求下列函数的偏导数:

(1) $z = x^2 y + \dfrac{x}{y^2}$;

(2) $z = x \ln \sqrt{x^2 + y^2}$;

(3) $z = (1 + xy)^y$;

(4) $z = \ln \tan \dfrac{x}{y}$;

(5) $z = \sin(\sqrt{x} + \sqrt{y}) e^{xy}$;

(6) $z = \ln(x + \sqrt{x^2 + y^2})$;

(7) $u = x^{y^z}$;

(8) $u = \left(\dfrac{x}{y}\right)^z$;

(9) $u = e^{\frac{xz}{y}} \ln y$;

(10) $u = \arctan(x - y)^z$.

2. 已知 $f(x, y) = \dfrac{x \cos y - y \cos x}{1 + \sin x + \sin y}$,求 $f_x(0, 0)$,$f_y(0, 0)$.

3. 已知 $f_y(x, y) = x^2 + 2y$,求 $f(x, y)$.

4. 设函数 $z = \begin{cases} \dfrac{xy^2}{x^2 + y^4}, & x^2 + y^2 \neq 0, \\ 0, & x^2 + y^2 = 0, \end{cases}$ 试判断它在点 $(0, 0)$ 处的偏导数是否存在.

5. 求曲线 $\begin{cases} z = \dfrac{1}{4}(x^2 + y^2), \\ y = 4 \end{cases}$ 在点 $(2, 4, 5)$ 处的切线与 x 轴正向所成的倾角.

6. 求下列函数的二阶偏导数:

(1) $z = x^4 + y^4 - 4x^2 y^2$;

(2) $z = \arctan \dfrac{y}{x}$;

(3) $z = y^x$;

(4) $z = e^{x^2 + y}$.

7. 设 $f(x,y)=\begin{cases} xy\dfrac{x^2-y^2}{x^2+y^2}, & x^2+y^2\neq 0, \\ 0, & x^2+y^2=0. \end{cases}$ 求 $f_{xy}(0,0)$, $f_{yx}(0,0)$.

8. 某水泥厂 A, B 两种标号的水泥,其日产量分别记作 x, y(单位:t),总成本(单位:元)为

$$C(x,y)=20+30x^2+10xy+20y^2.$$

求当 $x=4$, $y=3$ 时,两种标号水泥的边际成本,并解释其经济含义.

9. 设某商品需求量 Q 与价格 p 和收入 y 的关系为

$$Q=400-2p+0.03y.$$

求当 $p=25$, $y=5\,000$ 时,需求量 Q 对价格 p 和收入 y 的偏弹性,并解释其经济含义.

7.4 全微分及其应用

7.4.1 全微分的定义

上一节讨论的偏导数,是函数仅有一个自变量变化时的瞬时变化率. 但在实际问题中,经常要讨论各个自变量同时变化时,所引起函数增量的变化.

定义 1 设二元函数 $z=f(x,y)$ 在 $P_0(x_0,y_0)$ 的某个邻域 $U(P_0)$ 内有定义,自变量 x, y 分别有增量 Δx, Δy,并且 $(x_0+\Delta x, y_0+\Delta y)\in U(P_0)$,则函数 $f(x,y)$ 的改变量为

$$\Delta z=f(x_0+\Delta x, y_0+\Delta y)-f(x_0,y_0). \qquad (7-4-1)$$

我们称 Δz 为函数 $f(x,y)$ 在 $P_0(x_0,y_0)$ 处的**全增量**. 一般地,计算全增量比较复杂,仿照一元函数,我们希望用自变量的增量 Δx, Δy 的线性函数来近似代替函数的全增量,从而引入全微分的定义.

定义 2 设函数 $z=f(x,y)$ 在点 $P(x,y)$ 的某个邻域 $U(P)$ 内有定义,如果函数在点 $P(x,y)$ 全增量 $\Delta z=f(x+\Delta x, y+\Delta y)-f(x,y)$ 可表示为

$$\Delta z=A\Delta x+B\Delta y+o(\rho) \quad (\rho=\sqrt{(\Delta x)^2+(\Delta y)^2}), \qquad (7-4-2)$$

其中 A, B 不依赖 Δx, Δy 而仅与 x, y 有关,则称函数 $z=f(x,y)$ 在点

(x,y) 可微分,而称 $A\Delta x + B\Delta y$ 为函数 $z=f(x,y)$ 在点 (x,y) 的**全微分**,记作 $\mathrm{d}z$,即

$$\mathrm{d}z = A\Delta x + B\Delta y. \qquad (7-4-3)$$

相似地,我们可以把二元函数全微分的定义推广到 n 元函数.

如果函数在区域 D 内各点处都可微分,那么称此函数在 D 内可微分.

上一节中曾指出,多元函数在某点的偏导数存在,并不能保证函数在该点连续.下面我们将讨论二元函数 $z=f(x,y)$ 可微与连续、可微与偏导数存在的关系,这些结论对于一般的多元函数也是成立的.

定理 1(必要条件) 如果函数 $z=f(x,y)$ 在点 (x,y) 可微分,则

(1) $f(x,y)$ 在点 (x,y) 处连续;

(2) $f(x,y)$ 在点 (x,y) 处的偏导数 $\dfrac{\partial z}{\partial x}, \dfrac{\partial z}{\partial y}$ 必定存在,且函数 $z=f(x,y)$ 在点 (x,y) 的全微分为

$$\mathrm{d}z = \frac{\partial z}{\partial x}\mathrm{d}x + \frac{\partial z}{\partial y}\mathrm{d}y. \qquad (7-4-4)$$

证 (1) 因为函数 $z=f(x,y)$ 在点 (x,y) 可微分,则

$$\Delta z = f(x+\Delta x, y+\Delta y) - f(x,y)$$
$$= A\Delta x + B\Delta y + o(\rho) \quad (\rho = \sqrt{(\Delta x)^2 + (\Delta y)^2}).$$

而且

$$\lim_{(\Delta x, \Delta y) \to (0,0)} \Delta z = \lim_{(\Delta x, \Delta y) \to (0,0)} A\Delta x + B\Delta y + o(\rho) = 0,$$

从而可得

$$\lim_{(\Delta x, \Delta y) \to (0,0)} f(x+\Delta x, y+\Delta y) = f(x,y).$$

所以 $f(x,y)$ 在点 (x,y) 处连续.

(2) 设函数 $z=f(x,y)$ 在点 (x,y) 可微分,则 $\Delta z = A\Delta x + B\Delta y + o(\rho)$,若 $\Delta y = 0$,则有

$$f(x+\Delta x, y) - f(x,y) = A\Delta x + o(|\Delta x|).$$

上式两边同时除以 Δx,再令 $\Delta x \to 0$ 时取极限,可得

$$\lim_{\Delta x \to 0} \frac{f(x+\Delta x, y) - f(x, y)}{\Delta x} = A,$$

从而偏导数 $\frac{\partial z}{\partial x}$ 存在，且 $\frac{\partial z}{\partial x} = A$。同理可证偏导数 $\frac{\partial z}{\partial y}$ 存在，且 $\frac{\partial z}{\partial y} = B$。所以

$$dz = \frac{\partial z}{\partial x} \Delta x + \frac{\partial z}{\partial y} \Delta y.$$

因为当 x, y 为自变量时，$dx = \Delta x$，$dx = \Delta y$，因此 (7-4-4) 成立。

注1 偏导数 $\frac{\partial z}{\partial x}, \frac{\partial z}{\partial y}$ 存在是可微分的必要条件，但不是充分条件。例如设函数 $f(x, y) = \begin{cases} \dfrac{xy}{\sqrt{x^2 + y^2}}, & x^2 + y^2 \neq 0, \\ 0, & x^2 + y^2 = 0 \end{cases}$ 在点 $(0, 0)$ 处虽然有 $f_x(0, 0) = 0$ 及 $f_y(0, 0) = 0$，但函数在 $(0, 0)$ 不可微分，即 $\Delta z - [f_x(0, 0) \cdot \Delta x + f_y(0, 0) \cdot \Delta y]$ 不是 ρ 的高阶无穷小。这是因为当 $(\Delta x, \Delta y)$ 沿直线 $x = y$ 趋于 $(0, 0)$ 时，有

$$\frac{\Delta z - [f_x(0, 0) \cdot \Delta x + f_y(0, 0) \cdot \Delta y]}{\rho} =$$

$$\frac{\Delta x \cdot \Delta y}{(\Delta x)^2 + (\Delta y)^2} = \frac{\Delta x \cdot \Delta x}{(\Delta x)^2 + (\Delta x)^2} = \frac{1}{2} \neq 0.$$

定理2（充分条件） 如果函数 $z = f(x, y)$ 的偏导数 $\frac{\partial z}{\partial x}, \frac{\partial z}{\partial y}$ 在点 (x, y) 连续，则函数在该点可微分。

定理1和定理2的结论可推广到三元及三元以上函数。二元函数的全微分等于它的两个偏微分之和，这表明二元函数的微分符合叠加原理。叠加原理也适用于二元以上的函数，例如三元函数 $u = f(x, y, z)$ 的全微分为

$$du = \frac{\partial u}{\partial x} dx + \frac{\partial u}{\partial y} dy + \frac{\partial u}{\partial z} dz. \tag{7-4-5}$$

例1 计算函数 $z = x^2 y + y^2$ 的全微分。

解 因为 $\frac{\partial z}{\partial x} = 2xy$，$\frac{\partial z}{\partial y} = x^2 + 2y$，所以

$$dz = \frac{\partial z}{\partial x} dx + \frac{\partial z}{\partial y} dy = 2xy \, dx + (x^2 + 2y) \, dy.$$

例 2 计算函数 $z = e^{xy}$ 在点 $(2, 1)$ 处的全微分.

解 因为 $\dfrac{\partial z}{\partial x} = y e^{xy}$, $\dfrac{\partial z}{\partial y} = x e^{xy}$, 而且

$$\dfrac{\partial z}{\partial x}\bigg|_{\substack{x=2\\y=1}} = e^2, \quad \dfrac{\partial z}{\partial y}\bigg|_{\substack{x=2\\y=1}} = 2e^2,$$

所以

$$dz\,|_{(2,1)} = e^2 dx + 2e^2 dy.$$

例 3 计算函数 $u = x + \sin\dfrac{y}{2} + e^{yz}$ 的全微分.

解 因为 $\dfrac{\partial u}{\partial x} = 1$, $\dfrac{\partial u}{\partial y} = \dfrac{1}{2}\cos\dfrac{y}{2} + z e^{yz}$, $\dfrac{\partial u}{\partial z} = y e^{yz}$, 所以

$$du = \dfrac{\partial u}{\partial x}dx + \dfrac{\partial u}{\partial y}dy + \dfrac{\partial u}{\partial z}dz = dx + \left(\dfrac{1}{2}\cos\dfrac{y}{2} + z e^{yz}\right)dy + y e^{yz}dz.$$

7.4.2 全微分在近似计算中的应用

当二元函数 $z = f(x, y)$ 在点 $P(x, y)$ 的两个偏导数 $f_x(x, y)$, $f_y(x, y)$ 连续, 并且 $|\Delta x|$, $|\Delta y|$ 都较小时, 有近似等式

$$\Delta z \approx dz = f_x(x, y)\Delta x + f_y(x, y)\Delta y,$$

即

$$f(x + \Delta x, y + \Delta y) \approx f(x, y) + f_x(x, y)\Delta x + f_y(x, y)\Delta y. \tag{7-4-6}$$

下面,我们利用上述近似等式对二元函数作近似计算.

例 4 有一圆柱体,受压后发生形变,它的半径由 20 cm 增大到 20.05 cm, 高度由 100 cm 减少到 99 cm. 求此圆柱体体积变化的近似值.

解 设圆柱体的半径、高和体积依次为 r, h 和 V, 则有

$$V = \pi r^2 h.$$

因为 $r = 20$, $h = 100$, $\Delta r = 0.05$, $\Delta h = -1$, 根据近似公式 (7-4-6), 可得

$$\Delta V \approx dV = V_r \Delta r + V_h \Delta h = 2\pi r h \Delta r + \pi r^2 \Delta h$$
$$= 2\pi \times 20 \times 100 \times 0.05 + \pi \times 20^2 \times (-1) = -200\pi\,(\text{cm}^3).$$

因此,此圆柱体在受压后体积约减少了 $200\pi \text{ cm}^3$.

例 5 计算 $1.04^{2.02}$ 的近似值.

解 设函数 $f(x,y)=x^y$,则要计算的值就是函数在 $x=1.04$,$y=2.02$ 时的函数值 $f(1.04,2.02)$. 于是取 $x=1$,$y=2$,$\Delta x=0.04$,$\Delta y=0.02$,由公式 (7-4-6) 可得

$$f(x+\Delta x,y+\Delta y) \approx f(x,y)+f_x(x,y)\Delta x+f_y(x,y)\Delta y$$
$$=x^y+yx^{y-1}\Delta x+x^y\ln x\Delta y.$$

因此

$$1.04^{2.02} \approx 1^2+2\times 1^{2-1}\times 0.04+1^2\times \ln 1\times 0.02=1.08.$$

例 6 利用单摆摆动测定重力加速度 g 的公式是 $g=\dfrac{4\pi^2 l}{T^2}$. 现测得单摆摆长 l 与振动周期 T 分别为 $l=100\pm 0.1 \text{ cm}$,$T=2\pm 0.004 \text{ s}$. 问由于测定 l 与 T 的误差而引起 g 的绝对误差和相对误差各为多少?

解 如果把测量 l 与 T 所产生的误差当作 $|\Delta l|$ 与 $|\Delta T|$,则利用上述计算公式所产生的误差就是二元函数 $g=\dfrac{4\pi^2 l}{T^2}$ 的全增量的绝对值 $|\Delta g|$. 由于 $|\Delta l|$ 与 $|\Delta T|$ 都很小,因此我们可以用 $\mathrm{d}g$ 来近似地代替 Δg. 这样就得到 g 的误差为

$$|\Delta g| \approx |\mathrm{d}g| = \left|\frac{\partial g}{\partial l}\Delta l+\frac{\partial g}{\partial T}\Delta T\right|$$
$$\leqslant \left|\frac{\partial g}{\partial l}\right|\cdot \delta_l + \left|\frac{\partial g}{\partial T}\right|\cdot \delta_T$$
$$=4\pi^2\left(\frac{1}{T^2}\delta_l+\frac{2l}{T^3}\delta_T\right),$$

其中 δ_l 与 δ_T 为 l 与 T 的绝对误差. 把 $l=100$,$T=2$,$\delta_l=0.1$,$\delta_T=0.004$ 代入上式,得 g 的绝对误差约为

$$\delta_g=4\pi^2\left(\frac{0.1}{2^2}+\frac{2\times 100}{2^3}\times 0.004\right)=0.5\pi^2 \approx 4.93(\text{cm/s}^2).$$

$$\frac{\delta_g}{g}=\frac{0.5\pi^2}{\dfrac{4\pi^2\times 100}{2^2}}=0.5\%.$$

从上面的例子可以看到,对于一般的二元函数 $z=f(x,y)$,如果自变量 x, y 的绝对误差分别为 δ_x, δ_y,即 $|\Delta x|\leqslant\delta_x$, $|\Delta y|\leqslant\delta_y$,则 z 的误差

$$|\Delta z|\approx|\mathrm{d}z|=\left|\frac{\partial z}{\partial x}\Delta x+\frac{\partial z}{\partial y}\Delta y\right|\leqslant\left|\frac{\partial z}{\partial x}\right|_{y=y_0}\cdot|\Delta x|+\left|\frac{\partial z}{\partial y}\right|_{x=x_0}\cdot|\Delta y|$$

$$\leqslant\left|\frac{\partial z}{\partial x}\right|\cdot\delta_x+\left|\frac{\partial z}{\partial y}\right|\cdot\delta_y,$$

从而得到 z 的绝对误差约为

$$\delta_z=\left|\frac{\partial z}{\partial x}\right|_{y=y_0}\cdot\delta_x+\left|\frac{\partial z}{\partial y}\right|_{x=x_0}\cdot\delta_y,$$

z 的相对误差约为

$$\frac{\delta_z}{|z|}=\left|\frac{\frac{\partial z}{\partial x}}{z}\right|\delta_x+\left|\frac{\frac{\partial z}{\partial y}}{z}\right|\delta_y.$$

习题 7.4

1. 求下列函数的全微分:

   (1) $z=\mathrm{e}^{x^2+y^2}$;

   (2) $z=\dfrac{y}{\sqrt{x^2+y^2}}$;

   (3) $u=x^{yz}$;

   (4) $u=x^{\frac{y}{z}}$;

   (5) $z=\arcsin(x\sqrt{y})$;

   (6) $z=\ln(x+\sqrt{x^2+y^2})$.

2. 求下列函数在给定点和自变量增量的条件下的全增量和全微分:

   (1) $z=x^2-xy+2y^2$, $x=2$, $y=-1$, $\Delta x=0.2$, $\Delta y=-0.1$;

   (2) $z=\mathrm{e}^{xy}$, $x=1$, $y=1$, $\Delta x=0.15$, $\Delta y=0.1$.

3. 利用全微分代替全增量,近似计算 $(1.97)^{1.05}$.

4. 已知 $\mathrm{d}z=(4x^3+10xy^3-3y^4)\mathrm{d}x+(15x^2y^2-12xy^3+5y^4)\mathrm{d}y$,求函数 $z=f(x,y)$.

5. 制作一个长方体无盖铁盒,其内部的长、宽、高分别为 10 mm,8 mm,7 mm, 盒子的厚度为 0.1 mm,求所用材料体积的近似值.

7.5 多元复合函数的微分法

7.5.1 复合函数的求导法则

实际问题中,经常会遇到多元复合函数的偏导数.因此,我们必须建立多元复合函数的求导法则.多元复合函数与一元函数有相似的链式法则,它在多元函数微分学中起着重要作用.

1. 复合函数的中间变量为一元函数的情形

定理 1 如果函数 $u=\varphi(t)$ 及 $v=\psi(t)$ 都在点 t 可导,函数 $z=f(u,v)$ 在对应点 (u,v) 具有连续偏导数,则复合函数 $z=f[\varphi(t),\psi(t)]$ 在点 t 可导,且有

$$\frac{\mathrm{d}z}{\mathrm{d}t}=\frac{\partial z}{\partial u}\cdot\frac{\mathrm{d}u}{\mathrm{d}t}+\frac{\partial z}{\partial v}\cdot\frac{\mathrm{d}v}{\mathrm{d}t}. \tag{7-5-1}$$

证 因为 $z=f(u,v)$ 具有连续的偏导数,所以它是可微的,即有

$$\mathrm{d}z=\frac{\partial z}{\partial u}\mathrm{d}u+\frac{\partial z}{\partial v}\mathrm{d}v.$$

又因为 $u=\varphi(t)$ 及 $v=\psi(t)$ 都可导,即有

$$\mathrm{d}u=\frac{\mathrm{d}u}{\mathrm{d}t}\mathrm{d}t,\ \mathrm{d}v=\frac{\mathrm{d}v}{\mathrm{d}t}\mathrm{d}t,$$

代入上式得

$$\mathrm{d}z=\frac{\partial z}{\partial u}\cdot\frac{\mathrm{d}u}{\mathrm{d}t}\mathrm{d}t+\frac{\partial z}{\partial v}\cdot\frac{\mathrm{d}v}{\mathrm{d}t}\mathrm{d}t=\left(\frac{\partial z}{\partial u}\cdot\frac{\mathrm{d}u}{\mathrm{d}t}+\frac{\partial z}{\partial v}\cdot\frac{\mathrm{d}v}{\mathrm{d}t}\right)\mathrm{d}t,$$

从而得到

$$\frac{\mathrm{d}z}{\mathrm{d}t}=\frac{\partial z}{\partial u}\cdot\frac{\mathrm{d}u}{\mathrm{d}t}+\frac{\partial z}{\partial v}\cdot\frac{\mathrm{d}v}{\mathrm{d}t}.$$

另证 当 t 取得增量 Δt 时,u,v 及 z 相应地也取得增量 $\Delta u,\Delta v$ 及 Δz.由 $z=f(u,v),u=\varphi(t)$ 及 $v=\psi(t)$ 的可微性,有

$$\Delta z = \frac{\partial z}{\partial u}\Delta u + \frac{\partial z}{\partial v}\Delta v + o(\rho) = \frac{\partial z}{\partial u}\left[\frac{\mathrm{d}u}{\mathrm{d}t}\Delta t + o(\Delta t)\right] + \frac{\partial z}{\partial v}\left[\frac{\mathrm{d}v}{\mathrm{d}t}\Delta t + o(\Delta t)\right] + o(\rho)$$

$$= \left(\frac{\partial z}{\partial u}\cdot\frac{\mathrm{d}u}{\mathrm{d}t} + \frac{\partial z}{\partial v}\cdot\frac{\mathrm{d}v}{\mathrm{d}t}\right)\Delta t + \left(\frac{\partial z}{\partial u} + \frac{\partial z}{\partial v}\right)o(\Delta t) + o(\rho),$$

$$\frac{\Delta z}{\Delta t} = \frac{\partial z}{\partial u}\cdot\frac{\mathrm{d}u}{\mathrm{d}t} + \frac{\partial z}{\partial v}\cdot\frac{\mathrm{d}v}{\mathrm{d}t} + \left(\frac{\partial z}{\partial u} + \frac{\partial z}{\partial v}\right)\frac{o(\Delta t)}{\Delta t} + \frac{o(\rho)}{\Delta t}.$$

令 $\Delta t \to 0$，上式两边取极限，而且

$$\lim_{\Delta t \to 0}\frac{o(\rho)}{\Delta t} = \lim_{\Delta t \to 0}\frac{o(\rho)}{\rho}\cdot\frac{\sqrt{(\Delta u)^2 + (\Delta v)^2}}{\Delta t} = 0\cdot\sqrt{\left(\frac{\mathrm{d}u}{\mathrm{d}t}\right)^2 + \left(\frac{\mathrm{d}v}{\mathrm{d}t}\right)^2} = 0,$$

从而可得

$$\frac{\mathrm{d}z}{\mathrm{d}t} = \frac{\partial z}{\partial u}\cdot\frac{\mathrm{d}u}{\mathrm{d}t} + \frac{\partial z}{\partial v}\cdot\frac{\mathrm{d}v}{\mathrm{d}t}.$$

定理 1 中的复合函数 $z = f(u(t), v(t))$ 是只有一个变量 t 的函数，所以它对 t 的导数不是偏导数，而是一元函数 z 对 t 的导数. 因此，上述 $\frac{\mathrm{d}z}{\mathrm{d}t}$ 称为**全导数**.

该定理可以推广到中间变量多于两个的情形. 若 $z = f(u, v, w)$ 在 (u, v, w) 处可微，而 $u = \varphi(t), v = \psi(t), w = \omega(t)$ 均为可导函数，则 $z = f[\varphi(t), \psi(t), \omega(t)]$ 对 t 的导数为

$$\frac{\mathrm{d}z}{\mathrm{d}t} = \frac{\partial z}{\partial u}\frac{\mathrm{d}u}{\mathrm{d}t} + \frac{\partial z}{\partial v}\frac{\mathrm{d}v}{\mathrm{d}t} + \frac{\partial z}{\partial w}\frac{\mathrm{d}w}{\mathrm{d}t}. \tag{7-5-2}$$

用与定理 1 类似的证明方法，我们可得到复合函数有两个自变量的情形的求导法则.

例 1 设 $z = u\ln v$，$u = \sin t$，$v = \cos t$，求导数 $\frac{\mathrm{d}z}{\mathrm{d}t}$.

解 因为

$$\frac{\partial z}{\partial u} = \ln v, \quad \frac{\partial z}{\partial v} = \frac{u}{v}, \quad \frac{\mathrm{d}u}{\mathrm{d}t} = \cos t, \quad \frac{\mathrm{d}v}{\mathrm{d}t} = -\sin t,$$

由公式(7-5-1)可得

$$\frac{\mathrm{d}z}{\mathrm{d}t} = \frac{\partial z}{\partial u} \cdot \frac{\mathrm{d}u}{\mathrm{d}t} + \frac{\partial z}{\partial v} \cdot \frac{\mathrm{d}v}{\mathrm{d}t}$$

$$= (\ln v)\cos t - \frac{u}{v}\sin t$$

$$= \cos t \cdot \ln \cos t - \tan t \cdot \sin t.$$

2. 复合函数的中间变量均为多元函数的情形

定理 2　如果函数 $u = \varphi(x, y)$，$v = \psi(x, y)$ 都在点 (x, y) 具有对 x 及 y 的偏导数，函数 $z = f(u, v)$ 在对应点 (u, v) 具有连续偏导数，则复合函数 $z = f[\varphi(x, y), \psi(x, y)]$ 在点 (x, y) 的两个偏导数存在，且有

$$\frac{\partial z}{\partial x} = \frac{\partial z}{\partial u} \cdot \frac{\partial u}{\partial x} + \frac{\partial z}{\partial v} \cdot \frac{\partial v}{\partial x}, \qquad (7-5-3)$$

$$\frac{\partial z}{\partial y} = \frac{\partial z}{\partial u} \cdot \frac{\partial u}{\partial y} + \frac{\partial z}{\partial v} \cdot \frac{\partial v}{\partial y}. \qquad (7-5-4)$$

定理 2 的证明与定理 1 的证明方法类似.

例 2　设 $z = \mathrm{e}^u \sin v$，$u = xy$，$v = x + y$，求 $\dfrac{\partial z}{\partial x}$ 和 $\dfrac{\partial z}{\partial y}$.

解　由公式 (7-5-3) 和 (7-5-4) 可得

$$\frac{\partial z}{\partial x} = \frac{\partial z}{\partial u} \cdot \frac{\partial u}{\partial x} + \frac{\partial z}{\partial v} \cdot \frac{\partial v}{\partial x}$$

$$= \mathrm{e}^u \sin v \cdot y + \mathrm{e}^u \cos v \cdot 1$$

$$= \mathrm{e}^{xy}[y\sin(x+y) + \cos(x+y)].$$

$$\frac{\partial z}{\partial y} = \frac{\partial z}{\partial u} \cdot \frac{\partial u}{\partial y} + \frac{\partial z}{\partial v} \cdot \frac{\partial v}{\partial y}$$

$$= \mathrm{e}^u \sin v \cdot x + \mathrm{e}^u \cos v \cdot 1$$

$$= \mathrm{e}^{xy}[x\sin(x+y) + \cos(x+y)].$$

定理 2 可以推广到中间变量多于两个的情形. 例如，设

$$z = f(u, v, w), u = u(x, y), v = v(x, y), w = w(x, y),$$

则

$$\frac{\partial z}{\partial x} = \frac{\partial z}{\partial u} \cdot \frac{\partial u}{\partial x} + \frac{\partial z}{\partial v} \cdot \frac{\partial v}{\partial x} + \frac{\partial z}{\partial w} \cdot \frac{\partial w}{\partial x}, \qquad (7-5-5)$$

$$\frac{\partial z}{\partial y} = \frac{\partial z}{\partial u} \cdot \frac{\partial u}{\partial y} + \frac{\partial z}{\partial v} \cdot \frac{\partial v}{\partial y} + \frac{\partial z}{\partial w} \cdot \frac{\partial w}{\partial y}. \tag{7-5-6}$$

特别地,当 $v=x$,$w=y$ 时,$z=f[u(x,y),x,y]$ 对 x,y 的偏导数分别为

$$\frac{\partial z}{\partial x} = \frac{\partial f}{\partial u} \cdot \frac{\partial u}{\partial x} + \frac{\partial f}{\partial x}, \quad \frac{\partial z}{\partial y} = \frac{\partial f}{\partial u} \cdot \frac{\partial u}{\partial y} + \frac{\partial f}{\partial y}. \tag{7-5-7}$$

注1 这里 $\frac{\partial z}{\partial x}$ 与 $\frac{\partial f}{\partial x}$ 是不同的,$\frac{\partial z}{\partial x}$ 是把复合函数 $z=f[u(x,y),x,y]$ 中的 y 看作不变而对 x 的偏导数,$\frac{\partial f}{\partial x}$ 是把 $z=f(u,x,y)$ 中的 u 及 y 看作不变,而对 x 的偏导数. 同理 $\frac{\partial z}{\partial y}$ 与 $\frac{\partial f}{\partial y}$ 也有类似的区别.

例3 设 $u=f(x,y,z)=\mathrm{e}^{x^2+y^2+z^2}$, $z=x^2\sin y$,求 $\frac{\partial u}{\partial x}$ 和 $\frac{\partial u}{\partial y}$.

解 根据公式(7-5-7)可得

$$\begin{aligned}\frac{\partial u}{\partial x} &= \frac{\partial f}{\partial x} + \frac{\partial f}{\partial z} \cdot \frac{\partial z}{\partial x} \\ &= 2x\mathrm{e}^{x^2+y^2+z^2} + 2z\mathrm{e}^{x^2+y^2+z^2} \cdot 2x\sin y \\ &= 2x(1+2x^2\sin^2 y)\mathrm{e}^{x^2+y^2+x^4\sin^2 y}.\end{aligned}$$

$$\begin{aligned}\frac{\partial u}{\partial y} &= \frac{\partial f}{\partial y} + \frac{\partial f}{\partial z} \cdot \frac{\partial z}{\partial y} \\ &= 2y\mathrm{e}^{x^2+y^2+z^2} + 2z\mathrm{e}^{x^2+y^2+z^2} \cdot x^2\cos y \\ &= 2(y+x^4\sin y\cos y)\mathrm{e}^{x^2+y^2+x^4\sin^2 y}.\end{aligned}$$

定理2还可以推广到中间变量是三元及三元以上函数的情形. 例如,设 $w=f(u,v)$,$u=u(x,y,z)$,$v=v(x,y,z)$,则

$$\frac{\partial w}{\partial x} = \frac{\partial w}{\partial u} \cdot \frac{\partial u}{\partial x} + \frac{\partial w}{\partial v} \cdot \frac{\partial v}{\partial x}, \tag{7-5-8}$$

$$\frac{\partial w}{\partial y} = \frac{\partial w}{\partial u} \cdot \frac{\partial u}{\partial y} + \frac{\partial w}{\partial v} \cdot \frac{\partial v}{\partial y}, \tag{7-5-9}$$

$$\frac{\partial w}{\partial z} = \frac{\partial w}{\partial u} \cdot \frac{\partial u}{\partial z} + \frac{\partial w}{\partial v} \cdot \frac{\partial v}{\partial z}. \tag{7-5-10}$$

例 4 设 $w=f(x+y+z, xyz)$，f 具有二阶连续偏导数，求 $\dfrac{\partial w}{\partial x}$ 及 $\dfrac{\partial^2 w}{\partial x \partial z}$.

解 令 $u=x+y+z$，$v=xyz$，则 $w=f(u,v)$. 引入记号如下：

$$f_1 = \frac{\partial f(u,v)}{\partial u}, \quad f_2 = \frac{\partial f(u,v)}{\partial v},$$

$$f_{12} = \frac{\partial^2 f(u,v)}{\partial u \partial v}, \quad f_{21} = \frac{\partial^2 f(u,v)}{\partial v \partial u},$$

$$f_{11} = \frac{\partial^2 f(u,v)}{\partial u^2}, \quad f_{22} = \frac{\partial^2 f(u,v)}{\partial v^2}.$$

从而得到

$$\frac{\partial w}{\partial x} = \frac{\partial f}{\partial u} \cdot \frac{\partial u}{\partial x} + \frac{\partial f}{\partial v} \cdot \frac{\partial v}{\partial x} = f_1 + yz f_2,$$

$$\frac{\partial^2 w}{\partial x \partial z} = \frac{\partial}{\partial z}(f_1 + yz f_2) = \frac{\partial f_1}{\partial z} + y f_2 + yz \frac{\partial f_2}{\partial z}.$$

因为

$$\frac{\partial f_1}{\partial z} = \frac{\partial f_1}{\partial u} \frac{\partial u}{\partial z} + \frac{\partial f_1}{\partial v} \frac{\partial v}{\partial z} = f_{11} + xy f_{12},$$

$$\frac{\partial f_2}{\partial z} = \frac{\partial f_2}{\partial u} \frac{\partial u}{\partial z} + \frac{\partial f_2}{\partial v} \frac{\partial v}{\partial z} = f_{21} + xy f_{22},$$

从而得到

$$\frac{\partial^2 w}{\partial x \partial z} = f_{11} + xy f_{12} + y f_2 + yz f_{21} + xy^2 z f_{22}$$

$$= f_{11} + y(x+z) f_{12} + y f_2 + xy^2 z f_{22}.$$

例 5 设 $u=f(x,y)$ 的所有二阶偏导数连续，把下列表达式转换成极坐标系中的形式：

(1) $\left(\dfrac{\partial u}{\partial x}\right)^2 + \left(\dfrac{\partial u}{\partial y}\right)^2$;   (2) $\dfrac{\partial^2 u}{\partial x^2} + \dfrac{\partial^2 u}{\partial y^2}$.

解 由直角坐标与极坐标间的关系式得

$$u = f(x,y) = f(\rho \cos\theta, \rho \sin\theta) = F(\rho, \theta),$$

其中 $x = \rho\cos\theta$, $y = \rho\sin\theta$, $\rho = \sqrt{x^2+y^2}$, $\theta = \arctan\dfrac{y}{x}$. 应用复合函数求导法

则,得

$$\frac{\partial u}{\partial x}=\frac{\partial u}{\partial \rho}\frac{\partial \rho}{\partial x}+\frac{\partial u}{\partial \theta}\frac{\partial \theta}{\partial x}=\frac{\partial u}{\partial \rho}\frac{x}{\rho}-\frac{\partial u}{\partial \theta}\frac{y}{\rho^2}=\frac{\partial u}{\partial \rho}\cos\theta-\frac{\partial u}{\partial \theta}\frac{\sin\theta}{\rho},$$

$$\frac{\partial u}{\partial y}=\frac{\partial u}{\partial \rho}\frac{\partial \rho}{\partial y}+\frac{\partial u}{\partial \theta}\frac{\partial \theta}{\partial y}=\frac{\partial u}{\partial \rho}\frac{y}{\rho}+\frac{\partial u}{\partial \theta}\frac{x}{\rho^2}=\frac{\partial u}{\partial \rho}\sin\theta+\frac{\partial u}{\partial \theta}\frac{\cos\theta}{\rho}.$$

两式平方后相加,得

$$\left(\frac{\partial u}{\partial x}\right)^2+\left(\frac{\partial u}{\partial y}\right)^2=\left(\frac{\partial u}{\partial \rho}\right)^2+\frac{1}{\rho^2}\left(\frac{\partial u}{\partial \theta}\right)^2.$$

再求二阶偏导数,得

$$\frac{\partial^2 u}{\partial x^2}=\frac{\partial}{\partial \rho}\left(\frac{\partial u}{\partial x}\right)\cdot\frac{\partial \rho}{\partial x}+\frac{\partial}{\partial \theta}\left(\frac{\partial u}{\partial x}\right)\cdot\frac{\partial \theta}{\partial x}$$

$$=\frac{\partial}{\partial \rho}\left(\frac{\partial u}{\partial \rho}\cos\theta-\frac{\partial u}{\partial \theta}\frac{\sin\theta}{\rho}\right)\cdot\cos\theta-\frac{\partial}{\partial \theta}\left(\frac{\partial u}{\partial \rho}\cos\theta-\frac{\partial u}{\partial \theta}\frac{\sin\theta}{\rho}\right)\cdot\frac{\sin\theta}{\rho}$$

$$=\frac{\partial^2 u}{\partial \rho^2}\cos^2\theta-2\frac{\partial^2 u}{\partial \rho\partial \theta}\frac{\sin\theta\cos\theta}{\rho}+\frac{\partial^2 u}{\partial \theta^2}\frac{\sin^2\theta}{\rho^2}+\frac{\partial u}{\partial \theta}\frac{2\sin\theta\cos\theta}{\rho^2}+\frac{\partial u}{\partial \rho}\frac{\sin^2\theta}{\rho}.$$

同理可得

$$\frac{\partial^2 u}{\partial y^2}=\frac{\partial^2 u}{\partial \rho^2}\sin^2\theta+2\frac{\partial^2 u}{\partial \rho\partial \theta}\frac{\sin\theta\cos\theta}{\rho}$$

$$+\frac{\partial^2 u}{\partial \theta^2}\frac{\cos^2\theta}{\rho^2}-\frac{\partial u}{\partial \theta}\frac{2\sin\theta\cos\theta}{\rho^2}+\frac{\partial u}{\partial \rho}\frac{\cos^2\theta}{\rho}.$$

两式相加,得

$$\frac{\partial^2 u}{\partial x^2}+\frac{\partial^2 u}{\partial y^2}=\frac{\partial^2 u}{\partial \rho^2}+\frac{1}{\rho}\frac{\partial u}{\partial \rho}+\frac{1}{\rho^2}\frac{\partial^2 u}{\partial \theta^2}=\frac{1}{\rho^2}\left[\rho\frac{\partial}{\partial \rho}\left(\rho\frac{\partial u}{\partial \rho}\right)+\frac{\partial^2 u}{\partial \theta^2}\right].$$

3. 复合函数的中间变量既有一元又有多元函数的情形

定理 3　如果函数 $u=\varphi(x,y)$ 在点 (x,y) 具有对 x 及对 y 的偏导数,函数 $v=\psi(y)$ 在点 y 可导,函数 $z=f(u,v)$ 在对应点 (u,v) 具有连续偏导数,则复合函数 $z=f[\varphi(x,y),\psi(y)]$ 在点 (x,y) 的两个偏导数存在,且有

$$\frac{\partial z}{\partial x}=\frac{\partial z}{\partial u}\cdot\frac{\partial u}{\partial x}, \tag{7-5-11}$$

$$\frac{\partial z}{\partial y}=\frac{\partial z}{\partial u}\cdot\frac{\partial u}{\partial y}+\frac{\partial z}{\partial v}\cdot\frac{\mathrm{d}v}{\mathrm{d}y}. \tag{7-5-12}$$

定理 3 可以看作定理 2 的特殊情况.

例 6 已知 $z = (3x^2 + y^2)^{\cos 2y}$,求 $\dfrac{\partial z}{\partial x}$,$\dfrac{\partial z}{\partial y}$.

解 $u = 3x^2 + y^2$,$v = \cos 2y$,则 $z = u^v$,可得

$$\frac{\partial z}{\partial u} = v \cdot u^{v-1},\ \frac{\partial z}{\partial v} = u^v \cdot \ln u,$$

$$\frac{\partial u}{\partial x} = 6x,\ \frac{\partial u}{\partial y} = 2y,\ \frac{\mathrm{d}v}{\mathrm{d}y} = -2\sin 2y,$$

从而可得

$$\frac{\partial z}{\partial x} = \frac{\partial z}{\partial u} \cdot \frac{\partial u}{\partial x} = v \cdot u^{v-1} \cdot 6x = 6x(3x^2+y^2)^{\cos 2y - 1} \cos 2y.$$

$$\frac{\partial z}{\partial y} = \frac{\partial z}{\partial u} \cdot \frac{\partial u}{\partial y} + \frac{\partial z}{\partial v} \cdot \frac{\mathrm{d}v}{\mathrm{d}y}$$

$$= v \cdot u^{v-1} \cdot 2y + u^v \cdot \ln u \cdot (-2\sin 2y)$$

$$= 2y(3x^2+y^2)^{\cos 2y - 1} \cos 2y - 2(3x^2+y^2)^{\cos 2y} \sin 2y \cdot \ln(3x^2+y^2).$$

7.5.2 全微分形式不变性

我们知道一元函数的一阶微分形式具有不变性,多元函数的一阶全微分形式也具有不变性.下面以二元函数为例来说明.

设 $z = f(u,v)$ 具有连续偏导数,则有全微分

$$\mathrm{d}z = \frac{\partial z}{\partial u}\mathrm{d}u + \frac{\partial z}{\partial v}\mathrm{d}v.$$

如果 $z = f(u,v)$ 具有连续偏导数,而 $u = \varphi(x,y)$,$v = \psi(x,y)$ 也具有连续偏导数,则

$$\mathrm{d}z = \frac{\partial z}{\partial x}\mathrm{d}x + \frac{\partial z}{\partial y}\mathrm{d}y$$

$$= \left(\frac{\partial z}{\partial u}\frac{\partial u}{\partial x} + \frac{\partial z}{\partial v}\frac{\partial v}{\partial x}\right)\mathrm{d}x + \left(\frac{\partial z}{\partial u}\frac{\partial u}{\partial y} + \frac{\partial z}{\partial v}\frac{\partial v}{\partial y}\right)\mathrm{d}y \qquad (7-5-13)$$

$$= \frac{\partial z}{\partial u}\left(\frac{\partial u}{\partial x}\mathrm{d}x + \frac{\partial u}{\partial y}\mathrm{d}y\right) + \frac{\partial z}{\partial v}\left(\frac{\partial v}{\partial x}\mathrm{d}x + \frac{\partial v}{\partial y}\mathrm{d}y\right)$$

$$= \frac{\partial z}{\partial u}\mathrm{d}u + \frac{\partial z}{\partial v}\mathrm{d}v.$$

由此可见，无论 z 是自变量 u, v 的函数还是中间变量 u, v 的函数，它的全微分形式是一样的. 这种性质称为多元函数的一阶**全微分形式不变性**.

例 7 设 $z = e^u \sin v$，$u = xy$，$v = x + y$，利用全微分形式不变性求 $\dfrac{\partial z}{\partial x}$ 和 $\dfrac{\partial z}{\partial y}$.

解 由于

$$\begin{aligned}\mathrm{d}z &= \frac{\partial z}{\partial u}\mathrm{d}u + \frac{\partial z}{\partial v}\mathrm{d}v = e^u \sin v\, \mathrm{d}u + e^u \cos v\, \mathrm{d}v \\ &= e^u \sin v(y\mathrm{d}x + x\mathrm{d}y) + e^u \cos v(\mathrm{d}x + \mathrm{d}y) \\ &= (ye^u \sin v + e^u \cos v)\mathrm{d}x + (xe^u \sin v + e^u \cos v)\mathrm{d}y \\ &= e^{xy}[y\sin(x+y) + \cos(x+y)]\mathrm{d}x + e^{xy}[x\sin(x+y) + \cos(x+y)]\mathrm{d}y,\end{aligned}$$

根据 (7-5-13) 可得

$$\frac{\partial z}{\partial x} = e^{xy}[y\sin(x+y) + \cos(x+y)],$$

$$\frac{\partial z}{\partial y} = e^{xy}[x\sin(x+y) + \cos(x+y)].$$

习题 7.5

1. 求下列函数的全导数：

(1) 设 $z = e^{3u+2v}$，$u = t^2$，$v = \cos t$，求导数 $\dfrac{\mathrm{d}z}{\mathrm{d}t}$；

(2) 设 $z = \arctan(u - v)$，$u = 3x$，$v = 4x^3$，求导数 $\dfrac{\mathrm{d}z}{\mathrm{d}x}$；

(3) 设 $z = xy + \sin t$，$x = e^t$，$y = \cos t$，求导数 $\dfrac{\mathrm{d}z}{\mathrm{d}t}$；

(4) 设 $u = \dfrac{e^{ax}(y-z)}{a^2+1}$，$y = a\sin x$，$z = \cos x$，求导数 $\dfrac{\mathrm{d}u}{\mathrm{d}x}$.

2. 求下列各函数的偏导数：

(1) 设 $z = x^2 y - xy^2$，$x = u\cos v$，$y = u\sin v$，求 $\dfrac{\partial z}{\partial x}$ 和 $\dfrac{\partial z}{\partial y}$；

(2) 设 $z = e^{uv}$, $u = \ln\sqrt{x^2+y^2}$, $v = \arctan\dfrac{y}{x}$, 求 $\dfrac{\partial z}{\partial x}$ 和 $\dfrac{\partial z}{\partial y}$;

(3) 设 $z = e^u \sin v$, $u = xy$, $v = \sqrt{x}+\sqrt{y}$, 求 $\dfrac{\partial z}{\partial x}$ 和 $\dfrac{\partial z}{\partial y}$;

(4) 设 $z = y + \varphi(u)$, $u = x^2 - y^2$, 求 $\dfrac{\partial z}{\partial x}$ 和 $\dfrac{\partial z}{\partial y}$.

3. 设 f 具有一阶连续偏导数,试求下列函数的一阶偏导数:

(1) $u = f(x^2 - y^2, e^{xy})$; (2) $u = f\left(\dfrac{x}{y}, \dfrac{y}{z}\right)$;

(3) $u = f(x, xy, xyz)$.

4. 设 $z = xy + xF(u)$, $u = \dfrac{y}{x}$, $F(u)$ 为可导函数,证明:

$$x\dfrac{\partial z}{\partial x} + y\dfrac{\partial z}{\partial y} = z + xy.$$

5. 设 f 具有连续二阶偏导数,求下列函数的二阶偏导数:

(1) $z = f\left(x, \dfrac{x}{y}\right)$; (2) $u = f(xy^2, x^2 y)$;

(3) $u = f(\sin x, \cos y, e^{x+y})$.

6. 应用全微分形式不变性,求函数 $z = \arctan\dfrac{x+y}{1-xy}$ 的全微分.

7.6 隐函数的求导法则

7.6.1 一元隐函数的求导法则

在一元函数的微分学中,我们曾介绍了隐函数的概念,并且指出了不经过显化直接由方程

$$F(x, y) = 0 \qquad (7\text{-}6\text{-}1)$$

求解它所确定的隐函数导数的方法,但该方法未说明方程 $F(x, y) = 0$ 能否确定一个可导的一元函数 $y = f(x)$. 下面我们给出隐函数存在及可微的条件,以及在可微的条件下隐函数的求导公式.

定理 1(隐函数存在定理) 设函数 $F(x, y)$ 在点 $P(x_0, y_0)$ 的某一邻域内

具有连续偏导数,$F(x_0, y_0)=0$,$F_y(x_0, y_0)\neq 0$,则方程 $F(x, y)=0$ 在点 (x_0, y_0) 的某一邻域内恒能唯一确定一个连续且具有连续导数的函数 $y=f(x)$,它满足条件 $y_0=f(x_0)$,并有

$$\frac{\mathrm{d}y}{\mathrm{d}x}=-\frac{F_x}{F_y}. \qquad (7-6-2)$$

公式(7-6-2)称为一元隐函数求导公式.

证 略去其证明,仅就公式(7-6-2)作如下推导.将 $y=f(x)$ 代入 $F(x, y)=0$,得恒等式 $F(x, f(x))\equiv 0$,再对等式两边关于 x 求导得

$$\frac{\partial F}{\partial x}+\frac{\partial F}{\partial y}\cdot\frac{\mathrm{d}y}{\mathrm{d}x}=0.$$

由于 F_y 连续,且 $F_y(x_0, y_0)\neq 0$,所以存在 (x_0, y_0) 的一个邻域,在这个邻域内 $F_y\neq 0$,于是可得

$$\frac{\mathrm{d}y}{\mathrm{d}x}=-\frac{F_x}{F_y}.$$

例 1 验证方程 $x^2+y^2-1=0$ 在点 $(0,1)$ 的某一邻域内能唯一确定一个有连续导数、当 $x=0$ 时 $y=1$ 的隐函数 $y=f(x)$,并求此函数的一阶与二阶导数在 $x=0$ 的值.

解 设 $F(x, y)=x^2+y^2-1$,则

$$F_x=2x,\ F_y=2y,\ F(0, 1)=0,\ F_y(0, 1)=2\neq 0.$$

因此,由定理 1 可知,方程 $x^2+y^2-1=0$ 在点 $(0,1)$ 的某一邻域内能唯一确定一个单值可导且满足 $f(0)=1$ 的函数 $y=f(x)$.从而可得

$$\frac{\mathrm{d}y}{\mathrm{d}x}=-\frac{F_x}{F_y}=-\frac{x}{y},\ \frac{\mathrm{d}y}{\mathrm{d}x}\bigg|_{x=0}=0,$$

$$\frac{\mathrm{d}^2 y}{\mathrm{d}x^2}=-\frac{y-xy'}{y^2}=-\frac{y-x\left(-\frac{x}{y}\right)}{y^2}=-\frac{y^2+x^2}{y^3}=-\frac{1}{y^3},$$

$$\frac{\mathrm{d}^2 y}{\mathrm{d}x^2}\bigg|_{x=0}=-1.$$

7.6.2 二元隐函数的求导法则

隐函数存在定理还可以推广到多元函数.下面介绍一个三元方程 $F(x, y,$

$z)=0$ 可以确定一个二元隐函数的定理.

定理 2 设函数 $F(x,y,z)$ 在点 $P(x_0,y_0,z_0)$ 的某一邻域内具有连续的偏导数,且 $F(x_0,y_0,z_0)=0$,$F_z(x_0,y_0,z_0)\neq 0$,则方程 $F(x,y,z)=0$ 在点 (x_0,y_0,z_0) 的某一邻域内恒能唯一确定一个连续且具有连续偏导数的函数 $z=f(x,y)$,它满足条件 $z_0=f(x_0,y_0)$,并有

$$\frac{\partial z}{\partial x}=-\frac{F_x}{F_z},\quad \frac{\partial z}{\partial y}=-\frac{F_y}{F_z}. \qquad (7\text{-}6\text{-}3)$$

公式(7-6-3)称为二元隐函数求导公式.

证 将 $z=f(x,y)$ 代入 $F(x,y,z)=0$,得 $F(x,y,f(x,y))\equiv 0$,将上式两端分别对 x 和 y 求导,得到

$$F_x+F_z\cdot\frac{\partial z}{\partial x}=0,\quad F_y+F_z\cdot\frac{\partial z}{\partial y}=0.$$

因为 F_z 连续且 $F_z(x_0,y_0,z_0)\neq 0$,所以存在点 (x_0,y_0,z_0) 的一个邻域,使 $F_z\neq 0$,于是得

$$\frac{\partial z}{\partial x}=-\frac{F_x}{F_z},\quad \frac{\partial z}{\partial y}=-\frac{F_y}{F_z}.$$

例 2 设 $x^2+y^2+z^2-4z=0$,求 $\dfrac{\partial^2 z}{\partial x^2}$.

解 设 $F(x,y,z)=x^2+y^2+z^2-4z$,则 $F_x=2x$,$F_z=2z-4$,从而得到

$$\frac{\partial z}{\partial x}=-\frac{F_x}{F_z}=-\frac{2x}{2z-4}=\frac{x}{2-z},$$

$$\frac{\partial^2 z}{\partial x^2}=\frac{(2-z)+x\dfrac{\partial z}{\partial x}}{(2-z)^2}=\frac{(2-z)+x\left(\dfrac{x}{2-z}\right)}{(2-z)^2}=\frac{(2-z)^2+x^2}{(2-z)^3}.$$

7.6.3 由方程组确定隐函数组的求导法则

在一定条件下,由方程组

$$\begin{cases} F(x,y,u,v)=0, \\ G(x,y,u,v)=0 \end{cases} \qquad (7\text{-}6\text{-}4)$$

可以确定一对二元函数 $u=u(x,y)$，$v=v(x,y)$. 例如，方程 $xu-yv=0$ 和 $yu+xv=1$ 可以确定两个二元函数

$$u=\frac{y}{x^2+y^2},\ v=\frac{x}{x^2+y^2}.$$

下面给出方程组(7-6-4)能确定二元函数 $u=u(x,y)$，$v=v(x,y)$ 的条件及求 u,v 的偏导数公式.

定理 3 设 $F(x,y,u,v)$，$G(x,y,u,v)$ 在点 $P(x_0,y_0,u_0,v_0)$ 的某一邻域内具有对各个变量的连续偏导数，又 $F(x_0,y_0,u_0,v_0)=0$，$G(x_0,y_0,u_0,v_0)=0$，且偏导数所组成的函数行列式

$$J=\frac{\partial(F,G)}{\partial(u,v)}=\begin{vmatrix}\dfrac{\partial F}{\partial u} & \dfrac{\partial F}{\partial v}\\ \dfrac{\partial G}{\partial u} & \dfrac{\partial G}{\partial v}\end{vmatrix} \tag{7-6-5}$$

在点 $P(x_0,y_0,u_0,v_0)$ 不等于零，则方程组 $F(x,y,u,v)=0$，$G(x,y,u,v)=0$ 在点 $P(x_0,y_0,u_0,v_0)$ 的某一邻域内恒能唯一确定一组连续且具有连续偏导数的函数 $u=u(x,y)$，$v=v(x,y)$，它们满足条件 $u_0=u(x_0,y_0)$，$v_0=v(x_0,y_0)$，并有

$$\frac{\partial u}{\partial x}=-\frac{1}{J}\frac{\partial(F,G)}{\partial(x,v)}=-\frac{\begin{vmatrix}F_x & F_v\\ G_x & G_v\end{vmatrix}}{\begin{vmatrix}F_u & F_v\\ G_u & G_v\end{vmatrix}},\ \frac{\partial v}{\partial x}=-\frac{1}{J}\frac{\partial(F,G)}{\partial(u,x)}=-\frac{\begin{vmatrix}F_u & F_x\\ G_u & G_x\end{vmatrix}}{\begin{vmatrix}F_u & F_v\\ G_u & G_v\end{vmatrix}},$$

$$\frac{\partial u}{\partial y}=-\frac{1}{J}\frac{\partial(F,G)}{\partial(y,v)}=-\frac{\begin{vmatrix}F_y & F_v\\ G_y & G_v\end{vmatrix}}{\begin{vmatrix}F_u & F_v\\ G_u & G_v\end{vmatrix}},\ \frac{\partial v}{\partial y}=-\frac{1}{J}\frac{\partial(F,G)}{\partial(u,y)}=-\frac{\begin{vmatrix}F_u & F_y\\ G_u & G_y\end{vmatrix}}{\begin{vmatrix}F_u & F_v\\ G_u & G_v\end{vmatrix}}.$$

其中，J 称为**雅可比(Jacobi)行列式**.

例 3 设 $xu-yv=0$，$yu+xv=1$，求 $\dfrac{\partial u}{\partial x}$，$\dfrac{\partial v}{\partial x}$，$\dfrac{\partial u}{\partial y}$ 和 $\dfrac{\partial v}{\partial y}$.

解 两个方程两边分别对 x 求偏导，得关于 $\dfrac{\partial u}{\partial x}$ 和 $\dfrac{\partial v}{\partial x}$ 的方程组

$$\begin{cases} u + x\dfrac{\partial u}{\partial x} - y\dfrac{\partial v}{\partial x} = 0, \\ y\dfrac{\partial u}{\partial x} + v + x\dfrac{\partial v}{\partial x} = 0, \end{cases}$$

当 $x^2 + y^2 \neq 0$ 时,解之得

$$\dfrac{\partial u}{\partial x} = -\dfrac{xu + yv}{x^2 + y^2},\ \dfrac{\partial v}{\partial x} = \dfrac{yu - xv}{x^2 + y^2}.$$

两个方程两边分别对 y 求偏导,得关于 $\dfrac{\partial u}{\partial y}$ 和 $\dfrac{\partial v}{\partial y}$ 的方程组

$$\begin{cases} x\dfrac{\partial u}{\partial y} - v - y\dfrac{\partial v}{\partial y} = 0, \\ u + y\dfrac{\partial u}{\partial y} + x\dfrac{\partial v}{\partial y} = 0, \end{cases}$$

当 $x^2 + y^2 \neq 0$ 时,解之得

$$\dfrac{\partial u}{\partial y} = \dfrac{xv - yu}{x^2 + y^2},\ \dfrac{\partial v}{\partial y} = -\dfrac{xu + yv}{x^2 + y^2}.$$

习题 7.6

1. 函数 $y = f(x)$ 由下列方程所确定,求 $\dfrac{\mathrm{d}y}{\mathrm{d}x}$:

(1) $\sin x + \mathrm{e}^x - xy^2 = 0$; (2) $y = 1 + y^x$;

(3) $\ln\sqrt{x^2 + y^2} = \arctan\dfrac{y}{x}$; (4) $f(xy^2, x+y) = 0$.

2. 设 $z = x^2 + y^2$,其中函数 $y = \varphi(x)$ 由方程 $x^2 + y^2 - xy = 1$ 所确定,求 $\dfrac{\mathrm{d}z}{\mathrm{d}x}$.

3. 求下列隐函数的导数:

(1) 设 $\mathrm{e}^{x+y} + xyz = \mathrm{e}^x$,求 $\dfrac{\partial z}{\partial x}, \dfrac{\partial z}{\partial y}$;

(2) 设 $\dfrac{x}{z} = \ln\dfrac{y}{z}$,求 $\dfrac{\partial z}{\partial x}, \dfrac{\partial z}{\partial y}$.

4. 求由下列方程组所确定的函数的导数或偏导数:

(1) $\begin{cases} z = x^2 + y^2, \\ x^2 + 2y^2 + 3z^2 = 20, \end{cases}$ 求 $\dfrac{\mathrm{d}y}{\mathrm{d}x}, \dfrac{\mathrm{d}z}{\mathrm{d}x}$;

(2) $\begin{cases} yu - xv = 0, \\ xu + yv = 1, \end{cases}$ 求 $\dfrac{\partial u}{\partial x}, \dfrac{\partial v}{\partial x}, \dfrac{\partial u}{\partial y}, \dfrac{\partial v}{\partial y}$;

(3) $\begin{cases} u = f(ux, v+y), \\ v = g(u-x, v^2 y), \end{cases}$ 其中 f, g 具有连续偏导数,求 $\dfrac{\partial u}{\partial x}, \dfrac{\partial v}{\partial x}$;

(4) $\begin{cases} x = \mathrm{e}^u + u\sin v, \\ y = \mathrm{e}^u - u\cos v, \end{cases}$ 求 $\dfrac{\partial u}{\partial x}, \dfrac{\partial u}{\partial y}, \dfrac{\partial v}{\partial x}, \dfrac{\partial v}{\partial y}$.

7.7 多元函数的极值及其应用

在解决现实问题的最优决策、最优设计、最优控制等发展起来的最优理论与方法中,经常遇到多元函数的最大、最小值问题. 与一元函数类似,多元函数的最值与极值亦有着密切的联系. 下面以二元函数为例来讨论多元函数的极值,在此基础上进一步讨论多元函数的最值及条件极值.

7.7.1 多元函数的极值

定义 1 设函数 $z = f(x, y)$ 的定义域为 D,$P_0(x_0, y_0)$ 为定义域 D 的内点,若存在点 P_0 的某个邻域 $U(P_0) \subset D$,使得对任意的 $P(x, y) \in \overset{\circ}{U}(P_0)$,都有

$$f(x, y) < f(x_0, y_0) \quad (\text{或 } f(P) < f(P_0)), \quad (7-7-1)$$

则称函数 $f(x, y)$ 在点 $P_0(x_0, y_0)$ 处取得**极大值** $f(x_0, y_0)$,点 $P_0(x_0, y_0)$ 称函数 $f(x, y)$ 的**极大值点**. 若对任意的 $P(x, y) \in \overset{\circ}{U}(P_0)$,都有

$$f(x, y) > f(x_0, y_0) \quad (\text{或 } f(P) > f(P_0)), \quad (7-7-2)$$

则称函数 $f(x, y)$ 在点 $P_0(x_0, y_0)$ 处取得**极小值** $f(x_0, y_0)$,点 $P_0(x_0, y_0)$ 称函数 $f(x, y)$ 的**极小值点**. 极大值与极小值统称为**极值**,使得函数取得极值的点称为**极值点**.

例 1 讨论 $z = f(x, y) = x^2 + y^2$ 在点 $(0, 0)$ 处的极值情况.

解 因为对任意的 $(x, y) \neq (0, 0)$ 都有

$$f(x, y) = x^2 + y^2 > 0 = f(0, 0).$$

于是由定义 1 可得 $z=f(x,y)=x^2+y^2$ 在点 $(0,0)$ 处取得极小值. 从几何上看这是显然的, 因为点 $(0,0,0)$ 是开口向上的旋转抛物面 $z=x^2+y^2$ 的顶点.

例 2　讨论 $z=f(x,y)=3-\sqrt{x^2+y^2}$ 在点 $(0,0)$ 处的极值情况.

解　因为对任意的 $(x,y)\neq(0,0)$ 都有
$$f(x,y)=3-\sqrt{x^2+y^2}<3=f(0,0).$$

于是由定义 1 可得 $z=f(x,y)=3-\sqrt{x^2+y^2}$ 在点 $(0,0)$ 处取得极大值. 从几何上看这是显然的, 因为点 $(0,0,3)$ 是开口向下的下半圆锥面 $z=3-\sqrt{x^2+y^2}$ 的顶点.

例 3　讨论 $z=f(x,y)=x^2-y^2$ 在点 $(0,0)$ 处的极值情况.

解　因为对任意的 $(x,0)\neq(0,0)$ 都有
$$f(x,0)=x^2>0=f(0,0).$$

又对任意的 $(0,y)\neq(0,0)$ 都有
$$f(0,y)=-y^2<0=f(0,0).$$

因此, 在点 $(0,0)$ 的任何一个邻域内都有比函数值 $f(0,0)$ 大的点, 也有比函数值 $f(0,0)$ 小的点, 由定义 1 可得 $z=x^2-y^2$ 在点 $(0,0)$ 处不取得极值, 故点 $(0,0)$ 不是函数 $z=x^2-y^2$ 的极值点.

极值的概念还可以推广到 n 元函数.

定义 2　设 n 元函数 $u=f(P)$ 的定义域为 $D\subset \mathbf{R}^n$, P_0 为 D 的内点, 若存在点 P_0 的某个邻域 $U(P_0)\subset D$, 使得对任意的 $P(x,y)\in \overset{\circ}{U}(P_0)$, 都有
$$f(P)<f(P_0)\quad (\text{或 } f(P)>f(P_0)), \tag{7-7-3}$$

则称函数 $u=f(P)$ 在点 P_0 处取得极大值(或极小值) $f(P_0)$.

下面, 我们讨论极值存在的必要条件与充分条件.

定理 1(极值存在的必要条件)　设函数 $z=f(x,y)$ 在点 (x_0,y_0) 处具有偏导数, 且在点 (x_0,y_0) 处取得极值, 则有
$$f_x(x_0,y_0)=0, f_y(x_0,y_0)=0. \tag{7-7-4}$$

证　设 $z=f(x,y)$ 在点 (x_0,y_0) 处取得极大值, 则由定义 1 可得, 在点 (x_0,y_0) 的某个邻域内异于 (x_0,y_0) 的点 (x,y) 都满足不等式

$$f(x,y) < f(x_0,y_0).$$

特别地,在该邻域内取得 $y=y_0$,而 $x \neq x_0$ 的点,也必满足不等式

$$f(x,y_0) < f(x_0,y_0).$$

这表明一元函数 $f(x,y_0)$ 在点 $x=x_0$ 处取得极大值,从而必有

$$\frac{\mathrm{d}}{\mathrm{d}x}f(x,y_0)\big|_{x=x_0} = f_x(x_0,y_0) = 0.$$

同理可得

$$\frac{\mathrm{d}}{\mathrm{d}y}f(x_0,y)\big|_{y=y_0} = f_y(x_0,y_0) = 0.$$

同理当 $z=f(x,y)$ 在点 (x_0,y_0) 处取得极小值时,(7-7-4)也成立.

通常把使得 $f_x(x_0,y_0)=0$,$f_y(x_0,y_0)=0$ 的点 $P_0(x_0,y_0)$ 称为函数 $f(x,y)$ 的**驻点**.定理1的结论可推广到 n 元函数 $u=f(P)$ 的情况.

注1 定理1的结论是 $f(x,y)$ 在点 (x_0,y_0) 处偏导数都存在的前提下得到的,其实在偏导数不存在的点,函数也可能取得极值.如例2中所讨论的函数 $z=3-\sqrt{x^2+y^2}$,尽管在点 $(0,0)$ 处偏导数不存在,但却取得极大值.

注2 定理1告诉我们,具有偏导数的函数的极值点必定是驻点.但函数的驻点却不一定是极值点,如例3中所讨论的点 $(0,0)$ 是函数 $z=x^2-y^2$ 的驻点,但却不是极值点,这就需要讨论极值存在的充分条件,即判断驻点是否为极值点的方法.

定理2(极值存在的充分条件) 设函数 $z=f(x,y)$ 在点 $P_0(x_0,y_0)$ 的某邻域 $U(P_0)$ 内具有一阶和二阶连续偏导数,且有 $f_x(x_0,y_0)=0$,$f_y(x_0,y_0)=0$,记

$$A=f_{xx}(x_0,y_0),\ B=f_{xy}(x_0,y_0),\ C=f_{yy}(x_0,y_0),$$

则 $f(x,y)$ 在驻点 (x_0,y_0) 处是否取得极值的条件如下:

(1) $B^2-AC<0$ 时,取得极值,且当 $A<0$ 时取得极大值,当 $A>0$ 时取得极小值;

(2) $B^2-AC>0$ 时,不取极值;

(3) $B^2-AC=0$ 时,可能取得极值,也可能不取极值,该情况需要另作讨论.

注3 综合定理1和定理2,我们可以给出求解具有二阶连续偏导数的函

数 $z=f(x,y)$ 的极值的步骤如下：

第一步 求解方程组 $\begin{cases} f_x(x_0,y_0)=0, \\ f_y(x_0,y_0)=0 \end{cases}$ 的一切实数解，从而可求出函数的全部驻点；

第二步 对每个驻点 (x_0,y_0)，求出二阶偏导数在该点的值 A，B，C；

第三步 确定 B^2-AC 的符号，根据定理 2 的结论判定 $f(x_0,y_0)$ 是否为极值，是极大值还是极小值.

例 4 求函数 $f(x,y)=(6x-x^2)(4y-y^2)$ 的极值.

解 先解方程组

$$\begin{cases} f_x(x,y)=2y(3-x)(4-y)=0, \\ f_y(x,y)=2x(6-x)(2-y)=0. \end{cases}$$

求得驻点为 $(0,0)$，$(0,4)$，$(6,0)$，$(3,2)$，$(6,4)$. 二阶偏导数为

$$f_{xx}(x,y)=-2y(4-y),$$
$$f_{xy}(x,y)=4(3-x)(2-y),$$
$$f_{yy}(x,y)=-2x(6-x).$$

从而得到：

在 $(0,0)$ 处，$B^2-AC=24^2-0=24^2>0$，所以 $f(0,0)$ 不是极值；

在 $(0,4)$ 处，$B^2-AC=(-24)^2-0=24^2>0$，所以 $f(0,4)$ 也不是极值；

在 $(6,0)$ 处，$B^2-AC=(-24)^2-0=24^2>0$，所以 $f(6,0)$ 也不是极值；

在 $(3,2)$ 处，$B^2-AC=0^2-(-8)(-18)=-12^2<0$，而且 $A=-8<0$，所以函数在 $(3,2)$ 取得极大值 $f(3,2)=36$；

在 $(6,4)$ 处，$B^2-AC=24^2-0=24^2>0$，所以 $f(6,4)$ 不是极值.

7.7.2 多元函数的最值

与一元函数相类似，我们可以利用函数的极值来求解函数的最大值与最小值.

1. 有界闭区域上连续函数的最值

我们知道，在有界闭区域 D 上的连续函数一定可以取得其最大值和最小值，而且最大值和最小值可能在 D 的内部，也可能在 D 的边界上. 下面我们假设函数在有界闭区域 D 上连续，且 D 内只有有限个驻点，如果函数 $f(x,y)$ 在

D 的内部取得最大值(最小值),则这个最大值(最小值)必定是极大值(极小值). 因此,在上述假设条件下,求函数最大值和最小值的方法是:将函数 $f(x,y)$ 在 D 的内部的所有驻点处的函数值与在 D 的边界上的最大值和最小值相比较,其中最大的就是最大值,最小的就是最小值.

例 5 求函数 $f(x,y)=x^2y(4-x-y)$ 在由直线 $x=0$,$y=0$ 以及 $x+y=6$ 所围成三角形闭区域 D 上的最大值和最小值.

解 首先,求出函数 $f(x,y)$ 在三角形区域 D(如图 7-11)内部的所有驻点,故需要求解方程组

$$\begin{cases} f_x(x,y)=xy(8-3x-2y)=0, \\ f_y(x,y)=x^2(4-x-2y)=0. \end{cases}$$

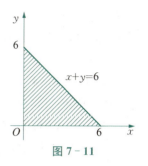

图 7-11

解得 D 内唯一的驻点为 $(2,1)$,而且 $f(2,1)=4$.

其次,再求函数 $f(x,y)$ 在三角形区域 D 的边界上的最值.

(1) 在直线段 $x=0(0\leqslant y\leqslant 6)$ 上,显然有 $f(0,y)=0$;

(2) 在直线段 $y=0(0\leqslant x\leqslant 6)$ 上,也有 $f(x,0)=0$;

(3) 在直线段 $x+y=6(0\leqslant x\leqslant 6)$ 上,函数可以转化为一元函数,记作

$$\begin{aligned}\varphi(x)&=f(x,x-6)=x^2y(4-x-6+x)\\&=2x^3-12x^2,\ 0\leqslant x\leqslant 6.\end{aligned}$$

从而得到

$$\varphi'(x)=6x^2-24x,\ 0\leqslant x\leqslant 6.$$

于是令

$$\varphi'(x)=6x^2-24x=0,$$

求得 $\varphi(x)$ 在区间 $[0,6]$ 内的驻点为 $x=4$. 于是 $\varphi(x)$ 在区间 $[0,6]$ 上的最大值为

$$\max\{\varphi(0),\varphi(4),\varphi(6)\}=\max\{0,-64,0\}=0.$$

$\varphi(x)$ 在区间 $[0,6]$ 上的最小值为

$$\min\{\varphi(0),\varphi(4),\varphi(6)\}=\min\{0,-64,0\}=-64.$$

综上所述,函数 $f(x,y)$ 在区域 D 的内部点 $(2,1)$ 处取得最大值,而且最大

值为 $f(2,1)=4$；函数 $f(x,y)$ 在区域 D 的边界点 $(4,2)$ 处取得最小值，而且最小值为 $f(4,2)=-64$.

2. 实际问题中的最值

在现实问题中，求多元函数的最值方法与一元函数相类似：如果根据实际问题的性质判断，函数 $f(x,y)$ 的最大值（最小值）一定在 D 的内部取得，而函数在 D 内有唯一驻点，那么可以判断该驻点处的函数值就是函数在 D 上的最大值（最小值）.

例6 某工厂要做成一个体积为 $8\ m^3$ 的无盖长方体水箱，已知底面积材料的单价为侧面材料单价的 2 倍，问当长、宽、高的尺寸如何选取才能使得造价最低？

解 设水箱的长为 x m，宽为 y m，高为 z m，则当侧面材料的单价为 a 元/m^2 时，其水箱的造价为

$$C = 2a(xy + yz + zx).$$

因为 $xyz = 8$，所以 $z = \dfrac{8}{xy}$，将其代入上式，得到

$$C = 2a\left(xy + \dfrac{8}{x} + \dfrac{8}{y}\right),\ x > 0,\ y > 0.$$

可见水箱造价 C 在条件 $xyz = 8$ 的限制下，可以化成关于 x，y 的函数，这就是目标函数. 下面求该函数的最小值点. 令

$$\begin{cases} C_x = 2a\left(y - \dfrac{8}{x^2}\right) = 0, \\ C_y = 2a\left(x - \dfrac{8}{y^2}\right) = 0, \end{cases}$$

求上述方程组，得到唯一的驻点 $(2,2)$. 于是，根据题意可知，体积一定条件下，水箱造价的最小值一定存在，并且在开区域 $D = \{(x,y) \mid x > 0, y > 0\}$ 的内部取得. 又因为函数在 D 内有唯一的驻点 $(2,2)$. 因此，该驻点一定是 C 的最小值点，即当水箱的长为 2 m，宽为 2 m，高为 $\dfrac{8}{2\times 2} = 2$ m 时，水箱的造价最低.

7.7.3 条件极值

1. 条件极值问题

前面讨论的多元函数极值问题，其自变量在函数的定义域内可以任意取

值,没有附加任何条件限制,因此又称为**无条件极值**问题. 例如,求 $W = 2a\left(xy + \dfrac{8}{x} + \dfrac{8}{y}\right)$ 在 $D = \{(x, y) \mid x > 0, y > 0\}$ 的极值就是无条件极值问题.

在实际问题中,我们经常要面对另外一种类型的极值问题,对函数自变量的取值附加一定的条件限制,即约束条件. 比如,例 6 就是在约束条件 $xyz = 8$ 的前提下,求目标函数 $W = 2a(xy + yz + zx)$ 的极值(最值). 这类对自变量的取值附加约束条件的极值问题,称为**条件极值**问题.

本书主要讨论以下两种情况下的条件极值问题的求解.

情形(1):二元目标函数 $z = f(x, y)$ 在满足等式约束条件 $\varphi(x, y) = 0$ 下的条件极值问题.

情形(2):三元目标函数 $u = f(x, y, z)$ 在满足等式约束条件 $\varphi(x, y, z) = 0$ 下的条件极值问题.

至于在较复杂情况下(多个等式约束或不等式约束等)求函数极值或最值问题,是数学中一个重要分支——**运筹学**所研究的内容.

求解上述两种情形的条件极值问题较直接的方法是:化条件极值为无条件极值. 对情形(1),首先从约束条件 $\varphi(x, y) = 0$ 中解出 $y = \psi(x)$,将其代入目标函数中去,化成一元函数 $z = f[x, \psi(x)]$,求得一元函数 $z = f[x, \psi(x)]$ 的极值就是 $z = f(x, y)$ 在条件 $\varphi(x, y) = 0$ 下的条件极值;同理,对于情形(2),可以先从约束条件 $\varphi(x, y, z) = 0$ 中解出 $z = \psi(x, y)$,将其代入目标函数中去,化为二元函数 $u = f[x, y, \psi(x, y)]$,求解二元函数 $u = f[x, y, \psi(x, y)]$ 的无条件极值就是 $u = f(x, y, z)$ 在条件 $\varphi(x, y, z) = 0$ 下的条件极值. 其实,例 6 就是将目标函数 $W = 2a(xy + yz + zx)$ 在条件 $xyz - 8 = 0$ 下的条件极值问题,转化为 $W = 2a\left(xy + \dfrac{8}{x} + \dfrac{8}{y}\right)$ 在 $D = \{(x, y) \mid x > 0, y > 0\}$ 内的无条件极值问题求解的. 但该方法须从 $\varphi(x, y, z) = 0$ 中解出 z,有时很困难,特别是对于更多变量的情形甚至根本就不可行. 这就需要我们寻求新的求解方法. 下面就介绍求解条件极值的拉格朗日乘数法.

2. 拉格朗日乘数法

由一元可导函数取得极值的必要条件及隐函数求导法我们可以推导出(其推导过程可以参看其他教材)下面求条件极值的拉格朗日乘数法. 对条件极值情形(1)的拉格朗日乘数法求解程序如下:

第一步 构造辅助函数,一般称为拉格朗日函数.

$$F(x,y,\lambda)=f(x,y)+\lambda\varphi(x,y),$$

其中 λ 为待定常数,**称为拉格朗日乘数**.

通过辅助函数,将原条件极值问题化为求三元函数 $F(x,y,\lambda)$ 的无条件极值问题.

第二步 求可能取极值的点.

由无条件极值问题取极值的必要条件,有

$$\begin{cases} F_x=f_x(x,y)+\lambda\varphi_x(x,y)=0, \\ F_y=f_y(x,y)+\lambda\varphi_y(x,y)=0, \\ F_\lambda=\varphi(x,y)=0. \end{cases}$$

求解该方程组,确定 3 个未知量 x,y,λ(待定系数法)的一般方法是首先设法消去 λ,解出 x_0,y_0,则 (x_0,y_0) 就是可能的极值点.

第三步 判断求出的点 (x_0,y_0) 是否为极值点.

一般由问题的实际意义判定.即我们求得了可能取条件极值的点 (x_0,y_0),而实际问题确实存在这种极值点,那么 (x_0,y_0) 就是所求的条件极值点.

对条件极值情形(2)也有相应的拉格朗日乘数法,其程序如下:

首先构造拉格朗日函数为

$$F(x,y,z,\lambda)=f(x,y,z)+\lambda\varphi(x,y,z);$$

再求解方程组

$$\begin{cases} F_x=f_x(x,y,z)+\lambda\varphi_x(x,y,z)=0, \\ F_y=f_y(x,y,z)+\lambda\varphi_y(x,y,z)=0, \\ F_z=f_z(x,y,z)+\lambda\varphi_z(x,y,z)=0, \\ F_\lambda=\varphi(x,y,z)=0, \end{cases}$$

可得 $u=f(x,y,z)$ 在条件 $\varphi(x,y,z)=0$ 下的可能极值点 (x_0,y_0,z_0).最后对 (x_0,y_0,z_0) 是否为条件极值点进行判定.

例 7 用拉格朗日乘数法求解例 6.

解 仍设水箱的长为 x m,宽为 y m,高为 z m,该问题是求目标函数(水箱造价)$C=2a(xy+yz+zx)$ 在约束条件(体积限制)$xyz-8=0$ 下的最小值.构造拉格朗日函数

$$F(x,y,z,\lambda)=2a(xy+yz+zx)+\lambda(xyz-8),$$

其中 λ 为拉格朗日乘数,解方程组

$$\begin{cases} F_x=2a(y+z)+\lambda yz=0,\\ F_y=2a(x+z)+\lambda xz=0,\\ F_z=2a(x+y)+\lambda xy=0,\\ F_\lambda=xyz-8=0, \end{cases}$$

可得 $x=2\text{(m)}$, $y=2\text{(m)}$, $z=2\text{(m)}$. 只有一个可能的极值点 $(2,2,2)$, 根据问题的实际意义, 水箱造价一定存在最小值, 可断定, 当水箱的长、宽、高均为 2 m 时,造价最低.

例8 求抛物线 $y=x^2$ 与直线 $x-y-2=0$ 之间的最短距离.

解 设 (x,y) 是抛物线上任一点,则它到已知直线的距离为

$$d=\frac{|x-y-2|}{\sqrt{2}}.$$

该问题可以归纳为:求函数 $d=\dfrac{|x-y-2|}{\sqrt{2}}$ 在约束条件 $x^2-y=0$ 下的最小值. 但由于带绝对值的函数值在求偏导时会给我们带来困难,不妨设

$$u=d^2=\frac{1}{2}(x-y-2)^2,$$

那么原问题可以简化为求解下述条件极值问题:目标函数 $u=\dfrac{1}{2}(x-y-2)^2$ 在条件 $x^2-y=0$ 下的最小值. 构造拉格朗日函数

$$F(x,y,\lambda)=\frac{1}{2}(x-y-2)^2+\lambda(x^2-y),$$

求解方程组

$$\begin{cases} F_x=(x-y-2)+2\lambda x=0,\\ F_y=-(x-y-2)-\lambda=0,\\ F_\lambda=x^2-y=0. \end{cases}$$

得 $x=\dfrac{1}{2}$, $y=\dfrac{1}{4}$. 这里仅得到一个可能的极值点 $\left(\dfrac{1}{2},\dfrac{1}{4}\right)$, 根据问题的实际意

义,该问题一定存在最小值,则可断定 $\left(\dfrac{1}{2}, \dfrac{1}{4}\right)$ 就是抛物线上到已知直线最近的点,其距离 $d = \dfrac{7\sqrt{2}}{8}$.

习题 7.7

1. 求下列函数的极值:
   (1) $f(x, y) = 4(x - y) - x^2 - y^2$;
   (2) $f(x, y) = e^{2x}(x + y^2 + 2y)$;
   (3) $f(x, y) = x^2 + 5y^2 - 6x + 10y + 6$;
   (4) $f(x, y) = x^2(x - 1)^2 + y^2$;
   (5) $f(x, y) = x^2 + y^2 - 2\ln|x| - 2\ln|y|$;
   (6) $f(x, y) = x^3 - y^3 + 3x^2 + 3y^2 - 9x$.

2. 求由下列方程确定的函数 $z = f(x, y)$ 的极值:
   (1) $x^2 + y^2 + z^2 - 2x + 4y - 6z - 11 = 0$;
   (2) $2x^2 + 2y^2 + z^2 - 8xz - z + 8 = 0$.

3. 求函数 $z = xy$ 在附加条件 $x + y = 1$ 下的极大值.

4. 已知函数 $z = x^2 + y^2$ 在条件 $\dfrac{x}{a} + \dfrac{y}{b} = 1(a > 0, b > 0)$ 下存在最小值,求最小值.

5. 抛物线 $z = x^2 + y^2$ 被平面 $x + y + z = 1$ 截成一椭圆,求原点到这个椭圆的最长与最短距离.

6. 在平面 $3x - 2z = 0$ 上求一点,使它与点 $A(1, 1, 1)$ 和点 $B(2, 3, 4)$ 的距离平方和最小.

7. 要做一个容积为 a 的长方体水槽,问怎样选择尺寸,才能使所用材料最少?

8. 用 108 m² 的木板,做一敞口的长方体木箱,尺寸如何选择,其容积最大?

9. 求 $z = x + y + 1$ 在闭区域 $x^2 + y^2 \leqslant 4$ 上的最大值与最小值.

10. 求函数 $f(x, y) = x^2 + 12xy + y^2$ 在闭区域 $4x^2 + y^2 \leqslant 25$ 上的最大值与最小值.

本章小结

一、空间解析几何

1. 空间直角坐标系.

过空间定点 O 作 3 条具有长度单位且两两互相垂直的数轴：x 轴、y 轴、z 轴，符合右手法则，由此组成了空间直角坐标系 $Oxyz$.

坐标平面：xOy 平面、yOz 平面、zOx 平面.

8 个卦限（卦限中点的坐标）：Ⅰ($+$，$+$，$+$)，Ⅱ($-$，$+$，$+$)，Ⅲ($-$，$-$，$+$)，Ⅳ($+$，$-$，$+$)，Ⅴ($+$，$+$，$-$)，Ⅵ($-$，$+$，$-$)，Ⅶ($-$，$-$，$-$)，Ⅷ($+$，$-$，$-$).

2. 空间两点间的距离公式

空间两点 $M_1(x_1, y_1, z_1)$，$M_2(x_2, y_2, z_2)$ 距离公式：

$$d = |M_1 M_2| = \sqrt{(x_2 - x_1)^2 + (y_2 - y_1)^2 + (z_2 - z_1)^2}.$$

二、多元函数的概念、极限与连续

1. 多元函数的概念.

（1）二元函数的几何意义：二元函数 $z = f(x, y)$ 的图形是空间直角坐标系的一张曲面：$S = \{(x, y, z) \mid z = f(x, y), (x, y) \in D\}$，这个曲面 S 称为二元函数 $z = f(x, y)$ 的图形.

（2）三元函数 $u = f(x, y, z)$.

（3）n 元函数 $u = f(x_1, x_2, \cdots, x_n)$.

2. 二元函数的极限.

$$\lim_{(x, y) \to (x_0, y_0)} f(x, y) = A, \text{或} \lim_{\substack{x \to x_0 \\ y \to y_0}} f(x, y) = A, \lim_{P \to P_0} f(P) = A.$$

由于二元函数的极限定义与一元函数的极限定义本质是一样的，因此一元函数的极限的一些性质和运算法则对于多元函数也是成立的，但由于二元函数的复杂性，故须特别注意以下两点：

（1）二重极限存在，是指 P 以任何方式趋于 P_0 时，函数都无限接近于 A.

(2) 如果当 P 以两种不同方式趋于 P_0 时,函数趋于不同的值,则函数的极限不存在.

3. 二元函数的连续性.

(1) 若 $\lim\limits_{(x,y)\to(x_0,y_0)} f(x,y) = f(x_0,y_0)$,则称函数 $f(x,y)$ 在点 $P_0(x_0,y_0)$ 连续,并称点 $P_0(x_0,y_0)$ 为连续点.

(2) 一切二元初等函数在其定义域内连续.类似的讨论可知,一元基本初等函数看成二元以上的多元函数时,它们在各自的定义域内都是连续的.

(3) 有界闭区域上二元连续函数的性质:最大值和最小值定理,有界性定理,介值定理.

4. 间断点或不连续点:设函数 $f(x,y)$ 的定义域为 D,$P_0(x_0,y_0)$ 是 D 的聚点.如果函数 $f(x,y)$ 在点 $P_0(x_0,y_0)$ 不连续,则称 $P_0(x_0,y_0)$ 为函数 $f(x,y)$ 的间断点或不连续点.

三、多元函数偏导数与全微分

1. 多元函数偏导数的概念与计算.

二元函数 $z=f(x,y)$ 对 x 的偏导数,记作 $\dfrac{\partial z}{\partial x}$,$\dfrac{\partial f}{\partial x}$,$z_x$ 或 $f_x(x,y)$:

$$f_x(x,y) = \lim_{\Delta x \to 0} \frac{f(x+\Delta x, y) - f(x,y)}{\Delta x}.$$

二元函数 $z=f(x,y)$ 对 y 的偏导数,记作 $\dfrac{\partial z}{\partial y}$,$\dfrac{\partial f}{\partial y}$,$z_y$ 或 $f_y(x,y)$:

$$f_y(x,y) = \lim_{\Delta y \to 0} \frac{f(x, y+\Delta y) - f(x,y)}{\Delta y}.$$

2. 二阶偏导数.

$$\frac{\partial}{\partial x}\left(\frac{\partial z}{\partial x}\right) = \frac{\partial^2 z}{\partial x^2} = f_{xx}(x,y), \quad \frac{\partial}{\partial y}\left(\frac{\partial z}{\partial x}\right) = \frac{\partial^2 z}{\partial x \partial y} = f_{xy}(x,y),$$

$$\frac{\partial}{\partial x}\left(\frac{\partial z}{\partial y}\right) = \frac{\partial^2 z}{\partial y \partial x} = f_{yx}(x,y), \quad \frac{\partial}{\partial y}\left(\frac{\partial z}{\partial y}\right) = \frac{\partial^2 z}{\partial y^2} = f_{yy}(x,y).$$

3. 全微分.

(1) 二元函数 $z=f(x,y)$ 的全微分:$\mathrm{d}z = \dfrac{\partial z}{\partial x}\mathrm{d}x + \dfrac{\partial z}{\partial y}\mathrm{d}y$.

(2) 三元函数 $u=f(x,y,z)$ 的全微分：$\mathrm{d}u=\dfrac{\partial u}{\partial x}\mathrm{d}x+\dfrac{\partial u}{\partial y}\mathrm{d}y+\dfrac{\partial u}{\partial z}\mathrm{d}z$.

(3) 全微分形式不变性：$\mathrm{d}z=\dfrac{\partial z}{\partial u}\mathrm{d}u+\dfrac{\partial z}{\partial v}\mathrm{d}v$，$z=f(u,v)$.

(4) 可微(全微分存在)与连续、偏导数存在之间的关系：

$f(x,y)$ 在点 (x,y) 处可微 $\Rightarrow f(x,y)$ 在点 (x,y) 处连续；

$f(x,y)$ 在点 (x,y) 处可微 $\Rightarrow f(x,y)$ 在点 (x,y) 的偏导数 $\dfrac{\partial z}{\partial x},\dfrac{\partial z}{\partial y}$ 必存在；

$f(x,y)$ 在点 (x,y) 处可微 $\Leftarrow f(x,y)$ 的偏导数 $\dfrac{\partial z}{\partial x},\dfrac{\partial z}{\partial y}$ 在点 (x,y) 处连续.

四、多元复合函数的求导与隐函数求导法

1. 多元复合函数的求导法——链式法则.

模型 1. $z=f(u,v)$，$u=u(t)$，$v=v(t)$，

$$\frac{\mathrm{d}z}{\mathrm{d}t}=\frac{\partial z}{\partial u}\cdot\frac{\mathrm{d}u}{\mathrm{d}t}+\frac{\partial z}{\partial v}\cdot\frac{\mathrm{d}v}{\mathrm{d}t}.$$

模型 2. $z=f(u,v)$，$u=u(x,y)$，$v=v(x,y)$，

$$\frac{\partial z}{\partial x}=\frac{\partial z}{\partial u}\cdot\frac{\partial u}{\partial x}+\frac{\partial z}{\partial v}\cdot\frac{\partial u}{\partial x},$$

$$\frac{\partial z}{\partial y}=\frac{\partial z}{\partial u}\cdot\frac{\partial u}{\partial y}+\frac{\partial z}{\partial v}\cdot\frac{\partial u}{\partial y}.$$

模型 3. $z=f(u,v,w)$，$u=u(x,y)$，$v=v(x,y)$，$w=w(x,y)$，

$$\frac{\partial z}{\partial x}=\frac{\partial z}{\partial u}\cdot\frac{\partial u}{\partial x}+\frac{\partial z}{\partial v}\cdot\frac{\partial v}{\partial x}+\frac{\partial z}{\partial w}\cdot\frac{\partial w}{\partial x},$$

$$\frac{\partial z}{\partial y}=\frac{\partial z}{\partial u}\cdot\frac{\partial u}{\partial y}+\frac{\partial z}{\partial v}\cdot\frac{\partial v}{\partial y}+\frac{\partial z}{\partial w}\cdot\frac{\partial w}{\partial y}.$$

特别地，当 $v=x$，$w=y$ 时，$z=f(u(x,y),x,y)$ 对 x,y 的偏导数分别为

$$\frac{\partial z}{\partial x}=\frac{\partial f}{\partial u}\cdot\frac{\partial u}{\partial x}+\frac{\partial f}{\partial x},\quad \frac{\partial z}{\partial y}=\frac{\partial f}{\partial u}\cdot\frac{\partial u}{\partial y}+\frac{\partial f}{\partial y}.$$

模型 4. $w=f(u,v)$, $u=u(x,y,z)$, $v=v(x,y,z)$, 则

$$\frac{\partial w}{\partial x}=\frac{\partial w}{\partial u}\cdot\frac{\partial u}{\partial x}+\frac{\partial w}{\partial v}\cdot\frac{\partial v}{\partial x},$$

$$\frac{\partial w}{\partial y}=\frac{\partial w}{\partial u}\cdot\frac{\partial u}{\partial y}+\frac{\partial w}{\partial v}\cdot\frac{\partial v}{\partial y},$$

$$\frac{\partial w}{\partial z}=\frac{\partial w}{\partial u}\cdot\frac{\partial u}{\partial z}+\frac{\partial w}{\partial v}\cdot\frac{\partial v}{\partial z}.$$

2. 隐函数求导法.

(1) $F(x,y)=0$, $\dfrac{\mathrm{d}y}{\mathrm{d}x}=-\dfrac{F_x}{F_y}$.

(2) $F(x,y,z)=0$ 确定 $z=f(x,y)$, 则 $\dfrac{\partial z}{\partial x}=-\dfrac{F_x}{F_z}$, $\dfrac{\partial z}{\partial y}=-\dfrac{F_y}{F_z}$.

五、多元函数极值与最值

1. 求 $z=f(x,y)$ 的极值的一般步骤为:

第一步, 求解方程组 $\begin{cases} f_x(x_0,y_0)=0, \\ f_y(x_0,y_0)=0 \end{cases}$ 的一切实数解, 求出函数的全部驻点;

第二步, 对每个驻点 (x_0,y_0), 求出二阶偏导数在该点的值 $f_{xx}(x_0,y_0)=A$, $f_{xy}(x_0,y_0)=B$, $f_{yy}(x_0,y_0)=C$;

第三步, 根据 $B^2-AC=\Delta$ 的符号逐一判定驻点是否为极值点.

(1) $\Delta<0$ 时, 取得极值, 且当 $A<0$ 时取得极大值, 当 $A>0$ 时取得极小值;

(2) $\Delta>0$ 时, 不取极值;

(3) $\Delta=0$ 时, 可能取得极值, 也可能不取极值, 该情况需要另作讨论.

2. 用拉格朗日乘数法求函数 $z=f(x,y)$ 在条件 $\varphi(x,y)=0$ 下的极值的基本步骤:

(1) 构造拉格朗日函数 $F(x,y,\lambda)=f(x,y)+\lambda\varphi(x,y)$;

(2) 由方程组 $\begin{cases} F_x=f_x(x,y)+\lambda\varphi_x(x,y)=0, \\ F_y=f_y(x,y)+\lambda\varphi_y(x,y)=0, \\ F_\lambda=\varphi(x,y)=0, \end{cases}$ 解出 x,y 和 λ, 其中 x,y 就是所求条件极值的可能的极值点.

3. 求有界闭区域上连续函数的最值.

求有界闭区域 D 上的二元连续函数 $f(x,y)$ 的最大值和最小值的一般步骤:

(1) 求 $f(x,y)$ 在 D 内所有的驻点处的函数值;

(2) 求 $f(x,y)$ 在 D 的边界上的最大值和最小值;

(3) 比较前两步得到的所有函数值,最大者为最大值,最小者为最小值.

总习题 7

(A)

1. 填空题:

(1) 函数 $z = \dfrac{1}{\ln(x+y)}$ 的定义域为 _____.

(2) 设函数 $z = e^{xy}$,则 $dz\big|_{(1,1)} = $ _____.

(3) 若函数 $z = x^y$,则 $\dfrac{x}{y}\dfrac{\partial z}{\partial x} + \dfrac{1}{\ln x}\dfrac{\partial z}{\partial y} = $ _____.

(4) 设 $f(u^2+v^2, u^2-v^2) = \dfrac{9}{4} - 2\left[\left(u^2+\dfrac{1}{4}\right)^2 + \left(v^2-\dfrac{1}{4}\right)^2\right]$,则 $f_x(x,y) + f_y(x,y) = $ _____.

(5) 设 $z = \dfrac{1}{x}f(xy) + y\varphi(x+y)$,其中 f, φ 具有二阶连续偏导数,则 $\dfrac{\partial^2 z}{\partial x \partial y} = $ _____.

2. 单项选择题:

(1) 二元函数 $f(x,y)$ 在点 (x_0, y_0) 处两个偏导数 $f_x(x_0, y_0)$, $f_y(x_0, y_0)$ 存在是 $f(x,y)$ 在该点连续的 _____.

A. 充分条件而非必要条件　　B. 必要条件而非充分条件

C. 充分条件　　　　　　　　D. 既非充分条件又非必要条件

(2) 考虑二元函数 $f(x,y)$ 在点 $P_0(x_0, y_0)$ 的 4 条性质:

(i) 在 P_0 处连续;　　　　　(ii) 在 P_0 处两个偏导数连续;

(iii) 在 P_0 处可微;　　　　 (iv) 在 P_0 处两个偏导数存在.

若用 "$E \Rightarrow F$" 表示可由性质 E 推导 F,则有 _____.

A. (iii)$\Rightarrow$(ii)$\Rightarrow$(i)　　B. (ii)$\Rightarrow$(iii)$\Rightarrow$(i)

C. (iii)$\Rightarrow$(i)$\Rightarrow$(iv)　　D. (iii)$\Rightarrow$(iv)$\Rightarrow$(i)

(3) 点_____是二元函数 $z = x^3 - y^3 + 3x^2 + 3y^2 - 9x$ 的极小值点.

A. $(1, 0)$ B. $(1, 2)$

C. $(-3, 0)$ D. $(-3, 2)$

(4) 设 $z = f(x, y)$ 是由方程 $F(x - az, y - bz) = 0$ 所定义的隐函数,其中 $F(x, y)$ 是变量 u, v 的可微函数,a, b 为常数,则必有_____.

A. $a \dfrac{\partial z}{\partial x} - b \dfrac{\partial z}{\partial y} = 1$ B. $b \dfrac{\partial z}{\partial x} - a \dfrac{\partial z}{\partial y} = 1$

C. $a \dfrac{\partial z}{\partial x} + b \dfrac{\partial z}{\partial y} = 1$ D. $b \dfrac{\partial z}{\partial x} + a \dfrac{\partial z}{\partial y} = 1$

(5) 设函数 $f(x, y)$ 在 $D(0, 0)$ 内连续,且

$$\lim_{(x, y) \to (0, 0)} \frac{f(x, y) - f(0, 0)}{x^2 + 1 - 2x \sin y - \cos^2 y} = A > 0,$$

则 $f(x, y)$ 在点 $O(0, 0)$ 处_____.

A. 没有极值 B. 不能判定是否有极值

C. 有极大值 D. 有极小值

3. 求函数 $f(x, y) = \dfrac{\sqrt{4x - y^2}}{\ln(1 - x^2 - y^2)}$ 的定义域,并求 $\lim\limits_{(x, y) \to (\frac{1}{2}, 0)} f(x, y)$.

4. 设 $f(x, y) = \dfrac{x \cos(y - 1) - (y - 1) \cos x}{1 + \sin x + \sin(y - 1)}$,求 $f_x(0, 1), f_y(0, 1)$.

5. 设 $f(x, y) = \begin{cases} \dfrac{x^2 y^2}{(x^2 + y^2)^{\frac{3}{2}}}, & x^2 + y^2 \neq 0, \\ 0, & x^2 + y^2 = 0. \end{cases}$

证明 $f(x, y)$ 在点 $(0, 0)$ 处连续且偏导数存在,但不可微.

6. 设 $u = x^y$,而 $x = \varphi(t), y = \psi(t)$ 都是可微函数,求 $\dfrac{du}{dt}$.

7. 设 $z = f(u, x, y), u = x e^y$,其中 f 具有连续的二阶偏导数,求 $\dfrac{\partial^2 z}{\partial x \partial y}$.

8. 设 $z = f(u), u = x^2 y^2 + x^2 + y^3$,其中 f 具有二阶导数,求 $\dfrac{\partial z}{\partial x}, \dfrac{\partial z}{\partial y}, \dfrac{\partial^2 z}{\partial x^2}$.

9. 证明:若 $z = f(ax + by)$,则 $b \dfrac{\partial z}{\partial x} = a \dfrac{\partial z}{\partial y}$.

10. 设 $f(u, v)$ 具有二阶连续偏导数,而且

$$\frac{\partial^2 f}{\partial u^2}+\frac{\partial^2 f}{\partial v^2}=1, \quad g(x,y)=f\left(xy,\frac{1}{2}(x^2-y^2)\right),$$

求 $\frac{\partial^2 g}{\partial u^2}+\frac{\partial^2 g}{\partial v^2}$.

11. 求函数 $f(x,y)=xy\sqrt{1-x^2-y^2}$ $(x^2+y^2\leqslant 1)$ 的极值.

12. 设 $a>b>c>0$, 已知函数 $u=x^2+y^2+z^2$, 当 $\frac{x^2}{a^2}+\frac{y^2}{b^2}+\frac{z^2}{c^2}=1$ 时存在最大值与最小值, 求此函数的最大值与最小值.

13. 某企业的生产函数和成本函数分别为

$$Q=f(K,L)=20\left(\frac{3}{4}L^{-\frac{1}{4}}+\frac{1}{4}K^{-\frac{1}{4}}\right)^{-4},$$

$$C=P_k K+P_l L=3K+4L.$$

(1) 若限定成本预算为 80, 计算使产量达到最高的投入 K 和 L;

(2) 若限定产量为 120, 计算使成本最低的投入 K 和 L.

(B)

1. 填空题:

(1) 设 $z=e^{\sin xy}$, 则 $dz=$ _____.

(2) 设 $z=f\left(xy,\frac{x}{y}\right)+g\left(\frac{x}{y}\right)$, 其中 f,g 均可微, 则 $dz=$ _____.

(3) 设 $z=xyf\left(\frac{x}{y}\right)$, $f(u)$ 可导, 则 $xz'_x+yz'_y=$ _____.

(4) 设 $z=e^{-x}-f(x-2y)$, 且当 $y=0$ 时, $z=x^2$, 则 $\frac{\partial z}{\partial x}=$ _____.

(5) 设 $u=e^{-x}\sin\frac{x}{y}$, 则 $\frac{\partial^2 u}{\partial x \partial y}$ 在点 $\left(2,\frac{1}{\pi}\right)$ 处的值为 _____.

2. 单项选择题:

(1) 二元函数 $f(x,y)=\begin{cases}\dfrac{xy}{x^2+y^2}, & (x,y)\neq(0,0),\\ 0, & (x,y)=(0,0)\end{cases}$ 在点 $(0,0)$ 处 _____.

A. 连续, 偏导数存在　　　　　　B. 连续, 偏导数不存在

C. 不连续,偏导数存在　　　　　D. 不连续,偏导数不存在

(2) 设可微函数 $f(x,y)$ 在点 (x_0,y_0) 取得极小值,则下列结论正确的是_____.

A. $f(x_0,y)$ 在 $y=y_0$ 处导数等于零

B. $f(x_0,y)$ 在 $y=y_0$ 处导数大于零

C. $f(x_0,y)$ 在 $y=y_0$ 处导数小于零

D. $f(x_0,y)$ 在 $y=y_0$ 处导数不存在

(3) 已知函数 $f(x,y)$ 在点 $(0,0)$ 某个邻域内连续,且 $\lim\limits_{\substack{x\to 0\\y\to 0}}\dfrac{f(x,y)-xy}{(x^2+y^2)^2}=1$,则_____.

A. 点 $(0,0)$ 不是 $f(x,y)$ 的极值点

B. 点 $(0,0)$ 是 $f(x,y)$ 的极大值点

C. 点 $(0,0)$ 是 $f(x,y)$ 的极小值点

D. 根据所给条件无法判断点 $(0,0)$ 是否为 $f(x,y)$ 的极值点

(4) 设函数 $u(x,y)=\varphi(x+y)+\varphi(x-y)+\int_{x-y}^{x+y}\psi(t)\mathrm{d}t$,其中函数 φ 具有二阶导数,ψ 具有一阶导数,则必有_____.

A. $\dfrac{\partial^2 u}{\partial x^2}=-\dfrac{\partial^2 u}{\partial y^2}$　　　　B. $\dfrac{\partial^2 u}{\partial x^2}=\dfrac{\partial^2 u}{\partial y^2}$

C. $\dfrac{\partial^2 u}{\partial x \partial y}=\dfrac{\partial^2 u}{\partial y^2}$　　　　D. $\dfrac{\partial^2 u}{\partial x \partial y}=\dfrac{\partial^2 u}{\partial x^2}$

(5) 设函数 $F(u,v)$ 具有一阶连续偏导数,且 $F\left(\dfrac{x}{z},\dfrac{z}{y}\right)=0$ 确定隐函数 $z=z(x,y)$,则_____.

A. $z^2 F'_v z'_x - y^2 F'_u z'_y = 0$　　　　B. $z^2 F'_v z'_x + y^2 F'_u z'_y = 0$

C. $z^2 F'_u z'_x - y^2 F'_v z'_y = 0$　　　　D. $z^2 F'_u z'_x + y^2 F'_v z'_y = 0$

3. 已知 $z=a^{\sqrt{x^2-y^2}}$,其中 $a>0$,$a\neq 1$,求 $\mathrm{d}z$.

4. 设 $z=(x^2+y^2)\mathrm{e}^{-\arctan\frac{y}{x}}$,求 $\mathrm{d}z$ 与 $\dfrac{\partial^2 z}{\partial x \partial y}$.

5. 设函数 $u=f(x,y,z)$ 有连续偏导数,且 $z=z(x,y)$ 由方程 $x\mathrm{e}^x-y\mathrm{e}^y=z\mathrm{e}^z$ 所确定,求 $\mathrm{d}u$.

6. 设 $u=yf\left(\dfrac{x}{y}\right)+xg\left(\dfrac{y}{x}\right)$,其中 f 和 g 具有二阶连续导数,求 $x\dfrac{\partial^2 u}{\partial x^2}+$

$y\dfrac{\partial^2 u}{\partial x \partial y}$.

7. 已知 $g(x,y)=f\left(\dfrac{y}{x}\right)+yf\left(\dfrac{x}{y}\right)$,求 $x^2\dfrac{\partial^2 g}{\partial x^2}-y^2\dfrac{\partial^2 g}{\partial y^2}$,其中 $f(u)$ 具有二阶连续导数.

8. 已知 $xy=xf(z)+yg(z)$, $xf'(z)+yg'(z)\neq 0$,其中 $z=z(x,y)$ 是 x 和 y 的函数,求证:

$$[x-g(z)]\dfrac{\partial z}{\partial x}=[y-g(z)]\dfrac{\partial z}{\partial y}.$$

9. 设 $z=z(x,y)$ 是由 $x^2-6xy+10y^2-2yz-z^2+18=0$ 确定的函数,求 $z=z(x,y)$ 的极值点和极值.

10. 求 $f(x,y)=x^2-y^2+2$ 在椭圆域

$$D=\left\{(x,y)\,\Big|\, x^2+\dfrac{y^2}{4}\leqslant 1\right\}$$

上的最大值和最小值.

11. 某厂家生产的一种产品同时在两个市场销售,售价分别为 p_1 和 p_2,销量分别为 q_1 和 q_2,需求函数分别为

$$q_1=24-0.2p_1,\quad q_2=10-0.5p_2;$$

总成本函数为 $C=35+40(q_1+q_2)$.

试问:厂家如何确定两个市场的售价,能使得其获得总利润最大?最大利润为多少?

12. 某养殖场饲养两种鱼,若甲种鱼放养 x(万尾),乙种鱼放养 y(万尾),收获时两种鱼收获量分别为

$$(3-\alpha x-\beta y)x \text{ 和 }(4-\beta x-2\alpha y)y \quad (\alpha>\beta>0),$$

求使产鱼总量最大的放养数.

第 8 章 二重积分

二重积分是多元函数积分学的重要组成部分,是闭区间上一元函数定积分概念的推广. 定积分是某种确定形式积分和的极限,将这种积分和的极限推广到定义在平面闭区域上的二元函数中,便得到二重积分的概念. 本章主要内容包括二重积分的概念与性质、二重积分的计算方法和二重积分的简单应用.

8.1 二重积分的概念与性质

8.1.1 二重积分的概念

为了直观,我们通过几何问题引入二重积分的概念.

1. 曲顶柱体的体积

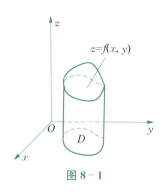

图 8-1

设有一立体,它的底是 xOy 平面上的有界闭区域 D,它的侧面是以 D 的边界曲线为准线而母线平行于 z 轴的柱面,它的顶是曲面 $z=f(x,y)$,其中 $f(x,y) \geqslant 0$ 且在 D 上连续(如图 8-1),这种立体叫作**曲顶柱体**.

下面我们来讨论如何计算曲顶柱体的体积 V. 由于计算曲顶柱体体积的方法与求曲边梯形面积相类似,为此,我们回忆一下在求曲边梯形面积时的解决方法:先在局部上"以直代曲"求得曲边梯形面积的近似值,然后通过取极限,由近似值得到精确值.

故我们同样可以用"分割、近似代替、近似求和、取极限"的方法来求得曲顶柱体的体积.

(1) **分割**：将曲顶柱体分成 n 个小曲顶柱体.

用一组曲线网把闭区域 D 分成 n 个小区域：

$$\Delta\sigma_1, \Delta\sigma_2, \Delta\sigma_3, \cdots, \Delta\sigma_n,$$

同时也用 $\Delta\sigma_i(i=1,2,3,\cdots,n)$ 表示第 i 个小区域的面积，如图 8-2 所示. 分别以这些小闭区域的边界曲线为准线，作母线平行于 z 轴的柱面(这些柱面把原来的曲顶柱体分为 n 个小曲顶柱体，其体积分别记作：

$$\Delta V_1, \Delta V_2, \Delta V_3, \cdots, \Delta V_n.$$

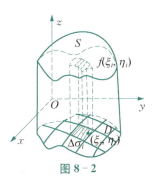

图 8-2

(2) **近似代替**：在小范围内用平顶柱体代替曲顶柱体.

在每个 $\Delta\sigma_i$ 中任取一点 (ξ_i, η_i)，以 $f(\xi_i, \eta_i)$ 为高而底为 $\Delta\sigma_i$ 的平顶柱体的体积 $f(\xi_i, \eta_i)\Delta\sigma_i(i=1,2,3,\cdots,n)$ 近似代替第 i 个小曲顶柱体的体积，即

$$\Delta V_i \approx f(\xi_i, \eta_i)\Delta\sigma_i \quad (i=1,2,3,\cdots,n).$$

(3) **近似求和**：用 n 个小平顶柱体体积之和近似代替曲顶柱体，即

$$V = \sum_{i=1}^{n} \Delta V_i \approx \sum_{i=1}^{n} f(\xi_i, \eta_i)\Delta\sigma_i.$$

(4) **取极限**：由有限分割下的近似值过渡到无限分割下的精确值.

记 d_i 为第 i 个小曲顶柱体的直径(即有界闭区域 $\Delta\sigma_i$ 上任意两点间距离的最大者)，令 $\lambda = \max\{d_1, d_2, d_3, \cdots, d_n\}$，当 $\lambda \to 0$ 时若上式和的极限存在，则其极限值就是所求曲顶柱体的体积，即

$$V = \lim_{\lambda \to 0} \sum_{i=1}^{n} f(\xi_i, \eta_i)\Delta\sigma_i.$$

在实际问题中很多量的计算和曲顶柱体的体积计算一样，都可以归结为具有上述结构形式和的极限. 现在，我们撇开上述问题的几何特征，可从这类问题抽象地概括出它们的共同数学本质，得出二重积分的定义.

2. 二重积分的概念

定义 1 设 $f(x,y)$ 是有界闭区域 D 上的有界函数,将闭区域 D 任意分成 n 个小闭区域 $\Delta\sigma_1, \Delta\sigma_2, \Delta\sigma_3, \cdots, \Delta\sigma_n$,记 $\Delta\sigma_i(i=1,2,3,\cdots,n)$ 和 $d_i(i=1,2,3,\cdots,n)$ 分别表示第 i 个小区域的面积和直径,$\lambda=\max\{d_1,d_2,d_3,\cdots,d_n\}$. 在 $\Delta\sigma_i$ 中任取一点 (ξ_i,η_i),作乘积 $f(\xi_i,\eta_i)\Delta\sigma_i$,并作和 $\sum_{i=1}^{n}f(\xi_i,\eta_i)\Delta\sigma_i$. 若当各个小闭区域 $\Delta\sigma_i$ 的直径 d_i 的最大者 $\lambda\to 0$ 时,极限 $\lim_{\lambda\to 0}\sum_{i=1}^{n}f(\xi_i,\eta_i)\Delta\sigma_i$ 存在,而且该极限值与区域 D 的分割法以及点 $(\xi_i,\eta_i)\in\Delta\sigma_i$ 的选取无关,则称此极限为函数 $f(x,y)$ 在有界闭区域 D 上的**二重积分**,记作 $\iint\limits_{D}f(x,y)\mathrm{d}\sigma$,即

$$\iint\limits_{D}f(x,y)\mathrm{d}\sigma=\lim_{\lambda\to 0}\sum_{i=1}^{n}f(\xi_i,\eta_i)\Delta\sigma_i, \qquad (8-1-1)$$

其中 D 为**积分区域**,x,y 为**积分变量**,$f(x,y)$ 为**被积函数**,$f(x,y)\mathrm{d}\sigma$ 为**被积表达式**,$\mathrm{d}\sigma$ 为**面积元素**.

注 1 (1) 定义 1 中的积分和的极限存在与区域 D 的分割法和点 $(\xi_i,\eta_i)\in\Delta\sigma_i$ 的选取法无关.

(2) 当 $f(x,y)$ 在区域 D 上可积时,通常采用特殊的分割方式和取特殊的点来计算二重积分. 在直角坐标系中,常采用分别平行于 x 轴和 y 轴的两组直线来分割积分区域 D,这样小区域 $\Delta\sigma_i$ 都是小矩形,这时小区域的面积 $\Delta\sigma_i=\Delta\xi_i\Delta\eta_i$,故面积元素为 $\mathrm{d}\sigma=\mathrm{d}x\mathrm{d}y$. 因此,在直角坐标系下

$$\iint\limits_{D}f(x,y)\mathrm{d}\sigma=\iint\limits_{D}f(x,y)\mathrm{d}x\mathrm{d}y. \qquad (8-1-2)$$

(3) 二重积分的存在性:若 $f(x,y)$ 在有界闭区域 D 上连续,则二重积分 $\iint\limits_{D}f(x,y)\mathrm{d}\sigma$ 一定存在.

(4) 二重积分的几何意义:当 $f(x,y)\geqslant 0$ 且连续时,则二重积分 $\iint\limits_{D}f(x,y)\mathrm{d}\sigma$ 在数值上等于以区域 D 为底,以曲面 $z=f(x,y)$ 为顶的曲顶柱体的体积;当 $f(x,y)\leqslant 0$ 且连续时,则二重积分 $\iint\limits_{D}f(x,y)\mathrm{d}\sigma$ 在数值上等于以区域 D 为

底,以曲面 $z=f(x,y)$ 为顶的曲顶柱体的体积的相反数;当 $f(x,y)$ 在区域 D 上有正有负值且连续时,则二重积分 $\iint\limits_{D}f(x,y)\mathrm{d}\sigma$ 在数值上等于以区域 D 为底,以曲面 $z=f(x,y)$ 为顶的曲顶柱体被 xOy 平面分成的上方和下方的曲顶柱体体积的代数和.

8.1.2 二重积分的性质

比较二重积分与定积分的定义,我们可以看到二重积分与定积分有完全类似的性质,为了叙述方便,假设以下提到的二重积分都存在.

性质 1 $\iint\limits_{D}(f(x,y)\pm g(x,y))\mathrm{d}\sigma=\iint\limits_{D}f(x,y)\mathrm{d}\sigma\pm\iint\limits_{D}g(x,y)\mathrm{d}\sigma.$

性质 2 $\iint\limits_{D}kf(x,y)\mathrm{d}\sigma=k\iint\limits_{D}f(x,y)\mathrm{d}\sigma$,其中 k 为常数.

由性质 1 与性质 2 可立即得到下述推论.

推论 1 若 α,β 均为常数,则

$$\iint\limits_{D}(\alpha f(x,y)\pm\beta g(x,y))\mathrm{d}\sigma=\iint\limits_{D}\alpha f(x,y)\mathrm{d}\sigma\pm\iint\limits_{D}\beta g(x,y)\mathrm{d}\sigma.$$

(8-1-3)

性质 3 若有界闭区域 D 由 D_1,D_2 组成,其中 D_1 与 D_2 除边界外无公共点,则

$$\iint\limits_{D}f(x,y)\mathrm{d}\sigma=\iint\limits_{D_1}f(x,y)\mathrm{d}\sigma+\iint\limits_{D_2}f(x,y)\mathrm{d}\sigma. \quad (8-1-4)$$

性质 4 若在有界闭区域 D 上,恒有 $f(x,y)\equiv 1$,σ 为 D 的面积,则

$$\iint\limits_{D}f(x,y)\mathrm{d}\sigma=\iint\limits_{D}1\mathrm{d}\sigma=\iint\limits_{D}\mathrm{d}\sigma=\sigma. \quad (8-1-5)$$

在几何直观上,该性质非常明显,即高为 1 的平顶柱体的体积在数值上就等于柱体的底面积.

性质 5 若在有界闭区域 D 上,有 $f(x,y)\geqslant 0$,则

$$\iint\limits_{D}f(x,y)\mathrm{d}\sigma\geqslant 0. \quad (8-1-6)$$

推论 2　若在有界闭区域 D 上,有 $f(x,y) \leqslant g(x,y)$,则

$$\iint_D f(x,y)\mathrm{d}\sigma \leqslant \iint_D g(x,y)\mathrm{d}\sigma. \tag{8-1-7}$$

推论 3　$\left| \iint_D f(x,y)\mathrm{d}\sigma \right| \leqslant \iint_D |f(x,y)|\mathrm{d}\sigma$,其中 D 为有界闭区域.

性质 6(估值定理)　若设 M, m 分别是 $f(x,y)$ 在闭区域 D 上的最大值和最小值,σ 为 D 的面积,则有

$$m\sigma \leqslant \iint_D f(x,y)\mathrm{d}\sigma \leqslant M\sigma. \tag{8-1-8}$$

性质 7(二重积分的中值定理)　若 $f(x,y)$ 在有界闭区域 D 上连续,σ 为 D 的面积,则至少存在一点 $(\xi, \eta) \in D$,使得

$$\iint_D f(x,y)\mathrm{d}\sigma = f(\xi, \eta)\sigma. \tag{8-1-9}$$

注 2　(8-1-9)式右端的几何意义:以 D 为底,$f(\xi, \eta)$ 为高的平顶柱体的体积. 而且 $f(\xi, \eta) = \dfrac{1}{\sigma} \iint_D f(x,y)\mathrm{d}\sigma$ 是 $f(x,y)$ 在 D 上的平均值.

例 1　比较积分 $\iint_D \ln(x+y)\mathrm{d}\sigma$ 与 $\iint_D (\ln(x+y))^3 \mathrm{d}\sigma$ 的大小,其中积分区域 D 的 3 个顶点分别为 $(1, 0), (1, 1), (0, 1)$.

解　区域是一个直角三角形闭区域,且对任意的 $(x,y) \in D$,有 $1 \leqslant x+y \leqslant 2$,故有 $0 \leqslant \ln(x+y) \leqslant \ln 2 < 1$,于是可得 $\ln(x+y) > (\ln(x+y))^3$,$(x,y) \in D$,由推论 2 可得

$$\iint_D \ln(x+y)\mathrm{d}\sigma > \iint_D (\ln(x+y))^3 \mathrm{d}\sigma.$$

例 2　估计二重积分 $\iint_D \dfrac{\mathrm{d}\sigma}{4x^2 + y^2 + 4xy + 5}$ 的值,其中积分区域 D 为矩形闭区域 $\{(x,y) \mid 0 \leqslant x \leqslant 2, 0 \leqslant y \leqslant 3\}$.

解　由于

$$f(x,y) = \dfrac{1}{4x^2 + y^2 + 4xy + 5} = \dfrac{1}{(2x+y)^2 + 5},$$

积分区域面积 $\sigma=6$,而且在 D 上,当 $x=y=0$ 时,$f(x,y)$ 取得最大值 $M=\dfrac{1}{5}$;当 $x=2$,$y=3$ 时,$f(x,y)$ 取得最小值 $m=\dfrac{1}{54}$;于是由性质 6 可得

$$\frac{1}{9} \leqslant \iint_D \frac{\mathrm{d}\sigma}{4x^2+y^2+4xy+5} \leqslant \frac{6}{5}.$$

习题 8.1

1. 设有一平面薄片,在 xOy 平面上形成闭区域 D,它在点 (x,y) 处的面密度为 $\rho(x,y)$,而且 $\rho(x,y)$ 在区域 D 上连续,试用二重积分表示该薄片的质量 M.

2. 设某城市区域是一个圆形区域 $D\{(x,y) \mid x^2+y^2 \leqslant k^2\}$,该城市的人口密度函数为 $f(x,y)=10^6 \mathrm{e}^{-x^2-y^2}$,试用二重积分表示该城市的总人口 P.

3. 利用二重积分的性质,比较下列积分值的大小:

   (1) $\iint_D (x+y)^2 \mathrm{d}x\mathrm{d}y$ 与 $\iint_D (x+y)^3 \mathrm{d}x\mathrm{d}y$,其中 D 是由直线 $x=0$,$y=0$ 以及直线 $x+y=1$ 所围成的闭区域;

   (2) $\iint_D \mathrm{e}^{xy} \mathrm{d}x\mathrm{d}y$ 与 $\iint_D \mathrm{e}^{3xy} \mathrm{d}x\mathrm{d}y$,其中 D 是矩形区域 $D=[0,1]\times[0,1]$.

4. 利用二重积分的性质,估计下列积分的值.

   (1) $\iint_D \mathrm{e}^{x^2+y^2} \mathrm{d}x\mathrm{d}y$,其中 D 是圆形闭区域 $D=\{(x,y) \mid x^2+y^2 \leqslant 1\}$;

   (2) $\iint_D (x^2+4y^2+9) \mathrm{d}x\mathrm{d}y$,其中 D 是圆形闭区域 $D=\{(x,y) \mid x^2+y^2 \leqslant 4\}$.

5. 已知区域 D 是由 x 轴,y 轴以及直线 $2x+y-4=0$ 所围成.试计算二重积分 $\iint_D \mathrm{d}x\mathrm{d}y$ 的值.

6. 若 D 是平面有界闭区域,$f(x,y)$ 在 D 上非负且连续,$\iint_D f(x,y)\mathrm{d}\sigma=0$,则 $f(x,y)=0$,$(x,y)\in D$.

8.2 直角坐标系中二重积分的计算

和定积分一样,二重积分作为和式的极限,从定义出发直接计算,有时是困难的,甚至是不可能的. 本节介绍的二重积分计算方法,是把二重积分化为二次积分(累次积分)计算,即转化为计算两次定积分.

8.2.1 直角坐标系中矩形区域中的二重积分的计算

定理 1 设函数 $f(x,y)$ 在矩形区域 $D=[a,b]\times[c,d]$ 上可积,且对每个 $x\in[a,b]$,积分 $\int_c^d f(x,y)\mathrm{d}y$ 存在,则二次积分(累次积分)

$$\int_a^b \left(\int_c^d f(x,y)\mathrm{d}y\right)\mathrm{d}x = \int_a^b \mathrm{d}x \int_c^d f(x,y)\mathrm{d}y \qquad (8-2-1)$$

也存在,而且

$$\iint_D f(x,y)\mathrm{d}\sigma = \int_a^b \mathrm{d}x \int_c^d f(x,y)\mathrm{d}y. \qquad (8-2-2)$$

定理 2 设函数 $f(x,y)$ 在矩形区域 $D=[a,b]\times[c,d]$ 上可积,且对每个 $y\in[c,d]$,积分 $\int_a^b f(x,y)\mathrm{d}x$ 存在,则二次积分(累次积分)

$$\int_c^d \left(\int_a^b f(x,y)\mathrm{d}x\right)\mathrm{d}y = \int_c^d \mathrm{d}y \int_a^b f(x,y)\mathrm{d}x \qquad (8-2-3)$$

也存在,而且

$$\iint_D f(x,y)\mathrm{d}\sigma = \int_c^d \mathrm{d}y \int_a^b f(x,y)\mathrm{d}x. \qquad (8-2-4)$$

等式(8-2-2)和(8-2-4)是直角坐标系下矩形区域中的二重积分的计算公式,这里省略证明. 特别地,当函数 $f(x,y)$ 在矩形区域 $D=[a,b]\times[c,d]$ 上连续时,则有

$$\iint_D f(x,y)\mathrm{d}\sigma = \int_a^b \mathrm{d}x \int_c^d f(x,y)\mathrm{d}y = \int_c^d \mathrm{d}y \int_a^b f(x,y)\mathrm{d}x. \quad (8-2-5)$$

例 1 计算二重积分 $\iint_D y\sin(xy)\mathrm{d}x\mathrm{d}y$,其中 $D=[0,\pi]\times[0,1]$.

解 由定理 2 可得

$$\iint\limits_D y\sin(xy)\mathrm{d}x\mathrm{d}y = \int_0^1 \mathrm{d}y\int_0^\pi y\sin(xy)\mathrm{d}x = \int_0^1 \mathrm{d}y\int_0^\pi \sin(xy)\mathrm{d}(xy)$$
$$= -\int_0^1 \cos(xy)\mid_0^\pi \mathrm{d}y = \int_0^1 (1-\cos(\pi y))\mathrm{d}y$$
$$= 1.$$

8.2.2 直角坐标系中一般区域中的二重积分的计算

对于更一般的区域,通常可以分解为如下两类区域来进行计算.

1. 积分区域类型的刻画

(1) X 型区域 D 的刻画. 称平面点集

$$D = \{(x,y) \mid a \leqslant x \leqslant b, y_1(x) \leqslant y \leqslant y_2(x)\} \quad (8-2-6)$$

为 **X 型区域**,其中 $y_1(x)$ 与 $y_2(x)$ 在 $[a,b]$ 上连续.

X 型区域 D 具有的特征:过区域 D 内部且平行于 y 轴的直线与 D 的边界至多只有两个交点,如图 8-3 所示.

(2) Y 型区域 D 的刻画. 称平面点集

$$D = \{(x,y) \mid c \leqslant y \leqslant d, x_1(y) \leqslant x \leqslant x_2(y)\} \quad (8-2-7)$$

为 **Y 型区域**,其中 $x_1(y)$ 与 $x_2(y)$ 在 $[c,d]$ 上连续.

Y 型区域 D 具有的特征:过区域 D 内部且平行于 x 轴的直线与 D 的边界至多只有两个交点,如图 8-4 所示.

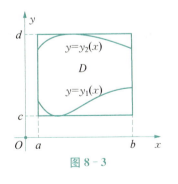

图 8-3

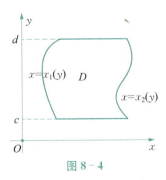

图 8-4

2. 化二重积分为二次积分

下面讨论一般区域上的二重积分 $\iint\limits_D f(x,y)\mathrm{d}\sigma$ 的计算问题.

定理 3 设函数 $f(x,y)$ 在如(8-2-6)式所示的 X 型区域 D 上连续,其中 $y_1(x)$ 与 $y_2(x)$ 在 $[a,b]$ 上连续,则

$$\iint\limits_{D} f(x,y)\mathrm{d}\sigma = \int_a^b \mathrm{d}x \int_{y_1(x)}^{y_2(x)} f(x,y)\mathrm{d}y. \qquad (8-2-8)$$

定理 3 将一般区域下的二重积分化为先对 y 后对 x 累次积分.

定理 4 设函数 $f(x,y)$ 在如(8-2-7)式所示的 Y 型区域 D 上连续,其中 $x_1(y)$ 与 $x_2(y)$ 在 $[c,d]$ 上连续,则

$$\iint\limits_{D} f(x,y)\mathrm{d}\sigma = \int_c^d \mathrm{d}y \int_{x_1(y)}^{x_2(y)} f(x,y)\mathrm{d}x. \qquad (8-2-9)$$

定理 4 将一般区域下的二重积分化为先对 x 后对 y 累次积分. 等式(8-2-8)和(8-2-9)是直角坐标系下一般区域中的二重积分的计算公式,这里省略证明.

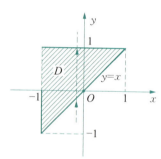

图 8-5

例 2 计算积分 $\iint\limits_{D} y\sqrt{x^2-y^2+1}\,\mathrm{d}\sigma$,其中 D 是由直线 $x=-1$,$y=1$ 及 $y=x$ 所围成的闭区域.

解 根据已知条件可得积分区域 D 如图 8-5 所示. 显然,D 既是 X 型区域又是 Y 型区域. 若将 D 看成 X 型区域,则有 $D=\{(x,y)\mid -1\leqslant x\leqslant 1, x\leqslant y\leqslant 1\}$,于是根据公式(8-2-8),可得

$$\iint\limits_{D} y\sqrt{x^2-y^2+1}\,\mathrm{d}\sigma = \int_{-1}^{1}\mathrm{d}x \int_x^1 y\sqrt{x^2-y^2+1}\,\mathrm{d}y$$

$$= -\frac{1}{3}\int_{-1}^{1} (x^2-y^2+1)^{\frac{3}{2}}\Big|_x^1 \mathrm{d}x = -\frac{1}{3}\int_{-1}^{1}(|x|^3-1)\mathrm{d}x$$

$$= -\frac{2}{3}\int_0^1 (x^3-1)\mathrm{d}x$$

$$= \frac{1}{2}.$$

若将 D 看成 Y 型区域,则有 $D=\{(x,y)\mid -1\leqslant y\leqslant 1, -1\leqslant x\leqslant y\}$,于是根据公式(8-2-9),可得

$$\iint\limits_{D} y\sqrt{x^2-y^2+1}\,\mathrm{d}\sigma = \int_{-1}^{1}\mathrm{d}y \int_{-1}^{y} y\sqrt{x^2-y^2+1}\,\mathrm{d}x.$$

其中关于 x 的积分 $\int_{-1}^{y} y\sqrt{x^2-y^2+1}\,\mathrm{d}x$ 尽管可以求出,但是比较麻烦.因此,该积分选择先对 y 后对 x 的积分次序计算更方便.

例 3 计算二重积分 $\iint_D \dfrac{y^2}{x^2}\,\mathrm{d}\sigma$,其中 D 是由直线 $y=x$,$y=2$ 以及曲线 $xy=1$ 所围成的闭区域.

解 画出积分区域 D 如图 8-6 所示.显然,D 既是 X 型区域又是 Y 型区域.

解法一 若将 D 看成 Y 型区域,则有 $D=\left\{(x,y)\,\middle|\, 1\leqslant y\leqslant 2,\ \dfrac{1}{y}\leqslant x\leqslant y\right\}$,于是根据公式(8-2-9),可得

$$\iint_D \frac{y^2}{x^2}\,\mathrm{d}\sigma = \int_1^2 \mathrm{d}y \int_{\frac{1}{y}}^{y} \frac{y^2}{x^2}\,\mathrm{d}x = \int_1^2 y^2\left[-\frac{1}{x}\right]_{\frac{1}{y}}^{y}\mathrm{d}y$$

$$= \int_1^2 y^2\left(y-\frac{1}{y}\right)\mathrm{d}y = \int_1^2 (y^3-y)\,\mathrm{d}y$$

$$= \frac{9}{4}.$$

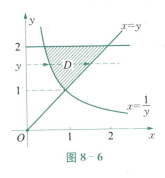

图 8-6

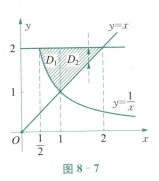

图 8-7

解法二 若将 D 看成 X 型区域,如图 8-7 所示,则 D 的下侧边界由 $y=x$ 和 $y=\dfrac{1}{x}$ 分段组成.故应当用直线 $x=1$ 将积分区域 D 分成 D_1 和 D_2 两部分,由于

$$D_1 = \left\{(x,y)\,\middle|\, \frac{1}{2}\leqslant x\leqslant 1,\ \frac{1}{x}\leqslant y\leqslant 2\right\},$$

$$D_2 = \{(x,y)\mid 1\leqslant x\leqslant 2,\ x\leqslant y\leqslant 2\},$$

因此根据公式(8-2-8),可得

$$\iint_D \frac{y^2}{x^2} d\sigma = \iint_{D_1} \frac{y^2}{x^2} d\sigma + \iint_{D_2} \frac{y^2}{x^2} d\sigma$$

$$= \int_{\frac{1}{2}}^{1} dx \int_{\frac{1}{x}}^{2} \frac{y^2}{x^2} dy + \int_{1}^{2} dx \int_{x}^{2} \frac{y^2}{x^2} dy$$

$$= \frac{9}{4}.$$

例 4 计算二重积分 $\iint_D x^2 e^{-y^2} d\sigma$,其中 D 是由直线 $x=0$,$y=1$ 以及 $y=x$ 所围成的闭区域.

解 根据已知条件可得积分区域 D 如图 8-8 所示. 显然,D 既是 X 型区域又是 Y 型区域. 若将 D 看成 X 型区域,则有 $D=\{(x,y)\mid 0\leqslant x\leqslant 1,x\leqslant y\leqslant 1\}$,于是根据公式(8-2-8),可得

$$\iint_D x^2 e^{-y^2} d\sigma = \int_0^1 x^2 dx \int_x^1 e^{-y^2} dy.$$

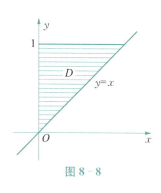

图 8-8

由于函数 e^{-y^2} 的原函数无法用初等函数形式表示出,因此必须改用公式(8-2-9)计算. 即若将 D 看成 Y 型区域,则有 $D=\{(x,y)\mid 0\leqslant y\leqslant 1,0\leqslant x\leqslant y\}$,于是可得

$$\iint_D x^2 e^{-y^2} d\sigma = \int_0^1 e^{-y^2} dy \int_0^y x^2 dx = \frac{1}{3}\int_0^1 y^3 e^{-y^2} dy.$$

由分部积分法,可得

$$\iint_D x^2 e^{-y^2} d\sigma = \frac{1}{6} - \frac{1}{3e}.$$

例 5 交换二次积分 $I = \int_0^1 dx \int_{x^2}^1 \frac{xy}{\sqrt{1+y^3}} dy$ 的积分次序,并求其值.

解 根据已知条件可知,该二次积分对应的二重积分为 $I = \iint_D \frac{xy}{\sqrt{1+y^3}} d\sigma$,其积分区域可以写成 X 型区域 $D = \{(x,y)\mid 0\leqslant x\leqslant 1, x^2\leqslant y\leqslant 1\}$,如

图 8-9 所示. 要交换积分次序,可将 D 转换为 Y 型区域 $D=\{(x,y)\mid 0\leqslant y\leqslant 1,\ 0\leqslant x\leqslant \sqrt{y}\}$. 于是

$$I=\int_0^1 \mathrm{d}x\int_{x^2}^1 \frac{xy}{\sqrt{1+y^3}}\mathrm{d}y=\int_0^1 \mathrm{d}y\int_0^{\sqrt{y}}\frac{xy}{\sqrt{1+y^3}}\mathrm{d}x$$

$$=\frac{1}{2}\int_0^1 \frac{y^2}{\sqrt{1+y^3}}\mathrm{d}y$$

$$=\frac{1}{3}\sqrt{1+y^3}\Big|_0^1=\frac{1}{3}(\sqrt{2}-1).$$

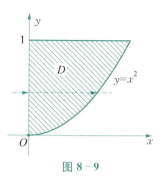

图 8-9

例 6 计算 $\iint_D |y-x^2|\mathrm{d}\sigma$ 的值,其中 $D=\{(x,y)\mid -1\leqslant x\leqslant 1,\ 0\leqslant y\leqslant 1\}$ 为矩形积分区域.

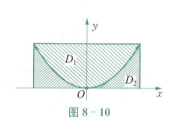

图 8-10

解 由于 $|y-x^2|=\begin{cases}y-x^2,& y\geqslant x^2,\\ x^2-y,& y\leqslant x^2,\end{cases}$ 则将积分区域 D 分成 D_1 和 D_2 两部分,如图 8-10 所示,而且

$$D_1=\{(x,y)\mid -1\leqslant x\leqslant 1,\ x^2\leqslant y\leqslant 1\},$$
$$D_2=\{(x,y)\mid -1\leqslant x\leqslant 1,\ 0\leqslant y\leqslant x^2\}.$$

因此,根据二重积分的性质 3 和公式(8-2-8),可得

$$\iint_D |y-x^2|\mathrm{d}\sigma=\iint_{D_1}(y-x^2)\mathrm{d}\sigma+\iint_{D_2}(x^2-y)\mathrm{d}\sigma$$

$$=\int_{-1}^1 \mathrm{d}x\int_{x^2}^1 (y-x^2)\mathrm{d}y+\int_{-1}^1 \mathrm{d}x\int_0^{x^2}(x^2-y)\mathrm{d}y$$

$$=\int_{-1}^1 \left(\frac{y^2}{2}-x^2y\right)\Big|_{x^2}^1 \mathrm{d}x+\int_{-1}^1 \left(x^2y-\frac{y^2}{2}\right)\Big|_0^{x^2}\mathrm{d}x$$

$$=\int_{-1}^1 \left(x^4-x^2+\frac{1}{2}\right)\Big|_{x^2}^1 \mathrm{d}x=\frac{11}{15}.$$

习题 8.2

1. 试将二重积分 $\iint_D f(x,y)\mathrm{d}\sigma$ 化为二次积分(累次积分):

(1) D 是由不等式 $y \leqslant x$, $y \geqslant a$, $x \leqslant b(0 < a < b)$ 所确定的区域；

(2) D 是由不等式 $y \leqslant x$, $y \geqslant 0$, $x^2 + y^2 \leqslant 1$ 所确定的区域；

(3) D 是由不等式 $x^2 + y^2 \leqslant 1$ 与 $x + y \geqslant 1$ 所确定的区域；

(4) D 是由直线 $y = x$, $x = 2$ 以及双曲线 $y = \dfrac{1}{x}$ 所确定的区域.

2. 交换下列二次积分的顺序：

(1) $\displaystyle\int_0^2 \mathrm{d}x \int_x^{2x} f(x, y) \mathrm{d}y$；

(2) $\displaystyle\int_{-1}^1 \mathrm{d}x \int_{-\sqrt{1-x^2}}^{1-x^2} f(x, y) \mathrm{d}y$；

(3) $\displaystyle\int_0^{2a} \mathrm{d}x \int_{\sqrt{2ax-x^2}}^{\sqrt{2ax}} f(x, y) \mathrm{d}y$；

(4) $\displaystyle\int_0^1 \mathrm{d}x \int_0^{x^2} f(x, y) \mathrm{d}y + \int_1^3 \mathrm{d}x \int_0^{\frac{3-x}{2}} f(x, y) \mathrm{d}y$.

3. 计算下列二重积分：

(1) $\displaystyle\iint_D (x + y) \mathrm{d}\sigma$，其中 D 是矩形区域：由 $|x| \leqslant 1$，$|y| \leqslant 1$ 确定；

(2) $\displaystyle\iint_D (3x + 2y) \mathrm{d}\sigma$，其中 D 是由两坐标轴及直线 $x + y = 2$ 所围成的闭区域；

(3) $\displaystyle\iint_D (x^2 + y^2 - x) \mathrm{d}\sigma$，其中 D 是由直线 $y = 2$, $y = x$, $y = 2x$ 所围成的闭区域；

(4) $\displaystyle\iint_D x^2 y \mathrm{d}\sigma$，其中 D 是半圆形闭区域：由 $x^2 + y^2 \leqslant 4$, $x \geqslant 0$ 确定；

(5) $\displaystyle\iint_D \dfrac{x^2}{y^2} \mathrm{d}\sigma$，其中 D 是由曲线 $xy = 1$，$x = \dfrac{1}{2}$，$y = x$ 所围成的闭区域；

(6) $\displaystyle\iint_D e^{-y^2} \mathrm{d}\sigma$，其中 D 是以 $(0, 0)$，$(1, 1)$，$(0, 1)$ 为顶点的三角形闭区域.

4. 若积分区域 $D = \{(x, y) \mid a \leqslant x \leqslant b, c \leqslant y \leqslant d\}$，且 $f(x, y) = g(x) \cdot h(y)$，试证 $\displaystyle\iint_D f(x, y) \mathrm{d}x \mathrm{d}y = \int_a^b g(x) \mathrm{d}x \int_c^d h(y) \mathrm{d}y$.

8.3 极坐标系中二重积分的计算

有些二重积分的积分区域 D 的边界曲线用极坐标表示比较方便，而且被积函数用极坐标变量 r，θ 来表示也比较简单，这时就可以考虑利用极坐标来计算

二重积分 $\iint_D f(x,y)d\sigma$ 的值.

设 $z=f(x,y)$ 在区域 D 上连续,由极坐标变换

$$\begin{cases} x=r\cos\theta, \\ y=r\sin\theta, \end{cases} \quad (8-3-1)$$

则该变换将积分区域 D 变化成 $D'=\{(r,\theta)\mid 0\leqslant r<+\infty, 0\leqslant \theta\leqslant 2\pi\}$. 于是函数 $z=f(x,y)$ 在极坐标系下可写成:

$$z=f(x,y)=f(r\cos\theta,r\sin\theta)=F(r,\theta). \quad (8-3-2)$$

设从极点 O 出发且穿过区域 D' 内部的射线与 D' 的边界曲线相交至多只有两点. 在极坐标系中,用以极点为中心的一族同心圆 $r=$ 常数,以及从极点出发的一族射线 $\theta=$ 常数,将区域 D' 分成 n 个小闭区域(如图 8-11),除了包含边界点的一些小闭区域外,每一个小闭区域 $\Delta\sigma_i$ 的面积可计算如下:

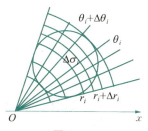

图 8-11

$$\Delta\sigma_i=\frac{1}{2}(r_i+\Delta r_i)^2\Delta\theta_i-\frac{1}{2}r_i^2\Delta\theta_i=r_i\Delta r_i\Delta\theta_i+\frac{1}{2}\Delta r_i^2\Delta\theta_i.$$

$$(8-3-3)$$

当 Δr_i 和 $\Delta\theta_i$ 都充分小时,(8-3-3)的右端第二项是一个比第一项更高阶的无穷小量,故有近似等式成立如下:

$$\Delta\sigma_i\approx r_i\Delta r_i\Delta\theta_i. \quad (8-3-4)$$

因此,在极坐标系下的面积元素为

$$d\sigma=rdrd\theta. \quad (8-3-5)$$

故由上面的讨论,可将直角坐标系中的二重积分变换为极坐标系中的二重积分,其变换公式为

$$\iint_D f(x,y)d\sigma=\iint_{D'} f(r\cos\theta,r\sin\theta)rdrd\theta. \quad (8-3-6)$$

对于极坐标系下的二重积分,也需要化为二次积分来计算,其关键是二次积分上、下限的确定,而这又依赖于对积分区域 D' 在极坐标系下的刻画.

8.3.1 极坐标系中积分区域的刻画

1. 极点在积分区域 D' 的外部的情形

若积分区域 D' 是由从极点出发的两条射线：$\theta=\alpha$，$\theta=\beta$ 和两条连续曲线 $r=r_1(\theta)$，$r=r_2(\theta)$ 所围成（如图 8-12），则

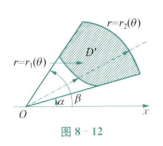

图 8-12

$$D'=\{(r,\theta)\mid \alpha\leqslant\theta\leqslant\beta, r_1(\theta)\leqslant r\leqslant r_2(\theta)\}. \quad (8\text{-}3\text{-}7)$$

2. 极点在积分区域 D' 的边界上的情形

若积分区域 D' 是由从极点出发的两条射线：$\theta=\alpha$，$\theta=\beta$ 和连续曲线 $r=r(\theta)$ 所围成（如图 8-13），则

$$D'=\{(r,\theta)\mid \alpha\leqslant\theta\leqslant\beta, 0\leqslant r\leqslant r(\theta)\}. \quad (8\text{-}3\text{-}8)$$

3. 极点在积分区域 D' 的内部的情形

若积分区域 D' 是由连续曲线 $r=r(\theta)$ 所围成（如图 8-14），则

$$D'=\{(r,\theta)\mid 0\leqslant\theta\leqslant 2\pi, 0\leqslant r\leqslant r(\theta)\}. \quad (8\text{-}3\text{-}9)$$

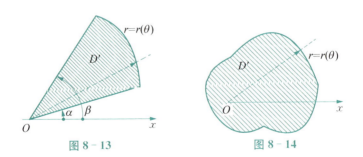

图 8-13   图 8-14

注1 在解题过程中，上述 $r=r_1(\theta)$，$r=r_2(\theta)$ 以及 $r=r(\theta)$ 并没有直接给出，而是以直角坐标系下的方程形式给出，这时只要利用极坐标变换(8-3-1)代入直角坐标系下的方程中，即可得到极坐标系下的方程.

8.3.2 极坐标系中二重积分计算

根据对积分区域 D' 的刻画，就可以给出化二重积分为二次积分的计算公式.

1. 极点在积分区域 D' 的外部的情形

$$\iint_D f(x,y)\mathrm{d}\sigma = \int_\alpha^\beta \mathrm{d}\theta \int_{r_1(\theta)}^{r_2(\theta)} f(r\cos\theta, r\sin\theta) r\mathrm{d}r. \qquad (8-3-10)$$

2. 极点在积分区域 D' 的边界上的情形

$$\iint_D f(x,y)\mathrm{d}\sigma = \int_\alpha^\beta \mathrm{d}\theta \int_0^{r(\theta)} f(r\cos\theta, r\sin\theta) r\mathrm{d}r. \qquad (8-3-11)$$

3. 极点在积分区域 D' 的内部的情形

$$\iint_D f(x,y)\mathrm{d}\sigma = \int_0^{2\pi} \mathrm{d}\theta \int_0^{r(\theta)} f(r\cos\theta, r\sin\theta) r\mathrm{d}r. \qquad (8-3-12)$$

注 2 尽管在没有特别要求的情况下，何时用极坐标计算二重积分没有明确的原则，但是若能求出来，且以简单为原则，可以总结出：当积分区域 D 为圆域、环域、扇形域等，或被积函数 $f(x,y)=F(x^2+y^2)$，$f(x,y)=G\left(\dfrac{y}{x}\right)$ 等形式时，往往采用极坐标来计算.

例 1 计算 $\iint_D \mathrm{e}^{-x^2-y^2} \mathrm{d}x\mathrm{d}y$，其中 D 为圆 $x^2+y^2=4$ 所围成的区域.

解 由于积分区域 D 为圆域，故可以用极坐标变换来计算此二重积分的值，而且该区域在极坐标变换后所对应的区域为

$$D' = \{(r,\theta) \mid 0 \leqslant \theta \leqslant 2\pi, 0 \leqslant r \leqslant 2\}.$$

于是，

$$\iint_D \mathrm{e}^{-x^2-y^2} \mathrm{d}x\mathrm{d}y = \int_0^{2\pi} \mathrm{d}\theta \int_0^2 r\mathrm{e}^{-r^2} \mathrm{d}r = \int_0^{2\pi} \left(-\frac{1}{2}\mathrm{e}^{-r^2}\right)\Big|_0^2 \mathrm{d}\theta$$

$$= \frac{1}{2}\int_0^{2\pi}(1-\mathrm{e}^{-4})\mathrm{d}\theta = \pi(1-\mathrm{e}^{-4}).$$

例 2 计算 $\iint_D \sqrt{x^2+y^2} \mathrm{d}x\mathrm{d}y$，其中 $D=\{(x,y) \mid 1 \leqslant x^2+y^2 \leqslant 4\}$.

解 积分区域 D 如图 8-15 所示，是一个圆环域，作极坐标变换后对应的积分区域为

$$D' = \{(r,\theta) \mid 0 \leqslant \theta \leqslant 2\pi, 1 \leqslant r \leqslant 2\}.$$

于是，

$$\iint_D \sqrt{x^2+y^2}\,dx\,dy = \int_0^{2\pi} d\theta \int_1^2 r^2\,dr$$

$$= \int_0^{2\pi} \left(-\frac{1}{3}r^3\right)\Big|_1^2 d\theta$$

$$= \frac{14\pi}{3}.$$

例 3 计算 $\iint_D \arctan\dfrac{y}{x}\,dx\,dy$，其中 $D=\{(x,y)\mid x^2+y^2 \leqslant 2x, y\geqslant 0\}$.

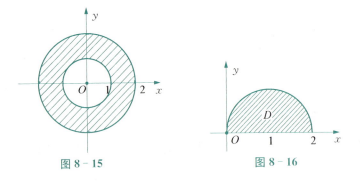

图 8 - 15　　　　　　图 8 - 16

解 积分区域 D 如图 8 - 16 所示，在极坐标系下，圆 $x^2+y^2=2x$ 的方程为 $r=2\cos\theta$，则

$$D' = \left\{(r,\theta)\,\Big|\,0\leqslant\theta\leqslant\frac{\pi}{2},\ 0\leqslant r\leqslant 2\cos\theta\right\}.$$

于是，

$$\iint_D \arctan\frac{y}{x}\,dx\,dy = \int_0^{\frac{\pi}{2}} d\theta \int_0^{2\cos\theta} \theta r\,dr = \int_0^{\frac{\pi}{2}} \theta\cdot\left(\frac{r^2}{2}\right)\Big|_0^{2\cos\theta} d\theta$$

$$= 2\int_0^{\frac{\pi}{2}} \theta\cos^2\theta\,d\theta = \int_0^{\frac{\pi}{2}}(\theta+\theta\cos 2\theta)\,d\theta$$

$$= \left(\frac{1}{2}\theta^2 + \frac{1}{2}\theta\sin 2\theta + \frac{1}{4}\cos 2\theta\right)\Big|_0^{\frac{\pi}{2}}$$

$$= \frac{\pi^2}{8} - \frac{1}{2}.$$

例 4 计算 $\iint\limits_{D}\sqrt{x^2+y^2}\,\mathrm{d}x\,\mathrm{d}y$，其中 $D=\{(x,y)\mid 0\leqslant y\leqslant x,\ x^2+y^2\leqslant 2x\}$。

解 积分区域 D 如图 8-17 所示，作极坐标变换后对应的积分区域为

$$D'=\left\{(r,\theta)\,\Big|\,0\leqslant\theta\leqslant\frac{\pi}{4},\ 0\leqslant r\leqslant 2\cos\theta\right\}.$$

于是，

$$\iint\limits_{D}\sqrt{x^2+y^2}\,\mathrm{d}x\,\mathrm{d}y=\int_{0}^{\frac{\pi}{4}}\mathrm{d}\theta\int_{0}^{2\cos\theta}r^2\,\mathrm{d}r.$$

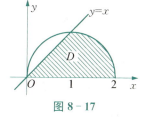

图 8-17

从而得到

$$\iint\limits_{D}\sqrt{x^2+y^2}\,\mathrm{d}x\,\mathrm{d}y=\int_{0}^{\frac{\pi}{4}}\left[\frac{r^3}{3}\right]_{0}^{2\cos\theta}\mathrm{d}\theta=\frac{8}{3}\int_{0}^{\frac{\pi}{4}}\cos^3\theta\,\mathrm{d}\theta$$

$$=\frac{8}{3}\int_{0}^{\frac{\pi}{4}}(1-\sin^2\theta)\,\mathrm{d}\sin\theta$$

$$=\frac{8}{3}\left[\sin\theta-\frac{1}{3}\sin^3\theta\right]_{0}^{\frac{\pi}{4}}=\frac{10\sqrt{2}}{9}.$$

习题 8.3

1. 在极坐标系下，将二重积分 $\iint\limits_{D}f(x,y)\,\mathrm{d}\sigma$ 化为二次积分（累次积分）：

   (1) D 是由不等式 $x\geqslant 0,\ a^2\leqslant x^2+y^2\leqslant b^2$ 确定的区域，其中 $b>a>0$；
   (2) D 是由不等式 $x^2+y^2\leqslant ax$ 确定的区域，其中 $a>0$；
   (3) D 是由不等式 $x^2+y^2\leqslant a^2$ 确定的区域，其中 $a>0$；
   (4) D 是由不等式 $0\leqslant x\leqslant 1,\ 0\leqslant y\leqslant 1-x$ 确定的区域.

2. 利用极坐标变换计算下列二重积分：

   (1) $\iint\limits_{D}(4-x-y)\,\mathrm{d}\sigma$，其中 D 是由圆 $x^2+y^2=1$ 确定的区域；
   (2) $\iint\limits_{D}\mathrm{e}^{x^2+y^2}\,\mathrm{d}\sigma$，其中 D 是由圆 $x^2+y^2=4$ 确定的区域；

(3) $\iint\limits_{D} \sqrt{R^2 - x^2 - y^2}\, d\sigma$，其中 D 是由圆 $x^2 + y^2 = Rx$ 确定的区域；

(4) $\iint\limits_{D} \arctan\dfrac{y}{x}\, d\sigma$，其中 D 是由圆 $x^2 + y^2 = 1$，$x^2 + y^2 = 4$ 与直线 $x = y$，$y = 0$ 围成的在第一象限的区域；

(5) $\iint\limits_{D} \ln(1 + x^2 + y^2)\, d\sigma$，其中 D 是由圆 $x^2 + y^2 = 1$ 及坐标轴围成的在第一象限内的闭区域；

(6) $\iint\limits_{D} \sqrt{x}\, d\sigma$，其中 D 是由不等式 $x^2 + y^2 \leqslant x$ 确定的区域.

3. 把下列二次积分化为极坐标形式，并计算其积分值：

(1) $\int_0^{2a} dx \int_0^{\sqrt{2ax-x^2}} (x^2 + y^2)\, dy$；

(2) $\int_0^a dx \int_0^x \sqrt{x^2 + y^2}\, dy$；

(3) $\int_0^1 dx \int_{x^2}^x \dfrac{1}{\sqrt{x^2 + y^2}}\, dy$；

(4) $\int_0^a dy \int_0^{\sqrt{a^2 - y^2}} (x^2 + y^2)\, dx$.

8.4 无界区域上反常二重积分的计算

与一元函数在无穷区间上的反常积分类似，如果允许二重积分的积分区域 D 为无界区域（如全平面、半平面等），则可定义无界区域上的反常二重积分.

定义 1 设函数 $f(x, y)$ 在某平面的无界区域 D 上有定义，用任意光滑的曲线 Γ 在 D 中划出有界闭区域 D_Γ，若 $f(x, y)$ 在 D_Γ 上可积，当曲线 Γ 连续变动，使 D_Γ 无限扩展趋于区域 D 时，不论 Γ 的形状如何，也不论扩展的过程怎样，若极限

$$\lim_{D_\Gamma \to D} \iint\limits_{D_\Gamma} f(x, y)\, d\sigma$$

存在且有相同的值 I，则称 I 为 $f(x, y)$ 在**无界区域 D** 上的反常二重积分，记作

$$\iint\limits_{D} f(x, y)\, d\sigma = \lim_{D_\Gamma \to D} \iint\limits_{D_\Gamma} f(x, y)\, d\sigma = I. \qquad (8\text{-}4\text{-}1)$$

此时，也称反常二重积分 $\iint\limits_{D} f(x, y)\, d\sigma$ 收敛，否则称反常二重积分 $\iint\limits_{D} f(x, y)\, d\sigma$

发散. 如果已知反常二重积分 $\iint\limits_{D} f(x,y)\mathrm{d}\sigma$ 收敛,为了简化计算,常常选取一些特殊的 D_Γ 趋于 D.

例 1 设 D 为全平面,若 $\iint\limits_{D} \mathrm{e}^{-x^2-y^2}\mathrm{d}\sigma$ 收敛,求其值.

解 设 D_R 是中心在原点、半径为 R 的圆域,则作极坐标变换得到相应的积分区域为 $D'_R = \{(\theta, r) \mid 0 \leqslant \theta \leqslant 2\pi, 0 \leqslant r \leqslant R\}$,于是可得

$$\iint\limits_{D_R} \mathrm{e}^{-x^2-y^2}\mathrm{d}\sigma = \int_0^{2\pi}\mathrm{d}\theta\int_0^R \mathrm{e}^{-r^2}r\,\mathrm{d}r = 2\pi\left(-\frac{1}{2}\mathrm{e}^{-r^2}\right)\bigg|_0^R = \pi(1-\mathrm{e}^{-R^2}).$$

由于当 $R \to +\infty$ 时,有 $D_R \to D$,因此可得

$$\iint\limits_{D} \mathrm{e}^{-x^2-y^2}\mathrm{d}\sigma = \lim_{D_R \to D}\iint\limits_{D_R} \mathrm{e}^{-x^2-y^2}\mathrm{d}\sigma = \lim_{R \to +\infty}\iint\limits_{D_R} \mathrm{e}^{-x^2-y^2}\mathrm{d}\sigma$$

$$= \lim_{R \to +\infty} \pi(1-\mathrm{e}^{-R^2}) = \pi.$$

例 2 计算 $I = \iint\limits_{D} x\mathrm{e}^{-y^2}\mathrm{d}\sigma$,其中 D 是由曲线 $y=4x^2$,$y=9x^2$ 所围在第一象限部分区域.

解 积分区域 D 如图 8-18 所示,作直线 $y = A > 0$,得到有界闭区域 D_A,则

$$D_A = \left\{(x,y) \;\middle|\; \frac{\sqrt{y}}{3} \leqslant x \leqslant \frac{\sqrt{y}}{2}, 0 \leqslant y \leqslant A\right\}.$$

于是

$$I_A = \iint\limits_{D_A} x\mathrm{e}^{-y^2}\mathrm{d}\sigma = \int_0^A \mathrm{d}y \int_{\frac{\sqrt{y}}{3}}^{\frac{\sqrt{y}}{2}} x\mathrm{e}^{-y^2}\mathrm{d}x.$$

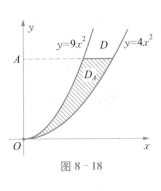

图 8-18

从而得到

$$I_A = \int_0^A \left[\frac{1}{2}\mathrm{e}^{-y^2}x^2\right]_{\frac{\sqrt{y}}{3}}^{\frac{\sqrt{y}}{2}}\mathrm{d}y = \int_0^A \left(\frac{1}{8}y\mathrm{e}^{-y^2} - \frac{1}{18}y\mathrm{e}^{-y^2}\right)\mathrm{d}y$$

$$= \frac{5}{144}(1-\mathrm{e}^{-A^2}).$$

因此

$$I = \iint_D x\,\mathrm{e}^{-y^2}\,\mathrm{d}\sigma = \lim_{D_A \to D} \iint_{D_A} x\,\mathrm{e}^{-y^2}\,\mathrm{d}\sigma = \lim_{A \to +\infty} \frac{5}{144}(1 - \mathrm{e}^{-A^2}) = \frac{5}{144}.$$

习题 8.4

1. 计算下列无界区域上的反常二重积分:

(1) $\iint_D x\,\mathrm{e}^{-y}\,\mathrm{d}\sigma$,其中 D 是由直线 $x=0$, $x=1$ 在第一象限构成的区域;

(2) $\iint_D \dfrac{1}{(x^2+y^2)^2}\,\mathrm{d}\sigma$,其中 $D = \{(x, y) \mid x^2 + y^2 \geqslant 1\}$;

(3) $\iint_D \mathrm{e}^{-x-y}\,\mathrm{d}\sigma$,其中 $D = \{(x, y) \mid 0 \leqslant x \leqslant y\}$;

(4) $\iint_D \mathrm{e}^{-x^2-y^2} \cos(x^2+y^2)\,\mathrm{d}\sigma$,其中 D 是全坐标平面.

8.5 二重积分在几何上的应用

8.5.1 求平面图形的面积

根据二重积分的性质 4 知,xOy 平面上区域 D 的面积为 $\sigma = \iint_D \mathrm{d}\sigma$.

例 1 求曲线 $\sqrt{x} + \sqrt{y} = \sqrt{3}$ 与直线 $x + y = 3$ 所围成的区域 D 的面积.

解 区域 D 如图 8-19 所示,$D = \{(x, y) \mid 0 \leqslant x \leqslant 3, (\sqrt{3} - \sqrt{x})^2 \leqslant y \leqslant 3 - x\}$.

所求的面积为

$$\sigma = \iint_D \mathrm{d}\sigma = \int_0^3 \mathrm{d}x \int_{(\sqrt{3}-\sqrt{x})^2}^{3-x} \mathrm{d}y$$

$$= \int_0^3 (3 - x - (\sqrt{3} - \sqrt{x})^2)\,\mathrm{d}x$$

$$= \int_0^3 (2\sqrt{3}\sqrt{x} - 2x)\,\mathrm{d}x$$

$$= 3.$$

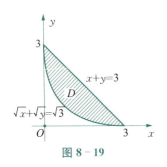

图 8-19

8.5.2 求空间立体的体积

根据二重积分的几何意义,以连续曲面 $z=f(x,y)\geqslant 0$ 为曲顶、以 xOy 平面上区域 D 为底的曲顶柱体的体积,即

$$V=\iint\limits_{D}f(x,y)\mathrm{d}\sigma.$$

因此,用二重积分求空间立体体积的关键是:首先确定空间立体在 xOy 平面上的投影区域 D,然后确定在 D 的上方围成空间立体的曲面方程 $z=f(x,y)$.

例 2 求曲面 $z=\sqrt{x^2+y^2}$ 与 $z=2-x^2-y^2$ 所围成的空间立体体积.

解 两个曲面所围成的立体,如图 8-20 所示. $z=\sqrt{x^2+y^2}$ 是开口向上的圆锥面,$z=2-x^2-y^2$ 是顶点为 $(2,0,0)$ 且开口向下的旋转抛物面.联立两个曲面方程,可以求出两个曲面的交线在 xOy 平面上的投影及空间立体在 xOy 平面上的投影区域 D.求解方程组

$$\begin{cases} z=\sqrt{x^2+y^2}, \\ z=2-x^2-y^2, \end{cases}$$

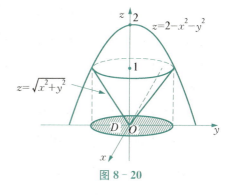

图 8-20

得到 $z=1$,即 $x^2+y^2=1$.所以两个曲面的交线在 xOy 平面上的投影为

$$\begin{cases} x^2+y^2=1, \\ z=0, \end{cases}$$

而且它们所围立体在 xOy 平面上的投影区域为:$D=\{(x,y)\mid x^2+y^2\leqslant 1\}$,作极坐标变换得到相应的积分区域为 $D'=\{(r,\theta)\mid 0\leqslant r\leqslant 1,0\leqslant\theta\leqslant 2\pi\}$,因此,所求立体的体积为

$$V=\iint\limits_{D}(2-x^2-y^2-\sqrt{x^2+y^2})\mathrm{d}\sigma$$
$$=\int_{0}^{2\pi}\mathrm{d}\theta\int_{0}^{1}(2-r-r^2)r\,\mathrm{d}r$$

$$= 2\pi \left[r^2 - \frac{r^3}{3} - \frac{r^4}{4} \right]_0^1$$

$$= \frac{5\pi}{6}.$$

习题 8.5

1. 计算由下列曲线所围成图形的面积：

(1) $y = 2 - x$ 与 $y^2 = 4x + 4$；　　(2) $y = x^2$ 与 $y = \sqrt{x}$；

(3) $x^2 + y^2 = 1$ 与 $y = \sqrt{2} x^2$；　　(4) $y = \sin x$ 与 $y = \cos x$，$\dfrac{\pi}{4} \leqslant x \leqslant \dfrac{5\pi}{4}$.

2. 计算由下列曲面所围成立体的体积：

(1) $z = 12 - x^2 + y$，$y = x^2$，$x = y^2$，$z = 0$；

(2) $x + y + z = 4$，$x^2 + y^2 = 8$，$x = 0$，$y = 0$，$z = 0$；

(3) $z = x$，$y^2 = 2 - x$，$z = 0$；

(4) $z = 1 - x^2 - y^2$，$x = 0$，$y = 0$，$y = 1 - x$，$z = 0$.

本章小结

一、二重积分的概念与性质

1. 二重积分的定义：$\iint\limits_{D} f(x, y) \mathrm{d}\sigma = \lim\limits_{\lambda \to 0} \sum\limits_{i=1}^{n} f(\xi_i, \eta_i) \Delta\sigma_i$.

2. 二重积分的几何意义：当 $f(x, y) \geqslant 0$ 且连续时，则二重积分 $\iint\limits_{D} f(x, y) \mathrm{d}\sigma$ 在数值上等于以区域 D 为底，以曲面 $z = f(x, y)$ 为顶的曲顶柱体的体积；当 $f(x, y) \leqslant 0$ 且连续时，则二重积分 $\iint\limits_{D} f(x, y) \mathrm{d}\sigma$ 在数值上等于以区域 D 为底，以曲面 $z = f(x, y)$ 为顶的曲顶柱体的体积的相反数；当 $f(x, y)$ 在区域 D 上有正有负且连续时，则二重积分 $\iint\limits_{D} f(x, y) \mathrm{d}\sigma$ 在数值上等于以区域 D 为底，以曲面 $z = f(x, y)$ 为顶的曲顶柱体被 xOy 平面分成的上方和下方的曲顶柱体体

积的代数和.

3. 基本性质.

(1) $\iint\limits_D (f(x,y) \pm g(x,y))d\sigma = \iint\limits_D f(x,y)d\sigma \pm \iint\limits_D g(x,y)d\sigma$.

(2) $\iint\limits_D kf(x,y)d\sigma = k\iint\limits_D f(x,y)d\sigma$,其中 k 为常数.

(3) $\iint\limits_D (\alpha f(x,y) \pm \beta g(x,y))d\sigma = \iint\limits_D \alpha f(x,y)d\sigma \pm \iint\limits_D \beta g(x,y)d\sigma$,其中 α,β 均为常数.

(4) $\iint\limits_D f(x,y)d\sigma = \iint\limits_{D_1} f(x,y)d\sigma + \iint\limits_{D_2} f(x,y)d\sigma$,其中 D 由 D_1,D_2 组成,D_1 与 D_2 除边界外无公共点.

(5) $\iint\limits_D f(x,y)d\sigma = \iint\limits_D 1d\sigma = \iint\limits_D d\sigma = \sigma$,其中 σ 为 D 的面积.

(6) 若 $(x,y) \in D$,$f(x,y) \geqslant 0$,则 $\iint\limits_D f(x,y)d\sigma \geqslant 0$.

(7) 若 $(x,y) \in D$,$f(x,y) \leqslant g(x,y)$,则 $\iint\limits_D f(x,y)d\sigma \leqslant \iint\limits_D g(x,y)d\sigma$.

(8) $|\iint\limits_D f(x,y)d\sigma| \leqslant \iint\limits_D |f(x,y)|d\sigma$.

(9) 若 M,m 分别是 $f(x,y)$ 在闭区域 D 上的最大值和最小值,σ 为 D 的面积,则有 $m\sigma \leqslant \iint\limits_D f(x,y)d\sigma \leqslant M\sigma$.

(10) 若 $f(x,y)$ 在有界闭区域 D 上连续,σ 为 D 的面积,则至少存在一点 $(\xi,\eta) \in D$,使得 $\iint\limits_D f(x,y)d\sigma = f(\xi,\eta)\sigma$.

二、直角坐标系中二重积分计算公式

1. 直角坐标系下矩形区域中的二重积分的计算.

(1) 设函数 $f(x,y)$ 在矩形区域 $D = [a,b] \times [c,d]$ 上可积,且对每个 $x \in [a,b]$,积分 $\int_c^d f(x,y)dy$ 存在,$\iint\limits_D f(x,y)d\sigma = \int_a^b dx \int_c^d f(x,y)dy$.

(2) 设函数 $f(x,y)$ 在矩形区域 $D = [a,b] \times [c,d]$ 上可积,且对每个

$y \in [c, d]$,积分 $\int_a^b f(x, y) \mathrm{d}x$ 存在,则 $\iint\limits_D f(x, y) \mathrm{d}\sigma = \int_c^d \mathrm{d}y \int_a^b f(x, y) \mathrm{d}x$.

2. 直角坐标系下一般区域中的二重积分的计算.

(1) X 型区域:$D = \{(x, y) \mid a \leqslant x \leqslant b, y_1(x) \leqslant y \leqslant y_2(x)\}$,其中 $y_1(x)$ 与 $y_2(x)$ 在 $[a, b]$ 上连续. X 型区域 D 具有的特征:过区域 D 内部且平行于 y 轴的直线与 D 的边界至多只有两个交点.

(2) Y 型区域 D:$D = \{(x, y) \mid c \leqslant y \leqslant d, x_1(y) \leqslant x \leqslant x_2(y)\}$,其中 $x_1(y)$ 与 $x_2(y)$ 在 $[c, d]$ 上连续. Y 型区域 D 具有的特征:过区域 D 内部且平行于 x 轴的直线与 D 的边界至多只有两个交点.

(3) 设函数 $f(x, y)$ 在 X 型区域 D 上连续,则

$$\iint\limits_D f(x, y) \mathrm{d}\sigma = \int_a^b \mathrm{d}x \int_{y_1(x)}^{y_2(x)} f(x, y) \mathrm{d}y.$$

(4) 设函数 $f(x, y)$ 在 Y 型区域 D 上连续,则

$$\iint\limits_D f(x, y) \mathrm{d}\sigma = \int_c^d \mathrm{d}y \int_{x_1(y)}^{x_2(y)} f(x, y) \mathrm{d}x.$$

3. 交换积分次序.

由所给积分的上、下限确定积分区域 D,根据条件对 X 型区域与 Y 型区域相互转化.

三、极坐标系中二重积分的计算公式

作极坐标变换:$x = r\cos\theta$,$y = r\sin\theta$,则可将平面直角坐标系下的积分区域 D 变换成极坐标系下的积分区域 $D' = \{(r, \theta) \mid 0 \leqslant r < +\infty, 0 \leqslant \theta \leqslant 2\pi\}$. 则

$$\iint\limits_D f(x, y) \mathrm{d}\sigma = \iint\limits_{D'} f(r\cos\theta, r\sin\theta) r \mathrm{d}r \mathrm{d}\theta.$$

1. 极点在积分区域 D' 的外部的情形.

若积分区域 D' 是由从极点出发的两条射线:$\theta = \alpha$,$\theta = \beta$ 和两条连续曲线 $r = r_1(\theta)$,$r = r_2(\theta)$ 所围成,即 $D' = \{(r, \theta) \mid \alpha \leqslant \theta \leqslant \beta, r_1(\theta) \leqslant r \leqslant r_2(\theta)\}$,则

$$\iint\limits_D f(x, y) \mathrm{d}\sigma = \int_\alpha^\beta \mathrm{d}\theta \int_{r_1(\theta)}^{r_2(\theta)} f(r\cos\theta, r\sin\theta) r \mathrm{d}r.$$

2. 极点在积分区域 D' 的边界上的情形.

若积分区域 D' 是由从极点出发的两条射线：$\theta=\alpha$，$\theta=\beta$ 和连续曲线 $r=r(\theta)$ 所围成，即 $D'=\{(r,\theta)\mid \alpha\leqslant\theta\leqslant\beta, 0\leqslant r\leqslant r(\theta)\}$，则

$$\iint_D f(x,y)\mathrm{d}\sigma=\int_\alpha^\beta \mathrm{d}\theta\int_0^{r(\theta)} f(r\cos\theta,r\sin\theta)r\mathrm{d}r.$$

3. 极点在积分区域 D' 的内部的情形.

若 D' 由连续曲线 $r=r(\theta)$ 围成，$D'=\{(r,\theta)\mid 0\leqslant\theta\leqslant 2\pi, 0\leqslant r\leqslant r(\theta)\}$，则

$$\iint_D f(x,y)\mathrm{d}\sigma=\int_0^{2\pi}\mathrm{d}\theta\int_0^{r(\theta)} f(r\cos\theta,r\sin\theta)r\mathrm{d}r.$$

四、无界区域中二重积分的计算公式

$$\iint_D f(x,y)\mathrm{d}\sigma=\lim_{D_\Gamma\to D}\iint_{D_\Gamma} f(x,y)\mathrm{d}\sigma.$$

五、二重积分在几何上的应用

1. 求平面图形的面积.

xOy 平面上区域 D 的面积为 $\sigma=\iint_D \mathrm{d}\sigma$.

2. 求空间立体的体积.

以连续曲面 $z=f(x,y)\geqslant 0$ 为曲顶，以 xOy 平面上区域 D 为底的曲顶柱体的体积为 $V=\iint_D f(x,y)\mathrm{d}\sigma$.

总习题 8

(A)

1. 填空题：

(1) 设 $D=\{(x,y)\mid 0\leqslant x\leqslant 1, 0\leqslant y\leqslant 1\}$，则 $\iint_D xy^2\mathrm{d}\sigma=$ _____．

(2) 二重积分 $\int_0^2 \mathrm{d}x\int_x^2 \mathrm{e}^{-y^2}\mathrm{d}y$ 的值为 _____．

(3) 将二次积分 $\int_0^1 dy \int_{\sqrt{y}}^{\sqrt{2-y^2}} f(x,y)dx$ 交换积分顺序为 _____.

(4) 设积分区域 $D = \{(x,y) \mid x^2 + y^2 \leqslant R^2\}$，则 $\iint\limits_D f'(x^2+y^2)d\sigma =$ _____.

(5) $\int_0^{+\infty} \int_0^{+\infty} (x+y)e^{-x-y}dxdy =$ _____.

2. 单项选择题：

(1) 交换二次积分顺序，则 $\int_0^1 dx \int_0^{1-x} f(x,y)dy =$ _____.

A. $\int_0^{1-x} dy \int_0^1 f(x,y)dx$
B. $\int_0^1 dy \int_0^{1-x} f(x,y)dx$
C. $\int_0^1 dy \int_0^1 f(x,y)dx$
D. $\int_0^1 dy \int_0^{1-y} f(x,y)dx$

(2) 若 $D = \{(x,y) \mid x^2+y^2 \leqslant R^2, R > 0\}$，$\iint\limits_D \sqrt{R^2-x^2-y^2}d\sigma = \pi$ 时，则 R 的值为 _____.

A. $\sqrt[3]{\dfrac{3}{2}}$ B. 3 C. $\sqrt{2}$ D. $-\sqrt[3]{\dfrac{3}{2}}$

(3) 若 D 由 $y=0$，$y=1$ 与 $x=0$，$x=\pi$ 所围成，则 $\iint\limits_D x\sin xy\, dxdy =$ _____.

A. 2 B. -2 C. π D. $-\pi$

(4) 设 $I = \iint\limits_D (1-x^2-y^2)^{\frac{1}{3}} dxdy$，其中 $D = \{(x,y) \mid x^2+y^2 \leqslant 4\}$，则 _____.

A. $I > 0$
B. $I < 0$
C. $I = 0$
D. $I \neq 0$ 但符号无法判定

(5) 设 $f(x,y) = \begin{cases} xy^2, & 0 \leqslant y \leqslant x \leqslant 1, \\ 0, & \text{其他,} \end{cases}$ D 为全平面，则 $\iint\limits_D f(x,y)dxdy =$ _____.

A. $\dfrac{1}{15}$ B. 3 C. $\sqrt{2}$ D. 15

3. 计算下列二重积分：

(1) $\iint\limits_D |x-y|\,\mathrm{d}x\,\mathrm{d}y$，其中 $D = \{(x,y) \mid 0 \leqslant x \leqslant 1, 0 \leqslant y \leqslant 1\}$；

(2) $\iint\limits_D \dfrac{2x}{y^3}\,\mathrm{d}x\,\mathrm{d}y$，其中 D 是由直线 $y=\dfrac{1}{x}$，$y=\sqrt{x}$ 与直线 $x=4$ 所围成的区域；

(3) $\iint\limits_D y\,\mathrm{d}x\,\mathrm{d}y$，其中 D 是由 x 轴，y 轴与曲线 $\sqrt{\dfrac{x}{a}} + \sqrt{\dfrac{y}{b}} = 1, a>0, b>0$ 所围成的区域；

(4) $\iint\limits_D \dfrac{\sqrt{x^2+y^2}}{\sqrt{4-x^2-y^2}}\,\mathrm{d}x\,\mathrm{d}y$，其中 D 是由曲线 $y=\sqrt{1-x^2}-1$ 与直线 $y=-x$ 所围成的区域；

(5) $\iint\limits_D |\sin(x+y)|\,\mathrm{d}x\,\mathrm{d}y$，其中 D 是由直线 $x=0$，$y=0$，$x=\pi$ 以及 $y=\pi$ 所围成的区域；

(6) $\iint\limits_D (x+y)\,\mathrm{d}x\,\mathrm{d}y$，其中 $D = \{(x,y) \mid x^2+y^2 \leqslant x+y+1\}$.

4. 计算由坐标平面 $x=2, y=3, x+y+z=4$ 所围成的角柱体的体积.

5. 已知反常二重积分 $\iint\limits_D x\mathrm{e}^{-y^2}\,\mathrm{d}\sigma$ 收敛，求其值，其中 D 是由曲线 $y=4x^2$ 与 $y=9x^2$ 在第一象限围成的区域.

6. 计算 $\iint\limits_D x[1+yf(x^2+y^2)]\,\mathrm{d}x\,\mathrm{d}y$，其中 D 是由 $x=1, y=-1, y=x^3$ 所围成的区域，$f(\cdot)$ 为连续函数.

7. 已知 $f(x)$ 在 $[0,a]$ $(a>0)$ 上连续，证明：

$$2\int_0^a f(x)\,\mathrm{d}x \int_x^a f(y)\,\mathrm{d}y = \left(\int_0^a f(x)\,\mathrm{d}x\right)^2.$$

8. 设 $f(t)$ 在 $(-\infty,+\infty)$ 上连续，a 为正的常数，$D=\left\{(x,y) \,\Big|\, |x| \leqslant \dfrac{a}{2}, |y| \leqslant \dfrac{a}{2}\right\}$，证明：

$$\iint\limits_D f(x-y)\,\mathrm{d}x\,\mathrm{d}y = \int_{-a}^a f(t)(a-|t|)\,\mathrm{d}t.$$

(B)

1. 填空题：

(1) 二重积分 $\int_0^{\frac{\pi}{6}} dy \int_y^{\frac{\pi}{6}} \frac{\cos x}{x} dx$ 的值为 _____．

(2) 设 $D = \{(x, y) \mid x^2 + y^2 \leqslant x\}$，则 $\iint_D \sqrt{x}\, d\sigma = $ _____．

(3) 交换积分顺序：$\int_0^{\frac{1}{4}} dy \int_y^{\sqrt{y}} f(x, y) dx + \int_{\frac{1}{4}}^{\frac{1}{2}} dy \int_y^{\frac{1}{2}} f(x, y) dx = $ _____．

(4) 设积分区域为 $D: \frac{x^2}{a^2} + \frac{y^2}{b^2} \leqslant 1$，则 $\iint_D \left(\frac{x^2}{a^2} + \frac{y^2}{b^2}\right) d\sigma = $ _____．

(5) 若 $\iint_D \sqrt{x^2 + y^2}\, d\sigma = \frac{4}{9}$，$D = \{(x, y) \mid x^2 + y^2 \leqslant ax, a > 0\}$，则 $a = $ _____．

2. 单项选择题：

(1) 设 D 是 xOy 平面上以 $(1,1)$，$(-1,1)$ 和 $(-1,-1)$ 为顶点的三角形区域，D_1 是 D 在第一象限的部分，则 $\iint_D (xy + \cos x \sin y) dx\, dy = $ _____．

A. $2\iint_{D_1} \cos x \sin y\, dx\, dy$ 　　B. $2\iint_{D_1} xy\, dx\, dy$

C. $4\iint_{D_1} (xy + \cos x \sin y) dx\, dy$ 　　D. 0

(2) 设 $f(x, y)$ 连续，且 $f(x, y) = xy + \iint_D f(u, v) du\, dv$，若 D 是由 $x = 1$，$y = 0$ 与 $y = x^2$ 所围成的区域，则 $f(x, y) = $ _____．

A. xy　　B. $2xy$　　C. $xy + \frac{1}{8}$　　D. $xy + 1$

(3) 累次积分 $\int_0^{\frac{\pi}{2}} d\theta \int_0^{\cos\theta} f(r\cos\theta, r\sin\theta) r\, dr$ 可以写成 _____．

A. $\int_0^1 dy \int_0^{\sqrt{y-y^2}} f(x, y) dx$ 　　B. $\int_0^1 dy \int_0^{\sqrt{1-y^2}} f(x, y) dx$

C. $\int_0^1 dy \int_0^1 f(x, y) dx$ 　　D. $\int_0^1 dy \int_0^{\sqrt{x-x^2}} f(x, y) dx$

(4) 设 $f(x,y)$ 连续，$F(t)=\int_1^t dy \int_y^t f(x)dx$，则 $F'(2)=$ _____．

　　A．$2f(2)$　　　B．$f(2)$　　　C．$-f(2)$　　　D．0

(5) $I_1=\iint\limits_D \cos\sqrt{x^2+y^2}\,d\sigma$，$I_2=\iint\limits_D \cos(x^2+y^2)\,d\sigma$，$I_3=\iint\limits_D \cos(x^2+y^2)^2\,d\sigma$，

其中 $D=\{(x,y)\mid x^2+y^2\leqslant 1\}$，则 _____．

　　A．$I_3>I_2>I_1$　　　　　　　　B．$I_1>I_2>I_3$

　　C．$I_2>I_1>I_3$　　　　　　　　D．$I_3>I_1>I_2$

3． 计算下列二重积分：

(1) $\iint\limits_D |x-y|\,dx\,dy$，其中 $D=\{(x,y)\mid 0\leqslant x\leqslant 1,0\leqslant y\leqslant 1\}$；

(2) $\iint\limits_D y\,dx\,dy$，其中 D 是由直线 $x=-2$，$y=0$，$y=2$ 与曲线 $x=\sqrt{2y-y^2}$

所围成的区域；

(3) $\iint\limits_D y(1+xe^{\frac{1}{2}(x^2+y^2)})\,dx\,dy$，其中 D 是由直线 $x=1$，$y=-1$，$y=x$ 所围成

的区域；

(4) $\iint\limits_D (\sqrt{x^2+y^2}+y)\,dx\,dy$，其中 D 是由圆 $x^2+y^2=4$ 和 $(x+1)^2+y^2=1$

所围成的区域；

(5) $\iint\limits_D e^{-(x^2+y^2-\pi)}\sin(x^2+y^2)\,dx\,dy$，其中 $D=\{(x,y)\mid x^2+y^2\leqslant \pi\}$．

4． 已知曲线 $y=\ln x$ 及过此曲线上点 $(e,1)$ 的切线 $y=\dfrac{1}{e}x$．

(1) 求由曲线 $y=\ln x$，直线 $y=\dfrac{1}{e}x$，$y=0$ 所围成的平面图形 D 的面积；

(2) 求以平面图形 D 为底，以曲面 $z=e^y$ 为顶的曲顶柱的体积．

5． 设 $f(x,y)=\begin{cases}x^2y, & 1\leqslant x\leqslant 2,0\leqslant y\leqslant x,\\ 0, & \text{其他,}\end{cases}$ 其中 $D=\{(x,y)\mid x^2+y^2\geqslant 2x\}$，求 $\iint\limits_D f(x,y)\,dx\,dy$ 的值．

6． 设 $f(x,y)$ 在 D 上连续，$f(x,y)=\sqrt{1-x^2-y^2}-\dfrac{8}{\pi}\iint\limits_D f(u,v)\,du\,dv$，其中 $D=\{(x,y)\mid x^2+y^2\leqslant y,x\geqslant 0\}$，求 $f(x,y)$．

7. 设函数 $f(x,y)$ 在区间 $[0,1]$ 上连续，且 $\int_0^1 f(x)\mathrm{d}x = A$，求 $\int_0^1 \mathrm{d}x \int_x^1 f(x)f(y)\mathrm{d}y$ 的值.

8. 已设 $f(x,y)$ 在区间 $[a,b]$ 上连续，且 $f(x) > 0$，证明：
$$\int_a^b f(x)\mathrm{d}x \int_a^b \frac{1}{f(x)}\mathrm{d}x \geqslant (b-a)^2.$$

第9章 无穷级数

无穷级数是高等数学的一个十分重要的组成部分,它是用来表示函数、研究函数性质以及进行数值计算的有力、有效工具,对微积分的进一步发展及其在各种实际问题上的应用起着非常重要的作用. 本章先讨论常数项级数的概念、性质和敛散性的判别法,然后讨论幂级数的概念、性质及函数展开成幂级数.

9.1 常数项级数的概念与性质

9.1.1 常数项级数的概念及其敛散性

在初等数学中遇到的和式都是有限多项的和式,但在某些实际问题中,会出现无穷多项相加的情形,称为级数.

定义 1 给定一个数列

$$u_1, u_2, u_3, \cdots, u_n, \cdots,$$

则由此数列构成的表达式

$$u_1 + u_2 + u_3 + \cdots + u_n + \cdots \tag{9-1-1}$$

叫作(常数项)**无穷级数**,简称(常数项)**级数**,记为 $\sum\limits_{n=1}^{\infty} u_n$. 即

$$\sum_{n=1}^{\infty} u_n = u_1 + u_2 + u_3 + \cdots + u_n + \cdots, \tag{9-1-2}$$

其中第 n 项 u_n 叫作级数的**一般项**. 作级数 $\sum\limits_{n=1}^{\infty} u_n$ 的**前 n 项和**

$$S_n = \sum_{i=1}^{n} u_i = u_1 + u_2 + u_3 + \cdots + u_n, \qquad (9-1-3)$$

称为级数 $\sum_{n=1}^{\infty} u_n$ 的**部分和**. 称数列 $\{S_n\}$ 为级数 $\sum_{n=1}^{\infty} u_n$ 的**部分和数列**.

定义 2 如果级数 $\sum_{n=1}^{\infty} u_n$ 的部分和数列 $\{S_n\}$ 有极限 S, 即 $\lim_{n\to\infty} S_n = S$, 则称无穷级数 $\sum_{n=1}^{\infty} u_n$ **收敛**, 这时极限 S 叫作此**级数的和**, 并写成

$$S = \sum_{n=1}^{\infty} u_n = u_1 + u_2 + u_3 + \cdots + u_n + \cdots. \qquad (9-1-4)$$

如果 $\{S_n\}$ 没有极限, 则称无穷级数 $\sum_{n=1}^{\infty} u_n$ **发散**.

当级数 $\sum_{n=1}^{\infty} u_n$ 收敛时, 其部分和 S_n 是级数 $\sum_{n=1}^{\infty} u_n$ 的和 S 的近似值, 它们之间的差值 $r_n = S - S_n = u_{n+1} + u_{n+2} + \cdots$ 叫作级数 $\sum_{n=1}^{\infty} u_n$ 的**余项**.

例 1 讨论等比级数(几何级数)

$$\sum_{n=0}^{\infty} aq^n = a + aq + aq^2 + \cdots + aq^n + \cdots$$

的敛散性, 其中 $a \neq 0$, q 叫作级数的公比.

解 如果 $q \neq 1$, 则部分和

$$S_n = \frac{a(1-q^n)}{1-q}.$$

当 $|q| < 1$ 时, 因为 $\lim_{n\to\infty} S_n = \frac{a}{1-q}$, 所以此时级数 $\sum_{n=0}^{\infty} aq^n$ 收敛, 其和为 $\frac{a}{1-q}$.

当 $|q| > 1$ 时, 因为 $\lim_{n\to\infty} S_n = \infty$, 所以此时级数 $\sum_{n=0}^{\infty} aq^n$ 发散.

如果 $|q| = 1$, 则当 $q = 1$ 时, $S_n = na \to \infty$, 因此级数 $\sum_{n=0}^{\infty} aq^n$ 发散;当 $q = -1$ 时, 级数 $\sum_{n=0}^{\infty} aq^n$ 成为:$a - a + a - a + \cdots$, 因此 S_n 随着 n 为奇数或偶数而等于

a 或零,所以 S_n 的极限不存在,从而级数 $\sum_{n=0}^{\infty} aq^n$ 也发散.

综上所述,当 $|q|<1$ 时,级数 $\sum_{n=0}^{\infty} aq^n$ 收敛;当 $|q|\geqslant 1$ 时,级数 $\sum_{n=0}^{\infty} aq^n$ 发散.

例 2 证明级数 $1+2+3+\cdots+n+\cdots$ 发散.

证 此级数的部分和为

$$S_n = 1+2+3+\cdots+n = \frac{n(n+1)}{2}.$$

显然,$\lim_{n\to\infty} S_n = \infty$,因此所给级数发散.

例 3 判别无穷级数 $\frac{1}{1\cdot 2}+\frac{1}{2\cdot 3}+\frac{1}{3\cdot 4}+\cdots+\frac{1}{n(n+1)}+\cdots$ 的敛散性.

解 由于

$$u_n = \frac{1}{n(n+1)} = \frac{1}{n} - \frac{1}{n+1},$$

因此

$$\begin{aligned}S_n &= \frac{1}{1\cdot 2}+\frac{1}{2\cdot 3}+\frac{1}{3\cdot 4}+\cdots+\frac{1}{n(n+1)} \\ &= \left(1-\frac{1}{2}\right)+\left(\frac{1}{2}-\frac{1}{3}\right)+\cdots+\left(\frac{1}{n}-\frac{1}{n+1}\right) = 1-\frac{1}{n+1}.\end{aligned}$$

从而

$$\lim_{n\to\infty} S_n = \lim_{n\to\infty}\left(1-\frac{1}{n+1}\right) = 1.$$

所以级数收敛,且其和为 1.

9.1.2 常数项级数的基本性质

性质 1 如果级数 $\sum_{n=1}^{\infty} u_n$ 收敛于和 S,则它的各项同乘以一个常数 $k(k\neq 0)$ 所得的级数 $\sum_{n=1}^{\infty} ku_n$ 也收敛,且其和为 kS.

证 设 $\sum\limits_{n=1}^{\infty} u_n$ 与 $\sum\limits_{n=1}^{\infty} ku_n$ 的部分和分别为 S_n 与 σ_n,则

$$\lim_{n\to\infty}\sigma_n = \lim_{n\to\infty}(ku_1+ku_2+\cdots+ku_n) = k\lim_{n\to\infty}(u_1+u_2+\cdots+u_n) = k\lim_{n\to\infty}S_n = kS.$$

故级数 $\sum\limits_{n=1}^{\infty} ku_n$ 收敛,且其和为 kS.

性质 2 如果级数 $\sum\limits_{n=1}^{\infty} u_n, \sum\limits_{n=1}^{\infty} v_n$ 分别收敛于和 S, σ,则级数 $\sum\limits_{n=1}^{\infty} (u_n \pm v_n)$ 也收敛,且其和为 $S \pm \sigma$.

证 设 $\sum\limits_{n=1}^{\infty} u_n, \sum\limits_{n=1}^{\infty} v_n, \sum\limits_{n=1}^{\infty} (u_n \pm v_n)$ 的部分和分别为 S_n, σ_n, τ_n,则

$$\lim_{n\to\infty}\tau_n = \lim_{n\to\infty}[(u_1 \pm v_1)+(u_2 \pm v_2)+\cdots+(u_n \pm v_n)]$$
$$=\lim_{n\to\infty}[(u_1+u_2+\cdots+u_n) \pm (v_1+v_2+\cdots+v_n)]$$
$$=\lim_{n\to\infty}(S_n \pm \sigma_n) = S \pm \sigma.$$

性质 3 在级数中去掉、加上或改变有限项,不会改变级数的收敛性.

性质 4 如果级数 $\sum\limits_{n=1}^{\infty} u_n$ 收敛,则对此级数的项任意加括号后所成的级数仍收敛,且和不变.

注 1 如果加括号后所成的级数收敛,则不能断定去括号后原来的级数也收敛.

推论 1 如果加括号后所成的级数发散,则原来级数也发散.

性质 5(级数收敛的必要条件) 若 $\sum\limits_{n=1}^{\infty} u_n$ 收敛,则 $\lim\limits_{n\to\infty} u_n = 0$.

证 设级数 $\sum\limits_{n=1}^{\infty} u_n$ 的部分和为 S_n,且 $\lim\limits_{n\to\infty} S_n = S$,则

$$\lim_{n\to\infty} u_n = \lim_{n\to\infty}(S_n - S_{n-1}) = \lim_{n\to\infty} S_n - \lim_{n\to\infty} S_{n-1} = S - S = 0.$$

由定义可知,若 $\lim\limits_{n\to\infty} u_n \neq 0$,则级数 $\sum\limits_{n=1}^{\infty} u_n$ 发散.

注 2 级数的一般项趋于零并不是级数收敛的充分条件.

例 4 证明调和级数

$$\sum_{n=1}^{\infty} \frac{1}{n} = 1 + \frac{1}{2} + \frac{1}{3} + \cdots + \frac{1}{n} + \cdots$$

发散.

证 若级数 $\sum_{n=1}^{\infty} \dfrac{1}{n}$ 收敛且其和为 S，则 S_n 是它的部分和. 显然有 $\lim\limits_{n\to\infty} S_n = S$ 及 $\lim\limits_{n\to\infty} S_{2n} = S$. 于是 $\lim\limits_{n\to\infty} (S_{2n} - S_n) = 0$. 但另一方面

$$S_{2n} - S_n = \frac{1}{n+1} + \frac{1}{n+2} + \cdots + \frac{1}{2n} > \frac{1}{2n} + \frac{1}{2n} + \cdots + \frac{1}{2n} = \frac{1}{2},$$

故 $\lim\limits_{n\to\infty}(S_{2n} - S_n) \neq 0$，矛盾. 所以级数 $\sum_{n=1}^{\infty} \dfrac{1}{n}$ 必定发散.

习题 9.1

1. 写出下列级数的前 4 项：

(1) $\sum_{n=1}^{\infty} \dfrac{2^{n-1}}{\sqrt{n+1}}$;

(2) $\sum_{n=1}^{\infty} (-1)^n \dfrac{x^{2n-1}}{(2n-1)!}$;

(3) $\sum_{n=1}^{\infty} \dfrac{(2n)!}{(2^n n!)^2}$;

(4) $\sum_{n=1}^{\infty} \dfrac{n+1}{1 \cdot 3 \cdot 5 \cdots (2n-1)}$.

2. 判定下列级数的敛散性：

(1) $\sum_{n=1}^{\infty} (\sqrt{n+1} - \sqrt{n})$;

(2) $\sum_{n=1}^{\infty} \ln \dfrac{n}{n+1}$;

(3) $\sum_{n=1}^{\infty} \sqrt{\dfrac{n+1}{n}}$;

(4) $\sum_{n=1}^{\infty} \dfrac{n+1}{n}$;

(5) $\dfrac{1}{1 \times 6} + \dfrac{1}{6 \times 11} + \cdots + \dfrac{1}{(5n-4)(5n+1)} + \cdots$.

3. 判定下列级数的收敛性，若收敛则求其和：

(1) $\dfrac{1}{5} + \dfrac{1}{5^2} + \dfrac{1}{5^3} + \cdots$;

(2) $\sum_{n=1}^{\infty} \dfrac{1}{n(n+1)(n+2)}$;

(3) $\sum_{n=1}^{\infty} (\sqrt{n+2} - 2\sqrt{n+1} + \sqrt{n})$;

(4) $\sum_{n=1}^{\infty} n \sin \dfrac{\pi}{2n+1}$;

(5) $\sum_{n=1}^{\infty} n^2 \ln\left(1 + \dfrac{1}{n^2}\right)$;

(6) $\sum_{n=1}^{\infty} \cos \dfrac{n\pi}{2}$.

4. (1) 若级数 $\sum_{n=1}^{\infty} u_n$ 收敛且其和为 S，证明级数 $\sum_{n=1}^{\infty} (u_n + u_{n+3})$ 收敛，并求其和；

(2) 若级数 $\sum\limits_{n=1}^{\infty} u_n$ 发散,试说明级数 $\sum\limits_{n=1}^{\infty} a u_n$($a$ 为常数)的敛散性不确定.

5. 设数列 $\{a_n\}$ 收敛且 $\lim\limits_{n\to\infty} a_n = a$,证明级数 $\sum\limits_{n=1}^{\infty} (a_n - a_{n+1})$ 收敛,并求其和.

6. 设 $a_n \leqslant b_n \leqslant c_n (n=1,2,\cdots)$,且级数 $\sum\limits_{n=1}^{\infty} a_n$ 和 $\sum\limits_{n=1}^{\infty} c_n$ 都收敛,证明级数 $\sum\limits_{n=1}^{\infty} b_n$ 也收敛.

9.2 正项级数敛散性判别法

正项级数是数项级数中比较简单,但又很重要的一种类型. 若级数 $\sum\limits_{n=1}^{\infty} u_n$ 中各项均非负,即 $u_n \geqslant 0 (n=1,2,\cdots)$,则该级数为**正项级数**. 这时,由于

$$u_n = S_n - S_{n-1},$$

因此有

$$S_n = S_{n-1} + u_n \geqslant S_{n-1}.$$

即正项级数的部分和数列 $\{S_n\}$ 是一个单调增加数列.

我们知道,单调有界数列必有极限,根据这一准则,我们可以得到判定正项级数收敛性的一个充分必要条件.

定理 1 正项级数 $\sum\limits_{n=1}^{\infty} u_n$ 收敛的充分必要条件为它的部分和数列 $\{S_n\}$ 有界.

以此可以建立关于正项级数敛散性的若干判别法.

定理 2(比较判别法) 设 $\sum\limits_{n=1}^{\infty} u_n$ 和 $\sum\limits_{n=1}^{\infty} v_n$ 都是正项级数,且 $u_n \leqslant v_n (n=1, 2, \cdots)$. 若级数 $\sum\limits_{n=1}^{\infty} v_n$ 收敛,则级数 $\sum\limits_{n=1}^{\infty} u_n$ 收敛;反之,若级数 $\sum\limits_{n=1}^{\infty} u_n$ 发散,则级数 $\sum\limits_{n=1}^{\infty} v_n$ 发散.

证 设级数 $\sum\limits_{n=1}^{\infty} v_n$ 收敛于和 σ,则级数 $\sum\limits_{n=1}^{\infty} u_n$ 的部分和

$$S_n = u_1 + u_2 + \cdots + u_n \leqslant v_1 + v_2 + \cdots + v_n \leqslant \sigma \quad (n=1,2,\cdots),$$

即部分和数列 $\{S_n\}$ 有界,由定理 1 知级数 $\sum\limits_{n=1}^{\infty} u_n$ 收敛.

反之,设级数 $\sum\limits_{n=1}^{\infty} u_n$ 发散,则级数 $\sum\limits_{n=1}^{\infty} v_n$ 必发散. 因为若级数 $\sum\limits_{n=1}^{\infty} v_n$ 收敛,由已证明的结论,可得级数 $\sum\limits_{n=1}^{\infty} u_n$ 也收敛,与假设矛盾.

推论 1 设 $\sum\limits_{n=1}^{\infty} u_n$ 和 $\sum\limits_{n=1}^{\infty} v_n$ 都是正项级数,如果级数 $\sum\limits_{n=1}^{\infty} v_n$ 收敛,且存在自然数 N,使得当 $n \geqslant N$ 时,有 $u_n \leqslant kv_n (k>0)$ 成立,则级数 $\sum\limits_{n=1}^{\infty} u_n$ 收敛;如果级数 $\sum\limits_{n=1}^{\infty} v_n$ 发散,且当 $n \geqslant N$ 时,有 $u_n \geqslant kv_n (k>0)$ 成立,则级数 $\sum\limits_{n=1}^{\infty} u_n$ 发散.

例 1 讨论 p-级数

$$\sum_{n=1}^{\infty} \frac{1}{n^p} = 1 + \frac{1}{2^p} + \frac{1}{3^p} + \frac{1}{4^p} + \cdots + \frac{1}{n^p} + \cdots$$

的收敛性,其中常数 $p > 0$.

解 设 $p \leqslant 1$,这时 $\frac{1}{n^p} \geqslant \frac{1}{n}$,而调和级数 $\sum\limits_{n=1}^{\infty} \frac{1}{n}$ 发散,由比较判别法知,当 $p \leqslant 1$ 时级数 $\sum\limits_{n=1}^{\infty} \frac{1}{n^p}$ 发散.

设 $p > 1$,此时有

$$\frac{1}{n^p} = \int_{n-1}^{n} \frac{1}{n^p} \mathrm{d}x \leqslant \int_{n-1}^{n} \frac{1}{x^p} \mathrm{d}x = \frac{1}{p-1}\left[\frac{1}{(n-1)^{p-1}} - \frac{1}{n^{p-1}}\right] \quad (n = 2, 3, \cdots).$$

对于级数 $\sum\limits_{n=2}^{\infty} \left[\frac{1}{(n-1)^{p-1}} - \frac{1}{n^{p-1}}\right]$,其部分和

$$S_n = \left[1 - \frac{1}{2^{p-1}}\right] + \left[\frac{1}{2^{p-1}} - \frac{1}{3^{p-1}}\right] + \cdots + \left[\frac{1}{n^{p-1}} - \frac{1}{(n+1)^{p-1}}\right] = 1 - \frac{1}{(n+1)^{p-1}}.$$

因为 $\lim\limits_{n \to \infty} S_n = \lim\limits_{n \to \infty}\left[1 - \frac{1}{(n+1)^{p-1}}\right] = 1$,所以级数 $\sum\limits_{n=2}^{\infty}\left[\frac{1}{(n-1)^{p-1}} - \frac{1}{n^{p-1}}\right]$ 收敛.

从而根据比较判别法的推论 1 可知,级数 $\sum\limits_{n=1}^{\infty} \frac{1}{n^p}$ 当 $p > 1$ 时收敛.

综上所述,p-级数 $\sum\limits_{n=1}^{\infty} \frac{1}{n^p}$ 当 $p > 1$ 时收敛,当 $p \leqslant 1$ 时发散.

例2 证明级数 $\sum_{n=1}^{\infty} \dfrac{1}{\sqrt{n(n+1)}}$ 是发散的.

证 因为

$$\dfrac{1}{\sqrt{n(n+1)}} > \dfrac{1}{\sqrt{(n+1)^2}} = \dfrac{1}{n+1},$$

而级数 $\sum_{n=1}^{\infty} \dfrac{1}{n+1} = \dfrac{1}{2} + \dfrac{1}{3} + \cdots + \dfrac{1}{n+1} + \cdots$ 是发散的,根据比较判别法可知所给级数也是发散的.

定理3(比较判别法的极限形式) 设 $\sum_{n=1}^{\infty} u_n$ 和 $\sum_{n=1}^{\infty} v_n$ 都是正项级数,满足 $\lim\limits_{n \to \infty} \dfrac{u_n}{v_n} = l$,则

(1) 当 $0 < l < +\infty$ 时,级数 $\sum_{n=1}^{\infty} v_n$ 与级数 $\sum_{n=1}^{\infty} u_n$ 具有相同的收敛性;

(2) 当 $l = 0$ 时,若级数 $\sum_{n=1}^{\infty} v_n$ 收敛,则级数 $\sum_{n=1}^{\infty} u_n$ 亦收敛;

(3) 当 $l = +\infty$ 时,若级数 $\sum_{n=1}^{\infty} v_n$ 发散,则级数 $\sum_{n=1}^{\infty} u_n$ 亦发散.

例3 判别级数 $\sum_{n=1}^{\infty} \sin \dfrac{1}{n}$ 的收敛性.

解 因为

$$\lim_{n \to \infty} \dfrac{\sin \dfrac{1}{n}}{\dfrac{1}{n}} = 1,$$

而级数 $\sum_{n=1}^{\infty} \dfrac{1}{n}$ 发散,根据比较判别法的极限形式,级数 $\sum_{n=1}^{\infty} \sin \dfrac{1}{n}$ 发散.

例4 判别级数 $\sum_{n=1}^{\infty} \ln\left(1 + \dfrac{1}{n^2}\right)$ 的收敛性.

解 因为

$$\lim_{n \to \infty} \dfrac{\ln\left(1 + \dfrac{1}{n^2}\right)}{\dfrac{1}{n^2}} = 1,$$

而级数 $\sum_{n=1}^{\infty} \frac{1}{n^2}$ 收敛,根据比较判别法的极限形式,级数 $\sum_{n=1}^{\infty} \ln\left(1+\frac{1}{n^2}\right)$ 收敛.

定理 4(比值判别法,达朗贝尔(D'Alembert)判别法) 设 $\sum_{n=1}^{\infty} u_n (u_n > 0)$ 为正项级数,如果极限

$$\lim_{n \to \infty} \frac{u_{n+1}}{u_n} = \rho,$$

则:

(1) 当 $\rho < 1$ 时,级数收敛;

(2) 当 $\rho > 1 \left(\text{或} \lim_{n \to \infty} \frac{u_{n+1}}{u_n} = \infty\right)$ 时,级数发散;

(3) 当 $\rho = 1$ 时,级数可能收敛也可能发散.

例 5 证明级数 $1 + \frac{1}{1} + \frac{1}{1 \cdot 2} + \frac{1}{1 \cdot 2 \cdot 3} + \cdots + \frac{1}{1 \cdot 2 \cdot 3 \cdot \cdots \cdot (n-1)} + \cdots$ 是收敛的.

证 因为

$$\lim_{n \to \infty} \frac{u_{n+1}}{u_n} = \lim_{n \to \infty} \frac{1 \cdot 2 \cdot 3 \cdot \cdots \cdot (n-1)}{1 \cdot 2 \cdot 3 \cdot \cdots \cdot n} = \lim_{n \to \infty} \frac{1}{n} = 0 < 1,$$

根据比值判别法可知所给级数收敛.

例 6 判别级数 $\frac{1}{10} + \frac{1 \cdot 2}{10^2} + \frac{1 \cdot 2 \cdot 3}{10^3} + \cdots + \frac{n!}{10^n} + \cdots$ 的收敛性.

解 因为

$$\lim_{n \to \infty} \frac{u_{n+1}}{u_n} = \lim_{n \to \infty} \frac{(n+1)!}{10^{n+1}} \cdot \frac{10^n}{n!} = \lim_{n \to \infty} \frac{n+1}{10} = \infty,$$

根据比值判别法可知所给级数发散.

例 7 判别级数 $\sum_{n=1}^{\infty} \frac{1}{(2n-1) \cdot 2n}$ 的收敛性.

解 因为

$$\lim_{n \to \infty} \frac{u_{n+1}}{u_n} = \lim_{n \to \infty} \frac{(2n-1) \cdot 2n}{(2n+1) \cdot (2n+2)} = 1,$$

这时 $\rho = 1$,所以比值判别法失效,必须用其他方法来判别级数的收敛性.

又因为 $\dfrac{1}{(2n-1)\cdot 2n} < \dfrac{1}{n^2}$，而级数 $\sum\limits_{n=1}^{\infty} \dfrac{1}{n^2}$ 收敛，因此由比较判别法可知所给级数收敛.

定理 5（根值判别法或柯西判别法） 设 $\sum\limits_{n=1}^{\infty} u_n$ 是正项级数，若满足

$$\lim_{n\to\infty} \sqrt[n]{u_n} = \rho,$$

则：

(1) 当 $\rho < 1$ 时，级数收敛；

(2) 当 $\rho > 1$（或 $\lim\limits_{n\to\infty} \sqrt[n]{u_n} = +\infty$）时，级数发散；

(3) 当 $\rho = 1$ 时，级数可能收敛也可能发散.

例 8 证明级数 $1 + \dfrac{1}{2^2} + \dfrac{1}{3^3} + \cdots + \dfrac{1}{n^n} + \cdots$ 收敛.

证 因为

$$\lim_{n\to\infty} \sqrt[n]{u_n} = \lim_{n\to\infty} \sqrt[n]{\dfrac{1}{n^n}} = \lim_{n\to\infty} \dfrac{1}{n} = 0,$$

所以根据根值判别法可知所给级数收敛.

例 9 判定级数 $\sum\limits_{n=1}^{\infty} \dfrac{2+(-1)^n}{2^n}$ 的收敛性.

解 因为

$$\lim_{n\to\infty} \sqrt[n]{u_n} = \lim_{n\to\infty} \dfrac{1}{2} \sqrt[n]{2+(-1)^n} = \dfrac{1}{2},$$

所以根据根值判别法知级数收敛.

习题 9.2

1. 判定下列正项级数的收敛性：

(1) $\sum\limits_{n=1}^{\infty} \dfrac{1}{(n+1)(n+2)}$；

(2) $\sum\limits_{n=1}^{\infty} \sqrt{\dfrac{n}{n+1}}$；

(3) $\sum\limits_{n=1}^{\infty} \dfrac{n+2}{n(n+1)}$；

(4) $\sum\limits_{n=1}^{\infty} \dfrac{1}{\sqrt{n(n^2+5)}}$；

(5) $\sum_{n=1}^{\infty}(\sqrt{n^2+a}-\sqrt{n^2-a})$ $(a>0)$; (6) $\sum_{n=1}^{\infty}\dfrac{n+1}{2n^4-1}$.

2. 用比值或者根值判别法判断级数的敛散性：

(1) $\sum_{n=1}^{\infty}\dfrac{(n+1)!}{2^n}$;

(2) $\sum_{n=1}^{\infty}\dfrac{n^2}{3^n}$;

(3) $\sum_{n=1}^{\infty}\dfrac{n^n}{n!}$;

(4) $\sum_{n=1}^{\infty}n^2\sin\dfrac{\pi}{2^n}$;

(5) $\sum_{n=1}^{\infty}\left(\dfrac{n}{2n+1}\right)^n$;

(6) $\sum_{n=1}^{\infty}\left(\dfrac{n}{3n-1}\right)^{2n-1}$.

3. 判定下列级数的敛散性：

(1) $\sum_{n=1}^{\infty}\dfrac{2+(-1)^n}{2^n}$;

(2) $\sum_{n=1}^{\infty}\dfrac{1}{n}(\sqrt{n+1}-\sqrt{n-1})$;

(3) $\sum_{n=1}^{\infty}\dfrac{1}{3^n-2^n}$;

(4) $\sum_{n=1}^{\infty}\dfrac{n^{n+1}}{(n+1)^{n+2}}$;

(5) $\sum_{n=1}^{\infty}\dfrac{n}{\left(a+\dfrac{1}{n}\right)^n}$ $(a>0)$;

(6) $\sum_{n=1}^{\infty}\dfrac{1}{1+x^{2n}}$.

4. 若正项级数 $\sum_{n=1}^{\infty}u_n$ 与 $\sum_{n=1}^{\infty}v_n$ 都发散，问下列级数是否发散？

(1) $\sum_{n=1}^{\infty}(u_n-v_n)$;

(2) $\sum_{n=1}^{\infty}(u_n+v_n)$.

5. 证明：若正项级数 $\sum_{n=1}^{\infty}u_n$ 收敛，则级数 $\sum_{n=1}^{\infty}u_n^2$ 也收敛.

6. 证明：$\lim_{n\to\infty}\dfrac{n^n}{(n!)^2}=0$.

9.3 任意项级数

上一节，我们讨论了正项级数的敛散性判别问题. 对于任意项级数的敛散性判别要比正项级数复杂，这里先讨论一种特殊的非正项级数的收敛性问题.

9.3.1 交错级数及其判别法

定义 1 如果有一级数，它的各项是正负交错的，即

$$\sum_{n=1}^{\infty}(-1)^{n-1}u_n = u_1 - u_2 + u_3 - u_4 + \cdots$$

或

$$\sum_{n=1}^{\infty}(-1)^n u_n = -u_1 + u_2 - u_3 + u_4 - \cdots,$$

其中 $u_n > 0 (n=1, 2, \cdots)$，则称此级数为**交错级数**.

例如，$\sum_{n=1}^{\infty}(-1)^{n-1}\dfrac{1}{n}$ 是交错级数，但 $\sum_{n=1}^{\infty}(-1)^{n-1}\dfrac{1-\cos n\pi}{n}$ 不是交错级数.

定理1(莱布尼茨定理) 如果交错级数 $\sum_{n=1}^{\infty}(-1)^{n-1}u_n$ 满足条件：

(1) $u_n \geqslant u_{n+1}(n=1, 2, 3, \cdots)$；

(2) $\lim\limits_{n\to\infty}u_n = 0$，

则级数收敛，且其和 $S \leqslant u_1$，其余项 r_n 的绝对值 $|r_n| \leqslant u_{n+1}$.

证 设前 n 项部分和为 S_n.

设 n 为偶数，由

$$S_n = S_{2m} = (u_1 - u_2) + (u_3 - u_4) + \cdots + (u_{2m-1} - u_{2m}),$$

变换成下式

$$S_n = S_{2m} = u_1 - (u_2 - u_3) - (u_4 - u_5) - \cdots - (u_{2m-2} - u_{2m-1}) - u_{2m},$$

可知 $\{S_{2m}\}$ 单调增加且有界 $(S_{2m} \leqslant u_1)$，所以收敛. 设 $S_{2m} \to S(n\to\infty)$，则也有

$$S_{2m+1} = S_{2m} + u_{2m+1} \quad (n\to\infty),$$

所以 $S_n \to S(n\to\infty)$. 从而级数是收敛的，且 $S_n < u_1$. 又因为 $|r_n| = u_{n+1} - u_{n+2} + \cdots$ 也是收敛的交错级数，所以 $|r_n| \leqslant u_{n+1}$.

例1 证明级数 $\sum_{n=1}^{\infty}(-1)^{n-1}\dfrac{1}{n}$ 收敛.

证 这是一个交错级数. 又因为此级数满足如下条件：

(1) $u_n = \dfrac{1}{n} > \dfrac{1}{n+1} = u_{n+1}(n=1, 2, \cdots)$；

(2) $\lim\limits_{n\to\infty}u_n = \lim\limits_{n\to\infty}\dfrac{1}{n} = 0$，

故由莱布尼茨定理,级数是收敛的,且其和 $S < u_1 = 1$,余项 $|r_n| \leqslant u_{n+1} = \dfrac{1}{n+1}$.

9.3.2 绝对收敛与条件收敛

定义 2 若级数 $\sum\limits_{n=1}^{\infty} |u_n|$ 收敛,则称级数 $\sum\limits_{n=1}^{\infty} u_n$ 绝对收敛;若级数 $\sum\limits_{n=1}^{\infty} u_n$ 收敛,而级数 $\sum\limits_{n=1}^{\infty} |u_n|$ 发散,则称级数 $\sum\limits_{n=1}^{\infty} u_n$ 条件收敛.

例如,级数 $\sum\limits_{n=1}^{\infty} (-1)^{n-1} \dfrac{1}{n^2}$ 是绝对收敛的,而级数 $\sum\limits_{n=1}^{\infty} (-1)^{n-1} \dfrac{1}{n}$ 是条件收敛的.

定理 2 如果级数 $\sum\limits_{n=1}^{\infty} u_n$ 绝对收敛,则级数 $\sum\limits_{n=1}^{\infty} u_n$ 必定收敛.

注 1 如果级数 $\sum\limits_{n=1}^{\infty} |u_n|$ 发散,我们不能断定级数 $\sum\limits_{n=1}^{\infty} u_n$ 也发散. 但是,如果我们用比值法或根值法判定级数 $\sum\limits_{n=1}^{\infty} |u_n|$ 发散,则我们可以断定级数 $\sum\limits_{n=1}^{\infty} u_n$ 必定发散. 这是因为,此时 $|u_n|$ 不趋向于零,从而 u_n 也不趋向于零,因此级数 $\sum\limits_{n=1}^{\infty} u_n$ 也是发散的.

例 2 判别级数 $\sum\limits_{n=1}^{\infty} \dfrac{\sin na}{n^2}$ 的收敛性.

解 因为
$$\left| \frac{\sin na}{n^2} \right| \leqslant \frac{1}{n^2},$$
而级数 $\sum\limits_{n=1}^{\infty} \dfrac{1}{n^2}$ 是收敛的,所以级数 $\sum\limits_{n=1}^{\infty} \left| \dfrac{\sin na}{n^2} \right|$ 也收敛,从而级数 $\sum\limits_{n=1}^{\infty} \dfrac{\sin na}{n^2}$ 绝对收敛.

例 3 判别级数 $\sum\limits_{n=1}^{\infty} (-1)^n \dfrac{1}{2^n} \left(1 + \dfrac{1}{n}\right)^{n^2}$ 的收敛性.

解 由 $|u_n| = \dfrac{1}{2^n} \left(1 + \dfrac{1}{n}\right)^{n^2}$,有

$$\lim_{n\to\infty}\sqrt[n]{|u_n|} = \frac{1}{2}\lim_{n\to\infty}\left(1+\frac{1}{n}\right)^n = \frac{1}{2}\mathrm{e} > 1,$$

故 $\lim\limits_{n\to\infty}u_n \neq 0$，因此级数 $\sum\limits_{n=1}^{\infty}(-1)^n \dfrac{1}{2^n}\left(1+\dfrac{1}{n}\right)^{n^2}$ 发散.

习题 9.3

1. 判别下列交错级数的敛散性：

   (1) $\sum\limits_{n=2}^{\infty} \dfrac{(-1)^n}{\ln n}$；

   (2) $\sum\limits_{n=1}^{\infty}(-1)^n \dfrac{1}{2n+1}$.

2. 判定下列级数是否收敛. 若收敛，是绝对收敛还是条件收敛：

   (1) $1 - \dfrac{1}{\sqrt{2}} + \dfrac{1}{\sqrt{3}} - \dfrac{1}{\sqrt{4}} + \cdots$；

   (2) $\sum\limits_{n=1}^{\infty}(-1)^{n-1}\dfrac{1}{\ln(n+1)}$；

   (3) $\sum\limits_{n=1}^{\infty}(-1)^{n+1}\dfrac{2^n}{n!}$；

   (4) $\sum\limits_{n=1}^{\infty}\left(1+\dfrac{1}{2}+\dfrac{1}{3}+\cdots+\dfrac{1}{n}\right)\dfrac{(-1)^n}{n}$；

   (5) $\sum\limits_{n=2}^{\infty}(-1)^{n-1}\dfrac{n^3}{2^n}$；

   (6) $\sum\limits_{n=1}^{\infty}(-1)^n \mathrm{e}^{-\frac{1}{n}}$.

3. 设级数 $\sum\limits_{n=1}^{\infty}a_n^2$ 及 $\sum\limits_{n=1}^{\infty}b_n^2$ 都收敛，证明级数 $\sum\limits_{n=1}^{\infty}a_nb_n$ 及 $\sum\limits_{n=1}^{\infty}(a_n+b_n)^2$ 也收敛.

4. 若级数 $\sum\limits_{n=1}^{\infty}a_n^2$ 收敛，则级数 $\sum\limits_{n=1}^{\infty}|a_n|$ 一定收敛吗？

5. 若级数 $\sum\limits_{n=1}^{\infty}a_n$ 收敛，则级数 $\sum\limits_{n=1}^{\infty}a_n^2$ 一定收敛吗？

6. 设级数 $\sum\limits_{n=1}^{\infty}a_n$ 及 $\sum\limits_{n=1}^{\infty}b_n$ 都绝对收敛，证明级数 $\sum\limits_{n=1}^{\infty}(a_n+b_n)$ 也绝对收敛.

9.4 幂级数

9.4.1 函数项级数的概念

一般地,给定一个定义在区间 I 上的函数列 $\{u_n(x)\}(n=1,2,3,\cdots)$,由这一函数列构成的表达式

$$\sum_{n=1}^{\infty} u_n(x) = u_1(x) + u_2(x) + u_3(x) + \cdots + u_n(x) + \cdots,$$

(9-4-1)

称为区间 I 上的**函数项级数**.

对于 x 在区间 I 内取的一定点 x_0,若常数项级数 $\sum_{n=1}^{\infty} u_n(x_0)$ 收敛,则称点 x_0 是级数 $\sum_{n=1}^{\infty} u_n(x)$ 的**收敛点**. 若常数项级数 $\sum_{n=1}^{\infty} u_n(x_0)$ 发散,则称点 x_0 是级数 $\sum_{n=1}^{\infty} u_n(x)$ 的**发散点**. 函数项级数 $\sum_{n=1}^{\infty} u_n(x)$ 的所有收敛点的全体构成的集合,称为函数项级数的**收敛域**.

在收敛域上,函数项级数 $\sum_{n=1}^{\infty} u_n(x)$ 的和是 x 的函数 $S(x)$,故 $S(x)$ 称为函数项级数 $\sum_{n=1}^{\infty} u_n(x)$ 的**和函数**,记 $S(x) = \sum_{n=1}^{\infty} u_n(x)$.

函数项级数 $\sum_{n=1}^{\infty} u_n(x)$ 的前 n 项和记作 $S_n(x)$,且称之为**部分和函数**,即

$$S_n(x) = u_1(x) + u_2(x) + u_3(x) + \cdots + u_n(x). \quad (9-4-2)$$

在函数项级数收敛域上有

$$\lim_{n \to \infty} S_n(x) = S(x) \text{ 或 } S_n(x) \to S(x) \quad (n \to \infty).$$

若以 $r_n(x)$ 记余项,

$$r_n(x) = S(x) - S_n(x),$$

则在收敛域上有

$$\lim_{n\to\infty} r_n(x) = 0.$$

例1 试求函数项级数 $\sum\limits_{n=0}^{\infty} x^n$ 的收敛域.

解 因为

$$S_n(x) = 1 + x + x^2 + \cdots + x^n = \frac{1-x^{n+1}}{1-x},$$

所以,当 $|x| < 1$ 时,

$$\lim_{n\to\infty} S_n(x) = \lim_{n\to\infty} \frac{1-x^{n+1}}{1-x} = \frac{1}{1-x}.$$

级数在区间 $(-1, 1)$ 内收敛. 易知,当 $|x| \geq 1$ 时,级数发散. 于是级数的收敛域为 $(-1, 1)$.

在函数项级数中,比较常见的有幂级数与三角函数. 在此,我们只讨论幂级数.

9.4.2 幂级数及其收敛性

函数项级数中简单而常见的一类级数就是幂级数,我们主要讨论形如

$$a_0 + a_1 x + a_2 x^2 + \cdots + a_n x^n + \cdots$$

的幂级数,其中常数 $a_0, a_1, a_2, \cdots, a_n, \cdots$ 叫作幂级数的系数. 例如

$$1 + x + \frac{1}{2!} x^2 + \cdots + \frac{1}{n!} x^n + \cdots.$$

幂级数的一般形式:$a_0 + a_1(x-x_0) + a_2(x-x_0)^2 + \cdots + a_n(x-x_0)^n + \cdots$,只要经变换 $t = x - x_0$,可得 $a_0 + a_1 t + a_2 t^2 + \cdots + a_n t^n + \cdots$ 的形式进行讨论.

从例1中我们可以看到,这个幂级数的收敛域是一个区间. 事实上,这个结论对于一般的幂级数也是成立的. 为了求幂级数的收敛域,我们给出如下定理.

定理1(阿贝尔(Abel)定理) 如果级数 $\sum\limits_{n=0}^{\infty} a_n x^n$ 当 $x = x_0 (x_0 \neq 0)$ 时收敛,则对于满足不等式 $|x| < |x_0|$ 的一切 x,$\sum\limits_{n=0}^{\infty} a_n x^n$ 都绝对收敛. 反之,如果级数

$\sum\limits_{n=0}^{\infty} a_n x^n$ 当 $x = x_0$ 时发散,则对于满足不等式 $|x| > |x_0|$ 的一切 x,$\sum\limits_{n=0}^{\infty} a_n x^n$ 都发散.

证 先设 x_0 是幂级数 $\sum\limits_{n=0}^{\infty} a_n x^n$ 的收敛点,即级数 $\sum\limits_{n=0}^{\infty} a_n x^n$ 收敛. 根据级数收敛的必要条件,有 $\lim\limits_{n \to \infty} a_n x_0^n = 0$,于是存在一个常数 M,使

$$|a_n x_0^n| \leqslant M \quad (n = 0, 1, 2, \cdots),$$

这样级数 $\sum\limits_{n=0}^{\infty} a_n x^n$ 的一般项的绝对值

$$|a_n x^n| = \left| a_n x_0^n \cdot \frac{x^n}{x_0^n} \right| = |a_n x_0^n| \cdot \left| \frac{x}{x_0} \right|^n \leqslant M \cdot \left| \frac{x}{x_0} \right|^n.$$

因为当 $|x| < |x_0|$ 时,等比级数 $\sum\limits_{n=0}^{\infty} M \cdot \left| \frac{x}{x_0} \right|^n$ 收敛,所以级数 $\sum\limits_{n=0}^{\infty} |a_n x^n|$ 收敛,也就是级数 $\sum\limits_{n=0}^{\infty} a_n x^n$ 绝对收敛.

定理的第二部分可用反证法证明. 倘若幂级数当 $x = x_0$ 时发散而有一点 x_1 适合 $|x_1| > |x_0|$ 使级数收敛,则根据本定理的第一部分,级数当 $x = x_0$ 时应收敛,这与所设矛盾. 定理得证.

推论1 如果级数 $\sum\limits_{n=0}^{\infty} a_n x^n$ 在 $(-\infty, +\infty)$ 内既有异于零的收敛点,也有发散点,则必有一个完全确定的正数 R 存在,使得

(1) 当 $|x| < R$ 时,幂级数绝对收敛;

(2) 当 $|x| > R$ 时,幂级数发散;

(3) 当 $x = R$ 与 $x = -R$ 时,幂级数可能收敛也可能发散.

上述的正数 R 通常叫作幂级数 $\sum\limits_{n=0}^{\infty} a_n x^n$ 的**收敛半径**. 开区间 $(-R, R)$ 叫作幂级数 $\sum\limits_{n=0}^{\infty} a_n x^n$ 的**收敛区间**. 再由幂级数在 $x = \pm R$ 处的收敛性就可以决定它的**收敛域**. 幂级数 $\sum\limits_{n=0}^{\infty} a_n x^n$ 的收敛域是 $(-R, R)$(或 $[-R, R)$,$(-R, R]$,$[-R, R]$).

注1 若幂级数 $\sum\limits_{n=0}^{\infty} a_n x^n$ 只在 $x = 0$ 收敛,则规定收敛半径 $R = 0$,若幂级数

$\sum_{n=0}^{\infty} a_n x^n$ 对一切 x 都收敛,则规定收敛半径 $R=+\infty$,这时收敛域为 $(-\infty, +\infty)$.

定理 2 对于给定的幂级数 $\sum_{n=0}^{\infty} a_n x^n$, $a_n \neq 0 (n=1,2,\cdots)$,若 $\sum_{n=0}^{\infty} a_n x^n$ 相邻两项的系数满足

$$\lim_{n\to\infty}\left|\frac{a_{n+1}}{a_n}\right|=\rho.$$

则

(1) 当 $0<\rho<+\infty$ 时,$R=\dfrac{1}{\rho}$;

(2) 当 $\rho=0$ 时,$R=+\infty$;

(3) 当 $\rho=+\infty$ 时,$R=0$.

证 因为对于正项级数

$$\sum_{n=0}^{\infty}|a_n x^n|=|a_0|+|a_1 x|+\cdots+|a_n x^n|+\cdots,$$

有

$$\lim_{n\to\infty}\left|\frac{a_{n+1} x^{n+1}}{a_n x^n}\right|=\lim_{n\to\infty}\left|\frac{a_{n+1}}{a_n}\right|\cdot|x|=\rho|x|,$$

所以,(1) 如果 $0<\rho<+\infty$,由比值判别法知,当 $\rho|x|<1$,即 $|x|<\dfrac{1}{\rho}$ 时,$\sum_{n=0}^{\infty} a_n x^n$ 绝对收敛;当 $\rho|x|>1$,即 $|x|>\dfrac{1}{\rho}$ 时,幂级数 $\sum_{n=0}^{\infty} a_n x^n$ 发散,由此可得 $R=\dfrac{1}{\rho}$.

(2) 如果 $\rho=0$,则对一切实数 x,有 $\lim_{n\to\infty}\left|\dfrac{a_{n+1}}{a_n}\right|=0<1$,幂级数 $\sum_{n=0}^{\infty} a_n x^n$ 绝对收敛,故 $R=+\infty$.

(3) 如果 $\rho=+\infty$,则当 $x\neq 0$ 时,$\lim_{n\to\infty}\left|\dfrac{a_{n+1}}{a_n}\right|=+\infty$,从而 $|u_n|$ 不趋于零,即 $x\neq 0$ 时 $a_n x^n$ 不趋于零,故幂级数 $\sum_{n=0}^{\infty} a_n x^n$ 发散. 只有 $x=0$ 时,$\sum_{n=0}^{\infty} a_n x^n$ 是收

敛的,故 $R=0$.

例 2 求幂级数

$$\sum_{n=1}^{\infty}(-1)^{n-1}\frac{x^n}{n}=x-\frac{x^2}{2}+\frac{x^3}{3}-\cdots+(-1)^{n-1}\frac{x^n}{n}+\cdots$$

的收敛半径与收敛域.

解 因为

$$\rho=\lim_{n\to\infty}\left|\frac{a_{n+1}}{a_n}\right|=\lim_{n\to\infty}\frac{\frac{1}{n+1}}{\frac{1}{n}}=1,$$

所以收敛半径为

$$R=\frac{1}{\rho}=1.$$

当 $x=1$ 时,级数成为交错级数 $\sum_{n=1}^{\infty}(-1)^{n-1}\frac{1}{n}$,是收敛的;

当 $x=-1$ 时,级数成为 $\sum_{n=1}^{\infty}\left(-\frac{1}{n}\right)$,是发散的. 因此,收敛域为 $(-1,1]$.

例 3 求幂级数

$$1+x+\frac{1}{2!}x^2+\frac{1}{3!}x^3+\cdots+\frac{1}{n!}x^n+\cdots$$

的收敛域.

解 因为

$$\rho=\lim_{n\to\infty}\left|\frac{a_{n+1}}{a_n}\right|=\lim_{n\to\infty}\frac{\frac{1}{(n+1)!}}{\frac{1}{n!}}=\lim_{n\to\infty}\frac{n!}{(n+1)!}=0,$$

所以收敛半径为 $R=+\infty$,从而收敛域为 $(-\infty,+\infty)$.

例 4 求幂级数 $\sum_{n=0}^{\infty}n!\,x^n$ 的收敛半径.

解 因为

$$\rho = \lim_{n \to \infty} \left| \frac{a_{n+1}}{a_n} \right| = \lim_{n \to \infty} \frac{(n+1)!}{n!} = +\infty,$$

所以收敛半径为 $R=0$，即级数仅在 $x=0$ 处收敛.

例 5 求幂级数 $\sum_{n=0}^{\infty} \frac{(2n)!}{(n!)^2} x^{2n}$ 的收敛半径.

解 由于题目所给的级数缺少奇次幂的项，故不能应用定理 2. 此时可根据比值判别法来求收敛半径，幂级数的一般项记为

$$u_n(x) = \frac{(2n)!}{(n!)^2} x^{2n}.$$

因为

$$\lim_{n \to \infty} \left| \frac{u_{n+1}(x)}{u_n(x)} \right| = 4|x|^2,$$

当 $4|x|^2 < 1$ 即 $|x| < \frac{1}{2}$ 时级数收敛；当 $4|x|^2 > 1$ 即 $|x| > \frac{1}{2}$ 时级数发散，所以收敛半径为 $R = \frac{1}{2}$.

例 6 求幂级数 $\sum_{n=1}^{\infty} \frac{(x-1)^n}{2^n n}$ 的收敛域.

解 令 $t = x - 1$，上述级数变为 $\sum_{n=1}^{\infty} \frac{t^n}{2^n n}$. 因为

$$\rho = \lim_{n \to \infty} \left| \frac{a_{n+1}}{a_n} \right| = \frac{2^n \cdot n}{2^{n+1} \cdot (n+1)} = \frac{1}{2},$$

所以收敛半径 $R = 2$.

当 $t = 2$ 时，级数成为 $\sum_{n=1}^{\infty} \frac{1}{n}$，此级数发散；当 $t = -2$ 时，级数成为 $\sum_{n=1}^{\infty} \frac{(-1)^n}{n}$，此级数收敛. 因此级数 $\sum_{n=1}^{\infty} \frac{t^n}{2^n n}$ 的收敛域为 $-2 \leqslant t < 2$. 因为 $-2 \leqslant x - 1 < 2$，即 $-1 \leqslant x < 3$，所以原级数的收敛域为 $[-1, 3)$.

9.4.3 幂级数的运算

设幂级数 $\sum_{n=0}^{\infty} a_n x^n$ 及 $\sum_{n=0}^{\infty} b_n x^n$ 分别在区间 $(-R, R)$ 及 $(-R', R')$ 内收敛，

它们的和函数分别为 $S_1(x)$ 与 $S_2(x)$，则在 $(-R,R)$ 与 $(-R',R')$ 中较小的区间内满足下列情况：

（1）加法运算：

$$\sum_{n=0}^{\infty} a_n x^n + \sum_{n=0}^{\infty} b_n x^n = \sum_{n=0}^{\infty} (a_n + b_n) x^n = S_1(x) + S_2(x).$$

（2）减法运算：

$$\sum_{n=0}^{\infty} a_n x^n - \sum_{n=0}^{\infty} b_n x^n = \sum_{n=0}^{\infty} (a_n - b_n) x^n = S_1(x) - S_2(x).$$

（3）乘法运算：

$$\left(\sum_{n=0}^{\infty} a_n x^n\right) \cdot \left(\sum_{n=0}^{\infty} b_n x^n\right) = a_0 b_0 + (a_0 b_1 + a_1 b_0) x + (a_0 b_2 + a_1 b_1 + a_2 b_0) x^2 + \cdots$$
$$+ (a_0 b_n + a_1 b_{n-1} + \cdots + a_n b_0) x^n + \cdots = S_1(x) \cdot S_2(x).$$

性质 1 幂级数 $\sum_{n=0}^{\infty} a_n x^n$ 的和函数 $S(x)$ 在其收敛域 I 上连续.

如果幂级数在 $x=R$（或 $x=-R$）也收敛，则和函数 $S(x)$ 在 $(-R,R]$（或 $[-R,R)$）上连续.

性质 2 幂级数 $\sum_{n=0}^{\infty} a_n x^n$ 的和函数 $S(x)$ 在其收敛域 I 上可积，并且有逐项积分公式

$$\int_0^x S(x) \mathrm{d}x = \int_0^x \left(\sum_{n=0}^{\infty} a_n x^n\right) \mathrm{d}x = \sum_{n=0}^{\infty} \int_0^x a_n x^n \mathrm{d}x = \sum_{n=0}^{\infty} \frac{a_n}{n+1} x^{n+1} \quad (x \in I),$$

逐项积分后所得到的幂级数和原级数有相同的收敛半径.

性质 3 幂级数 $\sum_{n=0}^{\infty} a_n x^n$ 的和函数 $S(x)$ 在其收敛区间 $(-R,R)$ 内可导，并且有逐项求导公式

$$S'(x) = \left(\sum_{n=0}^{\infty} a_n x^n\right)' = \sum_{n=0}^{\infty} (a_n x^n)' = \sum_{n=1}^{\infty} n a_n x^{n-1} \quad (|x|<R),$$

逐项求导后所得到的幂级数和原级数有相同的收敛半径.

例 7 求幂级数 $\sum_{n=0}^{\infty} \frac{1}{n+1} x^n$ 的和函数.

解 幂级数的收敛域为 $[-1, 1)$. 设和函数为 $S(x)$, 即

$$S(x) = \sum_{n=0}^{\infty} \frac{1}{n+1} x^n, \ x \in [-1, 1).$$

显然 $S(0) = 1$. 再对 $xS(x) = \sum_{n=0}^{\infty} \frac{1}{n+1} x^{n+1}$ 的两边求导得

$$[xS(x)]' = \sum_{n=0}^{\infty} \left(\frac{1}{n+1} x^{n+1} \right)' = \sum_{n=0}^{\infty} x^n = \frac{1}{1-x}.$$

对上式从 0 到 x 积分, 得

$$xS(x) = \int_0^x \frac{1}{1-t} dt = -\ln(1-x).$$

于是, 当 $x \neq 0$ 时, 有 $S(x) = -\frac{1}{x} \ln(1-x)$. 从而

$$S(x) = \begin{cases} -\dfrac{1}{x} \ln(1-x), & x \in [-1, 0) \cup (0, 1) \\ 1, & x = 0. \end{cases}$$

例 8 求级数 $\sum_{n=0}^{\infty} \dfrac{(-1)^n}{n+1}$ 的和.

解 因为幂级数 $\sum_{n=0}^{\infty} \dfrac{1}{n+1} x^n$ 在 $[-1, 1)$ 上收敛, 设其和函数为 $S(x)$, 则

$$S(-1) = \sum_{n=0}^{\infty} \frac{(-1)^n}{n+1}.$$

由例 7 可得 $xS(x) = -\ln(1-x)$, 于是 $-S(-1) = -\ln 2$, $S(-1) = \ln 2$, 于是

$$\sum_{n=0}^{\infty} \frac{(-1)^n}{n+1} = \ln 2.$$

习题 9.4

1. 指出下列幂级数的收敛区间:

(1) $\sum_{n=0}^{\infty} \dfrac{x^n}{n!}$;   (2) $\sum_{n=0}^{\infty} \dfrac{n!\, x^n}{n^n}$.

2. 求下列幂级数的和函数：

(1) $\sum_{n=0}^{\infty} (-1)^n \dfrac{x^n}{n}$;   (2) $\sum_{n=0}^{\infty} (2n+1)x^n$.

3. 求下列级数的和：

(1) $\sum_{n=0}^{\infty} \dfrac{n^2}{5^n}$;   (2) $\sum_{n=0}^{\infty} \dfrac{n(n+1)}{2^n}$;

(3) $\sum_{n=0}^{\infty} nx^{n-1}$ $(-1<x<1)$;   (4) $\sum_{n=0}^{\infty} \dfrac{x^{4n+1}}{4n+1}$ $(-1<x<1)$.

4. 求幂级数 $\sum_{n=0}^{\infty} (-1)^n x^n$ 的和函数；并求常数项级数 $\sum_{n=1}^{\infty} (-1)^{n-1} \dfrac{1}{n}$ 的和.

5. 求数项级数 $\sum_{n=0}^{\infty} \dfrac{(-1)^n}{2n+1}$ 的和.

9.5 函数的幂级数展开

在上一节，我们讨论了幂级数的收敛性，在其收敛域内，幂级数总是收敛于一个和函数. 对于一些简单的幂级数，还可以借助逐项求导或求积分的方法，求出这个和函数. 但实际应用中常常提出相反的问题，即对于任意一个给定的函数 $f(x)$，能否将其在某个区间内展开成一个幂级数呢？又该如何表示呢？下面将讨论并解决这一问题.

9.5.1 泰勒级数

泰勒公式   如果函数 $f(x)$ 在点 $x=x_0$ 的某邻域内具有各阶导数，则在该邻域内有 $f(x)$ 的 n 阶泰勒公式：

$$f(x) = f(x_0) + f'(x_0)(x-x_0) + \dfrac{f''(x_0)}{2!}(x-x_0)^2 + \cdots$$
$$+ \dfrac{f^{(n)}(x_0)}{n!}(x-x_0)^n + R_n(x),$$

$$(9-5-1)$$

其中

$$R_n(x) = \frac{f^{(n+1)}(\xi)}{(n+1)!}(x-x_0)^{n+1} \quad (\xi \text{ 介于 } x \text{ 与 } x_0 \text{ 之间}).$$

称 $R_n(x)$ 为拉格朗日型余项.

如果令 $x_0 = 0$,就得到 $f(x)$ 的 n 阶**麦克劳林公式**：

$$f(x) = f(0) + f'(0)x + \frac{f''(0)}{2!}x^2 + \cdots + \frac{f^{(n)}(0)}{n!}x^n + R_n(x),$$

$$(9-5-2)$$

此时,

$$R_n(x) = \frac{f^{(n+1)}(\xi)}{(n+1)!}x^{n+1} = \frac{f^{(n+1)}(\theta x)}{(n+1)!}x^{n+1} \quad (0 < \theta < 1).$$

如果函数 $f(x)$ 在点 $x = x_0$ 的某一邻域内有任意阶导数,则称幂级数

$$f(x_0) + f'(x_0)(x-x_0) + \frac{f''(x_0)}{2!}(x-x_0)^2 + \cdots + \frac{f^{(n)}(x_0)}{n!}(x-x_0)^n + \cdots$$

$$(9-5-3)$$

为 $f(x)$ 的**泰勒级数**.

当 $x_0 = 0$ 时,幂级数

$$f(0) + f'(0)x + \frac{f''(0)}{2!}x^2 + \cdots + \frac{f^{(n)}(0)}{n!}x^n + \cdots \quad (9-5-4)$$

称为 $f(x)$ 的麦克劳林级数. 那么,它是否以 $f(x)$ 为和函数呢? 若令麦克劳林级数(9-5-4)的前 $n+1$ 项和为 $S_{n+1}(x)$,即

$$S_{n+1}(x) = f(0) + f'(0)x + \frac{f''(0)}{2!}x^2 + \cdots + \frac{f^{(n)}(0)}{n!}x^n, \quad (9-5-5)$$

那么,级数(9-5-4)收敛于函数 $f(x)$ 的条件为

$$\lim_{n \to \infty} S_{n+1}(x) = f(x).$$

于是,由

$$f(x) = S_{n+1}(x) + R_n(x)$$

可知,当 $\lim\limits_{n\to\infty} R_n(x) = 0$ 时,可得

$$\lim\limits_{n\to\infty} S_{n+1}(x) = f(x).$$

反之亦然. 即如果

$$\lim\limits_{n\to\infty} S_{n+1}(x) = f(x),$$

可推得

$$\lim\limits_{n\to\infty} R_n(x) = 0.$$

由此可表明,麦克劳林级数以 $f(x)$ 为和函数的充分必要条件是:麦克劳林公式中的余项

$$\lim\limits_{n\to\infty} R_n(x) = 0.$$

于是,可得函数 $f(x)$ 的幂级数展开式如下:

$$\begin{aligned} f(x) &= \sum_{n=0}^{\infty} \frac{f^{(n)}(0)}{n!} x^n \\ &= f(0) + f'(0)x + \frac{f''(0)}{2!} x^2 + \cdots + \frac{f^{(n)}(0)}{n!} x^n + \cdots. \end{aligned}$$

$$(9-5-6)$$

它便是函数 $f(x)$ 的幂级数表达式,也就是说,函数的幂级数展开式是唯一的. 事实上,假设函数 $f(x)$ 可以表示为幂级数

$$f(x) = \sum_{n=0}^{\infty} a_n x^n = a_0 + a_1 x + a_2 x^2 + \cdots + a_n x^n + \cdots, \quad (9-5-7)$$

那么,根据幂级数在收敛域内可逐项求导的性质,再令 $x = 0$(幂级数显然在点 $x = 0$ 处收敛),就可得到

$$a_0 = f(0),\ a_1 = f'(0),\ a_2 = \frac{f''(0)}{2!},\ \cdots,\ a_n = \frac{f^{(n)}(0)}{n!},\ \cdots.$$

将它们代入 (9-5-7) 式,所得的式子便是 (9-5-2) 式的麦克劳林公式.

综上所述,如果函数 $f(x)$ 在包含零的某区间内有任意阶导数,且在此区间内的麦克劳林公式中的余项以零为极限(当 $n \to \infty$ 时),那么,函数 $f(x)$ 就可以展开成形如 (9-5-6) 式的幂级数.

9.5.2 函数展开成幂级数

1. 直接方法

设 $f(x)$ 在 x_0 处存在各阶导数（否则 $f(x)$ 在 x_0 处不能展开为幂级数），将 $f(x)$ 在 x_0 处展开为幂级数，可以按照下列步骤进行：

（1）求出 $f(x)$ 的各阶导数：$f'(x)$，$f''(x)$，$\cdots$，$f^{(n)}(x)$，$\cdots$；

（2）求函数及其各阶导数在 $x=0$ 处的值：
$$f(0), f'(0), f''(0), \cdots, f^{(n)}(0), \cdots;$$

（3）写出幂级数
$$f(0) + f'(0)x + \frac{f''(0)}{2!}x^2 + \cdots + \frac{f^{(n)}(0)}{n!}x^n + \cdots,$$

并求出收敛半径 R 或收敛域；

（4）证明在收敛域内 $\lim\limits_{n\to\infty} R_n(x) = 0$.

下面给出几个重要的展开式.

例1 将函数 $f(x) = e^x$ 展开成 x 的幂级数.

解 所给函数的各阶导数为
$$f^{(n)}(x) = e^x \quad (n=1, 2, \cdots),$$

所以
$$f(0) = f^{(n)}(0) = 1 \quad (n=1, 2, \cdots),$$

于是我们得幂级数
$$1 + x + \frac{1}{2!}x^2 + \cdots + \frac{1}{n!}x^n + \cdots,$$

显然，它的收敛半径 $R=+\infty$. 对于任何有限的数 x，ξ（ξ 介于 0 与 x 之间），有
$$|R_n(x)| = \left|\frac{e^\xi}{(n+1)!}x^{n+1}\right| < e^{|x|} \cdot \frac{|x|^{n+1}}{(n+1)!},$$

而 $\lim\limits_{n\to\infty}\frac{|x|^{n+1}}{(n+1)!} = 0$，所以 $\lim\limits_{n\to\infty}|R_n(x)| = 0$，从而有展开式
$$e^x = 1 + x + \frac{1}{2!}x^2 + \cdots + \frac{1}{n!}x^n + \cdots \quad (-\infty < x < +\infty).$$

例 2 将函数 $f(x)=\sin x$ 展开成 x 的幂级数.

解 因为

$$f^{(n)}(x)=\sin\left(x+n\cdot\frac{\pi}{2}\right) \quad (n=1,2,\cdots),$$

所以 $f^{(n)}(0)(n=0,1,2,\cdots)$ 顺序循环地取 $0,1,0,-1,\cdots$,于是得级数

$$x-\frac{x^3}{3!}+\frac{x^5}{5!}-\cdots+(-1)^{n-1}\frac{x^{2n-1}}{(2n-1)!}+\cdots,$$

可得它的收敛半径为 $R=+\infty$. 对于任何有限的数 x,ξ(ξ 介于 0 与 x 之间),有

$$|R_n(x)|=\left|\frac{\sin\left[\xi+\frac{(n+1)\pi}{2}\right]}{(n+1)!}x^{n+1}\right|\leqslant\frac{|x|^{n+1}}{(n+1)!}\to 0 \quad (n\to\infty).$$

因此得展开式

$$\sin x=x-\frac{x^3}{3!}+\frac{x^5}{5!}-\cdots+(-1)^{n-1}\frac{x^{2n-1}}{(2n-1)!}+\cdots \quad (-\infty<x<+\infty).$$

例 3 将函数 $f(x)=(1+x)^m$ 展开成 x 的幂级数,其中 m 为任意常数.

解 因为 $f(x)$ 的各阶导数为

$$f'(x)=m(1+x)^{m-1},$$
$$f''(x)=m(m-1)(1+x)^{m-2},$$
$$\cdots\cdots$$
$$f^{(n)}(x)=m(m-1)(m-2)\cdots(m-n+1),$$
$$\cdots\cdots$$

所以

$$f(0)=1, f'(0)=m, f''(0)=m(m-1),\cdots,$$
$$f^{(n)}(0)=m(m-1)(m-2)\cdots(m-n+1),\cdots,$$

于是得幂级数

$$1+mx+\frac{m(m-1)}{2!}x^2+\cdots+\frac{m(m-1)\cdots(m-n+1)}{n!}x^n+\cdots.$$

也即

$$(1+x)^m = 1 + mx + \frac{m(m-1)}{2!}x^2 + \cdots$$
$$+ \frac{m(m-1)\cdots(m-n+1)}{n!}x^n + \cdots \quad (-1 < x < 1).$$

2. 间接方法

利用直接方法将函数展开成幂级数,困难不仅在于计算其各阶导数,而且要考察余项 $R_n(x)$ 是否趋于零 $(n \to \infty)$,但即使对初等函数,判断 $R_n(x)$ 是否趋于零也不是一件容易的事情.下面我们介绍另一种展开方法——**间接展开法**,即借助一些已知函数的幂级数展开式,利用幂级数的运算以及变量代换等,将所给函数展开成幂级数.由于函数展开的唯一性,这样得到的结果与用直接方法所得的结果是一致的.

例 4 将函数 $f(x) = \cos x$ 展开成 x 的幂级数.

解 已知

$$\sin x = x - \frac{x^3}{3!} + \frac{x^5}{5!} - \cdots + (-1)^{n-1}\frac{x^{2n-1}}{(2n-1)!} + \cdots \quad (-\infty < x < +\infty),$$

对上式两边求导得

$$\cos x = 1 - \frac{x^2}{2!} + \frac{x^4}{4!} - \cdots + (-1)^n\frac{x^{2n}}{(2n)!} + \cdots \quad (-\infty < x < +\infty).$$

例 5 将函数 $f(x) = \dfrac{1}{1+x^2}$ 展开成 x 的幂级数.

解 因为

$$\frac{1}{1-x} = 1 + x + x^2 + \cdots + x^n + \cdots \quad (-1 < x < 1),$$

把 x 换成 $-x^2$,得

$$\frac{1}{1+x^2} = 1 - x^2 + x^4 - \cdots + (-1)^n x^{2n} + \cdots \quad (-1 < x < 1).$$

例 6 将函数 $f(x) = \ln(1+x)$ 展开成 x 的幂级数.

解 因为

$$f'(x) = \frac{1}{1+x},$$

而 $\dfrac{1}{1+x}$ 是收敛的等比级数 $\sum\limits_{n=0}^{\infty}(-1)^n x^n(-1<x<1)$ 的和函数,

$$\dfrac{1}{1+x}=1-x+x^2-x^3+\cdots+(-1)^n x^n+\cdots,$$

所以将上式从 0 到 x 逐项积分,得

$$\ln(1+x)=x-\dfrac{x^2}{2}+\dfrac{x^3}{3}-\dfrac{x^4}{4}+\cdots+(-1)^n\dfrac{x^{n+1}}{n+1}+\cdots \quad (-1<x\leqslant 1).$$

上述展开式对 $x=1$ 也成立是因为上式右端的幂级数当 $x=1$ 时收敛,且 $\ln(1+x)$ 在 $x=1$ 处有定义且连续.

例 7 将函数 $f(x)=\sin x$ 展开成 $\left(x-\dfrac{\pi}{4}\right)$ 的幂级数.

解 因为

$$\sin x=\sin\left[\dfrac{\pi}{4}+\left(x-\dfrac{\pi}{4}\right)\right]=\dfrac{\sqrt{2}}{2}\left[\cos\left(x-\dfrac{\pi}{4}\right)+\sin\left(x-\dfrac{\pi}{4}\right)\right],$$

并且有

$$\cos\left(x-\dfrac{\pi}{4}\right)=1-\dfrac{1}{2!}\left(x-\dfrac{\pi}{4}\right)^2+\dfrac{1}{4!}\left(x-\dfrac{\pi}{4}\right)^4-\cdots \quad (-\infty<x<+\infty),$$

$$\sin\left(x-\dfrac{\pi}{4}\right)=\left(x-\dfrac{\pi}{4}\right)-\dfrac{1}{3!}\left(x-\dfrac{\pi}{4}\right)^3+\dfrac{1}{5!}\left(x-\dfrac{\pi}{4}\right)^5-\cdots \quad (-\infty<x<+\infty),$$

所以

$$\sin x=\dfrac{\sqrt{2}}{2}\left[1+\left(x-\dfrac{\pi}{4}\right)-\dfrac{1}{2!}\left(x-\dfrac{\pi}{4}\right)^2-\dfrac{1}{3!}\left(x-\dfrac{\pi}{4}\right)^3+\cdots\right] \quad (-\infty<x<+\infty).$$

例 8 将函数 $f(x)=\dfrac{1}{x^2+4x+3}$ 展开成 $(x-1)$ 的幂级数.

解 $f(x)=\dfrac{1}{x^2+4x+3}=\dfrac{1}{(x+1)(x+3)}=\dfrac{1}{2(1+x)}-\dfrac{1}{2(3+x)}$

$=\dfrac{1}{4\left(1+\dfrac{x-1}{2}\right)}-\dfrac{1}{8\left(1+\dfrac{x-1}{4}\right)}$

$=\dfrac{1}{4}\sum\limits_{n=0}^{\infty}(-1)^n\dfrac{(x-1)^n}{2^n}-\dfrac{1}{8}\sum\limits_{n=0}^{\infty}(-1)^n\dfrac{(x-1)^n}{4^n}$

$$= \sum_{n=0}^{\infty} (-1)^n \left(\frac{1}{2^{n+2}} - \frac{1}{2^{2n+3}} \right) (x-1)^n \quad (-1 < x < 3),$$

其中

$$1 + x = 2 + (x-1) = 2\left(1 + \frac{x-1}{2}\right), \quad 3 + x = 4 + (x-1) = 4\left(1 + \frac{x-1}{4}\right).$$

$$\frac{1}{1 + \frac{x-1}{2}} = \sum_{n=0}^{\infty} (-1)^n \frac{(x-1)^n}{2^n} \quad \left(-1 < \frac{x-1}{2} < 1\right),$$

$$\frac{1}{1 + \frac{x-1}{4}} = \sum_{n=0}^{\infty} (-1)^n \frac{(x-1)^n}{4^n} \quad \left(-1 < \frac{x-1}{4} < 1\right),$$

由 $-1 < \frac{x-1}{2} < 1$ 和 $-1 < \frac{x-1}{4} < 1$,可得 $-1 < x < 3$.

展开式小结：

$$\frac{1}{1-x} = 1 + x + x^2 + \cdots + x^n + \cdots \quad (-1 < x < 1),$$

$$e^x = 1 + x + \frac{1}{2!}x^2 + \cdots + \frac{1}{n!}x^n + \cdots \quad (-\infty < x < +\infty),$$

$$\sin x = x - \frac{x^3}{3!} + \frac{x^5}{5!} - \cdots + (-1)^{n-1} \frac{x^{2n-1}}{(2n-1)!} + \cdots \quad (-\infty < x < +\infty),$$

$$\cos x = 1 - \frac{x^2}{2!} + \frac{x^4}{4!} - \cdots + (-1)^n \frac{x^{2n}}{(2n)!} + \cdots \quad (-\infty < x < +\infty),$$

$$\ln(1+x) = x - \frac{x^2}{2} + \frac{x^3}{3} - \frac{x^4}{4} + \cdots + (-1)^n \frac{x^{n+1}}{n+1} + \cdots \quad (-1 < x \leqslant 1),$$

$$(1+x)^m = 1 + mx + \frac{m(m-1)}{2!}x^2 + \cdots + \frac{m(m-1)\cdots(m-n+1)}{n!}x^n$$
$$+ \cdots \quad (-1 < x < 1).$$

9.5.3　函数的幂级数展开式的应用

利用函数的幂级数展开式可以计算函数的近似值,并能估计误差. 这个方法被广泛应用于科学与工程计算中.

例9　计算 $\sqrt[5]{240}$ 的近似值,要求误差不超过 0.0001.

解 因为

$$\sqrt[5]{240} = \sqrt[5]{243-3} = 3\left(1-\frac{1}{3^4}\right)^{1/5},$$

所以在二项展开式中取 $m=\frac{1}{5}$, $x=-\frac{1}{3^4}$, 即得

$$\sqrt[5]{240} = 3\left(1 - \frac{1}{5}\cdot\frac{1}{3^4} - \frac{1\cdot 4}{5^2\cdot 2!}\cdot\frac{1}{3^8} - \frac{1\cdot 4\cdot 9}{5^3\cdot 3!}\cdot\frac{1}{3^{12}} - \cdots\right).$$

这个级数收敛很快. 取前两项的和作为 $\sqrt[5]{240}$ 的近似值, 其误差为

$$|r_2| = 3\left(\frac{1\cdot 4}{5^2\cdot 2!}\cdot\frac{1}{3^8} + \frac{1\cdot 4\cdot 9}{5^3\cdot 3!}\cdot\frac{1}{3^{12}} + \frac{1\cdot 4\cdot 9\cdot 14}{5^4\cdot 4!}\cdot\frac{1}{3^{16}} + \cdots\right)$$

$$< 3\cdot\frac{1\cdot 4}{5^2\cdot 2!}\cdot\frac{1}{3^8}\left[1 + \frac{1}{81} + \left(\frac{1}{81}\right)^2 + \cdots\right]$$

$$= \frac{6}{25}\cdot\frac{1}{3^8}\cdot\frac{1}{1-\frac{1}{81}} = \frac{1}{25\cdot 27\cdot 40} < \frac{1}{20\,000}.$$

于是取近似式为 $\sqrt[5]{240} \approx 3\left(1 - \frac{1}{5}\cdot\frac{1}{3^4}\right).$

为了使误差之和不超过 0.000 1, 计算时应取五位小数, 然后四舍五入. 因此最后得

$$\sqrt[5]{240} \approx 2.992\,6.$$

例 10 计算 $\ln 2$ 的近似值, 要求误差不超过 0.000 1.

解 因为函数 $\ln(1+x)$ 的幂级数展开式为

$$\ln(1+x) = x - \frac{x^2}{2} + \frac{x^3}{3} - \frac{x^4}{4} + \cdots + (-1)^n\frac{x^{n+1}}{n+1} + \cdots \quad (-1 < x \leqslant 1),$$

故在上式中, 令 $x=1$ 可得

$$\ln 2 = 1 - \frac{1}{2} + \frac{1}{3} - \cdots + (-1)^{n-1}\frac{1}{n} + \cdots.$$

如果取此级数前 n 项和作为 $\ln 2$ 的近似值, 由莱布尼茨判别法可得其误差为

$$|r_n| \leqslant \frac{1}{n+1}.$$

为了保证误差不超过 0.000 1,就需要取级数的前 10 000 项进行计算. 这样做计算量太大了,我们必须用收敛较快的级数来代替它.

把展开式

$$\ln(1+x) = x - \frac{x^2}{2} + \frac{x^3}{3} - \frac{x^4}{4} + \cdots + (-1)^n \frac{x^{n+1}}{n+1} + \cdots \quad (-1 < x \leqslant 1)$$

中的 x 换成 $-x$,得

$$\ln(1-x) = -x - \frac{x^2}{2} - \frac{x^3}{3} - \frac{x^4}{4} - \cdots \quad (1 \leqslant x < 1),$$

两式相减,得到不含有偶次幂的展开:

$$\ln \frac{1+x}{1-x} = \ln(1+x) - \ln(1-x) = 2\left(x + \frac{1}{3}x^3 + \frac{1}{5}x^5 + \cdots\right) \quad (-1 < x < 1).$$

令 $\frac{1+x}{1-x} = 2$,解出 $x = \frac{1}{3}$. 以 $x = \frac{1}{3}$ 代入最后一个展开式,得

$$\ln 2 = 2\left(\frac{1}{3} + \frac{1}{3} \cdot \frac{1}{3^3} + \frac{1}{5} \cdot \frac{1}{3^5} + \frac{1}{7} \cdot \frac{1}{3^7} + \cdots\right).$$

如果取前 4 项作为 $\ln 2$ 的近似值,则误差为

$$|r_4| = 2\left(\frac{1}{9} \cdot \frac{1}{3^9} + \frac{1}{11} \cdot \frac{1}{3^{11}} + \frac{1}{13} \cdot \frac{1}{3^{13}} + \cdots\right)$$

$$< \frac{2}{3^{11}}\left[1 + \frac{1}{9} + \left(\frac{1}{9}\right)^2 + \cdots\right]$$

$$= \frac{2}{3^{11}} \cdot \frac{1}{1 - \frac{1}{9}} = \frac{1}{4 \cdot 3^9} < \frac{1}{700\ 000}.$$

于是取 $\ln 2 \approx 2\left(\frac{1}{3} + \frac{1}{3} \cdot \frac{1}{3^3} + \frac{1}{5} \cdot \frac{1}{3^5} + \frac{1}{7} \cdot \frac{1}{3^7}\right).$

同样地,考虑到舍入误差,计算时应取五位小数:

$$\frac{1}{3} \approx 0.333\ 33,\ \frac{1}{3} \cdot \frac{1}{3^3} \approx 0.012\ 35,\ \frac{1}{5} \cdot \frac{1}{3^5} \approx 0.000\ 82,\ \frac{1}{7} \cdot \frac{1}{3^7} \approx 0.000\ 07.$$

因此得 $\ln 2 \approx 0.6931$.

例 11 利用 $\sin x \approx x - \dfrac{1}{3!} x^3$ 求 $\sin 9°$ 的近似值,并估计误差.

解 首先把角度化成弧度,

$$9° = \frac{\pi}{180} \times 9 (\text{弧度}) = \frac{\pi}{20} (\text{弧度}),$$

从而得到

$$\sin \frac{\pi}{20} \approx \frac{\pi}{20} - \frac{1}{3!} \left(\frac{\pi}{20}\right)^3.$$

其次,估计这个近似值的精确度. 在 $\sin x$ 的幂级数展开式中令 $x = \dfrac{\pi}{20}$,得

$$\sin \frac{\pi}{20} = \frac{\pi}{20} - \frac{1}{3!}\left(\frac{\pi}{20}\right)^3 + \frac{1}{5!}\left(\frac{\pi}{20}\right)^5 - \frac{1}{7!}\left(\frac{\pi}{20}\right)^7 + \cdots.$$

等式右端是一个收敛的交错级数,且各项的绝对值单调减少. 取它的前两项之和作为 $\sin \dfrac{\pi}{20}$ 的近似值,其误差为

$$|r_2| \leqslant \frac{1}{5!}\left(\frac{\pi}{20}\right)^5 < \frac{1}{120} \cdot (0.2)^5 < \frac{1}{300\,000}.$$

因此可得

$$\frac{\pi}{20} \approx 0.157\,080, \quad \left(\frac{\pi}{20}\right)^3 \approx 0.003\,876.$$

于是得 $\sin 9° \approx 0.156\,43$,这时误差不超过 10^{-5}.

例 12 计算定积分 $\dfrac{2}{\sqrt{\pi}} \displaystyle\int_0^{\frac{1}{2}} e^{-x^2} dx$ 的近似值,要求误差不超过 $0.000\,1$ $\left(\text{取}\dfrac{1}{\sqrt{\pi}} \approx 0.564\,19\right).$

解 将 e^x 的幂级数展开式中的 x 换成 $-x^2$,得到被积函数的幂级数展开式

$$e^{-x^2} = 1 + \frac{(-x^2)}{1!} + \frac{(-x^2)^2}{2!} + \frac{(-x^2)^3}{3!} + \cdots$$

$$= \sum_{n=0}^{\infty} (-1)^n \frac{x^{2n}}{n!} \quad (-\infty < x < +\infty).$$

于是，根据幂级数在收敛区间内逐项可积，得

$$\frac{2}{\sqrt{\pi}}\int_0^{\frac{1}{2}} e^{-x^2} dx = \frac{2}{\sqrt{\pi}}\int_0^{\frac{1}{2}}\left[\sum_{n=0}^{\infty}(-1)^n \frac{x^{2n}}{n!}\right]dx = \frac{2}{\sqrt{\pi}}\sum_{n=0}^{\infty}\frac{(-1)^n}{n!}\int_0^{\frac{1}{2}} x^{2n} dx$$

$$= \frac{1}{\sqrt{\pi}}\left(1 - \frac{1}{2^2 \cdot 3} + \frac{1}{2^4 \cdot 5 \cdot 2!} - \frac{1}{2^6 \cdot 7 \cdot 3!} + \cdots\right).$$

前 4 项的和作为近似值，其误差为

$$|r_4| \leqslant \frac{1}{\sqrt{\pi}}\frac{1}{2^8 \cdot 9 \cdot 4!} < \frac{1}{90\,000},$$

所以

$$\frac{2}{\sqrt{\pi}}\int_0^{\frac{1}{2}} e^{-x^2} dx \approx \frac{1}{\sqrt{\pi}}\left(1 - \frac{1}{2^2 \cdot 3} + \frac{1}{2^4 \cdot 5 \cdot 2!} - \frac{1}{2^6 \cdot 7 \cdot 3!}\right) \approx 0.520\,5.$$

例 13 计算积分

$$\int_0^1 \frac{\sin x}{x} dx$$

的近似值，要求误差不超过 0.000 1.

解 由于 $\lim_{x \to 0}\frac{\sin x}{x} = 1$，因此所给积分不是反常积分. 如果定义被积函数在 $x = 0$ 处的值为 1，则它在积分区间 $[0, 1]$ 上连续. 展开被积函数，可得

$$\frac{\sin x}{x} = 1 - \frac{x^2}{3!} + \frac{x^4}{5!} - \frac{x^6}{7!} + \cdots \quad (-\infty < x < +\infty).$$

在区间 $[0, 1]$ 上逐项积分，得

$$\int_0^1 \frac{\sin x}{x} dx = 1 - \frac{1}{3 \cdot 3!} + \frac{1}{5 \cdot 5!} - \frac{1}{7 \cdot 7!} + \cdots.$$

因为第四项

$$\frac{1}{7 \cdot 7!} < \frac{1}{30\,000},$$

所以取前 3 项的和作为积分的近似值：

$$\int_0^1 \frac{\sin x}{x} dx \approx 1 - \frac{1}{3 \cdot 3!} + \frac{1}{5 \cdot 5!} = 0.946\,1.$$

习题 9.5

1. 将下列函数展开成 x 的幂级数，并求展开式成立的区间：

   (1) $f(x)=\ln(2+x)$；　　　　　　(2) $f(x)=\cos^2 x$；

   (3) $f(x)=(1+x)\ln(1+x)$；　　　(4) $f(x)=\dfrac{x}{3+x^2}$.

2. 求下列级数的和函数：

   (1) $\sum\limits_{n=0}^{\infty} \dfrac{x^{2n+1}}{2n+1}$；　　　　　(2) $\sum\limits_{n=0}^{\infty} \dfrac{n}{(n-1)!}x^{n-1}$.

3. 将下列函数在指定点展开成幂级数，并求其收敛域：

   (1) $f(x)=\ln x$，$x=2$；　　　　(2) $f(x)=\dfrac{1}{x^2-3x+2}$，$x=-1$；

   (3) $f(x)=\mathrm{e}^x$，$x=1$；　　　　　(4) $f(x)=\dfrac{1}{x}$，$x=2$.

4. 利用函数的幂级数展开式，求下列各数的幂级数：

   (1) $\ln 3$，误差不超过 0.000 1；

   (2) $\cos 2°$，误差不超过 0.000 1.

5. 展开 $\dfrac{\mathrm{d}}{\mathrm{d}x}\left(\dfrac{\mathrm{e}^x-1}{x}\right)$ 为 x 的幂级数，并证明 $\sum\limits_{n=1}^{\infty} \dfrac{n}{(n+1)!}=1$.

本章小结

一、常数项级数概念与性质

1. 常数项级数的收敛与发散的概念.
2. 级数的基本性质与收敛的必要条件.

二、正项级数审敛法（该部分的级数均为正项级数）

1. 比较判别法：设 $u_n \leqslant v_n$ $(n=1, 2, \cdots)$.

   (1) 若 $\sum\limits_{n=1}^{\infty} v_n$ 收敛，则 $\sum\limits_{n=1}^{\infty} u_n$ 收敛；(2) 若 $\sum\limits_{n=1}^{\infty} u_n$ 发散，则 $\sum\limits_{n=1}^{\infty} v_n$ 发散.

2. 比较判别法的极限形式：设 $\lim\limits_{n\to\infty}\dfrac{u_n}{v_n}=l$，则

(1) 当 $0<l<+\infty$ 时，级数 $\sum\limits_{n=1}^{\infty}v_n$ 与级数 $\sum\limits_{n=1}^{\infty}u_n$ 具有相同的收敛性；

(2) 当 $l=0$ 时，若级数 $\sum\limits_{n=1}^{\infty}v_n$ 收敛，则级数 $\sum\limits_{n=1}^{\infty}u_n$ 亦收敛；

(3) 当 $l=+\infty$ 时，若级数 $\sum\limits_{n=1}^{\infty}v_n$ 发散，则级数 $\sum\limits_{n=1}^{\infty}u_n$ 亦发散.

3. 比值判别法：设 $\lim\limits_{n\to\infty}\dfrac{u_{n+1}}{u_n}=\rho$，则

(1) 当 $\rho<1$ 时，$\sum\limits_{n=1}^{\infty}u_n$ 收敛；

(2) 当 $\rho>1$（或 $\lim\limits_{n\to\infty}\dfrac{u_{n+1}}{u_n}=\infty$）时，$\sum\limits_{n=1}^{\infty}u_n$ 发散；

(3) 当 $\rho=1$ 时，$\sum\limits_{n=1}^{\infty}u_n$ 可能收敛也可能发散.

4. 根值判别法：设 $\lim\limits_{n\to\infty}\sqrt[n]{u_n}=\rho$，则

(1) 当 $\rho<1$ 时，$\sum\limits_{n=1}^{\infty}u_n$ 收敛；

(2) 当 $\rho>1$（或 $\lim\limits_{n\to\infty}\sqrt[n]{u_n}=+\infty$）时，$\sum\limits_{n=1}^{\infty}u_n$ 发散；

(3) 当 $\rho=1$ 时，$\sum\limits_{n=1}^{\infty}u_n$ 可能收敛也可能发散.

三、任意项级数

1. 交错级数的莱布尼茨判别法.

设交错级数 $\sum\limits_{n=1}^{\infty}(-1)^{n-1}u_n$ 满足条件：

(1) $u_n\geqslant u_{n+1}(n=1,2,3,\cdots)$；

(2) $\lim\limits_{n\to\infty}u_n=0$，

则级数收敛，且其和 $S\leqslant u_1$.

2. 绝对收敛与条件收敛.

(1) 若级数 $\sum\limits_{n=1}^{\infty}|u_n|$ 收敛，则称级数 $\sum\limits_{n=1}^{\infty}u_n$ 绝对收敛；若级数 $\sum\limits_{n=1}^{\infty}u_n$ 收敛，而

级数 $\sum_{n=1}^{\infty} |u_n|$ 发散,则称级数 $\sum_{n=1}^{\infty} u_n$ 条件收敛.

(2) 如果级数 $\sum_{n=1}^{\infty} u_n$ 绝对收敛,则级数 $\sum_{n=1}^{\infty} u_n$ 必定收敛.

四、幂级数

1. 幂级数的概念.

(1) 在 $x = x_0$ 处的幂级数或 $(x - x_0)$ 的幂级数:

$$\sum_{n=0}^{\infty} a_n (x - x_0)^n = a_0 + a_1(x - x_0) + a_2(x - x_0)^2 + \cdots + a_n(x - x_0)^n + \cdots.$$

(2) 在 $x = 0$ 处的幂级数或 x 的幂级数: $\sum_{n=0}^{\infty} a_n x^n = a_0 + a_1 x + \cdots + a_n x^n + \cdots$.

2. 幂级数 $\sum_{n=0}^{\infty} a_n x^n$ 的收敛半径、收敛区间和收敛域.

(1) 收敛半径 $R = +\infty$,则 $\sum_{n=0}^{\infty} a_n x^n$ 在整个数轴上都收敛,收敛域为 $(-\infty, +\infty)$;

(2) 收敛半径 $R = 0$,则 $\sum_{n=0}^{\infty} a_n x^n$ 仅在 $x = 0$ 处收敛;

(3) 收敛半径 $R > 0$,则 $\sum_{n=0}^{\infty} a_n x^n$ 收敛域为 4 种区间之一:$(-R, R)$,$[-R, R)$,$(-R, R]$,$[-R, R]$.

3. 幂级数 $\sum_{n=0}^{\infty} a_n x^n$ 的收敛半径求法:设 $\lim\limits_{n \to \infty} \left| \dfrac{a_{n+1}}{a_n} \right| = \rho$,则

(1) 当 $0 < \rho < +\infty$ 时,$R = \dfrac{1}{\rho}$;

(2) 当 $\rho = 0$ 时,$R = +\infty$;

(3) 当 $\rho = +\infty$ 时,$R = 0$.

4. 幂级数的运算.

设幂级数 $\sum_{n=0}^{\infty} a_n x^n$ 及 $\sum_{n=0}^{\infty} b_n x^n$ 分别在区间 $(-R, R)$ 及 $(-R', R')$ 内收敛,它们的和函数分别为 $S_1(x)$ 与 $S_2(x)$,则在 $(-R, R)$ 与 $(-R', R')$ 中较小的区

间内满足下列情况:

(1) 加法运算:
$$\sum_{n=0}^{\infty}a_n x^n + \sum_{n=0}^{\infty}b_n x^n = S_1(x) + S_2(x);$$

(2) 减法运算:
$$\sum_{n=0}^{\infty}a_n x^n - \sum_{n=0}^{\infty}b_n x^n = S_1(x) - S_2(x);$$

(3) 乘法运算:
$$\left(\sum_{n=0}^{\infty}a_n x^n\right) \cdot \left(\sum_{n=0}^{\infty}b_n x^n\right) = S_1(x) \cdot S_2(x).$$

5. 简单幂级数和函数的求法.

(1) 幂级数 $\sum_{n=0}^{\infty}a_n x^n$ 的和函数 $S(x)$ 在其收敛域 I 上可积,并且有逐项积分公式

$$\int_0^x S(x)\mathrm{d}x = \int_0^x \left(\sum_{n=0}^{\infty}a_n x^n\right)\mathrm{d}x = \sum_{n=0}^{\infty}\int_0^x a_n x^n \mathrm{d}x = \sum_{n=0}^{\infty}\frac{a_n}{n+1}x^{n+1} \quad (x \in I),$$

逐项积分后所得到的幂级数和原级数有相同的收敛半径.

(2) 幂级数 $\sum_{n=0}^{\infty}a_n x^n$ 的和函数 $S(x)$ 在其收敛区间 $(-R, R)$ 内可导,并且有逐项求导公式

$$S'(x) = \left(\sum_{n=0}^{\infty}a_n x^n\right)' = \sum_{n=0}^{\infty}(a_n x^n)' = \sum_{n=1}^{\infty}na_n x^{n-1} \quad (|x|<R),$$

逐项求导后所得到的幂级数和原级数有相同的收敛半径.

五、函数展开成幂级数

1. 泰勒级数与麦克劳林级数.

(1) $f(x)$ 在点 $x=x_0$ 的泰勒级数:

$$f(x_0) + f'(x_0)(x-x_0) + \frac{f''(x_0)}{2!}(x-x_0)^2 + \cdots + \frac{f^{(n)}(x_0)}{n!}(x-x_0)^n + \cdots.$$

(2) $f(x)$ 在点 $x_0=0$ 的麦克劳林级数：

$$f(0)+f'(0)x+\frac{f''(0)}{2!}x^2+\cdots+\frac{f^{(n)}(0)}{n!}x^n+\cdots.$$

2. 函数展开成幂级数.

(1) 直接展开法：利用麦克劳林级数展开式.

(2) 间接展开法：借助一些已知函数的幂级数展开式，利用幂级数的运算以及变量代换等，将所给函数展开成幂级数. 由于函数展开的唯一性，这样得到的结果与用直接方法所得的结果是一致的.

总习题 9

(A)

1. 单项选择题：

(1) 设 $0\leqslant a_n<\frac{1}{n}(n=1,2,\cdots)$，则下列级数肯定收敛的是 _____.

A. $\sum\limits_{n=1}^{\infty}a_n$
B. $\sum\limits_{n=1}^{\infty}(-1)^n a_n$

C. $\sum\limits_{n=1}^{\infty}\sqrt{a_n}$
D. $\sum\limits_{n=1}^{\infty}(-1)^n a_n^2$

(2) 设 $\sum\limits_{n=1}^{\infty}a_n$ 条件收敛，则下列结论不正确的是 _____.

A. $\sum\limits_{n=1}^{\infty}|a_n|$ 发散
B. $a_n\to 0(n\to\infty)$

C. $\sum\limits_{n=1}^{\infty}a_n$ 收敛
D. $\sum\limits_{n=1}^{\infty}|a_n|$ 收敛

(3) 设 $\sum\limits_{n=1}^{\infty}a_n(x+3)^n$ 在 $x=-5$ 处收敛，则此级数在 $x=0$ 处 _____.

A. 发散
B. 条件收敛

C. 绝对收敛
D. 敛散性不定

(4) 下列命题正确的是 _____.

A. 若 $\sum\limits_{n=1}^{\infty}|a_n|$ 收敛，则 $\sum\limits_{n=1}^{\infty}a_n$ 必定收敛

B. 若 $\sum\limits_{n=1}^{\infty} |a_n|$ 发散，则 $\sum\limits_{n=1}^{\infty} a_n$ 必定发散

C. 若 $\sum\limits_{n=1}^{\infty} a_n$ 收敛，则 $\sum\limits_{n=1}^{\infty} |a_n|$ 必定收敛

D. 若 $\sum\limits_{n=1}^{\infty} a_n$ 发散，则 $\sum\limits_{n=1}^{\infty} |a_n|$ 必定发散

2. 判别下列级数的敛散性：

(1) $\sum\limits_{n=1}^{\infty} \dfrac{1}{\ln^2 n}$；

(2) $\sum\limits_{n=1}^{\infty} \dfrac{1}{n\sqrt[n]{n}}$；

(3) $\sum\limits_{n=1}^{\infty} \left(1 - \cos \dfrac{2}{n}\right)$；

(4) $\sum\limits_{n=1}^{\infty} \dfrac{n^n}{(n!)^2}$.

3. 判定所给级数是绝对收敛、条件收敛还是发散：

(1) $\sum\limits_{n=1}^{\infty} \sin \dfrac{n\pi}{2}$；

(2) $\sum\limits_{n=1}^{\infty} \dfrac{(-1)^{n-1}}{\ln(2+n)}$；

(3) $\sum\limits_{n=1}^{\infty} \dfrac{(-3)^n}{n!}$；

(4) $\sum\limits_{n=2}^{\infty} \dfrac{(-1)^n}{n\sqrt{\ln n}}$.

4. 求下列级数的收敛域：

(1) $\sum\limits_{n=0}^{\infty} (2n)! \, x^n$；

(2) $\sum\limits_{n=1}^{\infty} \dfrac{3^n + 5^n}{n} x^n$；

(3) $\sum\limits_{n=0}^{\infty} (-1)^n \dfrac{x^n}{2^n}$；

(4) $\sum\limits_{n=1}^{\infty} \dfrac{(x-1)^n}{n}$.

5. 求下列幂级数的和函数：

(1) $\sum\limits_{n=1}^{\infty} \dfrac{n}{2^n} x^n \quad (-2 < x < 2)$；

(2) $\sum\limits_{n=1}^{\infty} \dfrac{x^{4n+1}}{4n+1} \quad (-1 < x < 1)$；

(3) $\sum\limits_{n=1}^{\infty} n(n+1) x^n \quad (-1 < x < 1)$；

(4) $\sum\limits_{n=1}^{\infty} \dfrac{x^{n+1}}{n(n+1)} \quad (-1 \leqslant x \leqslant 1)$.

6. 将下列函数展开成 x 的幂级数：

(1) 3^x；

(2) $\dfrac{x^2}{1+x^2}$；

(3) $\dfrac{1}{x^2 + 3x + 2}$；

(4) $\dfrac{1}{(x-1)(x-2)}$.

7. 利用函数的幂级数展开式求下列各数的近似值：

(1) $\sqrt{e}$（误差不超过 0.001）；

(2) $\sqrt[5]{245}$（误差不超过 0.0001）.

8. 设 $a_n > 0$, $b_n > 0$, $\dfrac{a_n+1}{a_n} \leqslant \dfrac{b_n+1}{b_n}$ 且 $\sum\limits_{n=1}^{\infty} b_n$ 收敛,证明 $\sum\limits_{n=1}^{\infty} a_n$ 收敛.

9. 求级数 $\sum\limits_{n=1}^{\infty} n(x-2)^n$ 的收敛域与和函数,并求级数 $\sum\limits_{n=1}^{\infty} \dfrac{n}{2^n}$ 的和.

10. 求数项级数 $\sum\limits_{n=1}^{\infty} \dfrac{2n}{3^n}$ 的和.

(B)

1. 单项选择题:

(1) 设 $p_n = \dfrac{a_n + |a_n|}{2}$, $q_n = \dfrac{a_n - |a_n|}{2}$, $n = 1, 2, \cdots$,则下列命题正确的是 _____.

  A. 若 $\sum\limits_{n=1}^{\infty} a_n$ 条件收敛,则 $\sum\limits_{n=1}^{\infty} p_n$ 与 $\sum\limits_{n=1}^{\infty} q_n$ 都收敛

  B. 若 $\sum\limits_{n=1}^{\infty} a_n$ 绝对收敛,则 $\sum\limits_{n=1}^{\infty} p_n$ 与 $\sum\limits_{n=1}^{\infty} q_n$ 都收敛

  C. 若 $\sum\limits_{n=1}^{\infty} a_n$ 条件收敛,则 $\sum\limits_{n=1}^{\infty} p_n$ 与 $\sum\limits_{n=1}^{\infty} q_n$ 的敛散性都不定

  D. 若 $\sum\limits_{n=1}^{\infty} a_n$ 绝对收敛,则 $\sum\limits_{n=1}^{\infty} p_n$ 与 $\sum\limits_{n=1}^{\infty} q_n$ 的敛散性都不定

(2) 设 $\sum\limits_{n=1}^{\infty} a_n$ 为正项级数,下列正确的是 _____.

  A. 若 $\lim\limits_{n \to \infty} na_n = 0$,则 $\sum\limits_{n=1}^{\infty} a_n$ 收敛

  B. 若存在非零常数 λ,使 $\lim\limits_{n \to \infty} na_n = \lambda$,则 $\sum\limits_{n=1}^{\infty} a_n$ 发散

  C. 若级数 $\sum\limits_{n=1}^{\infty} a_n$ 收敛,则 $\lim\limits_{n \to \infty} n^2 a_n = 0$

  D. 若级数 $\sum\limits_{n=1}^{\infty} a_n$ 发散,则存在非零常数 λ,使 $\lim\limits_{n \to \infty} na_n = \lambda$

(3) 设级数 $\sum\limits_{n=1}^{\infty} a_n$ 收敛,则级数 _____.

  A. $\sum\limits_{n=1}^{\infty} |a_n|$ 收敛   B. $\sum\limits_{n=1}^{\infty} (-1)^n a_n$ 收敛

  C. $\sum\limits_{n=1}^{\infty} a_n a_{n+1}$ 收敛   D. $\sum\limits_{n=1}^{\infty} \dfrac{a_n + a_{n+1}}{2}$ 收敛

(4) 设幂级数 $\sum_{n=1}^{\infty} a_n x^n$ 与 $\sum_{n=1}^{\infty} b_n x^n$ 的收敛半径分别为 $\frac{\sqrt{5}}{3}$ 与 $\frac{1}{3}$，则幂级数 $\sum_{n=1}^{\infty} \frac{a_n^2}{b_n^2} x^n$ 的收敛半径为 _____.

A. 5 B. $\frac{\sqrt{5}}{3}$ C. $\frac{1}{3}$ D. $\frac{1}{5}$

2. 求幂级数 $\sum_{n=1}^{\infty} \frac{1}{3^n+(-2)^n} \frac{x^n}{n}$ 的收敛区间，并讨论该区间端点处的收敛性.

3. 设 $I_n = \int_0^{\frac{\pi}{4}} \sin^n x \cos x \, dx$, $n=0,1,2,\cdots$，求 $\sum_{n=0}^{\infty} I_n$.

4. 将函数 $f(x) = \frac{x}{2+x-x^2}$ 展开成 x 的幂级数.

5. 将函数 $f(x) = \arctan \frac{1-2x}{1+2x}$ 展开成 x 的幂级数，并求级数 $\sum_{n=0}^{\infty} \frac{(-1)^n}{2n+1}$ 的和.

6. 若 $\sum_{n=0}^{\infty} a_n$ 是收敛的正项级数，α，β 为正的常数，试证明级数 $\sum_{n=0}^{\infty} \frac{a_n+\alpha}{a_n+\beta} a_n$ 一定收敛.

7. 若 $\sum_{n=0}^{\infty} u_n$ 和 $\sum_{n=0}^{\infty} v_n$ 都是正项级数，对任意的 n 都有 $\frac{u_{n+1}}{u_n} \leqslant \frac{v_{n+1}}{v_n}$，试证明：

(1) 若级数 $\sum_{n=0}^{\infty} v_n$ 收敛，则级数 $\sum_{n=0}^{\infty} u_n$ 也一定收敛；

(2) 若级数 $\sum_{n=0}^{\infty} u_n$ 发散，则级数 $\sum_{n=0}^{\infty} v_n$ 也一定发散.

8. 设数项级数 $\sum_{n=0}^{\infty} a_n$ 条件收敛，试证明级数 $\sum_{n=0}^{\infty} a_n x^n$ 的收敛半径 $r=1$.

9. 已知级数 $\sum_{n=0}^{\infty} u_n^2$ 收敛，证明级数 $\sum_{n=0}^{\infty} \frac{u_n}{n}$ 绝对收敛.

10. 设数列 $\{nu_n\}$ 有界，证明级数 $\sum_{n=0}^{\infty} u_n^2$ 收敛.

11. 将函数 $f(x) = \frac{1}{x^2-3x-4}$ 展开成 $x-1$ 的幂级数，并指出其收敛区间.

12. 求幂级数 $\sum_{n=1}^{\infty} \frac{(-1)^{n-1} x^{2n+1}}{n(2n-1)}$ 的收敛域及和函数 $S(x)$.

第 10 章 微分方程

微分方程是微积分学理论联系实际的重要渠道之一,因为用数学工具来解决实际问题或研究各种自然现象时,第一步就是要寻求函数关系.尽管很多情况下,我们不能直接得到所需要的函数关系,但是由实际问题所提供的信息及相关学科的知识,可得到关于所求函数的导数或微分的关系式,这样的关系式就是微分方程.建立了微分方程后,再通过求解微分方程得到要寻找的未知函数.本章先介绍微分方程的基本概念,然后讨论几种常见的微分方程的解法,并介绍微分方程在经济学中的简单应用.

10.1 微分方程的基本概念

函数是客观事物的内部联系在数量方面的反映,利用函数关系又可以对客观事物的规律性进行研究.因此如何寻找出所需要的函数关系,在实践中具有重要意义.在许多问题中,往往不能直接找出所需要的函数关系,但是根据问题所提供的情况,有时可以列出含有要找的函数及其导数的关系式.这样的关系就是所谓微分方程.微分方程建立以后,对它进行研究,找出未知函数来,这就是解微分方程.

10.1.1 典型实例

为了介绍微分方程的概念,我们先看几个例子.

例 1 设某商品在时刻 t 的售价为 P,社会对该商品的需求量和供给量分别是 P 的函数 $D(P),S(P)$,则在时刻 t 的价格对于时间 t 的变化率,可认为与该商品在同时刻的超额需求量 $D(P)-S(P)$ 成正比,即有

$$\frac{\mathrm{d}P}{\mathrm{d}t} = k[D(P) - S(P)] \quad (k > 0), \qquad (10\text{-}1\text{-}1)$$

在 $D(P)$ 和 $S(P)$ 确定的情况下,可解出价格与时刻 t 的函数关系,这就是**商品的价格调整模型**.

例 2 设一曲线通过点 $(1,2)$,且在该曲线上任一点 $M(x,y)$ 处的切线的斜率为 $2x$,求曲线的方程.

解 设所求曲线的方程为 $y = y(x)$. 根据导数的几何意义,可知未知函数 $y = y(x)$ 应满足关系式

$$\frac{\mathrm{d}y}{\mathrm{d}x} = 2x,$$

从而得到

$$\mathrm{d}y = 2x\,\mathrm{d}x,$$

对上式两端积分,得到

$$y = x^2 + C. \qquad (10\text{-}1\text{-}2)$$

把条件 $x = 1, y = 2$ 代入方程 $(10\text{-}1\text{-}2)$ 中,得到

$$2 = 1^2 + C,$$

由此得到 $C = 1$. 把 $C = 1$ 代入 $(10\text{-}1\text{-}2)$ 式,从而得到所求曲线方程.

例 3 列车在平直线路上以 $20\,\mathrm{m/s}$(相当于 $72\,\mathrm{km/h}$)的速度行驶,当制动时列车获得加速度 $-0.4\,\mathrm{m/s^2}$. 问开始制动后多少时间列车才能停住,以及列车在这段时间里行驶了多少路程?

解 设列车在开始制动后 t s 时行驶了 s m. 根据题意,反映制动阶段列车运动规律的函数 $s = s(t)$ 应满足关系式

$$\frac{\mathrm{d}^2 s}{\mathrm{d}t^2} = -0.4, \qquad (10\text{-}1\text{-}3)$$

对上式两端关于 t 积分,得到

$$v = \frac{\mathrm{d}s}{\mathrm{d}t} = -0.4t + C_1, \qquad (10\text{-}1\text{-}4)$$

其中 C_1 是任意常数. 对 $(10\text{-}1\text{-}4)$ 式两端关于 t 积分,得到

$$s = -0.2t^2 + C_1 t + C_2, \quad (10-1-5)$$

其中 C_2 是任意常数. 由 $v|_{t=0} = 20$ 和 $s|_{t=0} = 0$, 得到 $C_1 = 20$, $C_2 = 0$, 并代入 (10-1-4) 式和 (10-1-5) 式中, 得到

$$v = -0.4t + 20, \quad (10-1-6)$$

$$s = -0.2t^2 + 20t. \quad (10-1-7)$$

在 (10-1-6) 式中令 $v = 0$, 得到列车从开始制动到完全停住所需的时间

$$t = \frac{20}{0.4} = 50(\text{s}).$$

再把 $t = 50$ 代入 (10-1-7), 得到列车在制动阶段行驶的路程

$$s = -0.2 \times 50^2 + 20 \times 50 = 500(\text{m}).$$

在上面的几个例子中, 都无法直接找到变量之间的函数关系, 而是利用经济、几何和物理知识, 建立了含有未知函数的导数的方程, 然后通过积分等手段求出满足方程和附加条件的未知函数. 这一类问题具有普遍意义, 下面抽出它们的数学本质, 引进微分方程的有关概念.

10.1.2 微分方程的概念

定义1 表示未知函数、未知函数的导数 (或微分) 与自变量之间关系的方程, 称为**微分方程**. 在微分方程中, 如果未知函数是一元函数, 则称为**常微分方程**; 如果未知函数是多元函数, 则称为偏微分方程. 本章只研究常微分方程, 以后若不特别说明, 凡提到的微分方程或方程, 均指常微分方程.

定义2 微分方程中所出现的未知函数的最高阶导数 (或微分) 的阶数, 称为**微分方程的阶**.

例如, 方程 (10-1-1) 是一阶微分方程, 方程 (10-1-3) 是二阶微分方程, 方程 $x^3 y''' + x^2 y'' - 4xy' = 3x^2$ 是三阶微分方程, 方程 $y^{(4)} - 4y''' + 10y'' - 12y' + 5y = \sin 2x$ 是四阶微分方程, 方程 $y^{(n)} + 1 = 0$ 是 n 阶微分方程. 一般 n 阶微分方程有以下两种形式:

$$F(x, y', \cdots, y^{(n)}) = 0, \quad (10-1-8)$$

$$y^{(n)} = f(x, y, y', \cdots, y^{(n-1)}). \quad (10-1-9)$$

(10-1-8)称为 **n 阶隐式微分方程**，(10-1-9)称为 **n 阶显式微分方程**.

定义 3 满足微分方程的函数（把函数代入微分方程能使该方程成为恒等式）叫作该**微分方程的解**. 确切地说，设函数 $y=\varphi(x)$ 在区间 I 上有 n 阶连续导数，如果在区间 I 上，有

$$F[x,\varphi(x),\varphi'(x),\cdots,\varphi^{(n)}(x)]=0, \quad (10-1-10)$$

那么函数 $y=\varphi(x)$ 就叫作微分方程 $F[x,\varphi(x),\varphi'(x),\cdots,\varphi^{(n)}(x)]=0$ 在区间 I 上的解.

定义 4 如果 n 阶微分方程的解中含有 n 个独立的任意常数，这样的解叫作**微分方程的通解**. 而确定了通解中任意常数的值的解，称为**微分方程的特解**.

用于确定通解中任意常数的条件，称为**初始条件**. 求微分方程满足初始条件的解的问题称为**初值问题**. 例如，求微分方程 $y'=f(x,y)$ 满足初始条件 $y|_{x=x_0}=y_0$ 的解的问题，记为

$$\begin{cases} y'=f(x,y), \\ y|_{x=x_0}=y_0. \end{cases}$$

定义 5 如果微分方程的解的图形是一条曲线，叫作微分方程的**积分曲线**.

例 4 验证函数 $x=C_1\cos kt+C_2\sin kt$ 是微分方程

$$\frac{\mathrm{d}^2 x}{\mathrm{d}t^2}+k^2 x=0$$

的解.

解 求所给函数的导数：

$$\frac{\mathrm{d}x}{\mathrm{d}t}=-kC_1\sin kt+kC_2\cos kt,$$

$$\frac{\mathrm{d}^2 x}{\mathrm{d}t^2}=-k^2 C_1\cos kt-k^2 C_2\sin kt=-k^2(C_1\cos kt+C_2\sin kt).$$

将 $\dfrac{\mathrm{d}^2 x}{\mathrm{d}t^2}$ 及 x 的表达式代入所给方程，得

$$-k^2(C_1\cos kt+C_2\sin kt)+k^2(C_1\cos kt+C_2\sin kt)\equiv 0.$$

这表明函数 $x=C_1\cos kt+C_2\sin kt$ 满足方程 $\dfrac{\mathrm{d}^2 x}{\mathrm{d}t^2}+k^2 x=0$. 因此，所给函数是

所给微分方程的解.

例 5 已知函数 $x = C_1 \cos kt + C_2 \sin kt (k \neq 0)$ 是微分方程 $\dfrac{d^2 x}{dt^2} + k^2 x = 0$ 的通解,求满足初始条件

$$x\mid_{t=0} = A, \quad x'\mid_{t=0} = 0$$

的特解.

解 由条件 $x\mid_{t=0} = A$ 及 $x = C_1 \cos kt + C_2 \sin kt$,得 $C_1 = A$. 再由条件 $x'\mid_{t=0} = 0$ 及 $x'(t) = -kC_1 \sin kt + kC_2 \cos kt$,得 $C_2 = 0$. 把 C_1, C_2 的值代入 $x = C_1 \cos kt + C_2 \sin kt$ 中,得

$$x = A \cos kt.$$

习题 10.1

1. 指出下列微分方程的阶数:

    (1) $\dfrac{dy}{dx} = y^2 + x^3$; (2) $\dfrac{d^2 y}{dx^2} = x + \dfrac{d^3}{dx^3} \arcsin x$;

    (3) $\left(\dfrac{dx}{dy}\right)^2 = 4$; (4) $y^3 \dfrac{d^2 y}{dx^2} + 1 = 0$.

2. 验证给出的函数是否为相应微分方程的解:

    (1) $5 \dfrac{dy}{dx} = 3x^2 + 5x, \quad y = \dfrac{x^3}{5} + \dfrac{x^2}{2} + C$;

    (2) $\dfrac{dy}{dx} = p(x) y, \quad y = C e^{\int p(x) dx}$;

    (3) $(x+y) dx + x dy = 0, \quad y = \dfrac{C^2 - x^2}{2x}$;

    (4) $y'' = x^2 + y^2, \quad y = \dfrac{1}{x}$.

3. 求下列初值问题:

    (1) $\begin{cases} \dfrac{dy}{dx} = \sin x, \\ y\mid_{x=0} = 1; \end{cases}$ (2) $\begin{cases} \dfrac{d^2 y}{dx^2} = 6x, \\ y\mid_{x=0} = 0, \ y'\mid_{x=0} = 2. \end{cases}$

4. 设曲线 $y = f(x)$ 上点 $P(x, y)$ 处的切线与 y 轴的交点为 Q,线段 PQ 的长

度为 2,且曲线通过点 (2,0),试建立曲线所满足的微分方程.

10.2 一阶微分方程

一阶微分方程的一般形式为 $F(x,y,y')=0$. 本节所讨论的是能把导数解出的一阶微分方程,其形式为

$$y' = f(x,y).$$

或写成对称形式

$$P(x,y)\mathrm{d}x + Q(x,y)\mathrm{d}y = 0.$$

本节我们只介绍几种特殊类型的一阶微分方程的求解方法.

10.2.1 可分离变量的微分方程

如果一个一阶微分方程能写成

$$\frac{\mathrm{d}y}{\mathrm{d}x} = f(x)g(y) \qquad (10-2-1)$$

或

$$M_1(x)M_2(y)\mathrm{d}y = N_1(x)N_2(y)\mathrm{d}x \qquad (10-2-2)$$

的形式,则称 (10-2-1) 和 (10-2-2) 为**可分离变量的微分方程**.

注1 可分离变量的微分方程意味着能把微分方程写成一端只含 y 的函数和 $\mathrm{d}y$,另一端只含 x 的函数和 $\mathrm{d}x$.

例1 下列方程中哪些是可分离变量的微分方程?

(1) $y' = 1 + x + y^2 + xy^2$;   (2) $(x^2 - y^2)\mathrm{d}x - xy\mathrm{d}y = 0$;

(3) $y' = \dfrac{x}{y} + \dfrac{y}{x}$;   (4) $y' = 10^{x-y}$.

解 (1) 是可分离变量方程. 事实上,原方程可转化为 $y' = (1+x)(1+y^2)$;

(2) 与 (3) 不是可分离变量方程;

(4) 是可分离变量方程. 事实上,原方程可转化为 $10^y \mathrm{d}y = 10^x \mathrm{d}x$.

注2 分离变量法是解可分离变量方程的有效方法,其求解方法是:先分离变量,使得方程的一端只含有 y 及 $\mathrm{d}y$,另一端只含有 x 及 $\mathrm{d}x$,然后对方程两端积分,即可得到方程的通解. 其具体求解步骤如下:

第一步 分离变量.将方程(10-2-1)写成如下形式:

$$\frac{\mathrm{d}y}{g(y)} = f(x)\mathrm{d}x, \quad g(y) \neq 0.$$

第二步 对上式两端取积分:

$$\int \frac{\mathrm{d}y}{g(y)} = \int f(x)\mathrm{d}x,$$

得到方程(10-2-1)在 $g(y) \neq 0$ 时的通解

$$G(y) = F(x) + C.$$

第三步 求出 $g(y) = 0$ 的解.

第四步 综上所述,得到方程(10-2-1)的通解.

注3 $g(y) = 0$ 的解通常包含在 $G(y) = F(x) + C$ 中,如果不在其中,则要单独列出.另外,如果未对 C 作任何说明,则表示任意常数.

例2 求微分方程 $\dfrac{\mathrm{d}y}{\mathrm{d}x} = 2xy$ 的通解.

解 此方程为可分离变量方程,当 $y \neq 0$ 时,分离变量后,原方程化为

$$\frac{1}{y}\mathrm{d}y = 2x\mathrm{d}x,$$

两边积分得

$$\int \frac{1}{y}\mathrm{d}y = \int 2x\mathrm{d}x,$$

即 $\ln|y| = x^2 + C_1$,从而得到 $y = \pm e^{x^2 + C_1} = \pm e^{C_1} e^{x^2}$. 因为 $\pm e^{C_1}$ 仍是任意非零常数,把它记作 C,便得所给方程在 $y \neq 0$ 时的通解:

$$y = Ce^{x^2}, \quad C \neq 0.$$

另外, $y = 0$ 也是方程的解,而且包含在通解 $y = Ce^{x^2}$ 中,所以原方程的通解为 $y = Ce^{x^2}$, C 为任意常数.

例3 设降落伞从跳伞塔下落后,所受空气阻力与速度成正比,并设降落伞离开跳伞塔时速度为零.求降落伞下落速度与时间的函数关系.

解 设降落伞下落速度为 $v(t)$. 降落伞所受外力为 $F = mg - kv$ (k 为比例系数).根据牛顿第二运动定律 $F = ma$,得函数 $v(t)$ 应满足的方程为

$$m\frac{\mathrm{d}v}{\mathrm{d}t}=mg-kv,$$

初始条件为 $v|_{t=0}=0$. 方程分离变量,得

$$\frac{\mathrm{d}v}{mg-kv}=\frac{\mathrm{d}t}{m},$$

两边积分,得

$$\int\frac{\mathrm{d}v}{mg-kv}=\int\frac{\mathrm{d}t}{m},$$

$$-\frac{1}{k}\ln(mg-kv)=\frac{t}{m}+C_1,$$

即

$$v=\frac{mg}{k}+C\mathrm{e}^{-\frac{k}{m}t}\quad\left(C=-\frac{\mathrm{e}^{-kC_1}}{k}\right),$$

将初始条件 $v|_{t=0}=0$ 代入通解得 $C=-\dfrac{mg}{k}$,于是降落伞下落速度与时间的函数关系为

$$v=\frac{mg}{k}(1-\mathrm{e}^{-\frac{k}{m}t}).$$

例 4 求微分方程 $\dfrac{\mathrm{d}y}{\mathrm{d}x}=1+x+y^2+xy^2$ 的通解.

解 方程可化为

$$\frac{\mathrm{d}y}{\mathrm{d}x}=(1+x)(1+y^2),$$

分离变量后得到

$$\frac{1}{1+y^2}\mathrm{d}y=(1+x)\mathrm{d}x,$$

两边积分得到

$$\int\frac{1}{1+y^2}\mathrm{d}y=\int(1+x)\mathrm{d}x,$$

即 $\arctan y = \frac{1}{2}x^2 + x + C$. 于是原方程的通解为

$$y = \tan\left(\frac{1}{2}x^2 + x + C\right).$$

10.2.2 齐次微分方程

如果一阶微分方程 $\frac{\mathrm{d}y}{\mathrm{d}x} = f(x,y)$ 中的函数 $f(x,y)$ 可写成关于 $\frac{y}{x}$ 的函数,即

$$\frac{\mathrm{d}y}{\mathrm{d}x} = \varphi\left(\frac{y}{x}\right), \qquad (10-2-3)$$

则称此方程为**齐次微分方程**,简称**齐次方程**.

例5 下列方程中哪些是齐次方程?

(1) $xy' - y - \sqrt{y^2 - x^2} = 0$;　　(2) $\sqrt{1-x^2}\, y' = \sqrt{1-y^2}$;

(3) $(x^2 + y^2)\mathrm{d}x - xy\,\mathrm{d}y = 0$;

(4) $(2x + y - 4)\mathrm{d}x + (x + y - 1)\mathrm{d}y = 0$.

解 (1) $xy' - y - \sqrt{y^2 - x^2} = 0$ 是齐次方程. 事实上,原方程可化为

$$\frac{\mathrm{d}y}{\mathrm{d}x} = \frac{y + \sqrt{y^2 - x^2}}{x} = \frac{y}{x} + \sqrt{\left(\frac{y}{x}\right)^2 - 1}.$$

(2) $\sqrt{1-x^2}\, y' = \sqrt{1-y^2}$ 不是齐次方程. 事实上,原方程可化为

$$\frac{\mathrm{d}y}{\mathrm{d}x} = \sqrt{\frac{1-y^2}{1-x^2}}.$$

上式不能表示成关于 $\frac{y}{x}$ 的函数.

(3) $(x^2 + y^2)\mathrm{d}x - xy\,\mathrm{d}y = 0$ 是齐次方程. 事实上,原方程可化为

$$\frac{\mathrm{d}y}{\mathrm{d}x} = \frac{x^2 + y^2}{xy} = \frac{x}{y} + \frac{y}{x}.$$

(4) $(2x + y - 4)\mathrm{d}x + (x + y - 1)\mathrm{d}y = 0$ 不是齐次方程. 事实上,原方程可化为

$$\frac{dy}{dx} = -\frac{2x+y-4}{x+y-1}.$$

上式不能表示成关于 $\frac{y}{x}$ 的函数.

下面,我们讨论齐次方程(10-2-3)求解方法的一般步骤:

第一步 在齐次方程 $\frac{dy}{dx} = \varphi\left(\frac{y}{x}\right)$ 中,令 $u = \frac{y}{x}$,则 $y = ux$.

第二步 对 $y = ux$ 两端关于 x 求导,得

$$\frac{dy}{dx} = u + x\frac{du}{dx}, \qquad (10-2-4)$$

将 $u = \frac{y}{x}$ 与(10-2-4)式代入方程 $\frac{dy}{dx} = \varphi\left(\frac{y}{x}\right)$ 中,得到

$$u + x\frac{du}{dx} = \varphi(u). \qquad (10-2-5)$$

第三步 对(10-2-5)式分离变量,得到

$$\frac{du}{\varphi(u)-u} = \frac{dx}{x}.$$

两端积分,得到

$$\int \frac{du}{\varphi(u)-u} = \int \frac{dx}{x}. \qquad (10-2-6)$$

第四步 求出方程(10-2-6)的积分后,再用 $\frac{y}{x}$ 代替 u,便得所给齐次方程的通解.

上面所讨论的齐次方程(10-2-3)的求解方法称为**变量替换法**.

注4 上面的推导要求 $\varphi(u) - u \neq 0$,如果 $\varphi(u) - u = 0$,也就是 $\varphi\left(\frac{y}{x}\right) = \frac{y}{x}$,这时,方程 $\frac{dy}{dx} = \varphi\left(\frac{y}{x}\right)$ 为 $\frac{dy}{dx} = \frac{y}{x}$. 这已是一个可分离变量的方程,不必作代换就可求出它的通解为 $y = Cx$.

例6 解方程 $y^2 + x^2\frac{dy}{dx} = xy\frac{dy}{dx}$.

解 原方程可化成

$$\frac{\mathrm{d}y}{\mathrm{d}x} = \frac{y^2}{xy - x^2} = \frac{\left(\frac{y}{x}\right)^2}{\frac{y}{x} - 1},$$

因此，原方程是齐次方程. 令 $\frac{y}{x} = u$，则

$$y = ux, \frac{\mathrm{d}y}{\mathrm{d}x} = u + x\frac{\mathrm{d}u}{\mathrm{d}x},$$

于是原方程变为

$$u + x\frac{\mathrm{d}u}{\mathrm{d}x} = \frac{u^2}{u - 1},$$

从而得到 $x\frac{\mathrm{d}u}{\mathrm{d}x} = \frac{u}{u-1}$. 分离变量可得到

$$\left(1 - \frac{1}{u}\right)\mathrm{d}u = \frac{\mathrm{d}x}{x}.$$

两边积分，得 $u - \ln|u| + C = \ln|x|$，或写成 $\ln|xu| = u + C$. 以 $\frac{y}{x}$ 代上式中的 u，便得所给方程的通解

$$\ln|y| = \frac{y}{x} + C.$$

例.7 设一条河的两岸为平行直线，水流速度为 a，有一鸭子从岸边点 A 游向正对岸点 O，设鸭子的游速为 $b(b>a)$ 且鸭子游动方向始终朝着点 O，已知 $OA = h$，求鸭子游过的迹线的方程.

解 取 O 为坐标原点，河岸朝顺水方向为 x 轴，y 轴指向对岸. 设在时刻 t 鸭子位于点 $P(x, y)$，则鸭子的运动速度为

$$v = (v_x, v_y) = \left(\frac{\mathrm{d}x}{\mathrm{d}t}, \frac{\mathrm{d}y}{\mathrm{d}t}\right),$$

即有 $\frac{\mathrm{d}x}{\mathrm{d}y} = \frac{v_x}{v_y}$. 另一方面，

$$v = (a, 0) + b\left(\frac{-x}{\sqrt{x^2+y^2}}, \frac{-y}{\sqrt{x^2+y^2}}\right)$$
$$= \left(a - \frac{bx}{\sqrt{x^2+y^2}}, -\frac{by}{\sqrt{x^2+y^2}}\right).$$

因此
$$\frac{\mathrm{d}x}{\mathrm{d}y} = \frac{v_x}{v_y} = -\frac{a}{b}\sqrt{\left(\frac{x}{y}\right)^2 + 1} + \frac{x}{y},$$

即 $\frac{\mathrm{d}x}{\mathrm{d}y} = -\frac{a}{b}\sqrt{\left(\frac{x}{y}\right)^2 + 1} + \frac{x}{y}$. 于是问题转化为解齐次方程 $\frac{\mathrm{d}x}{\mathrm{d}y} = -\frac{a}{b}\sqrt{\left(\frac{x}{y}\right)^2 + 1} + \frac{x}{y}$. 令 $\frac{x}{y} = u$, 即 $x = yu$, 得

$$y\frac{\mathrm{d}u}{\mathrm{d}y} = -\frac{a}{b}\sqrt{u^2 + 1},$$

分离变量, 得到
$$\frac{\mathrm{d}u}{\sqrt{u^2+1}} = -\frac{a}{by}\mathrm{d}y,$$

两边积分, 得 $\operatorname{arsh} u = -\frac{b}{a}(\ln y + \ln C)$, 将 $u = \frac{x}{y}$ 代入上式并整理, 得

$$x = \frac{1}{2C}\left[(Cy)^{1-\frac{a}{b}} - (Cy)^{1+\frac{a}{b}}\right].$$

以 $x|_{y=h} = 0$ 代入上式, 得 $C = \frac{1}{h}$, 故鸭子游过的迹线方程为

$$x = \frac{h}{2}\left[\left(\frac{y}{h}\right)^{1-\frac{a}{b}} - \left(\frac{y}{h}\right)^{1+\frac{a}{b}}\right], \quad 0 \leqslant y \leqslant h.$$

10.2.3 一阶线性微分方程

1. 一阶线性微分方程

形如
$$\frac{\mathrm{d}y}{\mathrm{d}x} + P(x)y = Q(x) \tag{10-2-7}$$

的方程称为**一阶线性微分方程**,其中 $P(x)$,$Q(x)$ 均为 x 的连续函数,$Q(x)$ 叫作**自由项**.

如果 $Q(x) \equiv 0$,则方程 (10-2-7) 变成

$$\frac{dy}{dx} + P(x)y = 0. \qquad (10-2-8)$$

称 (10-2-8) 式为**一阶齐次线性方程**,否则方程 $\frac{dy}{dx} + P(x)y = Q(x)$ 称为**非齐次线性方程**.

例 8 下列方程各是什么类型的方程?

(1) $(x-2)\frac{dy}{dx} = y$; (2) $3x^2 + 5x - 5y' = 0$;

(3) $y' + y\cos x = e^{-\sin x}$; (4) $(y+1)^2 \frac{dy}{dx} + x^3 = 0$.

解 (1) 由于原方程可化为 $\frac{dy}{dx} - \frac{y}{(x-2)} = 0$,故是齐次线性方程;

(2) 由于原方程可化为 $y' = \frac{3}{5}x^2 + x$,故是非齐次线性方程;

(3) 显然,$y' + y\cos x = e^{-\sin x}$ 是非齐次线性方程;

(4) 由于原方程可化为 $\frac{dy}{dx} - \frac{x^3}{(y+1)^2} = 0$ 或 $\frac{dx}{dy} - \frac{(y+1)^2}{x^3} = 0$,故不是线性方程.

下面,我们来讨论一阶非齐次线性方程 $\frac{dy}{dx} + P(x)y = Q(x)$ 的求解方法.

先考虑对应的齐次线性方程 $\frac{dy}{dx} + P(x)y = 0$ 的通解.显然齐次线性方程 $\frac{dy}{dx} + P(x)y = 0$ 是可分离变量方程.分离变量后得

$$\frac{dy}{y} = -P(x)dx,$$

两边积分,得到

$$\ln|y| = -\int P(x)dx + C_1,$$

从而得到

$$y = Ce^{-\int P(x)dx} \quad (C = \pm e^{C_1} \neq 0),$$

显然，$y=0$ 也是方程 $\dfrac{dy}{dx} + P(x)y = 0$ 的解，于是得到方程 $\dfrac{dy}{dx} + P(x)y = 0$ 的通解为

$$y = Ce^{-\int P(x)dx}, \tag{10-2-9}$$

其中 C 为任意常数.

注5 对于齐次方程（10-2-8），显然有解的叠加原理，即若 $y_1(x)$，$y_2(x)$ 是方程（10-2-8）的解，则

$$y = C_1 y_1(x) + C_2 y_2(x)$$

也是方程（10-2-8）的解，其中 C_1，C_2 为任意常数.

下面介绍非齐次线性微分方程的解法. 该方法是将齐次线性方程通解中的常数换成未知函数 $C(x)$. 设非齐次方程（10-2-7）具有形如

$$y = C(x)e^{-\int P(x)dx} \tag{10-2-10}$$

的解，将其代入非齐次方程（10-2-7）中，并由此来确定 $C(x)$.

为此，对方程（10-2-10）两边关于 x 求导，得到

$$\frac{dy}{dx} = C'(x)e^{-\int P(x)dx} - C(x)P(x)e^{-\int P(x)dx}, \tag{10-2-11}$$

将方程（10-2-10）和（10-2-11）代入方程（10-2-7）中，得到

$$C'(x)e^{-\int P(x)dx} - C(x)e^{-\int P(x)dx}P(x) + P(x)C(x)e^{-\int P(x)dx} = Q(x),$$

化简得

$$C'(x) = Q(x)e^{\int P(x)dx},$$

对上式两边积分得到

$$C(x) = \int Q(x)e^{\int P(x)dx}dx + C,$$

于是非齐次线性方程的通解为

$$y = e^{-\int P(x)dx}\left[\int Q(x)e^{\int P(x)dx}dx + C\right], \quad (10-2-12)$$

或

$$y = Ce^{-\int P(x)dx} + e^{-\int P(x)dx}\int Q(x)e^{\int P(x)dx}dx. \quad (10-2-13)$$

这种将任意常数变成待定函数求解的方法,叫作**常数变易法**.

注6 非齐次线性方程的通解等于对应的齐次线性方程的通解与非齐次线性方程的一个特解之和.

例9 求方程 $\dfrac{dy}{dx} - \dfrac{2y}{x+1} = (x+1)^{\frac{5}{2}}$ 的通解.

解 这是一个非齐次线性方程.先求对应的齐次线性方程 $\dfrac{dy}{dx} - \dfrac{2y}{x+1} = 0$ 的通解.分离变量得

$$\frac{dy}{y} = \frac{2dx}{x+1},$$

两边积分得

$$\ln y = 2\ln(x+1) + \ln C,$$

从而得到齐次线性方程的通解为 $y = C(x+1)^2$. 下面用常数变易法. 把 C 换成 $C(x)$,即令 $y = C(x)(x+1)^2$,代入所给非齐次线性方程中,得到

$$C(x)' \cdot (x+1)^2 + 2C(x) \cdot (x+1) - \frac{2}{x+1}C(x) \cdot (x+1)^2 = (x+1)^{\frac{5}{2}},$$

化简得

$$C'(x) = (x+1)^{\frac{1}{2}},$$

两边积分,得 $C(x) = \dfrac{2}{3}(x+1)^{\frac{3}{2}} + C$,再将其代入 $y = C(x)(x+1)^2$ 中,即得所求方程的通解为

$$y = (x+1)^2\left[\frac{2}{3}(x+1)^{\frac{3}{2}} + C\right].$$

注 7　如不用常数变易法，可直接应用通解形式（10 - 2 - 12）或 (10 - 2 - 13)进行求解. 事实上，令

$$P(x) = -\frac{2}{x+1}, \quad Q(x) = (x+1)^{\frac{5}{2}}.$$

因为

$$\int P(x)\mathrm{d}x = \int \left(-\frac{2}{x+1}\right)\mathrm{d}x = -2\ln(x+1),$$

$$\mathrm{e}^{-\int P(x)\mathrm{d}x} = \mathrm{e}^{2\ln(x+1)} = (x+1)^2,$$

$$\int Q(x)\mathrm{e}^{\int P(x)\mathrm{d}x}\mathrm{d}x = \int (x+1)^{\frac{5}{2}}(x+1)^{-2}\mathrm{d}x = \int (x+1)^{\frac{1}{2}}\mathrm{d}x = \frac{2}{3}(x+1)^{\frac{3}{2}},$$

所以通解为

$$y = \mathrm{e}^{-\int P(x)\mathrm{d}x}\left[\int Q(x)\mathrm{e}^{\int P(x)\mathrm{d}x}\mathrm{d}x + C\right] = (x+1)^2\left[\frac{2}{3}(x+1)^{\frac{3}{2}} + C\right].$$

2. 伯努利方程

形如

$$\frac{\mathrm{d}y}{\mathrm{d}x} + P(x)y = Q(x)y^n \quad (n \neq 0, 1) \qquad (10 - 2 - 14)$$

的方程称为**伯努利(Bernoulli)方程**，其中 $P(x), Q(x)$ 均为 x 的连续函数.

注 8　当 $n = 0$ 时，(10 - 2 - 14) 式为一阶非齐次线性方程；当 $n = 1$ 时，(10 - 2 - 14) 式为一阶齐次线性方程. 这两种情况我们都已经讨论过，下面我们讨论方程(10 - 2 - 14)的求解方法. 伯努利方程是一类非线性微分方程，但是可以通过适当的变换，将其转化为线性微分方程. 事实上，在方程(10 - 2 - 14) 两端同时乘以 $(1-n)y^{-n}$，得到

$$(1-n)y^{-n}\frac{\mathrm{d}y}{\mathrm{d}x} + (1-n)P(x)y^{1-n} = (1-n)Q(x).$$

令 $z = y^{1-n}$，则 $\frac{\mathrm{d}z}{\mathrm{d}x} = (1-n)y^{-n}\frac{\mathrm{d}y}{\mathrm{d}x}$，代入上式中得到

$$\frac{\mathrm{d}z}{\mathrm{d}x} + (1-n)P(x)z = (1-n)Q(x).$$

根据上式可解出变量 z，再还原变量 y，即得到伯努利方程(10-2-14)的通解为

$$y^{1-n} = e^{-\int(1-n)P(x)dx}\left[\int Q(x)(1-n)e^{\int(1-n)P(x)dx}dx + C\right].$$

例 10 求方程 $\dfrac{dy}{dx} + \dfrac{y}{x} = y^2 \ln x$ 的通解.

解 原方程是伯努利方程，于是对该方程两边同时乘以 y^{-2}，得到

$$y^{-2}\dfrac{dy}{dx} + \dfrac{1}{x}y^{-1} = \ln x,$$

令 $z = y^{-1}$，则上式可化为

$$\dfrac{dz}{dx} - \dfrac{1}{x}z = -\ln x.$$

再根据常数变易法可得

$$z = x\left[C - \dfrac{1}{2}(\ln x)^2\right].$$

以 $z = y^{-1}$ 代入上式，整理得到

$$xy\left[C - \dfrac{1}{2}(\ln x)^2\right] = 1.$$

例 11 求方程 $\dfrac{dy}{dx} + x(y-x) + x^3(y-x)^2 = 1$ 的通解.

解 令 $z = y - x$，则 $\dfrac{dy}{dx} = \dfrac{dz}{dx} + 1$，于是得到伯努利方程

$$\dfrac{dz}{dx} + xz = -x^3 z^2.$$

又令 $u = z^{-1}$，可得到一阶线性微分方程

$$\dfrac{du}{dx} - xu = x^3,$$

从而得到

$$u = e^{\frac{x^2}{2}}\left(\int x^3 e^{-\frac{x^2}{2}}dx + C\right) = Ce^{\frac{x^2}{2}} - x^2 - 2.$$

回代原变量得到

$$y = x + \frac{1}{Ce^{\frac{x^2}{2}} - x^2 - 2}.$$

习题 10.2

1. 求下列微分方程的通解：

(1) $y' - e^y \sin x = 0$；

(2) $x\sqrt{1+y^2} + yy'\sqrt{1+x^2} = 0$；

(3) $x\dfrac{dy}{dx} - y\ln y = 0$；

(4) $\sec^2 x \tan y \, dx + \sec^2 y \tan x \, dy = 0$.

2. 求下列齐次方程的通解：

(1) $xy' = y\ln\dfrac{y}{x}$；

(2) $(x^2 + y^2)dx - xy\,dy = 0$；

(3) $y' = \dfrac{x+y}{x-y}$；

(4) $y' = \dfrac{y}{x + \sqrt{x^2+y^2}}$.

3. 求下列齐次方程的通解：

(1) $(y^2 - 3x^2)dy + 3xy\,dx = 0$，$y\big|_{x=0} = 1$；

(2) $y\cos\dfrac{x}{y}dx + \left(y - x\cos\dfrac{x}{y}\right)dy = 0$，$y\big|_{x=\frac{\pi}{2}} = 1$；

(3) $y - xy' = 2(x + yy')$，$y\big|_{x=1} = 1$.

4. 求下列线性方程的通解：

(1) $y' + y = e^{-x}$；

(2) $xy' + y = x^2 + 3x + 2$；

(3) $y' + y\cos x = e^{-\sin x}$；

(4) $y' = 4xy + 4x$.

5. 求下列微分方程的通解：

(1) $y' - 6\dfrac{y}{x} = -xy^2$；

(2) $\dfrac{dy}{dx} = \dfrac{1}{x + yx^3}$；

(3) $y' + 2xy = y^2 e^{x^2}$；

(4) $(e^x + 3y^2)dx + 2xy\,dy = 0$.

6. 曲线上任一点的切线在 y 轴上的截距，等于该切点两坐标的等差中项，求此曲线方程.

7. 求连续函数 $f(x)$，使得它满足 $f(x) + 2\displaystyle\int_0^x f(t)dt = x^2$.

10.3 可降阶的高阶微分方程

二阶及二阶以上的微分方程称为**高阶微分方程**. 对于高阶微分方程,没有普遍有效的实际解法. 本节仅介绍几种特殊形式的高阶方程的求解问题,都是采用逐步降低方程的阶数的方法进行求解,该方法称为**降阶法**.

10.3.1 $y^{(n)} = f(x)$ 型的微分方程

求解方法是对已知微分方程进行 n 次积分,即

$$y^{(n-1)} = \int f(x) \mathrm{d}x + C_1,$$

$$y^{(n-2)} = \int \left[\int f(x) \mathrm{d}x + C_1 \right] \mathrm{d}x + C_2,$$

$$\cdots\cdots$$

即可得到 $y^{(n)} = f(x)$ 的通解.

例 1 求微分方程 $y''' = \mathrm{e}^{2x} - \cos x$ 的通解.

解 对所给微分方程连续 3 次积分,得

$$y'' = \frac{1}{2}\mathrm{e}^{2x} - \sin x + C_1,$$

$$y' = \frac{1}{4}\mathrm{e}^{2x} + \cos x + C_1 x + C_2,$$

$$y = \frac{1}{8}\mathrm{e}^{2x} + \sin x + C_1 x^2 + C_2 x + C_3,$$

这就是所给方程的通解.

例 2 质量为 m 的质点受力 F 的作用沿 Ox 轴作直线运动. 设力 F 仅是时间 t 的函数 $F = F(t)$. 在开始时刻 $t = 0$ 时 $F(0) = F_0$,随着时间 t 的增大,此力 F 均匀地减小,直到 $t = T$ 时,$F(T) = 0$. 如果开始时质点位于原点,且初速度为零,求此质点的运动规律.

解 设 $x = x(t)$ 表示在时刻 t 时质点的位置,根据牛顿第二定律,质点运动的微分方程为

$$m \frac{\mathrm{d}^2 x}{\mathrm{d}t^2} = F(t).$$

由题设可知力 $F(t)$ 随 t 的增大而均匀地减小,且 $t=0$ 时,$F(0)=F_0$,所以 $F(t)=F_0-kt$;又当 $t=T$ 时,$F(T)=0$,从而

$$F(t)=F_0\left(1-\frac{t}{T}\right).$$

于是质点运动的微分方程又写为

$$\frac{\mathrm{d}^2 x}{\mathrm{d}t^2}=\frac{F_0}{m}\left(1-\frac{t}{T}\right),$$

其初始条件为 $x\mid_{t=0}=0$,$\left.\dfrac{\mathrm{d}x}{\mathrm{d}t}\right|_{t=0}=0$. 把微分方程两边积分,得

$$\frac{\mathrm{d}x}{\mathrm{d}t}=\frac{F_0}{m}\left(t-\frac{t^2}{2T}\right)+C_1.$$

再积分一次,得

$$x=\frac{F_0}{m}\left(\frac{1}{2}t^2-\frac{t^3}{6T}\right)+C_1 t+C_2.$$

由初始条件 $x\mid_{t=0}=0$,$\left.\dfrac{\mathrm{d}x}{\mathrm{d}t}\right|_{t=0}=0$,得 $C_1=C_2=0$. 于是所求质点的运动规律为

$$x=\frac{F_0}{m}\left(\frac{1}{2}t^2-\frac{t^3}{6T}\right),\ 0\leqslant t\leqslant T.$$

10.3.2 $y''=f(x,y')$ 型的微分方程

形如

$$y''=f(x,y') \quad\quad\quad (10-3-1)$$

的微分方程的特征是其右端不显含 y. 下面我们讨论其求解的方法. 设 $y'=p$,则

$$y''=p'=\frac{\mathrm{d}p}{\mathrm{d}x}.$$

于是方程(10-3-1)可化为

$$\frac{\mathrm{d}p}{\mathrm{d}x}=f(x,p),$$

这就是关于变量 x,p 的一阶微分方程. 设上式的通解为
$$p=\varphi(x,C_1),$$
于是由 $y'=p$,可得
$$\frac{\mathrm{d}y}{\mathrm{d}x}=\varphi(x,C_1).$$
对上式两端积分,便得到原方程的通解为
$$y=\int\varphi(x,C_1)\mathrm{d}x+C_2.$$

例 3 求微分方程 $(1+x^2)y''=2xy'$ 满足初始条件 $y|_{x=0}=1$,$y'|_{x=0}=3$ 的特解.

解 所给方程是 $y''=f(x,y')$ 型的,于是可设 $y'=p$,代入方程并分离变量后,可得
$$\frac{\mathrm{d}p}{p}=\frac{2x}{1+x^2}\mathrm{d}x.$$
两边积分,得
$$\ln|p|=\ln(1+x^2)+C,$$
即
$$p=y'=C_1(1+x^2) \quad (C_1=\pm\mathrm{e}^C).$$
由条件 $y'|_{x=0}=3$,得 $C_1=3$,所以
$$y'=3(1+x^2).$$
两边再积分,得
$$y=x^3+3x+C_2.$$
又由条件 $y|_{x=0}=1$,得 $C_2=1$,于是所求的特解为
$$y=x^3+3x+1.$$

10.3.3 $y''=f(y,y')$ 型的微分方程

形如

$$y'' = f(y, y') \qquad (10-3-2)$$

的微分方程的特征是其右端不显含 x.

下面我们讨论其求解的方法. 设 $y' = p$, 利用复合函数求导法则, 可把 y'' 化成关于 y 的导数, 即

$$y'' = \frac{\mathrm{d}p}{\mathrm{d}x} = \frac{\mathrm{d}p}{\mathrm{d}y} \cdot \frac{\mathrm{d}y}{\mathrm{d}x} = p\frac{\mathrm{d}p}{\mathrm{d}y}.$$

代入原方程, 可得

$$p\frac{\mathrm{d}p}{\mathrm{d}y} = f(y, p).$$

这就是关于 y, p 的一阶微分方程. 设上式的通解为

$$y' = p = \varphi(y, C_1),$$

则通过变量分离并积分, 便得到原方程的通解为

$$\int \frac{\mathrm{d}y}{\varphi(y, C_1)} = x + C_2.$$

例 4 求微分方程 $yy'' - y'^2 = 0$ 的通解.

解 所给的微分方程不显含 x, 于是设 $y' = p$, 则 $y'' = p\dfrac{\mathrm{d}p}{\mathrm{d}y}$, 代入方程, 得

$$yp\frac{\mathrm{d}p}{\mathrm{d}y} - p^2 = 0.$$

在 $y \neq 0, p \neq 0$ 时, 约去 p 并分离变量, 得

$$\frac{\mathrm{d}p}{p} = \frac{\mathrm{d}y}{y}.$$

两边积分得

$$\ln|p| = \ln|y| + \ln C,$$

即

$$p = Cy \ 或 \ y' = Cy.$$

再分离变量并两边积分, 便得原方程的通解为

$$\ln|y| = Cx + \ln C_1,$$

或 $y = C_0 e^{Cx} (C_0 = \pm C_1)$，此通解包含 $p = 0$ 的情形.

习题 10.3

1. 求下列微分方程的通解：

(1) $y'' = x + \sin x$；

(2) $y''' = x e^x$；

(3) $y'' = y' + x$；

(4) $y'' = (y')^3 + y'$；

(5) $y'' = \dfrac{1}{x}$；

(6) $y'' = \dfrac{1}{\sqrt{1-x^2}}$；

(7) $xy'' + y' = 0$；

(8) $y^3 y'' - 1 = 0$.

2. 求下列微分方程满足所给初始条件的特解：

(1) $y^3 y'' + 1 = 0$，$y|_{x=1} = 1$，$y'|_{x=1} = 0$；

(2) $x^2 y'' + xy' = 1$，$y|_{x=1} = 0$，$y'|_{x=1} = 1$；

(3) $y'' = \dfrac{1}{x^2+1}$，$y|_{x=0} = y'|_{x=0} = 0$；

(4) $y'' = y'^2 + 1$，$y|_{x=0} = 1$，$y'|_{x=0} = 0$；

(5) $y'' = e^{2y}$，$y|_{x=0} = y'|_{x=0} = 0$；

(6) $y'' = 3\sqrt{y}$，$y|_{x=0} = 1$，$y'|_{x=0} = 2$.

3. 已知某曲线满足微分方程 $yy'' + (y')^2 = 1$，并且与另一曲线 $y = e^{-x}$ 相切于点 $(0, 1)$，求此曲线方程.

10.4 二阶线性微分方程及其通解结构

前面我们已经讨论了一阶线性微分方程，现在我们来研究更高阶的线性微分方程. 如果微分方程具有形式

$$y^{(n)} + a_1(x) y^{(n-1)} + \cdots + a_{n-1}(x) y' + a_n(x) y = f(x), \tag{10-4-1}$$

则称其为 **n 阶线性微分方程**，其中 $a_1(x), \cdots, a_{n-1}(x), a_n(x), f(x)$ 均为 x 的已知函数，$f(x)$ 称为**自由项**. 当 $f(x) = 0$ 时，可得

$$y^{(n)} + a_1(x)y^{(n-1)} + \cdots + a_{n-1}(x)y' + a_n(x)y = 0, \quad (10-4-2)$$

则称其为方程(10-4-1)所对应的 **n 阶齐次线性微分方程**. 当 $f(x) \neq 0$ 时,方程(10-4-1)称为 **n 阶非齐次线性微分方程**. 当 $n \geq 2$ 时,方程(10-4-1)称为**高阶线性微分方程**. 本节主要研究二阶线性微分方程

$$y'' + P(x)y' + Q(x)y = f(x) \quad (10-4-3)$$

及它对应的齐次方程

$$y'' + P(x)y' + Q(x)y = 0 \quad (10-4-4)$$

解的理论与结构.

10.4.1 二阶齐次线性微分方程的通解结构

定义 1 设 $y_i = f_i(x)(i=1,2,\cdots,n)$ 是定义在区间 I 上的一组函数,如果存在 n 个不全为零的常数 $k_i(i=1,2,\cdots,n)$,使得对任意的 $x \in I$,等式

$$k_1 y_1 + k_2 y_2 + \cdots + k_n y_n = 0$$

恒成立,则说 $y_1, y_2, \cdots, y_n$ 在区间 I 上是**线性相关的**;否则,称它们是**线性无关的**.

例 1 $1, \cos^2 x, \sin^2 x$ 在整个数轴上是线性相关的. 函数 $1, x, x^2$ 在任何区间 (a,b) 内是线性无关的.

定理 1(叠加原理) 如果函数 $y_1(x)$ 与 $y_2(x)$ 是方程(10-4-4)的两个解,那么

$$y = C_1 y_1(x) + C_2 y_2(x) \quad (10-4-5)$$

也是方程(10-4-4)的解,其中 C_1, C_2 是任意常数.

证 由方程(10-4-5)可得

$$y' = (C_1 y_1 + C_2 y_2)' = C_1 y_1' + C_2 y_2',$$
$$y'' = (C_1 y_1 + C_2 y_2)'' = C_1 y_1'' + C_2 y_2''.$$

将 y', y'' 代入 $y'' + P(x)y' + Q(x)y = 0$ 得到

$$[C_1 y_1 + C_2 y_2]'' + P(x)[C_1 y_1 + C_2 y_2]' + Q(x)[C_1 y_1 + C_2 y_2]$$
$$= C_1[y_1'' + P(x)y_1' + Q(x)y_1] + C_2[y_2'' + P(x)y_2' + Q(x)y_2].$$

因为 y_1 与 y_2 是方程 $y''+P(x)y'+Q(x)y=0$ 的解,所以有
$$y_1''+P(x)y_1'+Q(x)y_1=0,$$
$$y_2''+P(x)y_2'+Q(x)y_2=0.$$
从而得到
$$[C_1y_1+C_2y_2]''+P(x)[C_1y_1+C_2y_2]'+Q(x)[C_1y_1+C_2y_2]=0.$$
这就证明了 $y=C_1y_1(x)+C_2y_2(x)$ 也是方程(10-4-4)的解.

定理 2(二阶齐次线性微分方程的通解结构) 如果函数 $y_1(x)$ 与 $y_2(x)$ 是方程(10-4-4)的两个线性无关的解,那么
$$y=C_1y_1(x)+C_2y_2(x)$$
是方程(10-4-4)的通解,其中 C_1,C_2 是任意常数.

例 2 验证 $y_1=\cos x$ 与 $y_2=\sin x$ 是方程 $y''+y=0$ 的线性无关解,并写出其通解.

解 因为
$$y_1''+y_1=-\cos x+\cos x=0,$$
$$y_2''+y_2=-\sin x+\sin x=0,$$
所以 $y_1=\cos x$ 与 $y_2=\sin x$ 都是方程的解. 因为对于任意两个常数 k_1,k_2,要使
$$k_1\cos x+k_2\sin x=0,$$
只有 $k_1=k_2=0$,所以 $\cos x$ 与 $\sin x$ 在$(-\infty,+\infty)$内是线性无关的. 因此 $y_1=\cos x$ 与 $y_2=\sin x$ 是方程 $y''+y=0$ 的线性无关解. 于是根据定理 2 可得原方程的通解为 $y=C_1\cos x+C_2\sin x$.

例 3 验证 $y_1=x$ 与 $y_2=e^x$ 是方程 $(x-1)y''-xy'+y=0$ 的线性无关解,并写出其通解.

解 因为
$$(x-1)y_1''-xy_1'+y_1=0-x+x=0,$$
$$(x-1)y_2''-xy_2'+y_2=(x-1)e^x-xe^x+e^x=0,$$
所以 $y_1=x$ 与 $y_2=e^x$ 都是方程的解. 因为比值 e^x/x 不恒为常数,所以 $y_1=x$ 与 $y_2=e^x$ 在$(-\infty,+\infty)$内是线性无关的. 因此 $y_1=x$ 与 $y_2=e^x$ 是原方程的线性无关解. 于是根据定理 2 可得原方程的通解为 $y=C_1x+C_2e^x$.

10.4.2 二阶非齐次线性微分方程的通解结构

定理 3 设 $y^*(x)$ 是二阶非齐次线性方程(10-4-3)的一个特解,$Y(x)$ 是对应的齐次方程(10-4-4)的通解,那么

$$y = Y(x) + y^*(x) \qquad (10-4-6)$$

是二阶非齐次线性微分方程的通解.

证 将方程(10-4-6)代入方程(10-4-3)中,并根据定理的假设,可得

$$[Y(x) + y^*(x)]'' + P(x)[Y(x) + y^*(x)]' + Q(x)[Y(x) + y^*(x)]$$
$$= [Y''(x) + P(x)Y'(x) + Q(x)Y(x)] + [y^{*''}(x) + P(x)y^{*'}(x) + Q(x)y^*(x)]$$
$$= 0 + f(x) = f(x).$$

即(10-4-6)是二阶非齐次线性微分方程(10-4-3)的通解.

例 4 容易验证 $Y = C_1 \cos x + C_2 \sin x$ 是方程 $y'' + y = 0$ 的通解,$y^* = x^2 - 2$ 是 $y'' + y = x^2$ 的一个特解. 因此

$$y = C_1 \cos x + C_2 \sin x + x^2 - 2$$

是方程 $y'' + y = x^2$ 的通解.

定理 4 设非齐次线性微分方程 $y'' + P(x)y' + Q(x)y = f(x)$ 的右端 $f(x)$ 为几个函数之和,如

$$y'' + P(x)y' + Q(x)y = f_1(x) + f_2(x), \qquad (10-4-7)$$

而 $y_1^*(x)$ 与 $y_2^*(x)$ 分别是方程

$$y'' + P(x)y' + Q(x)y = f_1(x)$$

与

$$y'' + P(x)y' + Q(x)y = f_2(x)$$

的特解,那么 $y_1^*(x) + y_2^*(x)$ 就是方程(10-4-7)的特解.

证 提示:

$$(y_1^* + y_2^*)'' + P(x)(y_1^* + y_2^*)' + Q(x)(y_1^* + y_2^*)$$
$$= [y_1^{*''} + P(x)y_1^{*'} + Q(x)y_1^*] + [y_2^{*''} + P(x)y_2^{*'} + Q(x)y_2^*]$$
$$= f_1(x) + f_2(x).$$

注1 定理 4 称为非齐次线性微分方程的特解对其自由项的**叠加原理**.

习题 10.4

1. 判断下列函数在定义区间内的线性相关性：
(1) x，x^2；
(2) x^3，$-3x^3$；
(3) e^x，e^{x+1}；
(4) e^{-x}，e^x；
(5) e^{-x}，$\sin x$；
(6) $x-1$，$x+1$.

2. 验证 $y_1 = e^{x^2}$ 及 $y_2 = x e^{x^2}$ 都是方程 $y'' - 4xy' + (4x^2 - 2)y = 0$ 的解，并写出该方程的通解.

3. 已知函数 $y_1 = \sin x$，$y_2 = \cos x$，$y_3 = e^x$ 都是某二阶非齐次线性方程的解，求该方程的通解.

10.5 二阶常系数线性微分方程

在多数实际问题中，应用较多的高阶微分方程是**二阶常系数线性微分方程**，它的一般形式为

$$y'' + py' + qy = f(x), \quad (10-5-1)$$

其中 p，q 均为常数，$f(x)$ 为已知函数. 当方程右端 $f(x) = 0$ 时，方程 $(10-5-1)$ 可化为

$$y'' + py' + qy = 0, \quad (10-5-2)$$

则方程 $(10-5-2)$ 称为**二阶常系数齐次线性微分方程**，否则称为**二阶常系数非齐次线性微分方程**.

10.5.1 二阶常系数齐次线性微分方程的解法

根据齐次线性微分方程解的结构定理，欲求方程 $(10-5-2)$ 的通解，只须求出其两个线性无关的特解 y_1，y_2，$\dfrac{y_1}{y_2} \neq$ 常数，那么方程 $(10-5-2)$ 的通解为 $y = C_1 y_1 + C_2 y_2$.

在方程 $(10-5-2)$ 中，由于 p，q 都是常数，通过观察可以发现，若某一函数 $y = y(x)$ 与其一阶导数 y'、二阶导数 y'' 之间仅相差一个常数因子，通过调整其

常数,那么就可能得到该方程的解. 显然,指数函数 $y=\mathrm{e}^{rx}$(r 为常数)就具有这一特性,我们尝试能否通过选取适当的常数 r,使得 $y=\mathrm{e}^{rx}$ 满足方程(10-5-2),这时将

$$y=\mathrm{e}^{rx},\quad y'=r\mathrm{e}^{rx},\quad y''=r^2\mathrm{e}^{rx}$$

代入方程(10-5-2),得到

$$(r^2+pr+q)\mathrm{e}^{rx}=0. \qquad (10-5-3)$$

由此可见,只要 r 满足代数方程 $r^2+pr+q=0$,函数 $y=\mathrm{e}^{rx}$ 就是微分方程(10-5-2)的解. 由于方程(10-5-3)完全由微分方程(10-5-2)所确定,所以称代数方程(10-5-3)为微分方程(10-5-2)的**特征方程**,特征方程的根称为**特征根**.

由上述分析,求微分方程(10-5-2)的通解问题就转化为求其特征方程根的问题. 特征方程(10-5-3)的两个根 r_1,r_2 可用公式

$$r_{1,2}=\frac{-p\pm\sqrt{p^2-4q}}{2}$$

求出. 判别式 $\Delta=p^2-4q$ 的 3 种不同的情形,对应着其特征根的 3 种不同的情形.

(1) $\Delta>0$ 时,特征方程有两个不相等的实根 r_1,r_2.

此时,函数 $y_1=\mathrm{e}^{r_1x}$ 和 $y_2=\mathrm{e}^{r_2x}$ 是微分方程(10-5-2)的解,且 $\dfrac{y_1}{y_2}=\dfrac{\mathrm{e}^{r_1x}}{\mathrm{e}^{r_2x}}=\mathrm{e}^{(r_1-r_2)x}$ 不是常数. 因此,微分方程(10-5-2)的通解为

$$y=C_1\mathrm{e}^{r_1x}+C_2\mathrm{e}^{r_2x}. \qquad (10-5-4)$$

(2) $\Delta=0$ 时,特征方程有两个相等的实根 $r_1=r_2$.

此时,由于 $r_1=r_2=-\dfrac{p}{2}$,我们只得到微分方程(10-5-2)的一个特解,$y_1=\mathrm{e}^{r_1x}$. 因此,需要求出微分方程(10-5-2)的另外一个与 $y_1=\mathrm{e}^{r_1x}$ 线性无关的解 y_2. 为此,我们验证 $y_2=x\mathrm{e}^{r_1x}$ 也是微分方程(10-5-2)的一个特解. 事实上,将

$$y_2=x\mathrm{e}^{r_1x},\quad y_2'=\mathrm{e}^{r_1x}+r_1x\mathrm{e}^{r_1x},\quad y_2''=2r_1\mathrm{e}^{r_1x}+r_1^2x\mathrm{e}^{r_1x}$$

代入微分方程(10-5-2),得到

$$(xe^{r_1x})'' + p(xe^{r_1x})' + q(xe^{r_1x})$$
$$= (2r_1 + xr_1^2)e^{r_1x} + p(1+xr_1)e^{r_1x} + qxe^{r_1x}$$
$$= e^{r_1x}(2r_1 + p) + xe^{r_1x}(r_1^2 + pr_1 + q)$$
$$= 0.$$

所以 $y_2 = xe^{r_1x}$ 也是方程的解,且 $\dfrac{y_2}{y_1} = \dfrac{xe^{r_1x}}{e^{r_1x}} = x$ 不是常数. 因此,方程(10-5-2)的通解为

$$y = C_1 e^{r_1x} + C_2 x e^{r_1x}. \qquad (10-5-5)$$

(3) $\Delta < 0$ 时,特征方程有一对共轭复根.

此时,$r_1 = \alpha + i\beta$,$r_2 = \alpha - i\beta$,其中 $\alpha = -\dfrac{p}{2}$,$\beta = \dfrac{\sqrt{4q-p^2}}{2}$. 那么,函数 $y_1 = e^{(\alpha+i\beta)x}$ 和 $y_2 = e^{(\alpha-i\beta)x}$ 是微分方程(10-5-2)的两个特解,但是它们是复数形式的解,而非我们所希望的实数形式. 通过验证可知

$$\overline{y_1} = e^{\alpha x} \cos \beta x, \quad \overline{y_2} = e^{\alpha x} \sin \beta x \qquad (10-5-6)$$

是微分方程(10-5-2)的两个线性无关的实数形式的解. 因此,方程(10-5-2)的通解为

$$y = e^{\alpha x}(C_1 \cos \beta x + C_2 \sin \beta x). \qquad (10-5-7)$$

综上所述,求二阶常系数齐次线性微分方程 $y'' + py' + qy = 0$ 的通解的步骤为:

第一步 写出齐次微分方程(10-5-2)的特征方程

$$r^2 + pr + q = 0.$$

第二步 求出特征方程的两个根 r_1, r_2.

第三步 根据特征方程根的 3 种不同情况,按照表 10-1 写出微分方程(10-5-2)的通解.

表 10-1

特征方程	特征根	$y''+py'+qy=0$ 的通解
$r^2+pr+q=0$	两个不相等的实根 r_1, r_2 两个相等的实根 r_1, r_2 一对共轭复根 $r_{1,2}=\alpha\pm\mathrm{i}\beta$	$y=C_1\mathrm{e}^{r_1x}+C_2\mathrm{e}^{r_2x}$ $y=C_1\mathrm{e}^{r_1x}+C_2x\mathrm{e}^{r_1x}$ $y=\mathrm{e}^{\alpha x}(C_1\cos\beta x+C_2\sin\beta x)$

例 1 求微分方程 $y''-2y'-3y=0$ 的通解.

解 所给微分方程的特征方程为
$$r^2-2r-3=0,$$

即 $(r+1)(r-3)=0$,从而得到 $r_1=-1, r_2=3$ 是该特征方程两个不相等的实根,因此所给微分方程的通解为
$$y=C_1\mathrm{e}^{-x}+C_2\mathrm{e}^{3x}.$$

例 2 求微分方程 $y''+2y'+y=0$ 满足初始条件 $y|_{x=0}=4$, $y'|_{x=0}=-2$ 的特解.

解 所给方程的特征方程为
$$r^2+2r+1=0,$$

即 $(r+1)^2=0$. 其根 $r_1=r_2=-1$ 是两个相等的实根,因此所给微分方程的通解为
$$y=(C_1+C_2x)\mathrm{e}^{-x}.$$

将条件 $y|_{x=0}=4$ 代入通解,得 $C_1=4$,从而
$$y=(4+C_2x)\mathrm{e}^{-x}.$$

将上式对 x 求导,得
$$y'=(C_2-4-C_2x)\mathrm{e}^{-x}.$$

再把条件 $y'|_{x=0}=-2$ 代入上式,得 $C_2=2$. 于是所求特解为
$$y=(4+2x)\mathrm{e}^{-x}.$$

例 3 求微分方程 $y''-2y'+5y=0$ 的通解.

解 所给微分方程的特征方程为

$$r^2 - 2r + 5 = 0.$$

特征方程的根为 $r_1 = 1+2i$, $r_2 = 1-2i$, 是一对共轭复根. 因此, 所给微分方程的通解为

$$y = e^x(C_1 \cos 2x + C_2 \sin 2x).$$

10.5.2 二阶常系数非齐次线性微分方程的解法

考虑二阶常系数非齐次线性微分方程

$$y'' + py' + qy = f(x). \tag{10-5-8}$$

其中 p, q 是常数.

由 10.4 节定理 3 知, 二阶常系数非齐次线性微分方程的通解是对应的齐次方程的通解 $y = Y(x)$ 与非齐次方程本身的一个特解 $y = y^*(x)$ 之和, 即

$$y = Y(x) + y^*(x).$$

而方程 $y'' + py' + qy = 0$ 的通解的求解问题在上面已经完全解决了. 因此, 求方程 $y'' + py' + qy = f(x)$ 的通解关键是求出它的一个特解 y^*.

下面, 我们介绍非齐次线性微分方程 $y'' + py' + qy = f(x)$ 的一种解法: 若 $f(x)$ 具有某种特殊形式, 则可断定特解 y^* 应该具有某种特定形式, 并将其代入微分方程 (10-5-8) 中, 再利用恒等关系确定出具体特解 y^*. 该方法的特点是不用积分, 通常称为**待定系数法**.

1. 类型 I $f(x) = P_m(x)e^{\lambda x}$ 型

在二阶常系数非齐次线性微分方程 (10-5-8) 中, 当 $f(x) = P_m(x)e^{\lambda x}$ 时, 可以猜想, 方程的特解也应具有这种形式. 因此, 设特解形式为 $y^* = Q(x)e^{\lambda x}$, 其中 $Q(x)$ 是某个待定的多项式, 将其代入方程, 得到

$$Q''(x) + (2\lambda + p)Q'(x) + (\lambda^2 + p\lambda + q)Q(x) = P_m(x). \tag{10-5-9}$$

(1) 如果 λ 不是特征方程 $r^2 + pr + q = 0$ 的根, 则 $\lambda^2 + p\lambda + q \neq 0$. 要使 (10-5-9) 式成立, $Q(x)$ 应设为 m 次多项式:

$$Q_m(x) = b_0 x^m + b_1 x^{m-1} + \cdots + b_{m-1}x + b_m.$$

通过比较等式两边同次项系数, 可确定待定系数 $b_0, b_1, \cdots, b_m$, 并得所求特

解为

$$y^* = Q_m(x)e^{\lambda x}. \qquad (10\text{-}5\text{-}10)$$

（2）如果 λ 是特征方程 $r^2 + pr + q = 0$ 的单根，则 $\lambda^2 + p\lambda + q = 0$，但 $2\lambda + p \neq 0$，要使等式(10-5-9)成立，$Q(x)$ 应设为 $m+1$ 次多项式：

$$Q(x) = xQ_m(x).$$

通过比较等式两边同次项系数，可确定 $b_0, b_1, \cdots, b_m$，并得所求特解为

$$y^* = xQ_m(x)e^{\lambda x}. \qquad (10\text{-}5\text{-}11)$$

（3）如果 λ 是特征方程 $r^2 + pr + q = 0$ 的二重根，则

$$\lambda^2 + p\lambda + q = 0, \ 2\lambda + p = 0,$$

要使等式(10-5-9)成立，$Q(x)$ 应设为 $m+2$ 次多项式：

$$Q(x) = x^2 Q_m(x).$$

通过比较等式两边同次项系数，可确定 $b_0, b_1, \cdots, b_m$，并得所求特解为

$$y^* = x^2 Q_m(x)e^{\lambda x}. \qquad (10\text{-}5\text{-}12)$$

综上所述，我们将讨论的结果归纳如表 10-2 所示.

表 10-2

λ 与特征方程的关系	特解形式 $y^* = x^k Q_m(x)e^{\lambda x}$
λ 不是特征根	$k=0, \ y^* = Q_m(x)e^{\lambda x}$
λ 是单特征根	$k=1, \ y^* = xQ_m(x)e^{\lambda x}$
λ 是二重特征根	$k=2, \ y^* = x^2 Q_m(x)e^{\lambda x}$

例 4 求微分方程 $y'' - 2y' - 3y = 3x + 1$ 的一个特解.

解 这是二阶常系数非齐次线性微分方程，且函数 $f(x)$ 是 $P_m(x)e^{\lambda x}$ 型，其中 $P_m(x) = 3x + 1, \lambda = 0$. 所给方程对应的齐次方程为

$$y'' - 2y' - 3y = 0,$$

它的特征方程为

$$r^2 - 2r - 3 = 0.$$

特征根为 $r_1=-1$,$r_2=3$.由于 $\lambda=0$ 不是特征方程的根,所以应设特解为
$$y^*=b_0x+b_1.$$
把它代入所给方程,得
$$-3b_0x-2b_0-3b_1=3x+1,$$
比较两端 x 同次幂的系数,得
$$\begin{cases}-3b_0=3,\\-2b_0-3b_1=1,\end{cases}$$
由此求得 $b_0=-1$,$b_1=\dfrac{1}{3}$.于是求得所给方程的一个特解为
$$y^*=-x+\dfrac{1}{3}.$$

例 5 求微分方程 $y''-5y'+6y=x\mathrm{e}^{2x}$ 的通解.

解 所给方程是二阶常系数非齐次线性微分方程,且 $f(x)$ 是 $P_m(x)\mathrm{e}^{\lambda x}$ 型,其中 $P_m(x)=x$,$\lambda=2$.所给方程对应的齐次方程为
$$y''-5y'+6y=0,$$
它的特征方程为
$$r^2-5r+6=0.$$
特征方程有两个实根 $r_1=2$,$r_2=3$.于是所给方程对应的齐次方程的通解为
$$Y=C_1\mathrm{e}^{2x}+C_2\mathrm{e}^{3x}.$$

由于 $\lambda=2$ 是特征方程的单根,所以应设方程的特解为 $y^*=x(b_0x+b_1)\mathrm{e}^{2x}$.把它代入所给方程,比较两端 x 同次幂的系数,得
$$\begin{cases}-2b_0=1,\\2b_0-b_1=0,\end{cases}$$
由此求得 $b_0=-\dfrac{1}{2}$,$b_1=-1$.于是求得所给方程的一个特解为
$$y^*=x\left(-\dfrac{1}{2}x-1\right)\mathrm{e}^{2x}.$$

从而所给方程的通解为

$$y = C_1 e^{2x} + C_2 e^{3x} - \frac{1}{2}(x^2 + 2x)e^{2x}.$$

2. 类型Ⅱ　$f(x) = e^{\lambda x}[P_l(x)\cos\omega x + P_n(x)\sin\omega x]$ 型

应用欧拉公式可得

$$e^{\lambda x}[P_l(x)\cos\omega x + P_n(x)\sin\omega x]$$
$$= e^{\lambda x}\left[P_l(x)\frac{e^{i\omega x} + e^{-i\omega x}}{2} + P_n(x)\frac{e^{i\omega x} - e^{-i\omega x}}{2i}\right]$$
$$= \frac{1}{2}[P_l(x) - iP_n(x)]e^{(\lambda+i\omega)x} + \frac{1}{2}[P_l(x) + iP_n(x)]e^{(\lambda-i\omega)x}$$
$$= P(x)e^{(\lambda+i\omega)x} + \bar{P}(x)e^{(\lambda-i\omega)x},$$

其中 $P(x) = \frac{1}{2}(P_l - P_n i)$，$\bar{P}(x) = \frac{1}{2}(P_l + P_n i)$. 而 $m = \max\{l, n\}$.

设方程 $y'' + py' + qy = P(x)e^{(\lambda+i\omega)x}$ 的特解为 $y_1^* = x^k Q_m(x) e^{(\lambda+i\omega)x}$，则 $\bar{y}_1^* = x^k \bar{Q}_m(x) e^{(\lambda-i\omega)x}$ 必是方程 $y'' + py' + qy = \bar{P}(x)e^{(\lambda-i\omega)x}$ 的特解,其中 k 按 $\lambda \pm i\omega$ 不是特征方程的根或是特征方程的根依次取 0 或 1.

于是方程 $y'' + py' + qy = e^{\lambda x}[P_l(x)\cos\omega x + P_n(x)\sin\omega x]$ 的特解为

$$y^* = x^k Q_m(x) e^{(\lambda+i\omega)x} + x^k \bar{Q}_m(x) e^{(\lambda-i\omega)x}$$
$$= x^k e^{\lambda x}[Q_m(x)(\cos\omega x + i\sin\omega x) + \bar{Q}_m(x)(\cos\omega x - i\sin\omega x)]$$
$$= x^k e^{\lambda x}[R_m^{(1)}(x)\cos\omega x + R_m^{(2)}(x)\sin\omega x].$$

综上所述,我们将讨论的结果归纳如表 10-3 所示.

表 10-3

$\lambda \pm i\omega$ 与特征方程的关系	特解形式 $y^* = x^k e^{\lambda x}[R_m^{(1)}(x)\cos\omega x + R_m^{(2)}(x)\sin\omega x]$
$\lambda + i\omega$ 或 $\lambda - i\omega$ 不是特征根	$k = 0$，$y^* = e^{\lambda x}[R_m^{(1)}(x)\cos\omega x + R_m^{(2)}(x)\sin\omega x]$
$\lambda + i\omega$ 或 $\lambda - i\omega$ 是特征根	$k = 1$，$y^* = x e^{\lambda x}[R_m^{(1)}(x)\cos\omega x + R_m^{(2)}(x)\sin\omega x]$

例 6　求微分方程 $y'' + y = x\cos 2x$ 的一个特解.

解　所给方程是二阶常系数非齐次线性微分方程,且 $f(x)$ 属于 $e^{\lambda x}[P_l(x)\cos\omega x + P_n(x)\sin\omega x]$ 型(其中 $\lambda = 0$，$\omega = 2$，$P_l(x) = x$，$P_n(x) = 0$).所给方程对应的齐次方程为

$$y'' + y = 0,$$

它的特征方程为 $r^2 + 1 = 0$,特征根为 $r_{1,2} = \pm i$. 由于 $\lambda + i\omega = 2i$ 不是特征方程的根,所以应设特解为

$$y^* = (ax + b)\cos 2x + (cx + d)\sin 2x.$$

将它代入所给方程,得

$$(-3ax - 3b + 4c)\cos 2x - (3cx + 3d + 4a)\sin 2x = x\cos 2x.$$

比较两端同类项的系数,得 $a = -\dfrac{1}{3}$, $b = 0$, $c = 0$, $d = \dfrac{4}{9}$. 于是求得一个特解为

$$y^* = -\frac{1}{3}x\cos 2x + \frac{4}{9}\sin 2x.$$

习题 10.5

1. 求下列微分方程的通解:
   (1) $y'' + y' - 2y = 0$;
   (2) $y'' + y = 0$;
   (3) $y'' - 4y' + 5y = 0$;
   (4) $y'' - 3y' + 2y = 0$;
   (5) $4y'' - 20y' + 25y = 0$;
   (6) $y'' - 4y' = 5y = 0$.

2. 求下列微分方程满足所给初始条件的特解:
   (1) $y'' - 4y' + 3y = 0$, $y|_{x=0} = 6$, $y'|_{x=0} = 10$;
   (2) $4y'' + 4y' + y = 0$, $y|_{x=0} = 2$, $y'|_{x=0} = 0$;
   (3) $y'' + 4y' + 29y = 0$, $y|_{x=0} = 0$, $y'|_{x=0} = 15$;
   (4) $y'' + 25y = 0$, $y|_{x=0} = 2$, $y'|_{x=0} = 5$.

3. 求下列微分方程的通解:
   (1) $2y'' + y' - y = 2e^x$;
   (2) $2y'' + 5y' = 5x^2 - 2x - 1$;
   (3) $y'' - 2y' + 5y = e^x \sin 2x$;
   (4) $y'' - 4y' + 4y = e^{2x}$;
   (5) $y'' + 3y' + 2y = 3xe^{-x}$;
   (6) $y'' + 2y' + y = x$.

4. 求下列微分方程满足所给初始条件的特解:
   (1) $y'' - 3y' + 2y = 1$, $y|_{x=0} = 2$, $y'|_{x=0} = 2$;
   (2) $y'' - 6y' + 9y = (2x+1)e^{3x}$, $y|_{x=0} = 1$, $y'|_{x=0} = 2$;
   (3) $y'' + 4y' = \sin x$, $y|_{x=0} = 1$, $y'|_{x=0} = 1$;

(4) $y''-4y'=5$, $y|_{x=0}=1$, $y'|_{x=0}=0$.

5. 设函数 $f(x)$ 连续，$f(0)=0$，同时满足

$$f'(x)=1+\int_0^x[3e^{-t}-f(t)]dt.$$

求函数 $f(x)$.

本章小结

一、微分方程基本概念

1. 含有未知函数的导数（或微分），同时也可能含有自变量与未知函数本身的方程，称为微分方程.

2. 微分方程中所出现的未知函数的最高阶导数（或微分）的阶数，叫作微分方程的阶.

3. 满足微分方程的函数（把函数代入微分方程能使该方程成为恒等式）叫作该微分方程的解.

4. 如果 n 阶微分方程的解中含有 n 个独立的任意常数，则这样的解叫作微分方程的通解. 而确定了通解中任意常数的值的解，称为方程的特解.

5. 如果微分方程的解的图形是一条曲线，叫作微分方程的积分曲线.

二、一阶微分方程

1. 可分离变量的微分方程 $\dfrac{dy}{dx}=f(x)g(y)$ 的解法.

第一步　分离变量，将方程写成 $\dfrac{dy}{g(y)}=f(x)dx$，$g(y)\neq 0$ 的形式；

第二步　两端积分 $\int\dfrac{dy}{g(y)}=\int f(x)dx$，设积分后得 $G(x)=F(x)+C$；

第三步　求出由 $G(x)=F(x)+C$ 所确定的隐函数 $y=\varphi(x)$ 或 $x=\Psi(x)$.

2. 齐次微分方程 $\dfrac{dy}{dx}=\varphi\left(\dfrac{y}{x}\right)$ 的解法.

在齐次方程 $\dfrac{dy}{dx}=\varphi\left(\dfrac{y}{x}\right)$ 中，令 $u=\dfrac{y}{x}$，即 $y=ux$，对 $y=ux$ 两端关于 x 求

导,得 $\dfrac{\mathrm{d}y}{\mathrm{d}x}=u+x\dfrac{\mathrm{d}u}{\mathrm{d}x}$,代入方程 $\dfrac{\mathrm{d}y}{\mathrm{d}x}=\varphi\left(\dfrac{y}{x}\right)$ 中,有 $u+x\dfrac{\mathrm{d}u}{\mathrm{d}x}=\varphi(u)$,分离变量,得 $\dfrac{\mathrm{d}u}{\varphi(u)-u}=\dfrac{\mathrm{d}x}{x}$. 两端积分,得 $\int\dfrac{\mathrm{d}u}{\varphi(u)-u}=\int\dfrac{\mathrm{d}x}{x}$. 求出积分后,再用 $\dfrac{y}{x}$ 代替 u,便得所给齐次方程的通解.

3. 一阶线性微分方程 $\dfrac{\mathrm{d}y}{\mathrm{d}x}+P(x)y=Q(x)$ 的解法.

利用"常数变异法",设 $y=u(x)\mathrm{e}^{-\int P(x)\mathrm{d}x}$ 为原方程的解,代入原方程得

$$u'(x)\mathrm{e}^{-\int P(x)\mathrm{d}x}-u(x)\mathrm{e}^{-\int P(x)\mathrm{d}x}P(x)+P(x)u(x)\mathrm{e}^{-\int P(x)\mathrm{d}x}=Q(x).$$

于是得 $u(x)=\int Q(x)\mathrm{e}^{\int P(x)\mathrm{d}x}\mathrm{d}x+C$,于是非齐次线性方程的通解为

$$y=\mathrm{e}^{-\int P(x)\mathrm{d}x}\left[\int Q(x)\mathrm{e}^{\int P(x)\mathrm{d}x}\mathrm{d}x+C\right].$$

三、可降阶的高阶微分方程

1. $y^{(n)}=f(x)$ 型的微分方程的解法.

积分 n 次,即可得到 $y^{(n)}=f(x)$ 的通解.

2. $y''=f(x,y')$ 型的微分方程的解法.

设 $y'=p$,则方程化为 $p'=f(x,p)$. 设 $p'=f(x,p)$ 的通解为 $p=\varphi(x,C_1)$,则 $\dfrac{\mathrm{d}y}{\mathrm{d}x}=\varphi(x,C_1)$. 原方程的通解为 $y=\int\varphi(x,C_1)\mathrm{d}x+C_2$.

3. $y''=f(y,y')$ 型的微分方程的解法.

设 $y'=p$,有 $y''=\dfrac{\mathrm{d}p}{\mathrm{d}x}=\dfrac{\mathrm{d}p}{\mathrm{d}y}\cdot\dfrac{\mathrm{d}y}{\mathrm{d}x}=p\dfrac{\mathrm{d}p}{\mathrm{d}y}$. 原方程化为 $p\dfrac{\mathrm{d}p}{\mathrm{d}y}=f(y,p)$. 设方程 $p\dfrac{\mathrm{d}p}{\mathrm{d}y}=f(y,p)$ 的通解为 $y'=p=\varphi(y,C_1)$,则原方程的通解为 $\int\dfrac{\mathrm{d}y}{\varphi(y,C_1)}=x+C_2$.

四、高阶线性微分方程

1. 叠加原理. 如果函数 $y_1(x)$ 与 $y_2(x)$ 是方程 $y''+P(x)y'+Q(x)y=0$ 的两个解,那么 $y=C_1y_1(x)+C_2y_2(x)$ 也是方程 $y''+P(x)y'+Q(x)y=$

0 的解.

2. 如果函数 $y_1(x)$ 与 $y_2(x)$ 是方程 $y''+P(x)y'+Q(x)y=0$ 的两个线性无关的解,那么 $y=C_1y_1(x)+C_2y_2(x)$ 是方程 $y''+P(x)y'+Q(x)y=0$ 的通解.

3. 设 $y^*(x)$ 是二阶非齐次线性方程 $y''+P(x)y'+Q(x)y=f(x)$ 的一个特解,$Y(x)$ 是对应的齐次方程的通解,那么 $y=Y(x)+y^*(x)$ 是二阶非齐次线性微分方程的通解.

4. 设非齐次线性微分方程 $y''+P(x)y'+Q(x)y=f(x)$ 的右端 $f(x)$ 是几个函数之和,如 $y''+P(x)y'+Q(x)y=f_1(x)+f_2(x)$,而 $y_1^*(x)$ 与 $y_2^*(x)$ 分别是方程 $y''+P(x)y'+Q(x)y=f_1(x)$ 与 $y''+P(x)y'+Q(x)y=f_2(x)$ 的特解,那么 $y_1^*(x)+y_2^*(x)$ 就是原方程的特解.

五、二阶常系数线性微分方程

1. 二阶常系数齐次线性微分方程的特征方程的根与通解的关系.

(1) 特征方程有两个不相等的实根 r_1,r_2 时,函数 $y_1=e^{r_1x}$,$y_2=e^{r_2x}$ 是方程的两个线性无关的解.

(2) 特征方程有两个相等的实根 $r_1=r_2$ 时,函数 $y_1=e^{r_1x}$,$y_2=xe^{r_1x}$ 是二阶常系数齐次线性微分方程的两个线性无关的解.

(3) 特征方程有一对共轭复根 $r_{1,2}=\alpha\pm i\beta$ 时,函数 $y=e^{(\alpha+i\beta)x}$,$y=e^{(\alpha-i\beta)x}$ 是微分方程的两个线性无关的复数形式的解. 函数 $y=e^{\alpha x}\cos\beta x$,$y=e^{\alpha x}\sin\beta x$ 是微分方程的两个线性无关的实数形式的解.

2. 二阶常系数非齐次线性微分方程的特征方程的根与通解的关系.

(1) 类型 I:$f(x)=P_m(x)e^{\lambda x}$ 型,则二阶常系数非齐次线性微分方程 $y''+py'+qy=f(x)$ 有形如 $y^*=x^kQ_m(x)e^{\lambda x}$ 的特解,其中 $Q_m(x)$ 是与 $P_m(x)$ 同次的多项式,而 k 按 λ 不是特征方程的根、是特征方程的单根或是特征方程的重根依次取 0、1 或 2.

(2) 类型 II:$f(x)=e^{\lambda x}[P_l(x)\cos\omega x+P_n(x)\sin\omega x]$ 型,则二阶常系数非齐次线性微分方程的特解可设为 $y^*=x^ke^{\lambda x}[R_m^{(1)}(x)\cos\omega x+R_m^{(2)}(x)\cdot\sin\omega x]$,其中 $R_m^{(1)}(x)$,$R_m^{(2)}(x)$ 是 m 次多项式,$m=\max\{l,n\}$,而 k 按 $\lambda+i\omega$(或 $\lambda-i\omega$)不是特征方程的根或是特征方程的单根依次取 0 或 1.

总习题 10

(A)

1. 单项选择题：

(1) 微分方程 $(y')^3 y'' = 1$ 的阶数为 _____.
   A. 一   B. 二   C. 三   D. 五

(2) 容易验证：$y_1 = \cos \omega x$，$y_2 = \sin \omega x (\omega > 0)$ 是二阶微分方程 $y'' + \omega^2 y = 0$ 的解,试指出下列哪个函数是方程的通解(式中 C_1, C_2 为任意常数)：_____.
   A. $y = C_1 \cos \omega x + C_2 \sin \omega x$ B. $y = C_1 \cos \omega x + 2 \sin \omega x$
   C. $y = C_1 \cos \omega x + 2 C_1 \sin \omega x$ D. $y = C_1^2 \cos \omega x + C_2 \sin \omega x$

(3) 微分方程 $xy' = y \ln y - y \ln x$ 是 _____.
   A. 可分离变量方程   B. 齐次方程
   C. 一阶线性微分方程   D. 以上都不对

(4) 微分方程 $\dfrac{dy}{dx} = 2\sqrt{\dfrac{y}{x}} + \dfrac{y}{x}$ 的解为 _____.
   A. $y = (\ln|x| + C)^2 x$ B. $y = 0$
   C. $y = (\ln|x| + C)^2 x$ 和 $y = 0$ D. 以上都不对

(5) 设 $f(x)$, $f'(x)$ 为已知的连续函数,则方程 $y' + f'(x) y = f(x) f'(x)$ 的解是 _____.
   A. $y = f(x) - 1 + C e^{-f(x)}$ B. $y = f(x) + 1 + C e^{-f(x)}$
   C. $y = f(x) - C + C e^{-f(x)}$ D. $y = f(x) + C e^{-f(x)}$

(6) 微分方程 $y'' - y = e^x + 1$ 的一个特解应具有形式 _____.
   A. $a e^x + b$ B. $a x e^x + b x$
   C. $a e^x + b x$ D. $a x e^x + b$

(7) 微分方程 $y'' + y = x \cos 2x$ 的一个特解应具有形式 _____.
   A. $(Ax + B) \cos 2x + (Cx + D) \sin 2x$ B. $(Ax^2 + Bx) \cos 2x$
   C. $A \cos 2x + B \sin 2x$ D. $(Ax + B) \cos 2x$

(8) 微分方程 $y'' + 2y' + 1 = 0$ 的通解是 _____.
   A. $y = (C_1 + C_2 x) e^{-x}$ B. $y = C_1 e^x + C_2 e^{-x}$

C. $y = C_1 + C_2 e^{-2x} - \dfrac{1}{2}x$ 　　　D. $y = C_1 \cos x + C_2 \sin x - \dfrac{1}{2}x$

(9) 设线性无关的函数 y_1, y_2, y_3 都是二阶非齐次线性方程 $y'' + p(x)y' + q(x)y = f(x)$ 的解，C_1, C_2 是任意常数，则该非齐次方程的通解是 _____．

A. $C_1 y_1 + C_2 y_2 + y_3$

B. $C_1 y_1 + C_2 y_2 - (C_1 + C_2) y_3$

C. $C_1 y_1 + C_2 y_2 - (1 - C_1 - C_2) y_3$

D. $C_1 y_1 + C_2 y_2 + (1 - C_1 - C_2) y_3$

2. 填空题：

(1) 一曲线上点 (x, y) 的切线自切点到纵坐标轴间的切线段有定长 2，则曲线应满足的微分方程是 _____．

(2) 镭的衰变速度与它的现存量 m 成正比（比例系数为 k），已知在时刻零时镭的存量为 m_0，则镭的量 m 与时间 t 应满足的微分方程初值问题是 _____．

(3) 一质量为 m 的物体在空气中由静止开始下落．已知空气阻力与下落速度平方成正比（比例系数为 k），则物体下落的速度与时间应满足的微分方程初值问题是 _____．

(4) 满足方程 $x^2 y'' = 1$，$y'(1) = -1$，$y(1) = 0$ 的解为 _____．

(5) 设 $f_1(t), f_2(t), \cdots, f_n(t)$ 是定义在区间 $[\alpha, \beta]$ 上的函数组，则 $f_1(t), f_2(t), \cdots, f_n(t)$ 线性无关的含义是 _____．

3. 求下列微分方程的解：

(1) 求微分方程 $(xy' - y) \cos^2 \dfrac{y}{x} + x = 0$ 的通解；

(2) 求微分方程 $2x(y e^{x^2} - 1) dx + e^{x^2} dy = 0$ 的通解；

(3) 求微分方程 $y y'' + y'^2 = 0$ 的通解；

(4) 求微分方程 $y' + \sin \dfrac{x+y}{2} = \sin \dfrac{x-y}{2}$ 的通解；

(5) 求微分方程 $x^2 y'' + xy' = 1$ 的通解；

(6) 求微分方程 $y'' + 2y' - 3y = 0$ 的一条积分曲线，使其在原点处与直线 $y = 4x$ 相切；

(7) 求微分方程 $y'' + y = \text{ch}\, x$ 的一个特解．

4. 设函数 $\varphi(x)$ 连续,且满足 $\varphi(x) = e^x + \int_0^x t\varphi(t)dt - x\int_0^x \varphi(t)dt$,求 $\varphi(x)$.

5. 已知某曲线经过点 $(1,1)$,它的切线在纵轴上的截距等于切点的横坐标,求该曲线的方程.

(B)

1. 单项选择题:

   (1) 微分方程 $(x^2 - y^2)dx + (x^2 + y^2)dy = 0$ 是 _____.

   A. 可分离变量微分方程　　B. 齐次方程

   C. 一阶线性方程　　　　　D. 以上都不是

   (2) 微分方程 $y'' + 2y' + 1 = 0$ 的通解是 _____.

   A. $y = (C_1 + C_2 x)e^{-x}$　　B. $y = C_1 e^x + C_2 e^{-x}$

   C. $y = C_1 + C_2 e^{-2x} - \dfrac{1}{2}x$　　D. $y = C_1 \cos x + C_2 \sin x - \dfrac{1}{2}x$

   (3) 微分方程 $y'' - y = e^x - 2$ 的一个特解可设为 _____.

   A. $ae^x + b$　　　　　B. $axe^x + bx$

   C. $ae^x + bx$　　　　　D. $axe^x + b$

   (4) 微分方程 $y'' + 12y' + 9y = x\cos x$ 的一个特解可设为 _____.

   A. $(a_1 x + b_1)\cos x + (a_2 x + b_2)\sin x$

   B. $a_1 x \cos x + a_2 x \sin x$

   C. $a_1 x \cos x$

   D. $(ax + b)\cos x$

   (5) 设常数 a, b 同号,则微分方程 $y'' + (b-a)y' - aby = 0$ 的通解为 _____.

   A. $y = C_1 e^{ax} + C_2 e^{-bx}$

   B. $y = C_1 e^{-ax} + C_2 e^{bx}$

   C. $y = C_1 e^{ax} + C_2 e^{bx}$

   D. $y = C_1 e^{-ax} + C_2 e^{-bx}$

   (6) 已知 $x = 1$ 时, $y = 1$,且函数 $y = f(x)$ 满足方程 $(x^2 + 2xy - y^2)dx + (y^2 + 2xy - x^2)dy = 0$,则当 $x = \dfrac{1+\sqrt{2}}{2}$ 时,有 $y =$ _____.

   A. 1　　B. $\dfrac{1}{2}$　　C. $\dfrac{\sqrt{2}}{2}$　　D. $\dfrac{1+\sqrt{2}}{2}$

(7) 微分方程 $y'' - 4y' = x$ 的通解为 _____.

A. $y = C_1 + C_2 e^{4x} - \dfrac{x^2}{8} + \dfrac{x}{16}$

B. $y = C_1 + C_2 e^{4x} + \dfrac{x^2}{8} - \dfrac{x}{16}$

C. $y = (C_1 + C_2 x) e^{4x} - \dfrac{x^2}{8} - \dfrac{x}{16}$

D. $y = C_1 + C_2 e^{4x} - \dfrac{x^2}{8} - \dfrac{x}{16}$

(8) 微分方程 $y'' + y' - 2y = 3x e^x$ 有一特解为 _____.

A. $y = \left(\dfrac{x^2}{2} - \dfrac{x}{3}\right) e^x$

B. $y = \left(\dfrac{x^2}{2} + \dfrac{x}{3}\right) e^x$

C. $y = \left(\dfrac{x^2}{2} - x\right) e^x$

D. $y = \left(\dfrac{x}{2} - \dfrac{1}{3}\right) e^x$

2. 填空题：

(1) 微分方程 $(y'')^2 = y' y''' + y' - y$ 是 _____ 阶微分方程.

(2) 以 $y = (x + C)x$ 为通解的微分方程为 _____.

(3) 由参数方程 $\begin{cases} x = (t-2) f(t) \\ y = t f(t) \end{cases}$ 所确定的函数 $y = y(x)$ 的导数为 $\dfrac{dy}{dx} = \dfrac{2t+1}{2t-3}$，则满足 $f(-\ln 3) = 1$ 的函数为 _____.

(4) 微分方程 $y' - y \tan x + y^2 \cos x = 0$ 的通解为 _____.

(5) 微分方程 $y'' - 6y' + 9y = (x-1) e^{3x}$ 的特解形式可设为 _____.

(6) 微分方程 $y'' + 4y = -4 \sin 2x$ 的特解形式可设为 _____.

(7) 设 $y_1 = x$，$y_2 = x + e^x$，$y_3 = 1 + x + e^x$ 为常系数线性微分方程 $y'' + py' + qy = f(x)$ 的解，则此方程的通解为 _____.

(8) 微分方程 $y'' - 4y' + 3y = 0$ 的通解为 _____.

(9) 微分方程 $y'' + 10y' + 25y = 2e^{-5x}$ 的通解为 _____.

(10) 微分方程 $y'' + y = 2\cos x$ 的通解为 _____.

3. 求 $xy' + (1-x)y = e^{2x}\ (0 < x < +\infty)$ 满足 $\lim\limits_{x \to 0^+} y(x) = 0$ 的解.

4. 求经过点 $\left(\dfrac{1}{2}, 0\right)$ 且满足方程 $y'\arcsin x + \dfrac{y}{\sqrt{1-x^2}} = 1$ 的曲线方程.

5. 求微分方程 $y'' = \dfrac{3x^2}{1+x^3}y'$ 满足 $y|_{x=0} = 1$，$y'|_{x=0} = 4$ 的特解.

6. 求微分方程 $y'' + y = x + \cos x$ 的通解.

附录 I
希腊字母表

大写	小写	读音
A	α	Alpha
B	β	Beta
Γ	γ	Gamma
Δ	δ	Delta
E	ε	Epsilon
Z	ζ	DeltaH
H	η	Eta
Θ	θ	Theta
I	ι	Iota
K	κ	Kappa
Λ	λ	Lambda
M	μ	Mu
N	ν	Nu
Ξ	ξ	Xi
O	o	Omicron
Π	π	Pi
P	ρ	Rho
Σ	σ	Sigma
T	τ	Tau
Υ	υ	Upsilon
Φ	φ	Phi

X	χ	Chi
Ψ	ψ	Psi
Ω	ω	Omega

附录 Ⅱ

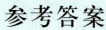

参考答案

习题 7.1

1. (1) x 轴；(2) yOz 平面；(3) xOy 平面；(4) Ⅰ；(5) Ⅱ；(6) Ⅳ；(7) Ⅷ；(8) Ⅶ.

2. $(3, -2, 1)$；$(-3, -2, 1)$；$(3, 2, 1)$；$(3, -2, -1)$；$(-3, 2, 1)$；$(3, 2, -1)$；$(-3, -2, -1)$.

3. $R\left(0, 0, \dfrac{14}{9}\right)$.

4. 略.

5. $4, 6, -2$.

6. 以点 $(1, -2, 2)$ 为球心，半径等于 4 的球面.

7. (1) 直线，平面；(2) 椭圆，椭圆柱面；(3) 圆，圆柱面；(4) 抛物面，抛物柱面.

8. (1) $\left\{(x, y) \,\middle|\, \dfrac{x^2}{a^2} + \dfrac{y^2}{b^2} \leqslant 1\right\}$；

   (2) $\{(x, y) \mid x > y,\ x - y \neq 1\}$；

   (3) $\left\{(x, y) \,\middle|\, -1 \leqslant \dfrac{y}{x} \leqslant 1,\ x \neq 0\right\}$；

   (4) $\{(x, y) \mid x > \sqrt{y},\ x^2 + y^2 \leqslant 1,\ y \geqslant 0\}$.

9. (1) 开集，无界集，聚点集：$\mathbf{R}^2$，边界：$\{(x, y) \mid x = 0\}$；

   (2) 既非开集又非闭集，有界集，聚点集：$\{(x, y) \mid 1 \leqslant x^2 + y^2 \leqslant 4\}$，
   边界：$\{(x, y) \mid x^2 + y^2 = 1\} \cup \{(x, y) \mid x^2 + y^2 = 4\}$；

   (3) 开集，区域，无界集，聚点集：$\{(x, y) \mid y \leqslant x^2\}$，边界：$\{(x, y) \mid y = x^2\}$；

   (4) 开集，区域，无界集，聚点集：$\{(x, y) \mid x^2 + y^2 > 0\}$，边界：$\{(x, y) \mid x^2 + y^2 = 0\}$.

习题 7.2

1. (1) 0；(2) 不存在；(3) 2；(4) 不存在.

2. (1) 连续；(2) 间断；(3) 间断.

3. 略.

习题 7.3

1. (1) $\dfrac{\partial z}{\partial x} = 2xy + \dfrac{1}{y^2}, \dfrac{\partial z}{\partial y} = x^2 - \dfrac{2x}{y^3}$；

(2) $\dfrac{\partial z}{\partial x} = \dfrac{1}{2}\ln(x^2+y^2) + \dfrac{x^2}{x^2+y^2}, \dfrac{\partial z}{\partial y} = \dfrac{xy}{x^2+y^2}$；

(3) $\dfrac{\partial z}{\partial x} = y^2(1+xy)^{y-1}, \dfrac{\partial z}{\partial y} = (1+xy)^y\left[\ln(1+xy) + \dfrac{xy}{1+xy}\right]$；

(4) $\dfrac{\partial z}{\partial x} = \dfrac{2}{y}\csc\dfrac{2x}{y}, \dfrac{\partial z}{\partial y} = -\dfrac{2x}{y^2}\csc\dfrac{2x}{y}$；

(5) $\dfrac{\partial z}{\partial x} = \left[\dfrac{\cos(\sqrt{x}+\sqrt{y})}{2\sqrt{x}} + \sin(\sqrt{x}+\sqrt{y}) \cdot y\right]\mathrm{e}^{xy}$,

$\dfrac{\partial z}{\partial y} = \left[\dfrac{\cos(\sqrt{x}+\sqrt{y})}{2\sqrt{y}} + \sin(\sqrt{x}+\sqrt{y}) \cdot x\right]\mathrm{e}^{xy}$；

(6) $\dfrac{\partial z}{\partial x} = \dfrac{1}{\sqrt{x^2+y^2}}, \dfrac{\partial z}{\partial y} = \dfrac{y}{\sqrt{x^2+y^2} \cdot (x+\sqrt{x^2+y^2})}$；

(7) $\dfrac{\partial u}{\partial x} = y^z \cdot x^{y^z-1}, \dfrac{\partial u}{\partial y} = x^{y^z} \cdot \ln x \cdot z \cdot y^{z-1}, \dfrac{\partial u}{\partial z} = x^{y^z} \cdot \ln x \cdot y^z \ln y$；

(8) $\dfrac{\partial u}{\partial x} = \dfrac{z}{y}\left(\dfrac{x}{y}\right)^{z-1}, \dfrac{\partial u}{\partial y} = -\dfrac{z}{y}\left(\dfrac{x}{y}\right)^z, \dfrac{\partial u}{\partial z} = \left(\dfrac{x}{y}\right)^z \ln\dfrac{x}{y}$；

(9) $\dfrac{\partial u}{\partial x} = \dfrac{z}{y}\mathrm{e}^{\frac{xz}{y}}\ln y, \dfrac{\partial u}{\partial y} = \dfrac{1}{y}\mathrm{e}^{\frac{xz}{y}}\left(1-\dfrac{xz\ln y}{y}\right), \dfrac{\partial u}{\partial z} = \dfrac{x\ln y}{y}\mathrm{e}^{\frac{xz}{y}}$；

(10) $\dfrac{\partial u}{\partial x} = \dfrac{z(x-y)^{z-1}}{1+(x-y)^{2z}}, \dfrac{\partial u}{\partial y} = -\dfrac{z(x-y)^{z-1}}{1+(x-y)^{2z}}, \dfrac{\partial u}{\partial z} = \dfrac{(x-y)^z\ln(x-y)}{1+(x-y)^{2z}}$.

2. $f_x(0,0) = 1, f_y(0,0) = -1$.

3. $f(x,y) = x^2y + y^2 + \varphi(x)$, 其中 $\varphi(x)$ 是关于 x 的函数.

4. $f_x(0,0) = 0, f_y(0,0) = 0$.

5. $\dfrac{\pi}{4}$.

6. (1) $\dfrac{\partial^2 z}{\partial^2 x} = 12x^2 - 8y^2, \dfrac{\partial^2 z}{\partial x \partial y} = -16xy, \dfrac{\partial^2 z}{\partial^2 y} = 12y^2 - 8x^2$；

(2) $\dfrac{\partial^2 z}{\partial^2 x} = \dfrac{2xy}{(x^2+y^2)^2}, \dfrac{\partial^2 z}{\partial x \partial y} = \dfrac{y^2-x^2}{(x^2+y^2)^2}, \dfrac{\partial^2 z}{\partial^2 y} = -\dfrac{2xy}{(x^2+y^2)^2}$；

(3) $\dfrac{\partial^2 z}{\partial^2 x} = y^x \ln^2 y$, $\dfrac{\partial^2 z}{\partial x \partial x} = y^{x-1}(1+x\ln y)$, $\dfrac{\partial^2 z}{\partial^2 y} = x(x-1)y^{x-2}$;

(4) $\dfrac{\partial^2 z}{\partial^2 x} = 2(1+2x^2)\mathrm{e}^{x^2+y}$, $\dfrac{\partial^2 z}{\partial x \partial x} = 2x\mathrm{e}^{x^2+y}$, $\dfrac{\partial^2 z}{\partial^2 y} = \mathrm{e}^{x^2+y}$.

7. $f_{xy}(0, 0) = -1$, $f_{yx}(0, 0) = 1$.

8. $C_x = 270$, $C_y = 160$,如果 B 种标号水泥日产量不变,而 A 种标号水泥日产量每增加 1 t,则总成本大约增加 270 元;如果 A 种标号水泥日产量不变,而 B 种标号水泥日产量每增加 1 t,则总成本大约增加 160 元.

9. -0.1, 0.3.

习题 7.4

1. (1) $\mathrm{d}z = \mathrm{e}^{x^2+y^2}(2x\mathrm{d}x + 2y\mathrm{d}y)$; (2) $\mathrm{d}z = -\dfrac{x}{(x^2+y^2)^{\frac{3}{2}}}(y\mathrm{d}x - x\mathrm{d}y)$;

(3) $\mathrm{d}u = yzx^{yz-1}\mathrm{d}x + zx^{yz}\ln x\mathrm{d}y + yx^{yz}\ln x\mathrm{d}z$;

(4) $\mathrm{d}u = \dfrac{y}{z}x^{\frac{y}{z}-1}\mathrm{d}x + \dfrac{1}{z}x^{\frac{y}{z}}\ln x\mathrm{d}y - \dfrac{y}{z^2}x^{\frac{y}{z}}\ln x\mathrm{d}z$;

(5) $\mathrm{d}z = \dfrac{\sqrt{y}}{\sqrt{1-x^2 y}}\mathrm{d}x + \dfrac{x}{2\sqrt{y(1-x^2 y)}}\mathrm{d}y$;

(6) $\mathrm{d}z = \dfrac{1}{\sqrt{x^2+y^2}}(\mathrm{d}x + \dfrac{y}{x+\sqrt{x^2+y^2}}\mathrm{d}y)$.

2. (1) 1.68,1.6; (2) 0.3e,0.25e.

3. 2.039.

4. $z = x^4 + 5x^2 y^3 - 3xy^4 + y^5 + C$,其中 C 为任意常数.

5. 33.2 mm^3.

习题 7.5

1. (1) $\dfrac{\mathrm{d}z}{\mathrm{d}t} = \mathrm{e}^{3t^2+2\cos t}(6t - 2\sin t)$; (2) $\dfrac{\mathrm{d}z}{\mathrm{d}x} = \dfrac{3-12x^2}{1+(3x-4x^3)^2}$;

(3) $\dfrac{\mathrm{d}z}{\mathrm{d}t} = \mathrm{e}^t(\cos t - \sin t) + \cos t$; (4) $\dfrac{\mathrm{d}u}{\mathrm{d}x} = \mathrm{e}^{ux}\sin x$.

2. (1) $\dfrac{\partial z}{\partial u} = (2xy - y^2)\cos v + (x^2 - 2xy)\sin v$,

$\dfrac{\partial z}{\partial v} = -(2xy - y^2)u\sin v + (x^2 - 2xy)u\cos v$;

(2) $\dfrac{\partial z}{\partial x} = \dfrac{\mathrm{e}^{uv}}{x^2+y^2}(xv - yu)$, $\dfrac{\partial z}{\partial y} = \dfrac{\mathrm{e}^{uv}}{x^2+y^2}(ux + vy)$;

(3) $\dfrac{\partial z}{\partial x} = \mathrm{e}^{xy}\left[\dfrac{\cos(\sqrt{x}+\sqrt{y})}{2\sqrt{x}} + y\sin(\sqrt{x}+\sqrt{y})\right]$,

$\dfrac{\partial z}{\partial y} = \mathrm{e}^{xy}\left[\dfrac{\cos(\sqrt{x}+\sqrt{y})}{2\sqrt{y}} + x\sin(\sqrt{x}+\sqrt{y})\right]$;

(4) $\dfrac{\partial z}{\partial x} = 2x\dfrac{\mathrm{d}\varphi}{\mathrm{d}u}$; $\dfrac{\partial z}{\partial y} = 1 - 2y\dfrac{\mathrm{d}\varphi}{\mathrm{d}u}$.

3. (1) $\dfrac{\partial u}{\partial x} = 2xf_1 + y\mathrm{e}^{xy}f_2$, $\dfrac{\partial u}{\partial y} = -2yf_1 + x\mathrm{e}^{xy}f_2$;

(2) $\dfrac{\partial u}{\partial x} = \dfrac{1}{y}f_1$, $\dfrac{\partial u}{\partial y} = -\dfrac{x}{y^2}f_1 + \dfrac{1}{z}f_2$, $\dfrac{\partial u}{\partial z} = \dfrac{y}{z^2}f_2$;

(3) $\dfrac{\partial u}{\partial x} = f_1 + yf_2 + yzf_3$, $\dfrac{\partial u}{\partial y} = xf_2 + xzf_3$, $\dfrac{\partial u}{\partial z} = -xyf_3$.

4. 略.

5. (1) $\dfrac{\partial^2 z}{\partial x^2} = f_{11} + \dfrac{2}{y}f_{12} + \dfrac{1}{y^2}f_{22}$,

$\dfrac{\partial^2 z}{\partial x \partial y} = -\dfrac{x}{y^2}(f_{12} + \dfrac{1}{y}f_{22}) - \dfrac{1}{y^2}f_2$,

$\dfrac{\partial^2 z}{\partial y^2} = \dfrac{2x}{y^3}f_2 + \dfrac{x^2}{y^4}f_{22}$;

(2) $\dfrac{\partial^2 z}{\partial x^2} = 2yf_2 + y^4 f_{11} + 4xy^3 f_{12} + 4x^2 y^2 f_{22}$,

$\dfrac{\partial^2 z}{\partial x \partial y} = 2yf_1 + 2xf_2 + 2xy^3 f_{11} + 2x^3 y f_{22} + 5x^2 y^2 f_{12}$,

$\dfrac{\partial^2 z}{\partial y^2} = 2xf_1 + 4x^2 y^2 f_{11} + 4x^3 y f_{12} + x^4 f_{22}$;

(3) $\dfrac{\partial^2 z}{\partial x^2} = \mathrm{e}^{x+y}f_3 - \sin x f_1 + \cos^2 x f_{11} + 2\mathrm{e}^{x+y}\cos x f_{13} + \mathrm{e}^{2(x+y)}f_{33}$,

$\dfrac{\partial^2 z}{\partial x \partial y} = \mathrm{e}^{x+y}f_3 - \cos x \sin y f_{12} + \mathrm{e}^{x+y}\cos x f_{13} - \mathrm{e}^{2(x+y)}\sin y f_{32} + \mathrm{e}^{2(x+y)}f_{33}$,

$\dfrac{\partial^2 z}{\partial x \partial y} = \mathrm{e}^{x+y}f_3 - \cos y f_2 + \sin^2 y f_{22} - 2\mathrm{e}^{x+y}\sin y f_{23} + \mathrm{e}^{2(x+y)}f_{33}$.

6. $\mathrm{d}z = \dfrac{\mathrm{d}x}{1+x^2} + \dfrac{\mathrm{d}y}{1+y^2}$.

习题 7.6

1. (1) $\dfrac{\mathrm{d}y}{\mathrm{d}x} = \dfrac{\cos x + \mathrm{e}^x - y^2}{2xy}$; (2) $\dfrac{\mathrm{d}y}{\mathrm{d}x} = \dfrac{y^x \ln y}{1 - xy^{x-1}}$ $(xy^{x-1} \neq 1)$;

(3) $\dfrac{dy}{dx} = \dfrac{x+y}{x-y}$;　　(4) $\dfrac{dy}{dx} = -\dfrac{y^2 f_1 + f_2}{2xy f_1 + f_2}$.

2. $\dfrac{dy}{dx} = \dfrac{2(x^2 - y^2)}{x - 2y}$.

3. (1) $\dfrac{\partial z}{\partial x} = \dfrac{e^x - e^{x+y} - yz}{xy}$, $\dfrac{\partial z}{\partial y} = -\dfrac{e^{x+y} + xz}{xy}$;

(2) $\dfrac{\partial z}{\partial x} = \dfrac{z}{x-z}$, $\dfrac{\partial z}{\partial y} = \dfrac{z^2}{y(z-x)}$.

4. (1) $\dfrac{dy}{dx} = -\dfrac{x(6z+1)}{2y(3z+1)}$, $\dfrac{dz}{dx} = \dfrac{x}{3z+1}$;

(2) $\dfrac{\partial u}{\partial x} = \dfrac{vy - ux}{x^2 + y^2}$, $\dfrac{\partial v}{\partial x} = -\dfrac{uy + vx}{x^2 + y^2}$,

$\dfrac{\partial u}{\partial y} = -\dfrac{vx + uy}{x^2 + y^2}$, $\dfrac{\partial v}{\partial y} = \dfrac{ux - vy}{x^2 + y^2}$;

(3) $\dfrac{\partial u}{\partial x} = \dfrac{-u f_1 (2yv g_2 - 1) - f_2 g_1}{(x f_1 - 1)(2yv g_2 - 1) - f_2 g_1}$,

$\dfrac{\partial v}{\partial x} = \dfrac{g_1 (x f_1 + u f_1 - 1)}{(x f_1 - 1)(2yv g_2 - 1) - f_2 g_1}$;

(4) $\dfrac{\partial u}{\partial x} = \dfrac{\sin v}{e^u(\sin v - \cos v) + 1}$, $\dfrac{\partial u}{\partial y} = \dfrac{-\cos v}{e^u(\sin v - \cos v) + 1}$,

$\dfrac{\partial v}{\partial x} = \dfrac{\cos v - e^u}{u[e^u(\sin v - \cos v) + 1]}$, $\dfrac{\partial v}{\partial y} = \dfrac{\sin v + e^u}{u[e^u(\sin v - \cos v) + 1]}$.

习题 7.7

1. (1) 极大值 $f(2,-2) = 8$;　(2) 极小值 $f\left(\dfrac{1}{2}, -1\right) = -\dfrac{e}{2}$;

(3) 极小值 $f(3,-1) = -8$;　(4) 极小值 $f(0,0) = f(1,0) = 0$;

(5) 极小值 $f(1,1) = f(-1,1) = f(1,-1) = f(-1,-1) = 2$;

(6) 极小值 $f(1,0) = -5$,极大值 $f(-3,2) = 31$.

2. (1) 极小值 $f(1,-2) = -2$,极大值 $f(1,-2) = 8$;

(2) 极小值 $f(-2,0) = 1$,极大值 $f\left(\dfrac{16}{7}, 0\right) = -\dfrac{8}{7}$.

3. 极大值 $z\left(\dfrac{1}{2}, \dfrac{1}{2}\right) = \dfrac{1}{4}$.

4. 当 $x = \dfrac{ab^2}{a^2 + b^2}$, $y = \dfrac{a^2 b}{a^2 + b^2}$ 时,最小值 $z = \dfrac{a^2 b^2}{a^2 + b^2}$.

5. 最长距离为 $\sqrt{9 + 5\sqrt{3}}$,最短距离为 $\sqrt{9 - 5\sqrt{3}}$.

6. $\left(\dfrac{21}{13}, 2, \dfrac{63}{26}\right)$.

7. 长、宽为 $\sqrt[3]{2a}$，高为 $\dfrac{\sqrt[3]{2a}}{2}$.

8. 各边长分别为 6 m，6 m，3 m.

9. 最大值 $z(\sqrt{2}, \sqrt{2}) = 2\sqrt{2}+1$，最小值 $1-2\sqrt{2}$．提示：$z = x+y+1$ 是空间平面，在 $x^2 + y^2 < 4$ 时无极值，最值在 $x^2 + y^2 = 4$ 上取得．

10. 最大值 $f\left(\dfrac{3}{2}, 4\right) = f\left(-\dfrac{3}{2}, -4\right) = 106\dfrac{1}{4}$，最小值 $f(2, -3) = f(-2, 3) = -50$.

总习题 7

(A)

1. (1) $\{(x, y) \mid 0 < x+y \ne 1\}$；　(2) $\mathrm{e}\mathrm{d}x + \mathrm{e}\mathrm{d}y$；　(3) $2z$；　(4) $-2x - 2\left(y + \dfrac{1}{2}\right)$；
(5) $yf''(xy) + \varphi'(x+y) + y\varphi''(x+y)$.

2. (1) D；　(2) B；　(3) A；　(4) C；　(5) D.

3. $\{(x, y) \mid 0 < x^2 + y^2 < 1, y^2 \le 4x\}$，$\sqrt{2}(\ln 3 - \ln 4)^{-1}$.

4. $1, -1$．提示：由 $f(x, 1)$ 求 $f_x(0, 1)$，由 $f(0, y)$ 求 $f_y(0, y)$.

6. $\dfrac{\mathrm{d}u}{\mathrm{d}t} = yx^{y-1}\varphi'(t) + x^y \ln x \cdot \psi'(t)$.

7. $\dfrac{\partial^2 z}{\partial x \partial y} = x\mathrm{e}^{2y}f_{uu} + \mathrm{e}^y f_{uy} + x\mathrm{e}^y f_{xu} + f_{xx} + \mathrm{e}^y f_u$.

8. $\dfrac{\partial z}{\partial x} = f'(u)(2xy^2 + 2x)$，$\dfrac{\partial z}{\partial y} = f'(u)(2x^2y + 3y^2)$，

$\dfrac{\partial^2 z}{\partial x^2} = f''(u)(2xy^2 + 2x)^2 + f'(u)(2y^2 + 2)$.

10. $x^2 + y^2$.

11. 极小值 $f\left(\dfrac{\sqrt{3}}{3}, -\dfrac{\sqrt{3}}{3}\right) = f\left(-\dfrac{\sqrt{3}}{3}, \dfrac{\sqrt{3}}{3}\right) = -\dfrac{\sqrt{3}}{9}$；

极大值 $f\left(\dfrac{\sqrt{3}}{3}, \dfrac{\sqrt{3}}{3}\right) = f\left(-\dfrac{\sqrt{3}}{3}, -\dfrac{\sqrt{3}}{3}\right) = \dfrac{\sqrt{3}}{9}$.

12. 在点 $(\pm a, 0, 0)$ 取得最大值 a^2；在点 $(0, 0, \pm a)$ 取得最小值 c^2.

13. (1) $K = \dfrac{80}{4\left(\dfrac{9}{4}\right)^{\frac{4}{3}} + 3}$，$L = \dfrac{80\left(\dfrac{9}{4}\right)^{\frac{4}{3}}}{4\left(\dfrac{9}{4}\right)^{\frac{4}{3}} + 3}$；

(2) $K = 6\left[\dfrac{3}{4}\left(\dfrac{9}{4}\right)^{\frac{1}{5}} + \dfrac{1}{4}\right]^4$, $L = 6\left[\dfrac{3}{4}\left(\dfrac{9}{4}\right)^{\frac{1}{3}} + \dfrac{3}{4}\right]^4$.

提示：(1) 以 $\left(\dfrac{Q}{20}\right)^{-\frac{1}{4}} = \dfrac{3}{4}L^{-\frac{1}{4}} + K^{-\frac{1}{4}}$ 为目标函数；

(2) 约束条件可简化为 $6^{-\frac{1}{4}} = \dfrac{3}{4}L^{-\frac{1}{4}} + K^{-\frac{1}{4}}$.

(B)

1. (1) $e^{\sin xy}\cos xy(y\mathrm{d}x + x\mathrm{d}y)$； (2) $yf_1 + \dfrac{1}{y}f_2 - \dfrac{y}{x^2}y'$； (3) $2z$；

(4) $2(x-2y) - e^{-x} + e^{2y-x}$； (5) $\left(\dfrac{\pi}{e}\right)^2$.

2. (1) C； (2) A； (3) A； (4) B； (5) B.

3. $\mathrm{d}z = \dfrac{\ln a}{\sqrt{x^2 - y^2}} \cdot a^{\sqrt{x^2 - y^2}}(x\mathrm{d}x - y\mathrm{d}y)$.

4. $\mathrm{d}z = e^{-\arctan\frac{y}{x}}\left[(2x+y)\mathrm{d}x + (2x-y)\mathrm{d}y\right]$, $\dfrac{\partial^2 z}{\partial x \partial y} = \dfrac{y^2 - xy - x^2}{x^2 + y^2}e^{-\arctan\frac{y}{x}}$.

5. $\mathrm{d}z = \left(f_x + f_z\dfrac{x+1}{z+1}e^{x-z}\right)\mathrm{d}x + \left(f_y - f_z\dfrac{y+1}{z+1}e^{y-z}\right)\mathrm{d}y$.

6. 0.

7. $\dfrac{2y}{x}f'\left(\dfrac{y}{x}\right)$.

9. 点 $(9,3)$ 是 $z(x,y)$ 的极小值点,极小值为 $z(9,3)=3$；点 $(-9,-3)$ 是 $z(x,y)$ 的极小值点,极小值为 $z(-9,-3) = -3$.

10. $f(x,y)$ 在椭圆域 D 上的最大值为 $f(\pm 1, 0) = 3$,最小值为 $f(0, \pm 2) = -2$.

11. 当 $p_1 = 80, p_2 = 120$ 时,厂家所获得的总利润最大,为 $L\big|_{p_1=80, p_2=120} = 605$.

12. 甲和乙两种鱼的放养数分别为：$\dfrac{3\alpha - 2\beta}{2\alpha^2 - \beta^2}$, $\dfrac{4\alpha - 3\beta}{2(2\alpha^2 - \beta^2)}$.

习题 8.1

1. $M = \iint\limits_{D}\rho(x,y)\mathrm{d}\sigma$.

2. $P = \iint\limits_{D} 10^6 e^{-x^2-y^2}\mathrm{d}\sigma$.

3. (1) $\iint\limits_{D}(x+y)^2\mathrm{d}x\mathrm{d}y \geqslant \iint\limits_{D}(x+y)^3\mathrm{d}x\mathrm{d}y$；

(2) $\iint\limits_{D}e^{xy}\mathrm{d}x\mathrm{d}y \leqslant \iint\limits_{D}e^{3xy}\mathrm{d}x\mathrm{d}y$.

4. (1) $\pi \leqslant \iint\limits_{D} e^{x^2+y^2} dx dy \leqslant e\pi$;

(2) $36\pi = \iint\limits_{D} 9 dx dy \leqslant \iint\limits_{D}(x^2+4y^2+9) dx dy \leqslant \iint\limits_{D} 25 dx dy = 100\pi.$

5. 4.

6. 略.

习题 8.2

1. (1) $\int_a^b dy \int_y^b f(x,y) dx = \int_a^b dx \int_a^x f(x,y) dy$;

(2) $\int_0^{\frac{\sqrt{2}}{2}} dy \int_y^{\sqrt{1-y^2}} f(x,y) dx = \int_0^{\frac{\sqrt{2}}{2}} dx \int_0^x f(x,y) dy + \int_{\frac{\sqrt{2}}{2}}^1 dx \int_0^{\sqrt{1-x^2}} f(x,y) dy$;

(3) $\int_0^1 dx \int_{1-x}^{\sqrt{1-x^2}} f(x,y) dy = \int_0^1 dy \int_{1-y}^{\sqrt{1-y^2}} f(x,y) dx$;

(4) $\int_1^2 dx \int_{\frac{1}{x}}^x f(x,y) dy = \int_{\frac{1}{2}}^1 dy \int_{\frac{1}{y}}^2 f(x,y) dx + \int_1^2 dy \int_y^2 f(x,y) dx.$

2. (1) $\int_0^2 dy \int_{\frac{y}{2}}^y f(x,y) dx + \int_2^4 dy \int_{\frac{y}{2}}^2 f(x,y) dx$;

(2) $\int_{-1}^0 dy \int_{-\sqrt{1-y^2}}^{\sqrt{1-y^2}} f(x,y) dx + \int_0^1 dy \int_{-\sqrt{1-y}}^{\sqrt{1-y}} f(x,y) dx$;

(3) $\int_0^a dy \int_{\frac{y^2}{2a}}^{a-\sqrt{a^2-y^2}} f(x,y) dx + \int_0^a dy \int_{a+\sqrt{a^2-y^2}}^{2a} f(x,y) dx + \int_a^{2a} dy \int_{\frac{y^2}{2a}}^{2a} f(x,y) dx$;

(4) $\int_0^1 dy \int_{\sqrt{y}}^{3-2y} f(x,y) dx.$

3. (1) 0; (2) $\dfrac{20}{3}$; (3) $\dfrac{13}{6}$; (4) 0; (5) $\dfrac{9}{64}$; (6) $-\dfrac{1}{2}(e^{-1}-1).$

4. 略.

习题 8.3

1. (1) $\int_{-\frac{\pi}{2}}^{\frac{\pi}{2}} d\theta \int_a^b f(r\cos\theta, r\sin\theta) r dr$; (2) $\int_{-\frac{\pi}{2}}^{\frac{\pi}{2}} d\theta \int_0^{a\cos\theta} f(r\cos\theta, r\sin\theta) r dr$;

(3) $\int_0^{2\pi} d\theta \int_0^a f(r\cos\theta, r\sin\theta) r dr$; (4) $\int_0^{\frac{\pi}{2}} d\theta \int_0^{\frac{1}{\sin\theta+\cos\theta}} f(r\cos\theta, r\sin\theta) r dr.$

2. (1) 4π; (2) $\pi(e^4-1)$; (3) $\dfrac{R^3}{9}(3\pi-4)$; (4) $\dfrac{\pi^2}{64}$; (5) $\dfrac{\pi}{4}(2\ln 2-1)$; (6) $\dfrac{8}{15}.$

3. (1) $\dfrac{3\pi a^2}{4}$; (2) $\dfrac{1}{6}a^3[\sqrt{2}+\ln(\sqrt{2}+1)]$; (3) $\sqrt{2}-1$; (4) $\dfrac{\pi a^4}{8}.$

习题 8.4

1. (1) $\dfrac{1}{2}$;　(2) π;　(3) $\dfrac{1}{2}$;　(4) $\dfrac{\pi}{2}$.

习题 8.5

1. (1) $\dfrac{64}{3}$;　(2) $\dfrac{1}{3}$;　(3) $\dfrac{1}{6}+\dfrac{\pi}{4}$;　(4) $2\sqrt{2}$.

2. (1) $4\dfrac{9}{140}$;　(2) $8\pi-\dfrac{32\sqrt{2}}{3}$;　(3) $\dfrac{32\sqrt{2}}{15}$;　(4) $\dfrac{1}{3}$.

总习题 8

(A)

1. (1) $\dfrac{1}{6}$;　(2) $\dfrac{1}{2}(1-\mathrm{e}^{-4})$;　(3) $\displaystyle\int_0^1 \mathrm{d}x\int_0^{x^2} f(x,y)\mathrm{d}y + \int_1^{\sqrt{2}}\mathrm{d}x\int_0^{\sqrt{2-x^2}}f(x,y)\mathrm{d}y$;
(4) $\pi[f(R^2)-f(0)]$;　(5) 2.

2. (1) D;　(2) A;　(3) C;　(4) B;　(5) A.

3. (1) $\dfrac{1}{3}$;　(2) $\dfrac{243}{4}$;　(3) $\dfrac{ab^2}{30}$;　(4) $\dfrac{\pi^2}{16}-\dfrac{1}{2}$;　(5) 2π;　(6) $\dfrac{3\pi}{2}$.

4. $\dfrac{55}{6}$.

5. $\dfrac{5}{144}$.

6. $-\dfrac{2}{5}$.

7~8. 略

(B)

1. (1) $\dfrac{1}{2}$;　(2) $\dfrac{8}{15}$;　(3) $\displaystyle\int_0^{\frac{1}{2}}\mathrm{d}x\int_{x^2}^x f(x,y)\mathrm{d}y$;　(4) $\dfrac{1}{2}\pi ab$;　(5) $u-1$

2. (1) A;　(2) C;　(3) D;　(4) B;　(5) A.

3. (1) $\dfrac{\pi}{4}-\dfrac{1}{3}$;　(2) $4-\dfrac{\pi}{2}$;　(3) $-\dfrac{2}{3}$;　(4) $\dfrac{16}{9}(3\pi-2)$;　(5) $\dfrac{\pi}{2}(1+\mathrm{e}^{\pi})$.

4. (1) $\dfrac{\mathrm{e}}{2}-1$;　(2) $\dfrac{1}{2}\mathrm{e}^2-\mathrm{e}-\dfrac{1}{2}$.

5. $\dfrac{49}{20}$.

6. $\sqrt{1-x^2-y^2}-\dfrac{4}{3\pi}\left(\dfrac{\pi}{2}-\dfrac{2}{3}\right)$.

7. $\frac{1}{2}A^2$.

8. 略.

习题 9.1

1. (1) $\frac{1}{\sqrt{2}}+\frac{2}{\sqrt{3}}+\frac{4}{\sqrt{4}}+\frac{8}{\sqrt{5}}+\cdots$； (2) $-x+\frac{1}{3!}x^3-\frac{1}{5!}x^5+\frac{1}{7!}x^7-\cdots$；

   (3) $\frac{1}{2}+\frac{1\cdot 3}{2\cdot 4}+\frac{1\cdot 3\cdot 5}{2\cdot 4\cdot 6}+\frac{1\cdot 3\cdot 5\cdot 7}{2\cdot 4\cdot 6\cdot 8}+\cdots$； (4) $\frac{\sqrt{x}}{1}+\frac{x}{1\cdot 3}+\frac{x\sqrt{x}}{1\cdot 3\cdot 5}+\frac{x^2}{1\cdot 3\cdot 5\cdot 7}+\cdots$.

2. (1) 发散； (2) 发散； (3) 发散； (4) 发散； (5) 收敛.

3. (1) 收敛，$\frac{1}{4}$； (2) 收敛，$\frac{1}{4}$； (3) 收敛，$1-\sqrt{2}$； (4) 发散； (5) 发散； (6) 发散.

4. (1) $2S-u_1-u_2-u_3$.

5. a_1-a.

6. 略.

习题 9.2

1. (1) 收敛； (2) 发散； (3) 发散； (4) 收敛； (5) 发散； (6) 收敛.

2. (1) 发散； (2) 发散； (3) 发散； (4) 发散； (5) 发散； (6) 收敛.

3. (1) 收敛； (2) 收敛； (3) 收敛； (4) 发散；

   (5) 当 $a>1$ 时收敛，当 $a\leqslant 1$ 时发散；

   (6) 当 $|x|>1$ 时收敛，当 $|x|\leqslant 1$ 时发散.

4. (1) 发散； (2) 不一定.

5～6. 略.

习题 9.3

1. (1) 收敛； (2) 发散.

2. (1) 条件收敛； (2) 条件收敛； (3) 绝对收敛； (4) 条件收敛； (5) 绝对收敛；
   (6) 发散.

3. 略.

4. 不一定，例如 $a_n=\frac{1}{n}$.

5. 不一定，例如 $a_n=(-1)^n\frac{1}{\sqrt{n}}$.

6. 略.

习题 9.4

1. (1) $(-\infty, +\infty)$; (2) $(-e, e)$.

2. (1) $-\ln(1+x)$, $-1 < x \leqslant 1$; (2) $\dfrac{1+x}{(1-x)^2}$, $|x| < 1$.

3. (1) $\dfrac{15}{32}$; (2) 8; (3) $S(x) = \dfrac{1}{(1-x)^2}$, $-1 < x < 1$;

(4) $S(x) = \dfrac{1}{4}\ln\dfrac{1+x}{1-x} + \dfrac{1}{2}\arctan x - x$, $-1 < x < 1$.

4. $\dfrac{1}{1+x}$, $x \in (-1, 1)$, $\ln 2$.

5. $\dfrac{\pi}{4}$.

习题 9.5

1. (1) $\ln 2 + \sum\limits_{n=1}^{\infty}(-1)^{n-1}\dfrac{1}{n}\left(\dfrac{x}{2}\right)^n$, $(-2, 2]$; (2) $\dfrac{1}{2} + \dfrac{1}{2}\sum\limits_{n=0}^{\infty}\dfrac{(-4)^n x^{2n}}{(2n)!}$, $(-\infty, +\infty)$;

(3) $x + \sum\limits_{n=2}^{\infty}(-1)^n \dfrac{x^n}{n(n-1)}$, $[-1, 1]$; (4) $\sum\limits_{n=0}^{\infty}(-1)^n \dfrac{x^{2n+1}}{3^{n+1}}$, $(-\sqrt{3}, \sqrt{3})$.

2. (1) $\dfrac{1}{2}\ln\dfrac{1+x}{1-x}$, $-1 < x < 1$; (2) $(1+x)e^x$, $x \in (-\infty, +\infty)$.

3. (1) $\ln 2 + \sum\limits_{n=1}^{\infty}\dfrac{(-1)^{n-1}}{n \cdot 2^n}(x-2)^n$, $x \in (0, 4]$;

(2) $\sum\limits_{n=0}^{\infty}\left(\dfrac{1}{2^{n+1}} - \dfrac{1}{3^{n+1}}\right)(x+1)^n$, $x \in (-3, 1)$;

(3) $e\sum\limits_{n=0}^{\infty}\dfrac{(x-1)^n}{n!}$, $x \in (-\infty, +\infty)$;

(4) $\dfrac{1}{2}\sum\limits_{n=0}^{\infty}(-1)^n\dfrac{1}{2^n}(x-2)^n$, $x \in (0, 4)$.

4. (1) 1.098 6; (2) 0.999 4.

5. 略.

总习题 9

(A)

1. (1) D; (2) D; (3) D; (4) A.

2. (1) 发散; (2) 发散; (3) 收敛; (4) 收敛.

3. (1) 发散； (2) 条件收敛； (3) 绝对收敛； (4) 条件收敛.

4. (1) 0； (2) $\left[-\dfrac{1}{5}, \dfrac{1}{5}\right)$； (3) $(-2, 2)$； (4) $[0, 2)$.

5. (1) $\dfrac{2x}{(2-x)^2}$； (2) $\dfrac{1}{4}\ln\dfrac{1+x}{1-x}+\dfrac{1}{2}\arctan x - x$； (3) $\dfrac{2x}{(1-x)^3}$； (4) $-x\ln(1-x)$
$-\ln(1-x) - x - \dfrac{x^2}{2} - \dfrac{x^3}{6}$.

6. (1) $\sum\limits_{n=0}^{\infty}\dfrac{\ln^n 3}{n!}x^n$ $(-\infty < x < +\infty)$； (2) $\sum\limits_{n=0}^{\infty}(-1)^n x^{n+2}$ $(-1 < x < 1)$；
(3) $\sum\limits_{n=0}^{\infty}(-1)^n\dfrac{2^{n+1}-1}{2^{n+1}}x^n$ $(-1 < x < 1)$； (4) $\sum\limits_{n=0}^{\infty}\left(1-\dfrac{1}{2^{n+1}}\right)x^n$ $(-1 < x < 1)$.

7. (1) 1.648； (2) 3.004 9.

8. 略.

9. $(1, 3)$, $S(x) = \dfrac{x-2}{(3-x)^2}$, 2.

10. $\dfrac{3}{2}$.

(B)

1. (1) B； (2) B； (3) D； (4) A.

2. 收敛区间 $(-3, 3)$, 级数在 $x=3$ 处发散, 在 $x=-3$ 处收敛.

3. $\ln(2+\sqrt{2})$.

4. $\sum\limits_{n=0}^{\infty}\dfrac{1}{3}\left[\dfrac{1}{2^{n+1}}+(-1)^{n+1}\right]x^n$, $|x| < 1$.

5. $f(x) = \dfrac{\pi}{4} - 2\sum\limits_{n=0}^{\infty}\dfrac{(-1)^n 4^n}{2n+1}x^{2n+1}$, $x \in \left(-\dfrac{1}{2}, \dfrac{1}{2}\right]$； $\sum\limits_{n=0}^{\infty}\dfrac{(-1)^n 4^n}{2n+1} = \dfrac{\pi}{4}$.

6～10. 略.

11. $-\dfrac{1}{30}\sum\limits_{n=0}^{\infty}\left[\dfrac{2}{3^n}+\dfrac{(-1)^n \cdot 3}{2^n}\right](x-1)^n$, $x \in (-1, 3)$.

12. 收敛域为 $[-1, 1]$, $S(x) = 2x^2\arctan x - x\ln(1+x^2)$.

习题 10.1

1. (1) 一阶； (2) 二阶； (3) 一阶； (4) 二阶.

2. 略.

3. (1) $y = 2 - \cos x$； (2) $y = x^3 + 2x$.

4. $x^2[1+(y')^2] = 4$, $y|_{x=2} = 0$.

习题 10.2

1. (1) $e^{-y} - \cos x = C$; (2) $\sqrt{1+x^2} + \sqrt{1+y^2} = C$; (3) $y = e^{Cx}$;

(4) $\tan x \tan y = C$.

2. (1) $y = x e^{Cx+1}$; (2) $y^2 = x^2 \ln(Cx^2)$; (3) $x^2 + y^2 = Ce^{2\arctan\frac{y}{x}}$;

(4) $y^2 = 2Cx + C^2$.

3. (1) $\ln y = -\frac{3}{2}\left(\frac{x}{y}\right)^2$; (2) $y = e^{\left(1-\sin\frac{x}{y}\right)}$; (3) $\arctan\frac{y}{x} = \ln\frac{2e^{\frac{\pi}{4}}}{x^2+y^2}$.

4. (1) $y = e^{-x}(x+C)$; (2) $y = \frac{1}{3}x^3 + \frac{3}{2}x + 2 + \frac{C}{x}$; (3) $y = (x+C)e^{-\sin x}$;

(4) $y = Ce^{2x^2} - 1$.

5. (1) $\frac{x^6}{y} - \frac{x^8}{8} = C$; (2) $\frac{1}{x^2} = Ce^{-2y} - y + \frac{1}{2}$; (3) $y = \frac{e^{-x^2}}{C-x}$;

(4) $x = \frac{\pi - 1 - \cos t}{t}$.

6. $y = C\sqrt{x} - x$.

7. $f(x) = \frac{1}{2}e^{-2x} + x - \frac{1}{2}$.

习题 10.3

1. (1) $y = \frac{1}{6}x^3 - \sin x + C_1 x + C_2$; (2) $y = (x-3)e^x + C_1 x^2 + C_2 x + C_3$;

(3) $y = C_1 e^x - \frac{1}{2}x^2 - x + C_2$; (4) $y = \arcsin(C_2 e^x) + C_1$;

(5) $y = x\ln|x| + C_1 x + C_2$; (6) $y = x\arcsin x + \sqrt{1-x^2} + C_1 x + C_2$;

(7) $y = C_1 \ln|x| + C_2$; (8) $y = \ln x + \frac{1}{2}\ln^2 x$.

2. (1) $y = \sqrt{2x - x^2}$; (2) $y = \ln x + \frac{1}{2}\ln^2 x$; (3) $y = x\arctan x - \frac{1}{2}\ln(1+x^2)$;

(4) $y = -\ln|\cos(x+k\pi)| + 1$ $(k = 0, \pm 1, \pm 2, \cdots)$;

(5) $y = \ln \sec x$; (6) $y = \ln x + \frac{1}{2}\ln^2 x$.

3. $y = 1 - x$.

习题 10.4

1. (1) 线性相关; (2) 线性相关; (3) 线性相关; (4) 线性无关; (5) 线性无关;

(6) 线性无关.

2. $y = (C_1 + C_2)e^{x^2}$.

3. $y = C_1(\sin x - \cos x) + C_2(\sin x - e^x) + e^x$.

习题 10.5

1. (1) $y = C_1 e^x + C_2 e^{-2x}$； (2) $y = C_1 \cos x + C_2 \sin x$；

(3) $y = e^{2x}(C_1 \cos x + C_2 \sin x)$； (4) $y = C_1 e^x + C_2 e^{2x}$；

(5) $y = (C_1 + C_2 x)e^{\frac{5}{2}x}$； (6) $y = e^{2x}(C_1 \cos x + C_2 \sin x)$.

2. (1) $y = 4e^x + 2e^{3x}$； (2) $y = (2+x)e^{-\frac{x}{2}}$；

(3) $y = 3e^{-2x}\sin 5x$； (4) $y = 2\cos 5x + \sin 5x$.

3. (1) $y = C_1 e^{\frac{1}{2}x} + C_2 e^{-x} + e^x$； (2) $y = C_1 + C_2 e^{-\frac{5}{2}x} + \frac{1}{3}x^3 - \frac{3}{5}x^2 + \frac{7}{25}x$；

(3) $y = e^x(C_1 \cos 2x + C_2 \sin 2x) - \frac{1}{4}x e^x \cos 2x$；

(4) $y = e^{2x}(C_1 + C_2 x) + \frac{1}{2}x^2 e^{2x}$； (5) $y = C_1 e^{-x} + C_2 e^{-2x} + \left(\frac{3}{2}x^2 - 3x\right)e^{-x}$；

(6) $y = e^{-x}(C_1 + C_2 x) + x - 2$.

4. (1) $y = e^x + \frac{1}{2}(e^{2x} + 1)$； (2) $y = (1 - x + \frac{1}{2}x^2 + \frac{1}{3}x^3)e^{3x}$；

(3) $y = \cos 2x + \frac{1}{3}(\sin 2x + \sin 2x)$； (4) $y = \frac{11}{16} + \frac{5}{16}e^{4x} - \frac{5}{4}x$.

5. $f(x) = -\frac{3}{2}\cos x + \frac{5}{2}\sin x + \frac{3}{2}e^{-x}$.

总习题 10

(A)

1. (1) B； (2) A； (3) B； (4) C； (5) A； (6) D； (7) A； (8) C； (9) D.

2. (1) $x^2 + (xy')^2 = 4$； (2) $\frac{dm}{dt} = -km$, $m|_{t=0} = m_0$ (k 是比例系数)；

(3) $v' + \frac{k}{m}v^2 = g$, $v|_{t=0} = 0$； (4) $y = -\ln x$.

(5) 只有当 $k_1, k_2, \cdots, k_n$ 全为零，才能使等式 $k_1 f_1(t) + k_2 f_2(t) + \cdots + k_n f_n(t) = 0$ 对于所有 $t \in [\alpha, \beta]$ 成立.

3. (1) $2\frac{y}{x} + \sin\frac{2y}{x} + 4\ln x = C$； (2) $y = (x^2 + C)e^{-x^2}$； (3) $\frac{y^2}{2} = C_1 x + C_2$；

(4) $\ln\left|\tan\dfrac{y}{4}\right| = -2\sin\dfrac{x}{2} + C$; (5) $y = \dfrac{1}{2}\ln^2|x| + C_1\ln|x| + C_2$;

(6) $y = e^x - e^{-3x}$; (7) $y^* = \dfrac{1}{4}(e^x + e^{-x}) = \dfrac{1}{2}\text{ch}x$.

4. $\varphi(x) = \dfrac{1}{2}(\cos x + \sin x + e^x)$.

5. $y = x(1 - \ln x)$.

(B)

1. (1) B; (2) C; (3) D; (4) A; (5) A; (6) B; (7) D; (8) A.

2. (1) 四; (2) $y' - \dfrac{1}{x}y = x$; (3) $f(x) = 8e^{2x}$; (4) $y = \dfrac{1}{(x+C)\cos x}$;

(5) $x^2(ax+b)e^{3x}$; (6) $y^* = x(A\cos 2x + B\sin 2x)$; (7) $y = C_1 + C_2 e^x + x$;

(8) $y = C_1 e^x + C_2 e^{3x}$; (9) $y = (C_1 + C_2 x)e^{-5x} + x^2 e^{-5x}$;

(10) $y = C_1\cos x + C_2\sin x + x\sin x$.

3. $y = \dfrac{e^x}{x}(e^x - 1)$.

4. $y = \dfrac{2x - 1}{2\arcsin x}$.

5. $y = x^4 + 4x + 1$.

6. $y = C_1\cos x + C_2\sin x + x + \dfrac{x}{2}\sin x$.

附录 Ⅲ 参考文献

［1］华东师范大学数学系.数学分析(第四版)[M].北京：高等教育出版社,2013.
［2］同济大学数学系.高等数学(第六版)[M].北京：高等教育出版社,2007.
［3］林伟初,郭安学.高等数学(第二版)[M].上海：复旦大学出版社,2013.
［4］舒斯会,易云辉.应用微积分[M].北京：北京理工大学出版社,2016.
［5］彭勤文,马祖强.微积分[M].北京：北京大学出版社,2015.
［6］陈静,孙慧,司会香.微积分[M].武汉：华中师范大学出版社,2015.
［7］赵树嫄.微积分[M].北京：中国人民大学出版社,2007.
［8］宋承先.微观经济学[M].上海：复旦大学出版社,1994.
［9］张天德,蒋晓芸.高等数学习题精选精解[M].济南：山东科技教育出版社,2007.
［10］孙清华,孙昊.数学分析内容与技巧[M].武汉：华中科技大学出版社,2004.
［11］强文久.数学分析的基本概念与方法[M].北京：高等教育出版社,1989.
［12］同济大学应用数学系.微积分(第二版)[M].北京：高等教育出版社,2003.
［13］张学军,党高学.微积分学习指导(第二版)[M].北京：科学出版社,2015.
［14］叶春辉,王兰兰.经济数学[M].成都：电子科技大学出版社,2011.
［15］黄立宏.高等数学(第五版)[M].上海：复旦大学出版社,2017.

图书在版编目(CIP)数据

微积分:上、下/吴红星,李永明主编. —上海:复旦大学出版社,2019.9(2023.7 重印)
弘教系列教材
ISBN 978-7-309-14465-9

Ⅰ.①微… Ⅱ.①吴…②李… Ⅲ.①微积分-高等学校-教材 Ⅳ.①O172

中国版本图书馆 CIP 数据核字(2019)第 145953 号

微积分:上、下
吴红星 李永明 主编
责任编辑/陆俊杰

复旦大学出版社有限公司出版发行
上海市国权路 579 号 邮编:200433
网址:fupnet@fudanpress.com   http://www.fudanpress.com
门市零售:86-21-65102580   团体订购:86-21-65104505
出版部电话:86-21-65642845
常熟市华顺印刷有限公司

开本 787×960 1/16 印张 30 字数 496 千
2023 年 7 月第 1 版第 5 次印刷

ISBN 978-7-309-14465-9/O·669
定价:78.00 元

如有印装质量问题,请向复旦大学出版社有限公司出版部调换。
版权所有   侵权必究